2023年版全国一级建造师
建筑工程管理与实务专题聚焦

龙炎飞　主编
张　楠　副主编

中国建筑工业出版社

图书在版编目（CIP）数据

2023年版全国一级建造师建筑工程管理与实务专题聚焦 / 龙炎飞主编；张楠副主编. — 北京：中国建筑工业出版社，2023.3

ISBN 978-7-112-28581-5

Ⅰ.①2… Ⅱ.①龙… ②张… Ⅲ.①建筑工程－工程管理－资格考试－自学参考资料 Ⅳ.①TU71

中国国家版本馆CIP数据核字（2023）第057166号

《2023年版全国一级建造师建筑工程管理与实务专题聚焦》涵盖三大专题，助力考生把握案例题中的基础部分、超教材外部分和拓展部分。专题一“稳”字篇对教材可能涉及的案例题考点按模块分知识点讲解；专题二“准”字篇对历年“建筑工程管理与实务”科目案例题中超教材外考点进行解析，对涉及的规范进行引申；专题三“狠”字篇节选建筑工程相关法规、文件和国家现行标准的重点条文，锁定超教材外考点范围。

责任编辑：李笑然　牛　松
责任校对：李美娜

2023年版全国一级建造师
建筑工程管理与实务专题聚焦
龙炎飞　主编
张　楠　副主编
*
中国建筑工业出版社出版、发行（北京海淀三里河路9号）
各地新华书店、建筑书店经销
北京鸿文瀚海文化传媒有限公司制版
北京云浩印刷有限责任公司印刷
*
开本：787毫米×1092毫米　1/16　印张：24　字数：597千字
2023年4月第一版　2023年4月第一次印刷
定价：**86.00**元（含增值服务）
ISBN 978-7-112-28581-5
（40849）

自2004年首次举办全国一级建造师考试以来，题目难度逐年增加，考查的综合性、灵活性越来越强。尤其是案例题部分，涉及面广、考点偏，与工程实践的结合越来越紧密，增加了大量实务操作内容。目前市面上关于一级建造师考试的辅导用书种类繁多，质量参差不齐，内容大多千篇一律，而质量过硬且能卓有成效地帮助考生通过考试的辅导用书却并不多见，特别是缺乏能切实帮助考生进行案例题备考的辅导用书。本书汇集编者多年授课经验，凝炼讲义核心知识，分析和梳理历年考试真题，急考生之所需，解考试之难点，以“稳、准、狠”三步助力考生通关。《2023年版全国一级建造师建筑工程管理与实务专题聚焦》包括以下三个专题：

专题一：案例题必备考点——“稳”字篇

夯实基础求“稳”。采用模块化教学对教材知识点进行分类汇总，针对知识点逐个进行近八年考情详解及可考性评估，提供教材必考知识点总结以及考点对应的历年真题解析，答案力求精准不拖沓，方便考生理解。

专题二：历年真题拓展考点与难点解析——“准”字篇

拓展解析要“准”。全国一级建造师“建筑工程管理与实务”科目考试中案例题部分超教材范围考点，往往考查的是建筑工程领域最新规定及常用的国家标准。对于这部分题目，网络上提供的所谓“标准答案”千奇百怪，甚至引用了错误的法规和标准。“准”字篇针对历年真题中超教材外考点进行详解，引用相应的法规、文件和标准，一招使考生掌握真题中超教材外的命题点和出题思路。

专题三：建筑工程相关法规、文件及国家现行标准重点条文节选——“狠”字篇

规范预测要“狠”。“建筑工程管理与实务”科目案例题中有近20分超教材外知识点的题目，以建筑工程相关法规、文件及现行标准为主要考查点，复习难度如同大海捞针。编者经过对历年真题的深入研究，罗列出了考试中经常涉及的新规定及标准规范条文，为考生指明超教材外考点的复习备考方向。

本书得以面世，要感谢西安建筑科技大学绿色建筑专业博士们的帮助，感谢各位同仁为本书的编写和出版提供的支持，感谢胡宗强老师的中肯意见，感谢中国建筑工业出版社各位编辑的悉心审校。本书内容虽经反复推敲，但不免有疏漏和不妥之处，恳请广大读者提出宝贵意见或建议，欢迎批评指正。

愿我的努力能够帮助广大考生顺利通过“建筑工程管理与实务”科目的考试。

龙炎飞
2023年2月

专题一：案例题必备考点——“稳”字篇

专题二：历年真题拓展考点与难点解析——“准”字篇

专题三：建筑工程相关法规、文件及国家现行标准重点条文节选——“狠”字篇

专题一：案例题必备考点

——“稳”字篇

全国一级建造师“建筑工程管理与实务”科目考试之所以难，主要是有120分的案例题。本书第一部分针对教材知识点，按照模块对知识点进行分类和汇总，让大家在案例题复习和备考过程中做到事半功倍。“稳”字篇分为八章来讲解，分别是：

第一章：施工技术及验收规范

第二章：组织管理

第三章：进度

第四章：质量管理

第五章：安全

第六章：合同与成本

第七章：资源

第八章：验收

第一章

施工技术及验收规范

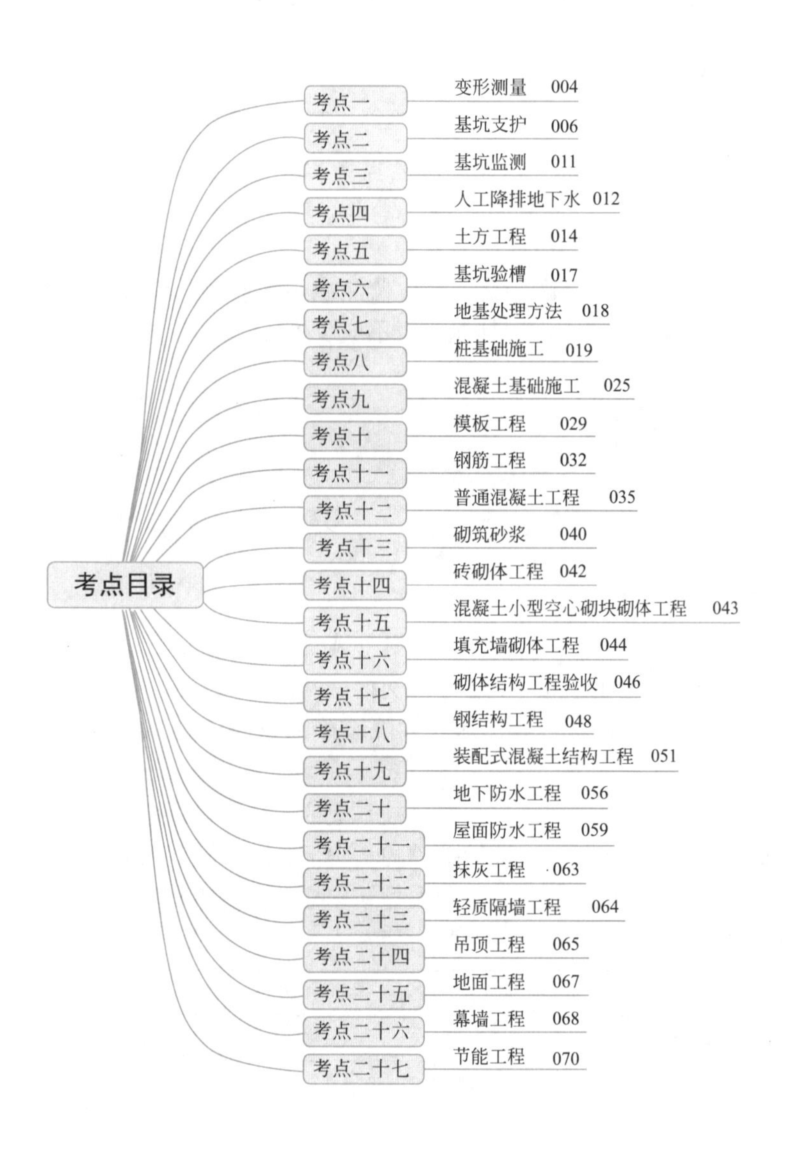

历年考情分析

年份	2014	2015	2016	2017	2018	2019	2020	2021	2022
案例	教材无此知识点		√					√	

1．施工期间变形监测内容

（1）各单体建筑：沉降观测。

（2）对基坑工程：基坑及其支护结构变形监测、周边环境变形监测。

（3）高层和超高层建筑：水平位移监测、垂直度及倾斜观测、扰度监测、日照变形监测、风振变形监测。

2．变形观测精度及基准点设置

（1）变形测量精度等级：特等、一等、二等、三等、四等共五级。

（2）变形测量基准点：分为沉降基准点和位移基准点。

① 沉降基准点：特等、一等沉降观测，基准点不应少于4个；其他等级沉降观测，基准点不应少于3个；基准点之间应形成闭合环。

② 位移基准点：对水平位移观测、基坑监测或边坡监测，应设置位移基准点。基准点数对特等和一等不应少于4个，对其他等级不应少3个。

总结如下图：

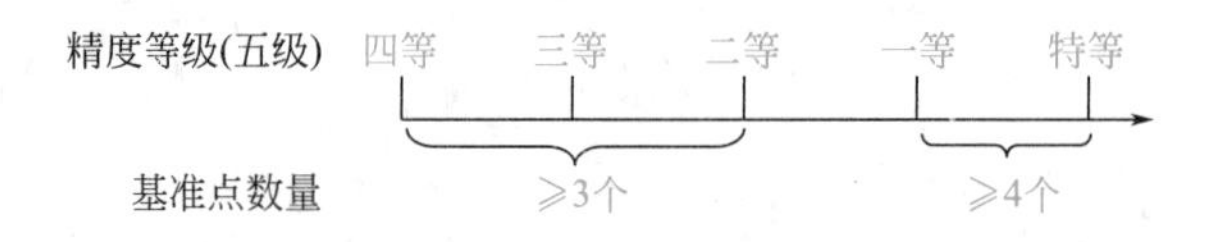

3．沉降观测

（1）沉降观测点布设位置：

① 建筑四角、核心筒四角、大转角处及沿外墙每10 ~ 20m处或每隔2 ~ 3根柱基上。

② 高低层建筑、新旧建筑和纵横墙等的交接处两侧。

③ 对于宽度≥15m的建筑，应在承重内隔墙中部设内墙点，并在室内地面中心及四周设地面点。

④ 框架结构及钢结构建筑的每个和部分柱基上或沿纵横轴线上。

⑤ 筏形基础、箱形基础底板或接近基础的结构部分之四角处及其中部位置。

⑥ 超高层建筑和大型网架结构的每个大型结构柱监测点不宜少于2个，且对称布置。

（2）周期和时间要求：

开始	基础完工后和地下室砌完后
过程中	每加高2 ~ 3层观测1次
停工	停工时和重新开工时各测一次，期间每隔2 ~ 3个月测1次

4．基坑变形观测

基坑变形观测分为基坑支护结构变形观测和基坑回弹观测。

（1）基坑围护墙或基坑边坡顶部变形观测点沿基坑周边布置，周边中部、阳角处、邻近被保护对象的部位应设监测点；监测点水平间距不宜大于20m，且每边监测点数目不宜少于3个。水平和竖向位移监测点宜为共用点。

（2）基坑围护墙或土体深层水平位移监测点宜布置在围护墙的中间部位、阳角处及有代表性的部位。监测点水平间距宜为20 ~ 60m，每侧边不应少于1个。

5. 倾斜观测

根据倾斜速率每1 ~ 2月观测1次。

6. 变形观测过程中发生下列情况之一时，必须立即实施安全预案，同时应提高观测频率或增加观测内容：

（1）变形量或变形速率出现异常变化。

（2）变形量或变形速率达到或超出预警值。

（3）周边或开挖面出现塌陷、滑坡情况。

（4）建筑本身、周边建筑及地表出现异常。

（5）由于地震、暴雨、冻融等自然灾害引起的其他异常变形情况。

【经典案例回顾】

例题1（2021年·背景资料节选）：某施工单位承建一高档住宅楼工程，钢筋混凝土剪力墙结构，地下2层，地上26层。施工单位项目部根据该工程特点，编制了“施工期变形测量专项方案”，明确了建筑测量精度等级为一等，规定了两类变形测量基准点设置均不少于4个。

问题：建筑变形测量精度分几个等级？变形测量基准点分哪两类？其基准点设置要求有哪些？

答案：

（1）建筑变形测量精度等级共分五级。

（2）变形测量基准点分为：沉降基准点和位移基准点。

（3）基准点设置要求是：

① 特等、一等精度基准点数量不应少于4个，其他等级精度基准点数量不应少于3个。

② 沉降基准点形成闭合环。

例题2（2016年·背景资料节选）：地下结构施工过程中，测量单位按变形测量方案实施监测时，发现基坑周边地表出现明显裂缝，立即将此异常情况报告给施工单位。施工单位立即要求测量单位实施安全预案。

问题：变形测量发现异常情况后，第三方测量单位还应及时采取哪些措施？针对变形测量，除基坑周边地表出现明显裂缝外，还有哪些异常情况也应立即报告委托方？

答案：

（1）应采取的措施：提高观测频率、增加观测内容。

（2）还应报告委托方的异常情况有：

① 变形量或变形速率出现异常变化。

② 变形量或变形速率达到或超出预警值。

③ 周边或开挖面出现塌陷、滑坡情况。

④ 建筑本身、周边建筑出现异常。

⑤ 由于地震、暴雨、冻融等自然灾害引起的其他异常变形情况。

例题3（背景资料节选）：基坑施工过程中对其支护结构进行变形观测，变形观测精度等级为一等，观测基准点设置3个。围护墙顶部变形观测点沿基坑周边布置，观测点间距为35m，每侧边不少于1个观测点。

问题：指出背景资料中基坑支护结构变形观测的错误之处，并说明理由。

答案：

错误1：基坑支护结构变形观测基准点设置3个。

理由：变形观测精度等级为一等时，变形观测基准点不应少于4个。

错误2：围护墙顶部变形观测点间距为35m。

理由：围护墙顶部变形观测点间距不宜大于20m。

错误3：每侧边不少于1个观测点。

理由：每侧边不宜少于3个观测点。

笔记区

考点二：基坑支护

历年考情分析

年份	2014	2015	2016	2017	2018	2019	2020	2021	2022
案例	√			√					

一、灌注桩排桩支护

（1）由支护桩、支撑（或土层锚杆）及防渗帷幕等组成。

（2）排桩根据支撑情况可分为悬臂式支护结构、锚拉式支护结构、内撑式支护结构和内撑-锚拉混合式支护结构。悬臂式排桩结构桩径不宜小于600mm。

（3）适用条件：基坑侧壁安全等级为一级、二级、三级；适用于可采取降水或止水帷幕的基坑。除悬臂式适用于浅基坑，其他都适用于深基坑。

（4）灌注桩排桩应采用间隔成桩的施工顺序，已完成浇筑混凝土的桩与邻桩间距应大于4倍桩径，或间隔施工时间应大于36h。

（5）灌注桩顶应充分泛浆，高度不应小于500mm；水下灌注混凝土时，混凝土强度应比设计桩身强度提高一个强度等级进行配制。

（6）截水帷幕与灌注桩排桩间的净距宜小于200mm。

（7）排桩顶部应设钢筋混凝土冠梁连接，冠梁宽度水平方向不宜小于桩径，冠梁高度垂直方向不宜小于梁宽的0.6倍。排桩与桩顶冠梁的混凝土强度等级宜大于C25。

（8）基坑开挖后，排桩的桩间土防护可采用钢丝网混凝土护面、砖砌等处理方法。

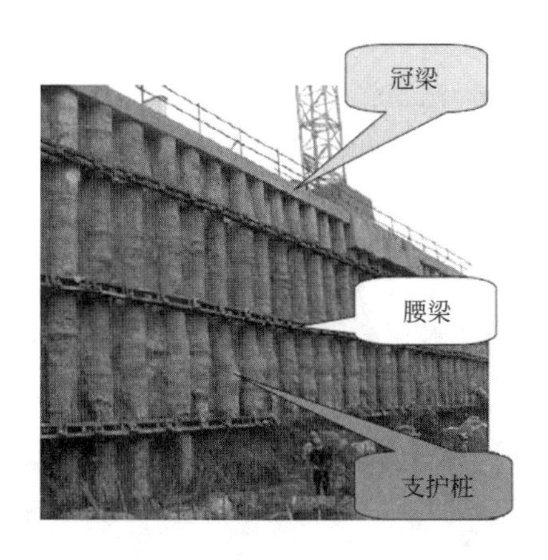

二、地下连续墙

（1）适用条件：基坑侧壁安全等级为一级、二级、三级；适用于周边环境条件很复杂的深基坑。

（2）应设置钢筋混凝土导墙：强度不低于C20，厚度不小于200mm；导墙顶面应高出地面100mm，导墙高度不小于1.2m；导墙内净距应比地下连续墙设计厚度加宽40mm。

（3）悬臂式现浇钢筋混凝土地下连续墙厚度不宜小于600mm，地下连续墙顶部应设置钢筋混凝土冠梁，冠梁宽度不宜小于地下连续墙厚度，高度不宜小于墙厚的0.6倍。

（4）地下连续墙单元槽段长度宜为4 ~ 6m。

（5）水下混凝土应采用导管法连续浇筑。导管水平布置距离不应大于3m，距槽段端部不应大于1.5m，导管下端距槽底宜为300 ~ 500mm，现场混凝土坍落度宜为200 ± 20mm，强度等级比设计等级提高一级配制，混凝土浇筑面宜高出设计标高300 ~ 500mm。

（6）混凝土达到设计强度后方可进行墙底注浆。注浆管应采用钢管；单元槽段内不少于2根；注浆管下端应伸到槽底200 ~ 500mm；注浆总量达到设计要求或注浆量达到80%以上，压力达到2MPa可终止注浆。

导墙开挖

导墙钢筋绑扎

导墙混凝土浇筑

导墙结构支撑

成槽开挖

钢筋笼起吊

钢筋笼入槽

混凝土浇筑

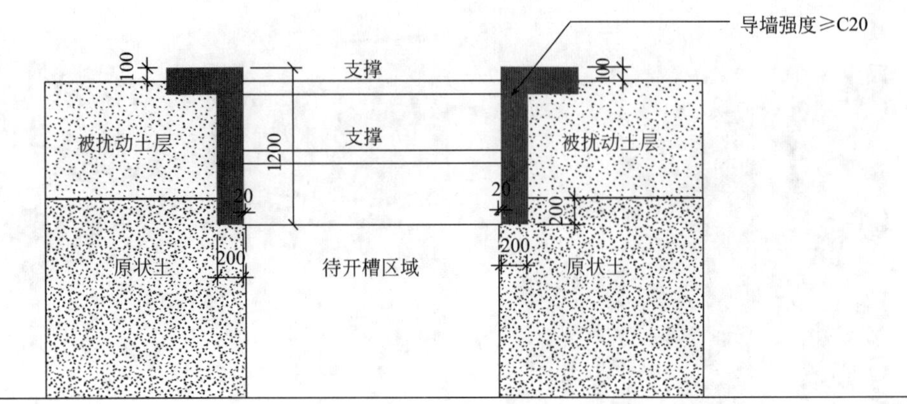

地下连续墙导墙施工(单位:mm)

三、土钉墙

1. 类型及验算内容

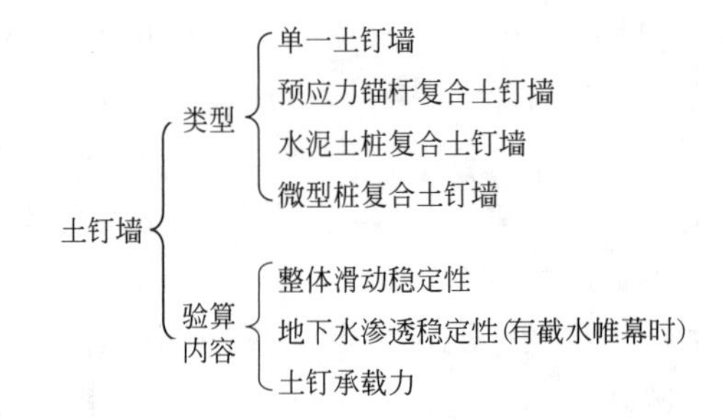

2. 施工要求

(1)土钉不应超出建筑用地红线范围。

(2)土钉墙施工遵循“超前支护，分层分段，逐层施作，限时封闭，严禁超挖”原则。

(3)每层土钉施工后，应抽查土钉的抗拔力。

(4)开挖后及时封闭临空面，在24h内完成土钉安放和喷射混凝土面层。(淤泥质土12h内)

(5)土钉水平间距和竖向间距宜为1 ~ 2m；土钉倾角宜为5°~ 20°。

(6)上一层土钉完成注浆48h后，才可开挖下层土方。

(7)成孔注浆型钢筋土钉应采用两次注浆工艺施工。第一次(水泥砂浆)注浆量不小于钻孔体积的1.2倍；初凝后方可第二次注浆(纯水泥浆)，注浆量为第一次注浆量的30% ~ 40%，注浆压力宜为0.4 ~ 0.6MPa。

(8)钢筋网：宜在喷射一层混凝土后铺设，采用双层钢筋网时，第二层钢筋网应在第一层钢筋网被混凝土覆盖后铺设。

(9)喷射混凝土的骨料最大粒径不应大于15mm。作业应分段分片进行，同一分段内应自下而上，一次喷射厚度不宜大于120mm。

(10)土钉筋体保护层厚度不应小于25mm。

四、支护结构的选型

支护结构可根据基坑周边环境、开挖深度、工程地质与水文地质、施工作业设备和施工季节等条件选择。

支护结构选型

结构形式	适用条件
排桩或地下连续墙	(1)适用于基坑侧壁安全等级一、二、三级。 (2)悬臂式结构在软土场地中不宜大于5m。 (3)当地下水位高于基坑底面时，宜采用降水、排桩加截水帷幕或地下连续墙。 以悬臂式为例： ① 排桩+截水帷幕+降水井。 ② 地下连续墙+降水井
水泥土墙	(1)适用于基坑侧壁安全等级二、三级。 (2)水泥土桩施工范围内地基土承载力不宜大于150kPa。 (3)用于淤泥质土基坑时，基坑深度不宜大于6m
土钉墙	(1)适用于基坑侧壁安全等级二、三级的非软土场地。 (2)基坑深度不宜大于12m。 (3)当地下水位高于基坑底面时，应采取降水或截水措施
逆作拱墙	(1)适用于基坑侧壁安全等级二、三级。 (2)淤泥和淤泥质土场地不宜采用。 (3)基坑深度不宜大于12m。 (4)当地下水位高于基坑底面时，应采取降水或截水措施

【经典案例回顾】

例题1（背景资料节选）：某办公楼工程，建筑面积82000m^2，地下3层，地上20层，钢筋混凝土框剪结构。距基坑边7m处有一栋六层住宅楼。地基土层为粉质黏土和粉砂，地下水为潜水，地下水位-9.5m，自然地面-0.5m。基础为片筏基础，埋深14.5m，基础底板混凝土厚1500mm。基坑支护工程专业施工单位提出了基坑支护降水采用“排桩+锚杆+截水帷幕+降水井”方案，施工总承包单位要求基坑支护降水方案进行比选后确定。

问题：适用于本工程的基坑支护降水方案还有哪些？

答案：

（1）地下连续墙+内支撑+降水井。

（2）排桩+内支撑+截水帷幕+降水井。

解析：

本问难度很大，要求考生有一定的现场施工经验。

（1）周边住宅楼距离基坑边仅7m，而基坑开挖深度为14.5m，开挖深度范围内有单体建筑，且开挖深度超过10m，故基坑侧壁安全等级为一级，支护形式只能选地下连续墙和排桩。

（2）地下水位-9.5m，开挖前水位至少降到坑底以下0.5m以上，必须设置降水井。

（3）降水过程中，为保证基坑外水不渗透至坑内，必须设置截水帷幕；若支护形式为地下连续墙时，可不再设截水帷幕，因为地下连续墙可兼作截水帷幕。

（4）本基坑地下三层，地下开挖深度为14.5m，单独用地下连续墙或排桩支护无法抵抗周边土的侧压力，必须加混凝土内支撑或锚杆。

例题2（背景资料节选）：基坑支护采用灌注桩排桩支护结构，监理工程师在审查《灌注桩排桩支护方案》时发现：

（1）灌注桩排桩采取间隔成桩的施工顺序，已完成浇筑混凝土的桩与邻桩间距大于3倍桩径，或间隔施工时间大于36h。

（2）灌注桩顶充分泛浆，高度控制在300～500mm；水下灌注混凝土时混凝土强度比设计桩身强度提高两个强度等级配制。

（3）灌注桩外截水帷幕采用三轴水泥土搅拌桩，截水帷幕与灌注桩排桩间的净距为250mm。

监理工程师认为存在诸多不妥，要求整改。

问题：指出《灌注桩排桩支护方案》的不妥之处，写出正确做法。

答案：

不妥1：已完成浇筑混凝土的桩与邻桩间距大于3倍桩径。

正确做法：应大于4倍桩径。

不妥2：灌注桩顶泛浆高度控制在300～500mm。

正确做法：泛浆高度不应小于500mm。

不妥3：截水帷幕与灌注桩排桩间的净距为250mm。

正确做法：截水帷幕与灌注桩排桩间的净距宜小于200mm。

例题3（背景资料节选）：基坑支护采用地下连续墙结构。施工时先设置现浇钢筋混凝土导墙，混凝土强度等级为C20；导墙厚度150mm，高度1m，顶面高出地面80mm；导墙内净距和地下连续墙厚度相同。地下连续墙采用分段成槽，槽段长度为8m。水下浇筑混凝土时，导管水平布置距离4m，距槽段端部距离2m，混凝土坍落度100mm。混凝土达到设计强度后进行墙底注浆，注浆管下端伸到槽底部，注浆总量达到设计要求，压力达到2MPa终止注浆。

问题：背景资料存在哪些不妥？说明理由。

答案：

不妥1：导墙厚度150mm，高度1m，顶面高出地面80mm。

理由：导墙厚度不应小于200mm，高度不应小于1.2m，顶面应高出地面100mm。

不妥2：导墙内净距和地下连续墙厚度相同。

理由：导墙内净距应比地下连续墙设计厚度加宽40mm。

不妥3：槽段长度为8m。

理由：地下连续墙槽段长度宜为4 ~ 6m。

不妥4：导管水平布置距离4m，距槽段端部距离2m，混凝土坍落度100mm。

理由：导管水平布置距离不应大于3m，距槽段端部距离不应大于1.5m，混凝土坍落度200 ± 20mm。

不妥5：注浆管下端伸到槽底部。

理由：注浆管下端应伸到槽底部200 ~ 500mm。

笔记区

考点三：基坑监测

历年考情分析

年份	2014	2015	2016	2017	2018	2019	2020	2021	2022
案例	教材无此知识点								

1. 应实施监测的基坑工程：

（1）基坑设计安全等级为一、二级的基坑。

（2）开挖深度大于或等于5m的下列基坑：

① 土质基坑。

② 极软岩基坑、破碎的软岩基坑、极破碎的岩体基坑。

③ 上部为土体，下部为极软岩、破碎的软岩、极破碎的岩体构成的土岩组合基坑。

（3）开挖深度小于5m但现场地质情况和周围环境较复杂的基坑工程。

2. 基坑工程施工前，应由建设方委托具备相应资质的第三方对基坑工程实施现场监测。

3. 基坑工程监测，应符合下列规定：

（1）基坑工程施工前，应编制基坑工程监测方案。监测方案应经建设方、设计方等认可，必要时还应与基坑周边环境涉及的有关管理单位协商一致后方可实施。

（2）应至少进行围护墙顶部水平位移、沉降以及周边建筑、道路等沉降监测。

（3）监测点应沿基坑围护墙顶部周边布设，周边中部、阳角处应布点。

（4）当基坑监测达到变形预警值，或基坑出现流沙、管涌、隆起、陷落，或基坑支护结构及周边环境出现大的变形时，应立即进行预警。

4. 当出现下列情况之一时，必须立即进行危险报警，并应通知相关方对基坑支护结构和周边环境保护对象采取应急措施。

（1）基坑支护结构的位移值突然明显增大或基坑出现流沙、管涌、隆起或陷落等。

（2）基坑支护结构的支撑或锚杆体系出现过大变形、压屈、断裂、松弛或拔出的迹象。

（3）基坑周边建筑的结构部分出现危害结构的变形裂缝。

（4）基坑周边地面出现较严重的突发裂缝或地下裂缝、地面下陷。

（5）基坑周边管线变形突然明显增长或出现裂缝、泄漏等。

（6）冻土基坑经受冻融循环时，基坑周边土体温度显著上升，发生明显的冻融变形。

（7）出现其他危险需要报警的情况。

【经典案例回顾】

例题（背景资料节选）：基坑开挖前，施工单位委托具有相应资质的第三方对基坑工程进行现场监测，监测单位编制了监测方案，明确了达到变形预警值等情形时立即进行预警。监测方案经建设方、监理方认可后开始实施。

问题：基坑监测管理工作有哪些不妥之处？说明理由。基坑应立即进行预警的情形还有哪些？

答案：

1. 不妥之处及理由：

不妥1：施工单位委托基坑监测单位。

理由：应由建设单位委托。

不妥2：监测方案经建设方、监理方认可后实施。

理由：应经建设方、设计方认可后实施。

2. 应立即进行预警的情形还有：

（1）出现流沙、管涌、隆起、陷落。

（2）基坑支护结构出现大的变形。

（3）基坑周边环境出现大的变形。

笔记区

考点四：人工降排地下水

历年考情分析

年份	2014	2015	2016	2017	2018	2019	2020	2021	2022
案例									

一、地下水控制技术方案选择

（1）软土地区开挖深度浅时，用排水沟和集水井进行集水明排。

（2）开挖深度超过3m，一般就要用井点降水。

（3）当因降水而危及基坑及周边环境安全时，宜采用截水或回灌方法。

（4）当基坑底为隔水层且层底作用有承压水时，应进行坑底突涌验算。必要时可采取水平封底隔渗或钻孔减压措施。（突涌验算承压水，钻孔减压水平封）

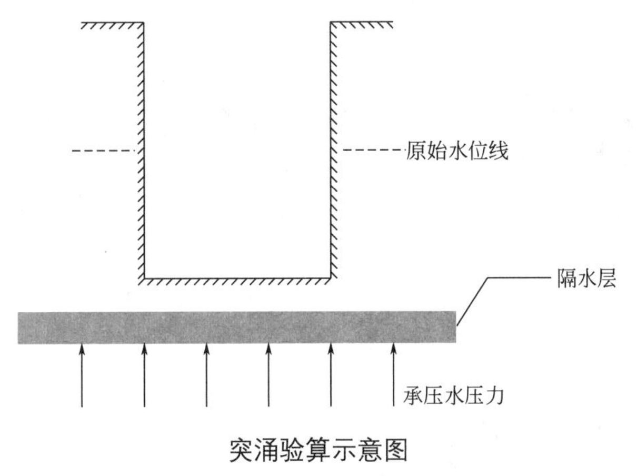

突涌验算示意图

二、降水施工技术

降水方法	轻型井点	喷射井点	降水管井
土料要求	填土、黏性土、粉土、砂土		碎石土和黄土，不适用填土
渗透系数要求	1×10^{-7} ~ 2×10^{-4}cm/s（小）		真空：>1×10^{-6}cm/s（大） 非真空：>1×10^{-5}cm/s（大）
降水深度	单级轻型井点：6m以内 多级轻型井点：6 ~ 10m	8 ~ 20m	>6m
注：降水深度从地面开始往下计算			

口诀：一类明排三类井；井点选择两标定。

注解：一类明排：排水明沟+集水井。

三类井：轻型井点、喷射井点、管井。

两标：渗透系数（也即土料），降水深度。

三、截水和回灌

1. 截水

（1）利用截水帷幕切断基坑外的地下水流入基坑内。

（2）截水帷幕渗透系数宜小于1×10^{-6}cm/s，常用高压喷射注浆、地下连续墙、小齿口钢板桩、深层水泥土搅拌桩等。

2. 回灌

将抽出的地下水通过回灌井点持续地再灌入地基土层内，使地下降水的影响半径不超过回灌井点的范围。

【经典案例回顾】

例题（背景资料节选）：某框架结构，基坑深度8.2m，地下水位较高，基坑侧壁安全等级为一级。地基土渗透系数较大，且含有大量碎石土。施工单位根据周边环境等因素综合考虑采用复合土钉墙支护方式，在编制基坑支护方案时，考虑渗透系数较大，降水深度较深，拟采用多级轻型井点降水，并在四周设置深层水泥土搅拌桩截水帷幕。

问题1：降水方式是否合理？说明理由。降水深度是多少？截水帷幕还有哪些方式？

答案：

（1）降水方式：不合理。

理由：本工程渗透系数较大，适合采用管井降水。

（2）降水深度=8.2+0.5=8.7m。

（3）截水帷幕还有高压喷射注浆、地下连续墙、小齿口钢板桩。

问题2：基坑支护选择的依据还有哪些？本工程的支护方式是否合理？说明理由。

答案：

（1）基坑支护选择的依据还有：开挖深度、工程地质与水文地质、施工作业设备和施工季节等。

（2）本工程支护方式：不合理。

理由：土钉墙支护适用于基坑侧壁安全等级为二、三级。

笔记区

考点五：土方工程

历年考情分析

年份	2014	2015	2016	2017	2018	2019	2020	2021	2022
案例					√				

一、土方开挖

（1）遵循“开槽支撑，先撑后挖，分层开挖，严禁超挖”原则。

（2）挖土方案有放坡挖土、中心岛式挖土、盆式挖土和逆作法挖土。前者无支护，后三种皆有支护结构。

（3）分层开挖时，分层厚度宜控制在3m以内；多级放坡开挖时，坡间平台宽度不小于3m。

（4）土钉墙支护的基坑开挖应分层分段进行，每层分段长度不宜大于30m。

（5）在地下水位以下挖土，应在基坑四周挖好临时排水沟和集水井，或采用井点降水，将水位降低至坑底以下500mm以上。降水工作持续到基础（地下水位下回填土）施工完成。

二、土方回填

1．土料要求：

（1）不能选用淤泥、淤泥质土、有机质大于5%的土、含水量不符合压实要求的黏性土。

（2）填方土应尽量采用同类土。

2．土方回填施工前需完成工作：

（1）检查基底的垃圾、树根等杂物清除情况。

（2）测量基底标高、边坡坡率。

（3）检查验收基础外墙防水层和保护层。

（4）确定回填料含水量控制范围、铺土厚度、压实遍数等施工参数。

3．土方回填施工中应检查排水系统、每层填筑厚度、辗迹重叠程度、含水量控制、回填土有机质含量、压实系数等。回填土的最优含水率：砂土8% ~ 12%；黏土19% ~ 23%；粉质黏土12% ~ 15%；粉土16% ~ 22%。

4．从场地最低处开始，由下而上整个宽度分层回填，且应在下层土的压实系数经试验合格后方可进行上层土回填。

5．每层虚铺厚度应根据夯实机械确定，见下表：

压实机具	分层厚度（mm）	每层压实遍数（次）
平碾	250 ~ 300	6 ~ 8
振动压实机	250 ~ 350	3 ~ 4
柴油打夯机	200 ~ 250	3 ~ 4
人工打夯	＜200	3 ~ 4

6．应按设计要求预留沉降量，一般不超过填方高度的3%。冬期施工每层铺土厚度应比常温施工时减少20% ~ 25%，预留沉降量比常温时增加。

7．填方应在相对两侧或周围同时进行回填和夯实。

8．填方的密实度要求和质量指标通常以压实系数表示。（方法：环刀法）

【经典案例回顾】

例题1（2018年·背景资料节选）：监理工程师在检查土方回填施工时发现：回填土料混有建筑垃圾；土料铺填厚度大于400mm；采用振动压实机压实2遍成活；每天将回填2 ~ 3层的环刀法取的土样统一送检测单位检测压实系数，对此出整改要求。

问题：指出土方回填施工中的不妥之处，并写出正确做法。

答案：

不妥1：回填土料混有建筑垃圾。

正确做法：填方土应尽量采用同类土，不能混有建筑垃圾。

不妥2：土料铺填厚度大于400mm。

正确做法：振动压实机夯实时，土料铺填厚度250 ~ 350mm。

不妥3：采用振动压实机压实2遍成活。

正确做法：每层压实3 ~ 4遍。

不妥4：2 ~ 3层土样统一送检。

正确做法：每层土单独取样送检。

例题2（2020年二建·背景资料节选）：在回填土施工前，项目部安排人员编制了回填土专项方案，包括：按设计和规范规定，严格控制回填土方的粒径和含水率，要求在土方回填前做好清除基底垃圾等杂物，按填方高度的5%预留沉降量等内容。

问题：土方回填预留沉降量是否正确？并说明理由。土方回填前除清除基底垃圾外，还有哪些清理内容及相关工作？

答案：

（1）预留沉降量：不正确。

理由：应按设计要求预留沉降量，一般不超过填方高度的3%。

（2）还需清理内容：树根等杂物。

（3）还需进行的相关工作有：

① 测量基底标高、边坡坡率。

② 检查验收基础外墙防水层和保护层。

③ 确定回填料含水量控制范围、铺土厚度、压实遍数等施工参数。

例题3（背景资料节选）：某办公楼工程，建筑面积82000m^2，地下3层，地上20层，钢筋混凝土框剪结构。地基土层为粉质黏土和粉砂，地下水为潜水，地下水位-9.5m，自然地面-0.5m。基础为片筏基础，埋深14.5m。在基坑降水的施工方案中说明：采用轻型井点降水，地下水位以下挖土的过程中，基坑降水至基坑坑底标高处，降水工作持续至基础垫层施工完毕。

问题：基坑降水施工方案有哪些不妥之处？并写出正确做法。

答案：

不妥1：采用轻型井点降水。

正确做法：应采用喷射井点降水。

不妥2：基坑降水至基坑坑底标高处。

正确做法：应将地下水位降到坑底以下500mm以上。

不妥3：降水工作持续至基础垫层施工完毕。

正确做法：应持续到基础（包括地下水位下回填土）施工完成。

考点六：基坑验槽

历年考情分析

年份	2014	2015	2016	2017	2018	2019	2020	2021	2022
案例									

一、验槽具备的资料和条件

1．需具备的资料

（1）地基基础设计文件。

（2）岩土工程勘察报告。

（3）轻型动力触探记录（可不进行时除外）。

（4）地基处理或深基础施工质量检测报告。

2．需具备的条件

（1）五方技术人员到场。

（2）基底应为无扰动的原状土，留置有保护层时其厚度不应超过100mm。

二、天然地基验槽内容

（1）核对基坑的位置、平面尺寸、坑底标高。

（2）核对坑底、坑边岩土体及地下水情况。

（3）检查空穴、古井、古墓、暗沟、地下埋设物及防空掩体等情况，并查明其位置、深度和形状。

（4）检查基坑底土质的扰动情况及扰动的范围和程度。

（5）检查基坑底土质受到冰冻、干裂、受水冲刷或浸泡等扰动情况，并查明影响范围和深度。

三、验槽方法

验槽方法	（1）观察法：常用。 （2）钎探法：针对基底以下土层不可见部位采用。 （3）轻型动力触探
观察法	（1）重点观察柱基、墙角、承重墙下或其他受力较大部位。 （2）难以鉴别的土质采用洛阳铲等工具挖至一定深度仔细鉴别。 （3）直接观察时，可用袖珍式贯入仪作为辅助手段
轻型动力触探	基槽检验时，应检查下列内容： （1）地基持力层的强度和均匀性。 （2）浅埋软弱下卧层或突出硬层。 （3）浅埋的会影响地基承载力或稳定性的古井、墓穴或空洞等

笔记区

考点七：地基处理方法

历年考情分析

年份	2014	2015	2016	2017	2018	2019	2020	2021	2022
案例									

1. 砂和砂石地基

（1）材料要求

① 选用中砂、粗砂、砾砂、碎（卵）石、角砾、圆砾、石屑。

② 如用细砂或石粉时，应掺入不少于总重30%的碎石或卵石。

（2）检查内容

① 施工过程中检查分层厚度、分段施工时搭接部分的夯实情况、加水量、压实遍数、压实系数。

② 施工结束后检查地基承载力。

2. 水泥粉煤灰碎石桩（CFG桩）

根据现场条件可选用下列施工工艺：

（1）长螺旋钻孔灌注成桩。

（2）长螺旋钻中心压灌成桩。

（3）振动沉管灌注成桩。

（4）泥浆护壁成孔灌注成桩。

3. 注浆加固

（1）适用于砂土、粉土、黏性土和人工填土等地基加固。

（2）加固材料可选用：水泥浆液、硅化浆液、碱液等固化剂。

4. 水泥土搅拌桩复合地基

（1）施工前应检查水泥及外掺剂的质量、桩位、搅拌机工作性能，并应对各种计量设备进行检定或校准。

（2）施工中应检查机头提升速度、水泥浆或水泥注入量、搅拌桩的长度及标高。

（3）施工结束后，应检查桩体强度、桩体直径及单桩与复合地基承载力。

【经典案例回顾】

例题（2013年·背景资料节选）：砂石地基施工中，施工单位采用细砂（掺入30%的碎石）进行铺填。监理工程师检查发现其分层铺设厚度，各分段施工的上下层搭接长度不符合规范要求，令其整改。

问题：砂石地基采用的原材料是否正确？砂石地基还可以采用哪些原材料？除事件背景中列出的项目外，砂石地基施工过程中还应检查哪些内容？

答案：

（1）正确。

（2）还可以采用中砂、粗砂、砾砂、碎（卵）石、角砾、圆砾、石屑等。

（3）还应检查加水量、压实遍数、压实系数。

笔记区

考点八：桩基础施工

历年考情分析

年份	2014	2015	2016	2017	2018	2019	2020	2021	2022
案例			√				√		√

一、钢筋混凝土预制桩

1．锤击沉桩法

（1）强度达到70%后方可起吊，达到100%后方可运输和打桩。

注：采用两支点起吊，吊点距桩端宜为0.2L（桩段长）。吊运过程中严禁采用拖拉取桩方法。

（2）接桩接头高出地面0.5 ~ 1m。接桩方法分为焊接、螺纹接头和机械啮合接头等。

（3）沉桩顺序：先深后浅、先大后小、先长后短、先密后疏。

（4）从中间向四周或两边对称施打；当一侧毗邻建筑物时，由毗邻建筑物处向另一方向施打。

（5）终止沉桩应以桩端标高控制为主，贯入度控制为辅。

注：当桩终端达到坚硬，硬塑黏性土，中密以上粉土、砂土、碎石土及风化岩时，可以贯入度控制为主，桩端标高控制为辅。

（6）贯入度达到设计要求而桩端标高未达到时，应继续锤击3阵，按每阵10击的贯入度不大于设计规定的数值予以确认。

2. 静力压桩法

（1）施工前进行试压桩，数量不少于3根。

（2）桩接头可采用焊接法，或螺纹式、啮合式、卡扣式、抱箍式等机械快速连接方法。

① 焊接、螺纹接桩时，接头宜高出地面0.5 ~ 1.0m。

② 啮合式、卡扣式、抱箍式接桩时，接头宜高出地面1 ~ 1.5m。

（3）送桩深度不宜大于10 ~ 12m。送桩深度大于8m时，送桩器应专门设计。

（4）沉桩顺序：先深后浅、先长后短、先大后小、避免密集。

（5）静压桩终止沉桩应以标高为主，压力为辅。

① 摩擦桩应按桩顶标高控制。

② 端承摩擦桩，应以桩顶标高控制为主，终压力控制为辅。

③ 端承桩应以终压力控制为主，桩顶标高控制为辅。

二、钢筋混凝土灌注桩

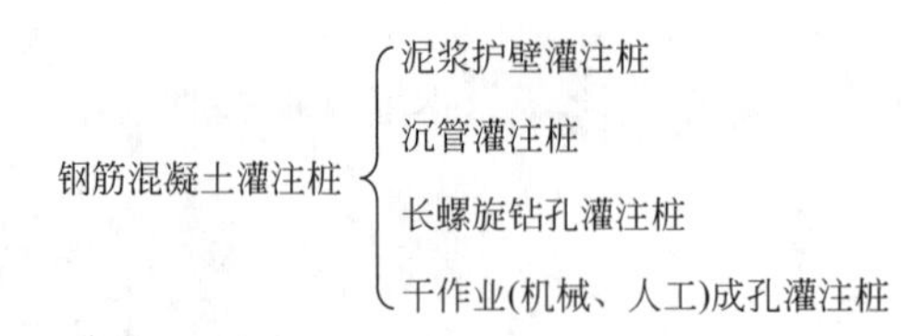

1. 泥浆护壁钻孔灌注桩

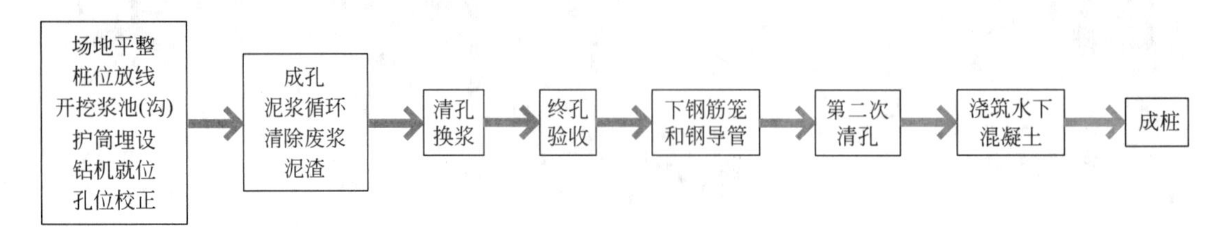

（1）应进行工艺性试成孔，数量不少于2根。

（2）清孔可采用正循环清孔、泵吸反循环清孔、气举反循环清孔等方法。清孔后孔底沉渣厚度要求：端承型桩应不大于50mm；摩擦型桩应不大于100mm；抗拔、抗水平荷载桩应不大于200mm。

（3）钢筋笼宜分段制作，接头宜采用焊接或机械连接，接头相互错开。

（4）导管法灌注水下混凝土，桩顶标高比设计标高超灌1m以上，充盈系数不应小于1。

注：水下混凝土强度比设计强度提高等级配置，坍落度宜为180 ~ 220mm。

（5）桩底注浆导管应采用钢管，单根桩上数量不少于两根。注浆终止条件应控制注浆量与注浆压力两个因素，以前者为主，满足下列条件之一即可终止注浆：

① 注浆总量达到设计要求。

② 注浆量不低于80%，且压力大于设计值。

（6）施工中检查：成孔、钢筋笼制作与安装、水下混凝土灌注。

施工结束后检查：混凝土强度、桩体完整性和承载力。

（7）灌注桩混凝土强度检验试件：

① 每灌注50m^3留置1组。

② 浇筑量不足50m^3时，每连续浇筑12h至少留置1组。

③ 单柱单桩时，每根桩至少留置1组。

（8）平面位置及垂直度检查：

① 桩径允许偏差≥0mm（只大不小）。

② 垂直度偏差：1%。

③ 桩位允许偏差：

当设计桩径＜1000mm时，桩位允许偏差（mm）≤70+0.01H；

当设计桩径≥1000mm时，桩位允许偏差（mm）≤100+0.01H。

注：H为桩基施工面与设计桩顶的距离（mm）。

2. 沉管灌注桩

可选用单打法、复打法或反插法。单打法适用于含水量较小土层，复打法或反插法适用于饱和土层。

（1）成桩过程为：桩机就位→锤击（振动）沉管→上料→边锤击（振动）边拔管，并继续浇筑混凝土→下钢筋笼，继续浇筑混凝土及拔管→成桩。

（2）施工要求：

① 桩管沉到设计标高并停止振动后应立即浇筑混凝土。管内灌满混凝土后应先振动，再拔管。拔管过程中，应分段添加混凝土，保持管内混凝土面不低于地表面或高于地下水位1 ~ 1.5m。

② 桩身配钢筋笼时，第一次混凝土应先浇至笼底标高，然后放置钢筋笼，再浇混凝土到桩顶标高。

③ 沉管灌注桩全长复打桩施工时，第一次灌注混凝土应达到自然地面，复打施工应在第一次浇筑的混凝土初凝之前完成。初打与复打的桩中心线应重合。

三、桩基检测技术

（1）桩基施工前，试验桩检测单根桩极限承载力，为设计提供依据。

桩基施工后，工程桩检测桩身完整性（先）和承载力（后），为验收提供依据。

检测内容	方法	开始时间	抽检数量
承载力	静载试验	一般承载力检测前的休止时间： 砂土地基≥7d 粉土地基≥10d	≥总桩数1%，且≥3根。总桩数少于50根时至少2根
桩身完整性	钻芯法	受检桩龄期应达到28d，或同条件养护试块强度达到设计要求	≥总桩数20%，且≥10根。每根柱子承台下的桩抽检数量≥1根
	低应变法 高应变法 声波透射法	受检桩强度≥设计强度70%，且≥15MPa	

（2）钻芯法：

检测内容	灌注桩桩长、桩身混凝土强度、桩底沉渣厚度，判定或鉴别桩端持力层岩土性状，判定桩身完整性类别
钻孔数量	桩径 1.2m 1.6m 1个孔 2个孔 3个孔
钻孔位置	距桩中心（0.15 ~ 0.25）*D*范围内均匀对称布置

（3）验收检测的受检桩选择条件：

① 施工质量有疑问的桩。

② 局部地基条件出现异常的桩。

③ 承载力验收时选择部分Ⅲ类桩。

④ 设计方认为重要的桩。

⑤ 施工工艺不同的桩。

⑥ 宜按规定均匀和随机选择。

（4）桩身完整性分为4类：

Ⅰ类桩	桩身完整
Ⅱ类桩	轻微缺陷，不会影响桩身结构承载力的正常发挥
Ⅲ类桩	明显缺陷，对桩身结构承载力有影响
Ⅳ类桩	严重缺陷

【经典案例回顾】

例题1（2022年·背景资料节选）：某新建医院工程，采用沉管灌注桩基础。施工单位在桩基础专项施工方案中，根据工程所在地含水量较小的土质特点，确定沉管灌注桩选用单打法成桩工艺，其成桩过程包括桩机就位、锤击（振动）沉管、上料等工作内容。

问题：沉管灌注桩施工除单打法外，还有哪些方法？成桩过程还有哪些内容？

答案：

（1）施工方法还有：复打法、反插法。

（2）成桩过程内容还有：

① 边锤击（振动）边拔管，并继续浇筑混凝土。

② 下钢筋笼，并继续浇筑混凝土及拔管。

③ 成桩。

例题2（2020年·背景资料节选）：在静压预制桩施工时，桩基专业分包单位按照"先深后浅，先大后小，先长后短，避免密集"的顺序进行，上部采用卡扣式接桩方法，接头高出地面0.8m。桩基施工后经检测，有1%的Ⅱ类桩。

问题：桩基的沉桩顺序是否正确？卡扣式接桩高出地面0.8m是否妥当？并说明理由。桩身的完整性有几类？写出Ⅱ类桩的缺陷特征。

答案：

（1）沉桩顺序：正确。

（2）卡扣式接桩高出地面0.8m不妥当；

理由：宜高出地面1～1.5m。

（3）桩身的完整性有4类。

（4）Ⅱ类桩的缺陷特征是：桩身有轻微缺陷，不影响桩身结构承载力的正常发挥。

例题3（背景资料节选）：某写字楼工程，地质条件复杂，基坑深度12m，距离邻近建筑物7m，支护结构采用地下连续墙且作为地下室外墙。工程桩为泥浆护壁钻孔灌注桩基础，桩径1m，桩长35m，混凝土强度等级C30，共400根。施工单位编制的桩基础施工方案中列明：导管法水下灌注C30混凝土，灌注时桩顶混凝土面超过设计标高500mm，每根桩留置一组混凝土试件；完成第一次清孔工作后，随即下放钢筋笼及下导管，然后进行水下混凝土灌注。成桩后选择有代表性的桩进行验收检测，按总桩数20%对桩身完整性进行检验，并采用静载荷试验的方法对3根桩进行承载力检验。监理工程师认为方案存在错误，要求施工单位整改后重新上报。

问题：指出桩基础施工方案中的错误之处，并分别写出正确做法。检测桩身完整性方法包括哪些？

答案：

（1）施工方案的错误之处及正确做法如下：

错误1：水下灌注C30混凝土。

正确做法：应灌注C35混凝土（强度等级提高一级）。

错误2：桩顶混凝土面超过设计标高500mm。

正确做法：应超灌1m以上。

错误3：第一次清孔后，随即下放钢筋笼及下导管。

正确做法：第一次清孔后，应终孔验收合格后方可下放钢筋笼及导管。

错误4：下放钢筋笼及下导管后，进行水下混凝土灌注。

正确做法：应二次清孔后方可灌注水下混凝土。

错误5：选择有代表性的桩进行验收检测。

正确做法：验收检测的桩宜均匀和随机选择。

错误6：对3根桩进行承载力检验。

正确做法：应对至少4根桩进行承载力检验（1%至少3根）。

（2）检测桩身完整性方法包括：钻芯法、低应变法、高应变法、声波透射法。

例题4（背景资料节选）：某单体办公楼桩基础采用泥浆护壁钻孔灌注桩，设计桩径800mm，有效桩长为15m，场地标高为36.355m，桩顶设计标高为31.550m，混凝土设计强度等级为C40。泥浆护壁钻孔灌注桩施工时，采用正循环方式进行循环清孔，随即下放钢筋笼和钢导管，紧接着采用C40混凝土进行水下浇筑。桩底注浆时，注浆压力达到设计值时，施工单位便终止注浆。桩基础验收时，发现某桩的桩径为790mm，桩位偏差为120mm。

问题：分别指出灌注桩施工过程和验收中的不妥之处，并说明理由。

答案：

不妥1：第一次清孔后随即下放钢筋笼和钢导管。

理由：需终孔验收合格后方可下放钢筋笼和钢导管。

不妥2：下放钢筋笼和钢导管后浇筑水下混凝土。

理由：需二次清孔后方可浇筑水下混凝土。

不妥3：水下浇筑C40混凝土。

理由：水下混凝土强度应比设计强度提高强度等级配置。

不妥4：注浆压力达到设计值即终止注浆。

理由：注浆终止条件应控制注浆量和注浆压力两个因素，以注浆量为主。

不妥5：个别桩径为790mm。

理由：桩径允许偏差应≥0，即只大不小。

不妥6：个别桩位偏差为120mm。

理由：最大桩位允许偏差应为70＋0.01×（36.355−31.550）×1000=118.05mm。

例题5（背景资料节选）：在预制管桩锤击沉桩施工过程中，某一根管桩在桩端标高接近设计标高时，难以下沉；此时，贯入度已达到设计要求，施工单位认为该桩承载力已经能够满足设计要求，提出终止沉桩。经组织勘察、设计、施工等各方参建人员和专家会商后同意终止沉桩，监理工程师签字认可。

问题：监理工程师同意终止沉桩是否正确？请说明理由。预制管桩的沉桩方法有哪几种？

答案：

（1）监理工程师同意终止沉桩的做法不正确。

理由：贯入度达到设计要求而桩端标高未达到时，应继续锤击3阵，按每阵10击的贯入度不大于设计规定的数值予以确认。

（2）预制管桩的沉桩方法有：锤击沉桩法、静力压桩法。

笔记区

历年考情分析

年份	2014	2015	2016	2017	2018	2019	2020	2021	2022
案例				√		√			√

一、钢筋工程

1. 钢筋网的绑扎：

（1）四周两行钢筋交叉点每点扎牢，中间部分交叉点相隔交错扎牢。

（2）双向主筋的钢筋网，须将全部钢筋相交点扎牢。

（3）相邻绑扎点的钢丝扣要成八字形。

2. 底板采用双层钢筋网时，在上层钢筋网下面应设置钢筋撑脚，以保证钢筋位置正确。

3. 钢筋的弯钩朝上，不要倒向一边；但双层钢筋网的上层钢筋弯钩朝下。

4. 基础中纵向受力钢筋的混凝土保护层厚度不应小于40mm；当无垫层时不应小于70mm。

二、大体积混凝土工程

1. 大体积混凝土施工

大体积混凝土是指结构物实体最小尺寸不小于1m的大体量混凝土。

（1）采用整体分层连续或推移式连续浇筑施工。

① 整体分层连续浇筑时，浇筑层厚度宜为300 ~ 500mm，振捣时应避免过振和漏振。

② 应在前层混凝土初凝之前将次层混凝土浇筑完毕，层间间歇时间不应大于混凝土初凝时间。

（2）当采用跳仓法时，跳仓的最大分块单向尺寸不宜大于40m，跳仓间隔施工的时间不宜小于7d，跳仓接缝处应按施工缝的要求设置和处理。

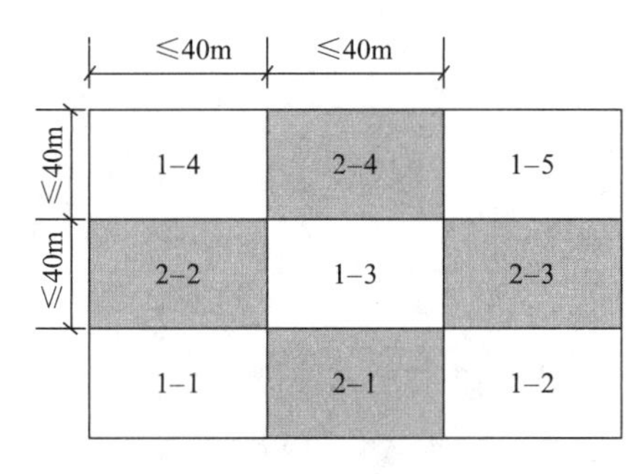

（3）混凝土入模温度宜控制在5 ~ 30℃。

（4）应及时对大体积混凝土浇筑面进行多次抹压处理。

（5）进行保温保湿养护。

① 保湿养护持续时间≥14d。

② 保温覆盖层拆除应分层逐步进行，当混凝土表面温度与环境最大温差小于20℃时，

可全部拆除。

2．试验取样

（1）当一次连续浇筑不大于1000m^{3}同配合比的大体积混凝土时，混凝土强度试件现场取样不应少于10组。

（2）当一次连续浇筑1000 ~ 5000m^{3}同配合比的大体积混凝土时，超出1000m^{3}的混凝土，每增加500m^{3}取样不应少于一组，增加不足500m^{3}时取样一组。

（3）当一次连续浇筑大于5000m^{3}同配合比的大体积混凝土时，超出5000m^{3}的混凝土，每增加1000m^{3}取样不应少于一组，增加不足1000m^{3}时取样一组。

图例表示如下：

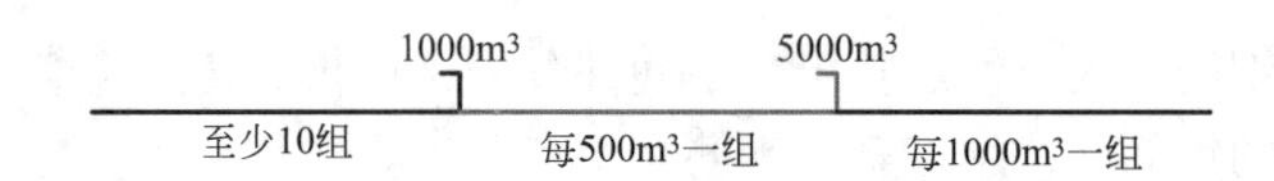

3．大体积混凝土施工温控指标

（1）最大温升值（温升峰值）≤ 50℃。

（2）里表温差≤ 25℃。

（3）降温速率≤ 2.0℃ /d。

（4）拆除保温覆盖时，表面与大气温差≤ 20℃。

4．大体积混凝土浇筑体内温度监测点布置

（1）测试区可选混凝土浇筑体平面对称轴线的半条轴线，测试区内监测点应按平面分层布置。

（2）在每条测试轴线上，监测点位不宜少于4处。

（3）沿混凝土浇筑体厚度方向，应至少布置表层、底层和中心温度测点，测点间距不宜大于500mm。

（4）混凝土浇筑体表层温度，宜为混凝土浇筑体表面以内50mm处的温度。

（5）混凝土浇筑体底层温度，宜为混凝土浇筑体底面以上50mm处的温度。

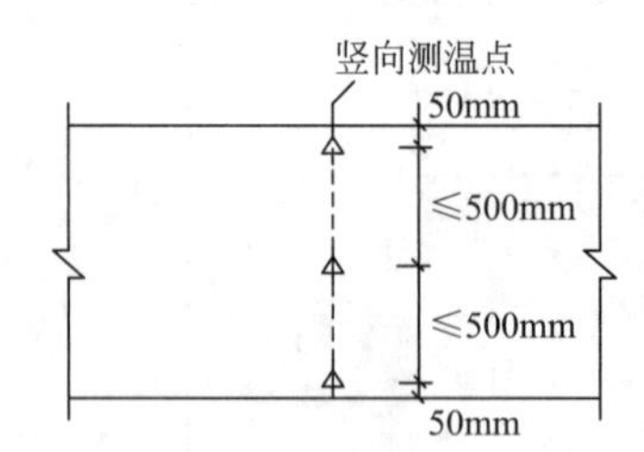

5．大体积混凝土浇筑体里表温差、降温速率及环境温度的测试，在混凝土浇筑后，每昼夜不应少于4次；入模温度测量，每台班不应少于2次。

【经典案例回顾】

例题1（2022年·背景资料节选）：某新建医院工程，沉管灌注桩基础，钢筋混凝土结构。基础底板大体积混凝土浇筑方案确定了包括环境温度、底板表面与大气温差等多项温度控制指标；明确了温控监测点布置方式，要求沿底板厚度方向测温点间距不大于500mm。

问题：大体积混凝土温控指标还有哪些？沿底板厚度方向的测温点应布置在什么位置？

答案：

（1）大体积混凝土温控指标还有：温升峰值（最高温升）、里表温差、降温速率。

（2）沿底板厚度方向的测温点应布置在：表面以内50mm处、中心位置、底面以上50mm处。

例题2（2019年·背景资料节选）：某工程钢筋混凝土基础底板，长度120m、宽度100m、厚度2.0m。混凝土设计强度等级P6C35，设计无后浇带。采用跳仓法施工方案，分别按1/3长度与1/3宽度分成9个浇筑区（见图1），每区混凝土浇筑时间3d，各区依次连续浇筑，同时按照规范要求设置测温点（见图2）。（资料中未说明条件及因素均视为符合要求）

4	B	5
A	3	D
1	C	2

注：① 1～5为第一批浇筑顺序；② A、B、C、D为填充浇筑区编号

图1 跳仓法分区示意图

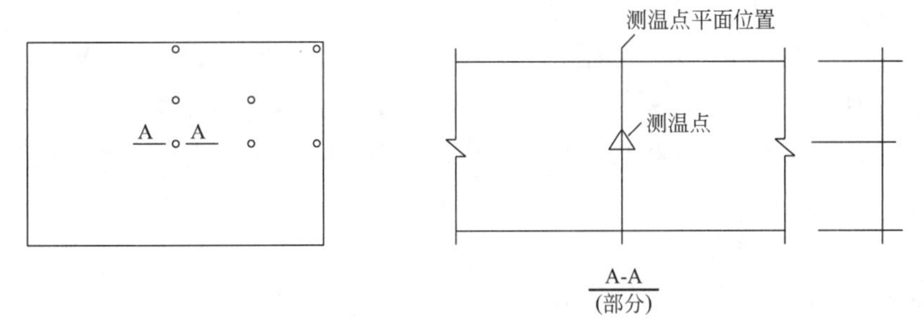

图2 分区测温点位置平面布置示意图

问题1：写出正确的填充浇筑区A、B、C、D的先后浇筑顺序（如表示为A–B–C–D）。

答案：

C–A–D–B。

问题2：画出A–A剖面示意图（可手绘），并补齐应布置的竖向测温点位置。

答案：

应布置五层测温点，竖向测温点的具体位置如下图所示：

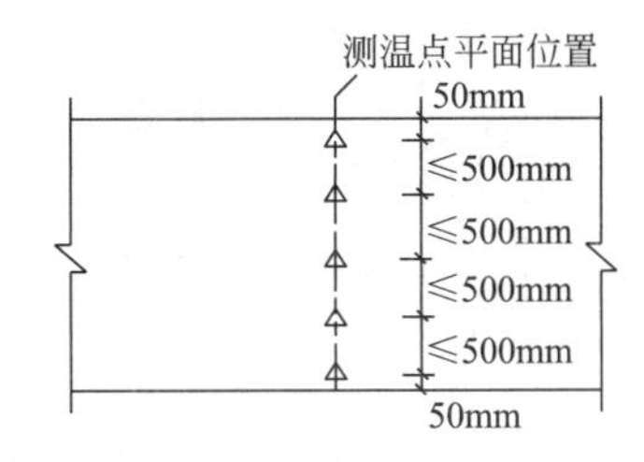

例题3（2017年·背景资料节选）：某新建仓储工程，采用钢筋混凝土筏板基础，地下室为钢筋混凝土框架结构，筏板基础混凝土强度等级为C30，内配双层钢筋网、主筋为Φ20螺纹钢。基础筏板下三七灰土夯实，无混凝土垫层。项目部制定的基础筏板钢筋施工技术方案中规定：钢筋保护层厚度控制在40mm；主筋通过直螺纹连接接长，钢筋交叉点按照相隔交错扎牢，绑扎点的钢丝扣绑扎方向要求一致；上、下层钢筋网之间拉勾要绑扎牢固，以保证上、下层钢筋网相对位置准确。监理工程师审查后认为有些规定不妥，要求改正。

问题：写出基础筏板钢筋技术方案中的不妥之处，并分别说明理由。

答案：

不妥1：钢筋保护层厚度控制在40mm。

理由：无混凝土垫层时，基础中纵向受力钢筋保护层厚度至少70mm。

不妥2：钢筋交叉点按照相隔交错扎牢。

理由：全部钢筋交叉点均应扎牢。

不妥3：绑扎点的钢丝扣绑扎方向要求一致。

理由：相邻绑扎点的钢丝扣要成八字形。

不妥4：上、下层钢筋网之间用拉勾。

理由：上层钢筋网下面应设置钢筋撑脚，以保证钢筋位置准确。

例题4（背景资料节选）：基础底板混凝土浇筑完毕后，施工方按规范要求对浇筑体进行保温保湿养护，其中保湿养护持续7d。第3天时，对里表温差按照每8h进行一次测试，测温显示混凝土内部温度70℃，混凝土表面温度35℃。养护结束时，底板表面温度与环境最大温差为23℃，为后续工作尽快实施，拆除了表面的保温覆盖层。

问题：指出背景资料中底板大体积混凝土浇筑及养护的不妥之处，并说明正确做法。

答案：

不妥1：保湿养护持续7d。

正确做法：保湿养护持续时间不宜少于14d。

不妥2：每8h进行一次里表温差测试。

正确做法：里表温差测试在混凝土浇筑后，每昼夜不应少于4次。

不妥3：混凝土内部温度70℃，混凝土表面温度35℃。

正确做法：采取措施使混凝土内外温差不大于25℃。

不妥4：拆除保温覆盖层时底板表面与大气温差为23℃。

正确做法：拆除保温覆盖层时，表面与大气温差不应大于20℃。

笔记区

考点十：模板工程

历年考情分析

年份	2014	2015	2016	2017	2018	2019	2020	2021	2022
案例		√	√				√		√

一、设计要求

（1）模板支撑脚手架上的施工荷载标准值，一般工况下不应低于2.5kN/m^2，有水平泵管设置时不应低于4.0kN/m^2。

（2）模板支撑脚手架独立架体高宽比不应大于3.0。

（3）模板支撑脚手架应设置竖向和水平剪刀撑，并应符合下列规定：

① 剪刀撑的设置应均匀、对称。

② 每道竖向剪刀撑的宽度应为6 ~ 9m，剪刀撑斜杆的倾角应在45° ~ 60° 之间。

（4）水平杆应按步距沿纵向和横向通长连续设置。

（5）可调底座和可调托撑调节螺杆插入脚手架立杆内的长度不应小于150mm，调节螺杆伸出长度应符合下列规定：

① 当插入的立杆钢管直径为42mm时，伸出长度不应大于200mm。

② 当插入的立杆钢管直径为48.3mm及以上时，伸出长度不应大于500mm。

（6）可调底座和可调托撑螺杆插入脚手架立杆钢管内的间隙不应大于2.5mm。

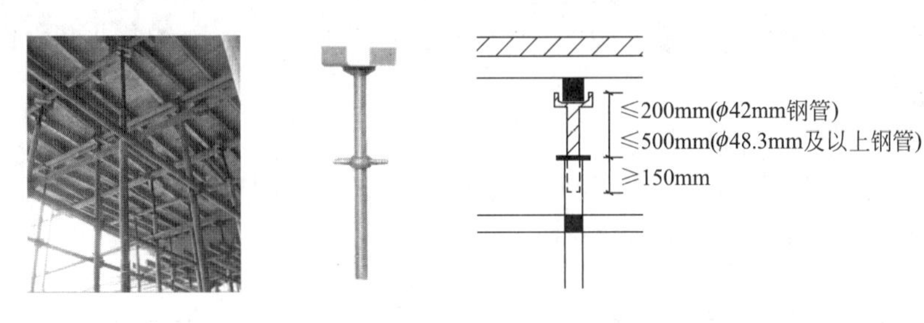

二、安装要点

（1）模板的木杆、钢管、门架等支架立杆不得混用。

（2）接缝不应漏浆；浇筑混凝土前，木模板应浇水湿润，但模板内不应有积水。

（3）模板与混凝土的接触面应清理干净并涂隔离剂。

（4）对跨度不小于4m的现浇钢筋混凝土梁、板，其模板应起拱。当设计无要求时，起拱高度应为跨度的1/1000 ~ 3/1000。

（5）后浇带的模板及支架应独立设置。

（6）模板支撑脚手架在浇筑混凝土、工程结构件安装等施加荷载的过程中，架体下严禁有人。

（7）支架竖杆和竖向模板安装在土层上时，应符合下列规定：

① 土层应坚实、平整，其承载力或密实度应符合施工方案的要求。
② 应有防水、排水措施；对冻胀性土，应有预防冻融措施。
③ 支架竖杆下应有底座或垫板。

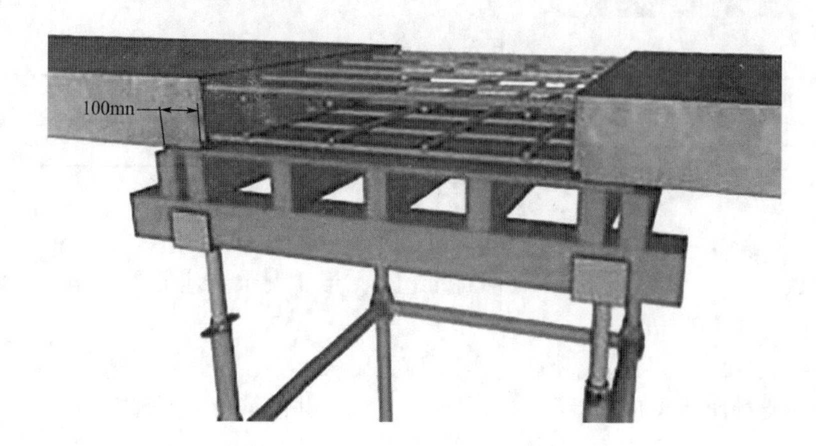

三、拆除要点

1. 拆模顺序

（1）先支后拆、后支先拆、先拆除非承重模板、后拆除承重模板。
（2）后张法预应力混凝土构件，侧模在钢筋张拉前拆除，底模在钢筋张拉后拆除。

2. 拆模条件

（1）同条件养护试块强度达到规定要求。（强度够）
（2）填写拆模申请，技术负责人批准。（手续有）
注：若是后张法预应力混凝土构件，还需加一个条件：预应力钢筋张拉完毕。

3. 拆模强度

（1）侧模
① 保证混凝土构件表面及棱角不因拆模而受损伤时，即可拆除。
② 墙体大模板：混凝土强度达到 $1N/mm^2$ 即可拆除。
（2）底模及支架

构件类型	构件跨度（m）	达到设计的混凝土立方体抗压强度标准值的百分率（%）
板	≤2	≥50
	＞2，≤8	≥75
	＞8	≥100
梁、拱、壳	≤8	≥75
	＞8	≥100
悬臂构件	—	≥100

（3）快拆支架体系
① 支架立杆间距不应大于 2m。
② 拆模时的混凝土强度按跨度 2m 确定。

③ 拆模时应保留立杆并顶托支承楼板。（只拆模板不拆支架）

【经典案例回顾】

例题1（2022年·背景资料节选）：施工作业班组在一层梁、板混凝土强度未达到拆模标准（见下表）情况下，进行了部分模板拆除；拆模后，发现梁底表面出现了质量缺陷。监理工程师要求整改。（备注：同2020年二建真题）

构件类型	构件跨度（m）	达到设计的混凝土立方体抗压强度标准值的百分率（%）
板	≤2	≥A
	>2，≤8	≥B
	>8	≥100
梁	≤8	≥75
	>8	≥C

问题：写出表中A、B、C处要求的数值。

答案：

A：50　　B：75　　C：100

例题2（2016年·背景资料节选）：某新建体育馆工程，建筑面积约23000m^2，现浇钢筋混凝土结构，钢结构网架屋盖，地下1层，地上4层，地下室顶板设计有后张法预应力混凝土梁。地下室顶板同条件养护试件强度达到设计要求时，施工单位现场生产经理立即向监理工程师口头申请拆除地下室顶板模板，监理工程师同意后，现场将地下室顶板及支架全部拆除。

问题：监理工程师同意地下室顶板拆模是否正确？地下室顶板预应力梁拆除底模及支架的前置条件有哪些？

答案：

（1）不正确。

（2）前置条件：

① 预应力钢筋张拉完毕。

② 混凝土同条件养护试件强度达到规定要求。

③ 填写拆模申请，经技术负责人批准。

例题3（背景资料节选）：大厅后张法施工预应力混凝土梁浇筑完成25天后，生产经理凭经验判定混凝土强度已达到设计要求，随即安排作业人员拆除了梁底模板并准备进行预应力张拉。

问题：预应力混凝土梁底模板拆除工作有哪些不妥之处？并说明理由。

答案：

不妥1：凭经验判定混凝土强度。

理由：应采用同条件养护试块方法判定混凝土强度。

不妥2：混凝土强度达到设计要求随即拆除梁底模板。

理由：必须办理拆模申请手续后方可拆模。

不妥3：生产经理批准拆模。

理由：应由技术负责人批准拆模。

不妥4：拆除底模后进行预应力筋张拉。

理由：后张预应力混凝土结构底模拆除应在预应力张拉完毕后。

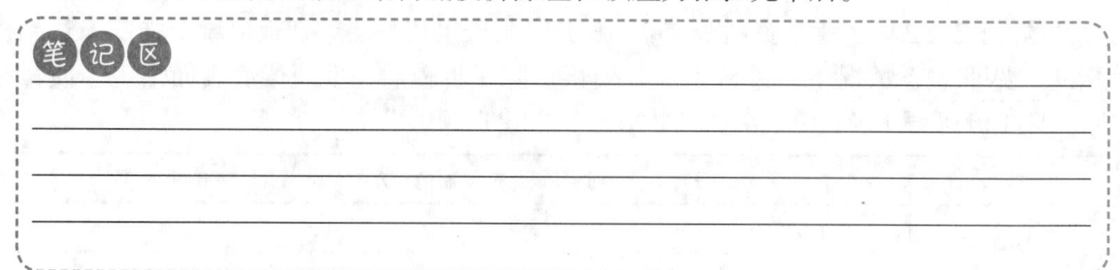

历年考情分析

年份	2014	2015	2016	2017	2018	2019	2020	2021	2022
案例	√	√							

一、进场复验

1. 钢筋进场时抽样检验屈服强度、抗拉强度、伸长率、弯曲性能及重量偏差。

（1）成型钢筋可不检验弯曲性能。

（2）对由热轧钢筋制成的成型钢筋，当有施工单位或监理单位代表驻厂监督生产过程，并提供原材钢筋力学性能第三方检测报告时，可仅检验重量偏差。

（3）检验批划分：

原材	同一牌号、同一炉罐号、同一尺寸的钢筋组成，每批重量不大于60t
成型钢筋	同一厂家、同一类型、同一钢筋来源的成型钢筋，不超过30t为一批

2. 钢筋重量偏差计算：

（1）原材：依据《钢筋混凝土用钢 第1部分：热轧光圆钢筋》GB/T 1499.1—2017和《钢筋混凝土用钢 第2部分：热轧带肋钢筋》GB/T 1499.2—2018。

钢筋牌号	直径6 ~ 12mm	直径14 ~ 20mm	直径≥22mm
HPB300	±6%	±5%	—
HRB/RRB系列			±4%

$$重量偏差=\frac{试样实际总重量-(试样总长度\times 理论重量)}{试样总长度\times 理论重量}\times 100\%$$

试样随机从不同根钢筋上截取，数量不少于5支，每支试样长度不小于500mm，应精确到1mm。

（2）盘卷钢筋调直后：依据《混凝土结构工程施工质量验收规范》GB 50204—2015，重量偏差（%）应符合下表规定：

钢筋牌号	直径6 ~ 12mm	直径14 ~ 16mm
HPB300	≥ −10	—
HRB/RRB系列	≥ −8	≥ −6

$$\text{重量偏差（\%）}=\frac{\text{实际重量}-\text{理论重量}}{\text{理论重量}}\times 100$$

理论重量（kg）：取理论重量（kg/m）与3个试件调直后长度之和（m）的乘积。

实际重量（kg）：3个钢筋试件的重量之和（kg）。

3．抗震结构所用钢筋（钢筋牌号后加E）除满足强度标准值要求外，还应满足下列要求：

（1）抗拉强度实测值与屈服强度实测值的比值不应小于1.25。（强屈比≥ 1.25）

（2）屈服强度实测值与屈服强度标准值的比值不应大于1.30。（超屈比≤ 1.30）

（3）最大力总延伸率实测值不应小于9%。

$$\text{强屈比}=\frac{\text{实测抗拉强度}}{\text{实测屈服强度}}\geqslant 1.25$$

$$\text{超屈比}=\frac{\text{实测屈服强度}}{\text{理论屈服强度}}\leqslant 1.30$$

$$\text{最大力总延伸率}\geqslant 9\%$$

二、钢筋配料

（1）直钢筋下料长度=构件长度−保护层厚度+弯钩增加长度

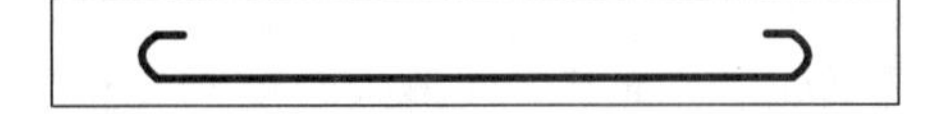

（2）弯起钢筋下料长度=直段长度+斜段长度−弯曲调整值+弯钩增加长度

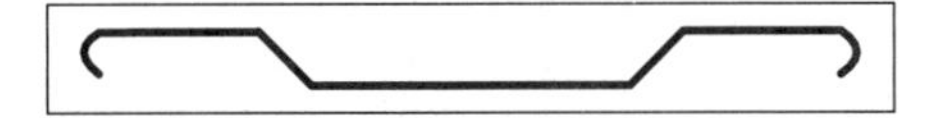

（3）箍筋下料长度=箍筋周长+箍筋调整值

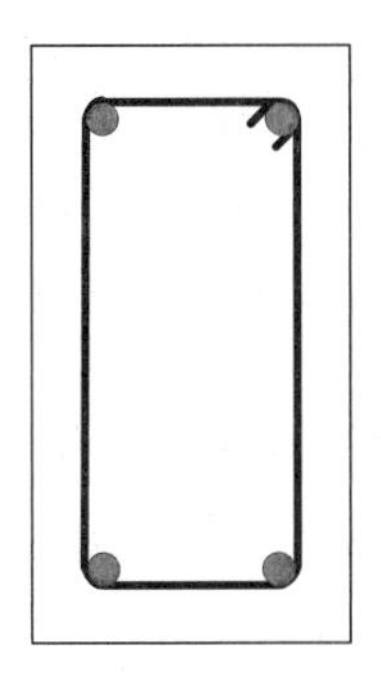

三、钢筋连接

<table>
<tr><td rowspan="3">连接方法</td><td>焊接</td><td>直接承受动力荷载的结构构件中，纵向钢筋不宜采用焊接接头</td></tr>
<tr><td>机械连接</td><td>（1）有钢筋套筒挤压连接、钢筋直螺纹套筒连接等方法。
（2）最常见的方式：钢筋剥肋滚压直螺纹套筒连接</td></tr>
<tr><td>绑扎连接</td><td>受拉钢筋直径＞25mm、受压钢筋直径＞28mm，不宜采用绑扎连接。
轴心受拉及小偏心受拉杆件和直接承受动力荷载结构，纵向钢筋不得采用绑扎连接</td></tr>
<tr><td>接头</td><td colspan="2">（1）宜设置在受力较小处。
（2）同一纵向受力钢筋不宜设置两个或以上接头。
（3）接头末端至钢筋弯起点的距离不应小于钢筋直径的10倍。
（4）抽取机械连接接头、焊接接头试件做力学性能检验。接头试件应从工程实体中截取。
注：若根据《混凝土结构工程施工质量验收规范》GB 50204—2015，接头试件应检查力学性能和化学成分</td></tr>
</table>

四、钢筋加工

（1）包括调直、除锈、下料切断、接长、弯曲成型等。

（2）当采用冷拉调直时，HPB300光圆钢筋的冷拉率不宜大于4%；带肋钢筋的冷拉率不宜大于1%。

（3）钢筋除锈：一是在钢筋冷拉或调直过程中除锈；二是采用机械除锈机除锈、喷砂除锈、酸洗除锈和手工除锈等。

（4）下料切断可采用钢筋切断机或手动液压切断器进行。切断口不得有马蹄形或起弯等现象。

（5）钢筋应一次弯折到位，不得反复弯折。钢筋弯曲成型可采用钢筋弯曲机、四头弯筋机及手工弯曲工具等进行。

（6）加工宜在常温状态下进行，加工过程中不应加热钢筋。

五、钢筋隐蔽工程验收

在浇筑混凝土之前，应进行钢筋隐蔽工程验收，内容包括：

（1）纵向受力钢筋的牌号、规格、数量、位置等。

（2）钢筋的连接方式、接头位置、接头质量、接头面积百分率、搭接长度、锚固方式及锚固长度。

（3）箍筋、横向钢筋的牌号、规格、数量、间距、位置，箍筋弯钩的弯折角度及平直段长度。

（4）预埋件的规格、数量、位置等。

【经典案例回顾】

例题1（2014年·背景资料节选）：项目部按规定向监理工程师提交调直后的HRB400E、直径12mm的钢筋复试报告。检测数据为：抗拉强度实测值561N/mm^2，屈服强度实测值460N/mm^2，实测重量0.816kg/m（HRB400E钢筋：屈服强度标准值400N/mm^2，抗拉强度标准值540N/mm^2，理论重量0.888kg/m）。

问题：计算钢筋的强屈比、超屈比、重量偏差（保留两位小数），并根据计算结果分别判断该指标是否符合要求。

答案：

（1）强屈比：561/460=1.22

强屈比不得小于1.25，所以不符合要求。

（2）超屈比：460/400=1.15

超屈比不得大于1.30，所以符合要求。

（3）重量偏差：（0.816−0.888）/0.888×100=−8.11%

直径6～12mm的HRB400E钢筋，重量偏差应≥−8%，该指标不符合要求。

例题2（背景资料节选）：办公楼主体结构施工时，直径≥20mm的主要受力钢筋按设计要求采用钢筋机械连接，取样时，施工单位试验员在钢筋加工棚制作了钢筋机械连接抽样检验接头试件，按《混凝土结构工程施工质量验收规范》GB 50204—2015要求检测力学性能。

问题：指出办公楼主体结构施工时存在的不妥之处，写出正确做法。

答案：

不妥1：试验员在钢筋加工棚制作试件。

正确做法：应从工程实体中截取试件。

不妥2：仅检测力学性能。

正确做法：还应检测化学成分。

笔记区

考点十二：普通混凝土工程

历年考情分析

年份	2014	2015	2016	2017	2018	2019	2020	2021	2022
案例			√		√	√			√

一、配合比

（1）根据原材料性能及混凝土的技术要求（强度等级、耐久性和工作性等），由具有资质的试验室计算。

（2）应采用重量比。

二、泵送混凝土

（1）入泵坍落度不宜低于100mm，胶凝材料总量不宜小于300kg/m³；掺引气剂时，含气量不宜大于4%。

（2）搅拌时，按规定顺序投料，粉煤灰宜与水泥同步，外加剂的添加滞后于水和水泥。

注：搅拌混凝土的投料顺序为粗骨料→水泥→细骨料→水。

（3）混凝土泵车应尽可能靠近浇筑地点，浇筑时由远及近进行。

三、浇筑

（1）混凝土输送采用泵送方式时，泵管内径及混凝土自由倾落高度：

粗骨料最大粒径	泵管内径	自由倾落高度
≤25mm	≥125mm	6m
＞25mm，≤40mm	≥150mm	3m

① 输送泵管用支架固定，支架与结构可靠连接，转弯处支架加密。

② 自由倾落高度不满足时，加串筒、溜管、溜槽。

（2）浇筑竖向结构混凝土前，应先在底部填不大于30mm厚与混凝土内砂浆成分相同的水泥砂浆。

（3）振捣：宜分层浇筑、分层振捣。振捣持续时间应使混凝土不再上冒气泡，表面不再呈现浮浆和不再沉落时止。

插入式振捣器	快插慢拔；垂直插入；避免碰撞构件；插入下层混凝土深度≥50mm
平板振捣器	移动间距保证振捣器的平板能覆盖已振实部分的边缘

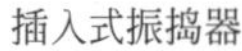

插入式振捣器

平板振捣器

（4）柱墙梁板连成整体浇筑时，应在柱墙浇筑完毕后停歇1 ~ 1.5h，再继续浇筑梁板混凝土。

（5）梁板宜同时浇筑混凝土，有主次梁的楼板宜顺着次梁方向浇筑，单向板宜沿着板的长边方向浇筑。

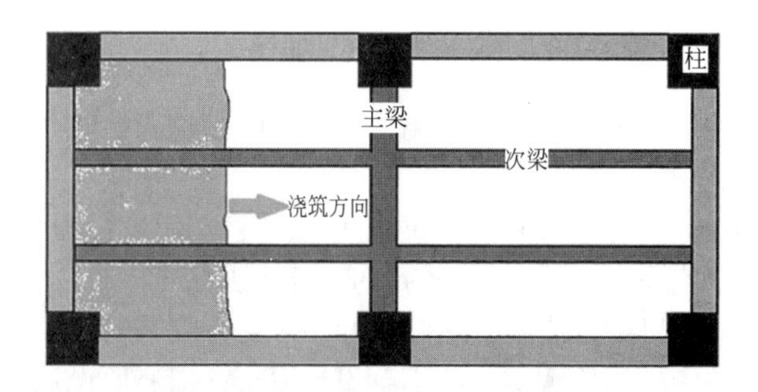

四、施工缝处理规定

（1）已浇筑混凝土，抗压强度不应小于1.2N/mm^2。

（2）已硬化混凝土表面上，清除水泥薄膜和松动石子以及软弱混凝土层。（凿毛）

（3）充分湿润和冲洗干净，且不得有积水。（湿润）

（4）在浇筑混凝土前，先在施工缝处铺一层水泥浆或与混凝土内成分相同的水泥砂浆。（铺一层）

（5）细致捣实，使新旧混凝土紧密结合。（捣实）

五、后浇带

（1）按设计要求留设，并保留一段时间（至少14d并经设计确认）后再浇筑。

（2）填充采用微膨胀混凝土，强度等级比原结构提高一级，保持14d的湿润养护。

注：此为主体结构普通混凝土的后浇带，地下防水混凝土后浇带养护时间为28d。

（3）后浇带接缝处按施工缝的要求处理。

六、混凝土分项工程验收

1. 用于检查结构构件混凝土强度的试件，应在混凝土的浇筑地点随机抽取。同一配合比的混凝土，取样与试件留置应符合规定：

（1）每拌制100盘且不超过100m^{3}时，取样不得少于一次。

（2）每工作班拌制不足100盘时，取样不得少于一次。

（3）连续浇筑超过1000m^{3}时，每200m^{3}取样不得少于一次。

（4）每一楼层取样不得少于一次。

（5）每次取样应至少留置一组试件。

2．现浇结构的外观不应有严重缺陷。

（1）对已经出现的严重缺陷，由施工单位提出技术处理方案，并经监理单位认可后进行处理。

（2）对裂缝、连接部位出现的严重缺陷及其他影响结构安全的严重缺陷，技术处理方案应经设计单位认可。

3．当混凝土结构施工质量不符合要求时，应按下列规定进行处理：

（1）经返工、返修或更换构件、部件的，应重新进行验收。

（2）经有资质的检测机构检测鉴定达到设计要求的，应予以验收。

（3）经有资质的检测机构检测鉴定达不到设计要求，但经原设计单位核算并确认仍可满足结构安全和使用功能的，可予以验收。

（4）经返修或加固处理能够满足结构可靠性要求的，可根据技术处理方案或协商文件进行验收。

4．【补充】结构实体混凝土同条件养护试件强度检验，依据《混凝土结构工程施工质量验收规范》GB 50204—2015附录C。

（1）同条件养护试件的取样和留置应符合下列规定：

① 同条件养护试件所对应的结构构件或结构部位，应由施工、监理等各方共同选定，且同条件养护试件的取样宜均匀分布于工程施工周期内。

② 同条件养护试件应在混凝土浇筑入模处见证取样。

③ 同条件养护试件应留置在靠近相应结构构件的适当位置，并应采取相同的养护方法。

④ 同一强度等级的同条件养护试件不宜少于10组，且不应少于3组。每连续两层楼取样不应少于1组；每2000m^3取样不得少于一组。

（2）每组同条件养护试件的强度值应根据强度试验结果按现行国家标准《混凝土物理力学性能试验方法标准》GB/T 50081—2019的规定确定。

（3）对同一强度等级的同条件养护试件，其强度值应除以0.88后按现行国家标准《混凝土强度检验评定标准》GB/T 50107—2010的有关规定进行评定，评定结果符合要求时可判定结构实体混凝土强度合格。

【经典案例回顾】

例题1（2019年·背景资料节选）：施工单位选用商品混凝土浇筑，P6C35混凝土设计配合比为1：1.7：2.8：0.46（水泥：中砂：碎石：水），水泥用量400kg/m^3。实际施工搅拌时，粉煤灰掺量20%（等量替换水泥），实测中砂含水率4%、碎石含水率1.2%。

问题：计算每立方米P6C35混凝土设计配合比的水泥、中砂、碎石、水的用量是多少？计算每立方米P6C35混凝土施工配合比的水泥、中砂、碎石、水、粉煤灰的用量是多少？（单位：kg，小数点后保留两位）。

答案：

（1）设计配合比中，每立方米P6C35混凝土的水泥、中砂、碎石、水的用量如下：

水泥：400.00 kg

中砂：$400 \times 1.7=680.00$ kg

碎石：400×2.8=1120.00 kg

水：400×0.46=184.00 kg

（2）施工配合比中，每立方米P6C35混凝土的水泥、中砂、碎石、水、粉煤灰的用量如下：

粉煤灰掺量20%（等量替换水泥），砂的含水率为4%，碎石含水率为1.2%。

水泥：400×（1–20%）=320.00 kg

中砂：680×（1+4%）=707.20 kg

碎石：1120×（1+1.2%）=1133.44 kg

水：184.00–680×4%–1120×1.2%=143.36 kg

粉煤灰：400×20%=80.00 kg

解析：

本题是2019年建筑实务案例题中的实操题，涉及三个关键知识点：

（1）混凝土配合比应采用重量比。

（2）砂、石含水率=水的重量/烘干后的重量×100%。

（3）不管是设计配合比还是施工配合比，各组分材料的净量不变。

例题2（2021年二建·背景资料节选）：某新建职业技术学校工程，由教学楼、实验楼、办公楼及3栋相同的公寓楼组成，均为钢筋混凝土现浇框架结构。办公楼后浇带施工方案的主要内容有：以后浇带为界，用快易收口网进行分隔；含后浇带区域整体搭设统一的模板支架，后浇带两侧混凝土浇筑完毕达到拆模条件后，及时拆除支撑架体实现快速周转；预留后浇带部位上覆多层板防护以防止垃圾进入；待后浇带两侧混凝土龄期均达到设计要求的60d后，重新支设后浇带部位（两侧各延长一跨立杆）底模与支撑，浇筑混凝土，并按规范要求进行养护。监理工程师认为方案存在错误，且后浇带混凝土浇筑与养护描述不够具体，要求施工单位修改完善后重新报批。

问题：指出办公楼后浇带施工方案中的错误之处。后浇带混凝土浇筑及养护的主要措施有哪些？

答案：

（1）错误之处：

① 后浇带区域整体搭设统一的模板支架。

② 后浇带底模及支撑拆除后重新支设。

（2）后浇带混凝土浇筑及养护的主要措施：

① 清除水泥薄膜和松动石子以及软弱混凝土层。

② 充分湿润，且不得有积水。

③ 冲洗干净。

④ 先在施工缝处涂刷一层水泥浆。

⑤ 采用微膨胀混凝土。

⑥ 强度等级比原结构强度提高一级。

⑦ 细致捣实混凝土（新旧混凝土紧密结合）。

⑧ 保持至少14d的湿润养护。

例题3（2016年·背景资料节选）：某住宅楼工程，地下2层，地上16层，层高2.8m，檐口高47m，结构设计为筏板基础，剪力墙结构。根据项目试验计划，项目总工程师会同试验员选定1、3、5、7、9、11、13、16层各留置1组C30混凝土同条件养护试件，试件在浇筑点制作，脱模后放置在下一层楼梯口处。第5层C30混凝土同条件养护试件强度试验结果为28MPa。

问题：题中同条件养护试件的做法有何不妥？并写出正确做法。第5层C30混凝土同条件养护试件的强度代表值是多少？

答案：

（1）不妥之处：

不妥1：项目总工程师会同试验员选定试块。

正确做法：项目总工程师会同监理方共同选定。

不妥2：在1、3、5、7、9、11、13、16层各留置1组C30混凝土同条件养护试件。

正确做法：每连续两层楼取样不应少于1组，每次取样应至少留置1组试块。

不妥3：脱模后放置在下层楼梯口处。

正确做法：脱模后应放置在浇筑地点与结构同条件养护。

（2）C30混凝土同条件养护试件的强度代表值：$28 \div 0.88 = 31.82$MPa。

例题4（背景资料节选）：隐蔽工程验收合格后，施工单位填报了浇筑申请单，监理工程师签字确认。施工班组将水平输送泵管固定在脚手架小横杆上，采用振动棒倾斜于混凝土内由近及远、分层浇筑，监理工程师发现后责令停工整改。

问题：在浇筑混凝土工作中，施工班组的做法有哪些不妥之处？并说明正确做法。

答案：

不妥1：水平输送泵管固定在脚手架小横杆上。

正确做法：输送泵管应采用支架固定。

不妥2：采用振动棒倾斜于混凝土振捣

正确做法：振动棒应垂直于混凝土面振捣。

不妥3：混凝土由近及远浇筑。

正确做法：混凝土应由远及近浇筑。

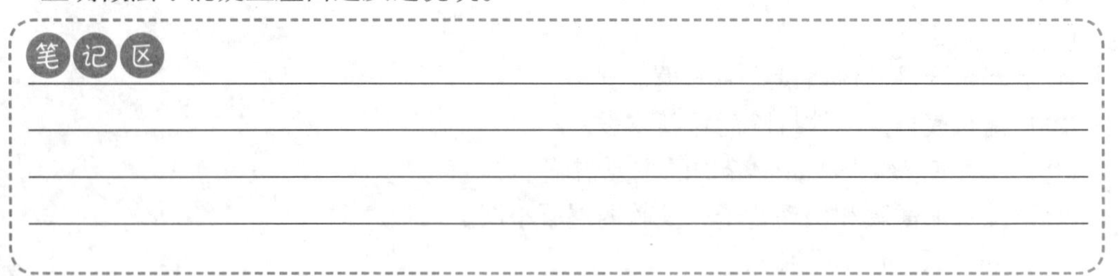

考点十三：砌筑砂浆

历年考情分析

年份	2014	2015	2016	2017	2018	2019	2020	2021	2022
案例									

一、拌制及使用

计量	按重量计量
搅拌	机械搅拌，搅拌时间自投料完算起，应为： （1）水泥砂浆和混合砂浆，不得少于2min。 （2）水泥粉煤灰砂浆和掺用外加剂的砂浆，不得少于3min
使用	随拌随用，3h内用完，超过30℃时2h内用完

二、强度

1. 由边长为70.7mm的立方体试块，28d标准养护（温度20±2℃，相对湿度90%以上），测得一组三块的抗压强度值来评定。

2. 试块应在卸料过程中的中间部位随机取样，现场制作，同盘砂浆只应制作一组试块。

3. 砂浆试块抗压强度值：

（1）以三个试件测值的算术平均值作为该组试件的砂浆立方体试件抗压强度值，精确至0.1MPa。

（2）当三个测值的最大值或最小值中有一个与中间值的差值超过中间值的15%时，把最大值及最小值一并舍去，取中间值作为该组试件的抗压强度值。

（3）当两个测值与中间值的差值均超过中间值的15%时，该组试件的试验结果为无效。

4. 砌筑砂浆试块强度验收时，强度合格的判定：

（1）同一验收批砂浆试块抗压强度平均值≥设计强度等级的1.1倍。

（2）同一验收批砂浆试块抗压强度最小一组平均值≥设计强度等级的0.85倍。

【经典案例回顾】

例题（背景资料节选）：某小区10号楼工程正在进行五层砌体结构施工，设计要求采用M10水泥砂浆砌筑。试块按照规定要求留置，共留置四组试块，经28d标准养护后进行砂浆试块强度的评定。四组试块试验结果如下：

试件编号	试验强度值（MPa）		
一组	10.5	12.1	9.1
二组	9.2	9.6	9.4
三组	12.5	10.3	7.6
四组	10.2	10.6	9.9

问题：

（1）各组试块砂浆强度代表值分别是多少？

（2）该检查部位砂浆强度检验结论是什么？并说明理由。

答案：

（1）四组试块砂浆强度代表值分别为：

一组：10.5MPa（理由：强度最大值12.1MPa与中间值10.5MPa偏差幅度超过15%）。

二组：9.4MPa（理由：取三者平均值）。

三组：无效（理由：强度最大和最小值均超过中间值15%）。

四组：10.2MPa（理由：取三者平均值）。

（2）该检查部位砂浆强度检验结论：不合格。

理由：同一验收批砂浆试块抗压强度平均值（10.5+9.4+10.2）/3=10.0MPa，小于设计强度等级的1.1倍（11MPa）。

笔记区

考点十四：砖砌体工程

历年考情分析

年份	2014	2015	2016	2017	2018	2019	2020	2021	2022
案例									

砌筑	（1）烧结砖提前1 ~ 2d适度湿润，严禁干砖或吸水饱和状态砖砌筑。 （2）混凝土多孔砖或实心砖不宜浇水湿润。 （3）每日砌筑高度≤1.5m或一步脚手架高度，冬、雨季≤1.2m。 （4）240mm厚承重墙的每层墙最上一皮砖应整砖丁砌
方法	“三一”砌筑法、挤浆法（铺浆法）、刮浆法、满口灰法。 （1）“三一”砌筑法，即一铲灰、一块砖、一揉压。 （2）铺浆法：铺浆长度≤750mm；30℃以上铺浆长度≤500mm
灰缝	（1）宽度应为8 ~ 12mm，宜为10mm。 （2）水平灰缝饱满度不得小于80%，垂直灰缝不得出现透明缝、瞎缝和假缝
临时洞口	侧边离交接处墙面≥500mm；净宽≤1m
脚手眼	不得留设部位： （1）120mm厚墙。 （2）过梁上与过梁成60°角的三角形范围及过梁净跨度1/2的高度范围内。 （3）宽度小于1m的窗间墙。 （4）砌体门窗洞口两侧200mm和转角处450mm范围内（不包括石砌体）。 （5）梁或梁垫下及其左右500mm范围内。 （6）轻质墙体。 （7）夹心复合墙外叶墙。 注：脚手眼填塞用砖应湿润，并应填实砂浆，严禁干砖填塞
斜槎	（1）砖墙转角处和纵横墙交接处同时咬槎砌筑，对不能同时砌筑又必须留置的临时间断处，应砌成斜槎。 （2）斜槎长高比：普通砖砌体≥2/3；多孔砖砌体≥1/2
构造柱	（1）先绑扎钢筋，后砌砖墙，最后浇筑混凝土。 （2）墙与柱沿高度方向每500mm设2Φ6拉筋，每边伸入墙内≥1m。 （3）砖墙砌成马牙槎，每一马牙槎沿高度方向尺寸不超过300mm，先退后进

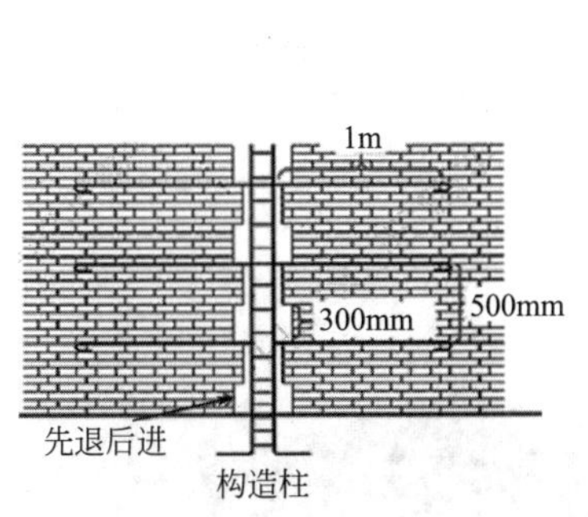

构造柱

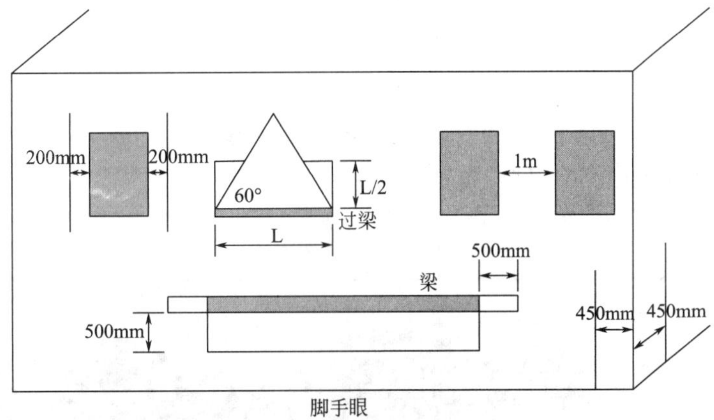

脚手眼

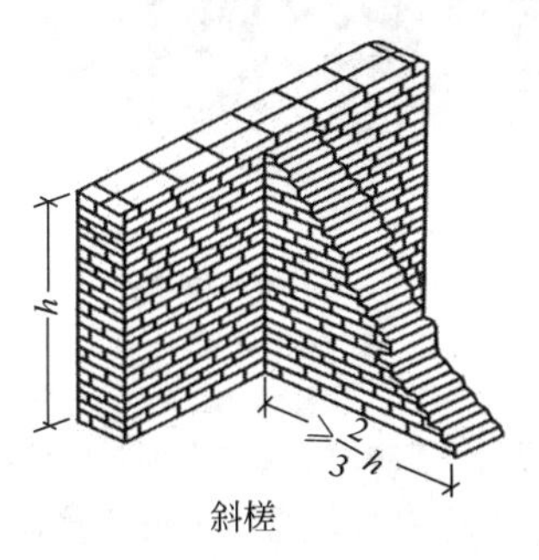

斜槎

笔记区

考点十五：混凝土小型空心砌块砌体工程

历年考情分析

年份	2014	2015	2016	2017	2018	2019	2020	2021	2022
案例									

分类及龄期	（1）分为普通混凝土小型空心砌块和轻骨料混凝土小型空心砌块。 （2）达到28d龄期方可施工
浇水	（1）普通混凝土小型空心砌块，不需对小砌块浇水湿润。 （2）轻骨料混凝土小砌块，提前1 ~ 2d浇水湿润。 （3）雨天及表面有浮水时，不得施工
砌筑	（1）孔对孔、肋对肋错缝搭砌。 （2）单排孔小砌块的搭接长度应为块体长度的1/2。 （3）多排孔小砌块的搭接长度不宜小于块体长度的1/3，且不应小于90mm。

砌筑	（4）底面朝上反砌。 （5）底层室内地面或防潮层以下砌体，应用≥C20的混凝土灌实小砌块孔洞
灰缝	（1）宽度8～12mm，横平竖直。 （2）饱满度：水平和竖向灰缝饱满度≥90%，不得出现瞎缝、透明缝等
斜槎	墙体转角处和纵横墙交接处应同时咬槎砌筑。临时间断处应砌成斜槎，斜槎水平投影长度不应小于斜槎高度。（斜槎长高比≥1）

单排孔小砌块

双排孔小砌块

【经典案例回顾】

例题（背景资料节选）：普通混凝土小型空心砌块墙体施工，项目部采用的施工工艺有：小砌块使用时充分浇水湿润；砌块底面朝上反砌于墙上；外墙转角处的临时间断处留直槎，并设拉结筋，监理工程师提出了整改要求。

问题：指出背景资料中的不妥之处，分别说明正确做法。

答案：

不妥1：小砌块使用时充分浇水湿润。

理由：普通混凝土小型空心砌块施工前一般不需浇水。

不妥2：外墙转角处的临时间断处留直槎。

理由：临时间断处应留斜槎。

笔记区

考点十六：填充墙砌体工程

历年考情分析

年份	2014	2015	2016	2017	2018	2019	2020	2021	2022
案例			√					√	√

1. 龄期不应少于28d，蒸压加气混凝土砌块的含水率宜小于30%。

2. 堆置高度不宜超过2m；蒸压加气混凝土砌块在运输及堆放中应防止雨淋。

3. 轻骨料混凝土小型空心砌块或蒸压加气混凝土砌块不得使用于下列部位：

（1）防潮层以下部位。

（2）长期浸水或化学侵蚀环境。

（3）长期处于有振动源环境的墙体。

（4）砌块表面处于80℃以上的高温环境。

4. 在厨房、卫生间、浴室等处砌筑填充墙时，底部宜现浇混凝土坎台，高度宜为150mm。

5. 填充墙顶部与承重主体结构之间的空隙部位，应在填充墙砌筑14d后进行砌筑。（即梁底部最后三皮砖）

6. 砌筑填充墙时应错缝搭砌，蒸压加气混凝土砌块搭砌长度不应小于砌块长度的1/3；轻骨料混凝土小型空心砌块搭砌长度不应小于90mm；竖向通缝不应大于2皮。

7. 普通砂浆砌筑填充墙时，烧结空心砖、吸水率较大的轻骨料混凝土小型空心砌块应提前1～2d浇水湿润；蒸压加气混凝土砌块采用蒸压加气混凝土砌筑砂浆或普通砂浆砌筑时，应在砌筑当天对砌块砌筑面浇水湿润。

8. 烧结空心砖、轻骨料混凝土小型空心砌块砌体的灰缝应为8～12mm。蒸压加气混凝土砌块砌体采用水泥砂浆、水泥混合砂浆或蒸压加气混凝土砌块砌筑砂浆时，水平灰缝厚度和竖向灰缝宽度不应超过15mm；当采用蒸压加气混凝土砌块粘结砂浆时，水平灰缝厚度和竖向灰缝宽度宜为3～4mm。

9. 填充墙砌筑砂浆的灰缝饱满度均应不小于80%，且空心砖砌块竖缝应填满砂浆，不得有透明缝、瞎缝、假缝。

【经典案例回顾】

例题1（2021年·背景资料节选）：某高档住宅楼工程，二次结构填充墙施工时，为抢工期，项目工程部安排作业人员将刚生产7天的蒸压加气混凝土砌块用于砌筑作业。要求砌体灰缝厚度、饱满度等质量满足要求。后被监理工程师发现，责令停工整改。

问题：蒸压加气混凝土砌块使用时的要求龄期和含水率应是多少？写出水泥砂浆砌筑蒸压加气混凝土砌块的灰缝质量要求。

答案：

（1）龄期不应少于28d，含水率宜小于30%。

（2）灰缝质量要求：

① 水平灰缝厚度和竖向灰缝宽度不应超过15mm。

② 灰缝饱满度应不小于80%。

例题2（2021年二建·背景资料节选）：某新建住宅工程，钢筋混凝土剪力墙结构，室内填充墙体采用蒸压加气混凝土砌块，水泥砂浆砌筑。监理工程师审查“填充墙砌体施工方案”时，指出以下错误内容：砌块使用时，产品龄期不小于14d；砌筑砂浆可现场人工搅拌；砌块使用时提前2d浇水湿润；卫生间墙体底部用灰砂砖砌200mm高坎台；填充墙砌筑可通缝搭砌；填充墙与主体结构连接钢筋采用化学植筋方式，进行外观检查验收。

要求改正后再报。

问题：逐项改正填充墙砌体施工方案中的错误之处。

答案：

（1）产品龄期不小于28d。

（2）砌筑砂浆应机械搅拌。

（3）砌块使用时当天浇水湿润。

（4）砌体底部用混凝土浇筑150mm高坎台。

（5）砌筑填充墙应错缝搭砌。

（6）化学植筋连接应进行实体检测（拉拔试验）。

例题3（背景资料节选）：填充墙砌体采用吸水率较大的轻骨料混凝土小砌块，普通砌筑砂浆砌筑。现场检查中发现：砌块产品龄期达到21d即进场砌筑，砌筑当天浇水湿润；砌体的砂浆饱满度要求为：水平灰缝90%以上，竖向灰缝85%以上；墙体每天砌筑高度为1.5m，填充墙砌筑7d后进行顶砌施工。监理工程师要求对错误之处进行整改。

问题：指出背景资料中填充墙砌体施工的不妥之处，写出相应的正确做法。

答案：

不妥1：产品龄期达到21d即进场砌筑。

正确做法：砌筑填充墙时，产品龄期不应小于28d。

不妥2：砌筑当天浇水湿润。

正确做法：吸水率较大的轻骨料混凝土小砌块应提前1 ～ 2d浇水湿润。

不妥3：填充墙砌筑7d后开始顶砌施工。

正确做法：应在下部墙砌完14d后再顶砌施工。

笔记区

考点十七：砌体结构工程验收

历年考情分析

年份	2014	2015	2016	2017	2018	2019	2020	2021	2022
案例	√								

一、基本规定

（1）基底标高不同时，应从低处砌起，并应由高处向低处搭砌。

（2）宽度超过300mm的洞口上部，应设置钢筋混凝土过梁。

（3）不应在截面长边小于500mm的承重墙体、独立柱内埋设管线。

（4）砌体施工质量控制等级分为A、B、C三级，配筋砌体不得为C级施工。

（5）砌体结构工程检验批的划分应同时符合下列规定：

① 所用材料类型及同类型材料的强度等级相同。

② 不超过250m^{3}砌体。

③ 主体结构砌体一个楼层（基础砌体可按一个楼层计）；填充墙砌体量少时可多个楼层合并。

二、砌体子分部工程验收

对有裂缝的砌体应按下列情况进行验收：

（1）对有可能影响结构安全性的砌体裂缝，应由有资质的检测单位检测鉴定，需返修或加固处理的，待返修或加固满足使用要求后进行二次验收。

（2）对不影响结构安全性的砌体裂缝，应予以验收，对明显影响使用功能和观感质量的裂缝，应进行处理。

【经典案例回顾】

例题1（2014年·背景资料节选）：在砌体子分部工程验收时，监理工程师发现有个别部位存在墙体裂缝。监理工程师对不影响结构安全的裂缝砌体进行了验收，对可能影响结构安全的裂缝砌体提出整改要求。

问题：监理工程师的做法是否妥当？对可能影响结构安全的裂缝砌体应如何整改验收？

答案：

（1）监理工程师的做法：妥当。

（2）对可能影响结构安全性的砌体裂缝砌体应按以下程序整改验收：

① 请有资质的检测单位鉴定。

② 提出返修或加固处理方案。

③ 报总监理工程师批准方案。

④ 返修或加固处理。

⑤ 进行二次验收。

例题2（2021年二建·背景资料节选）：施工单位依据施工工程量等因素，按照一个检验批不超过300m^{3}砌体，单个楼层工程量较少时可多个楼层合并等原则，制订了填充墙砌体工程检验批计划，报监理工程师审批。

问题：检验批划分的考虑因素还有哪些？指出砌体工程检验批划分中的不妥之处，写出正确做法。

答案：

（1）检验批划分的考虑因素还有：楼层、施工段、变形缝。

（2）不妥之处：一个检验批不超过300m^{3}砌体。

正确做法：不超过250m^{3}砌体。

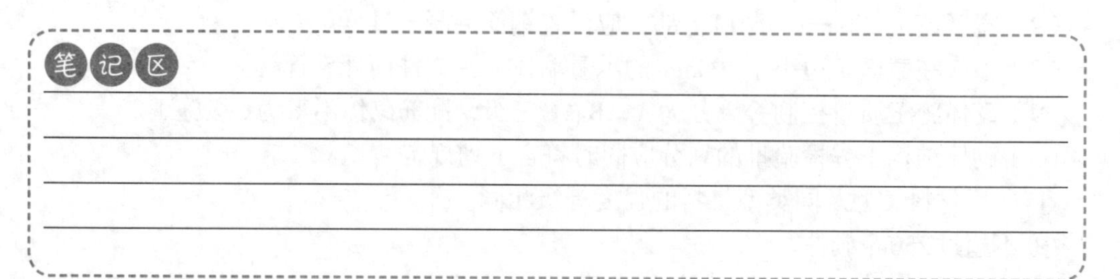

考点十八：钢结构工程

历年考情分析

年份	2014	2015	2016	2017	2018	2019	2020	2021	2022
案例		√	√		√				√

一、焊接

（1）施工单位首次采用的钢材、焊接材料、焊接方法、接头形式、焊接位置、焊后热处理制度以及焊接工艺参数、预热和后热措施等各种参数及参数的组合，应在钢结构制作及安装前进行焊接工艺评定试验。

（2）焊缝缺陷通常分为六类：裂纹、孔穴、固体夹杂、未熔合未焊透、形状缺陷、其他缺陷。

其他缺陷包括：电弧擦伤、飞溅、表面撕裂等。

（3）形状缺陷包括咬边、焊瘤、下塌、根部收缩、错边、角度偏差、焊缝超高、表面不规则等。

二、高强度螺栓连接

（1）连接形式分为摩擦连接（基本连接形式）、张拉连接和承压连接。

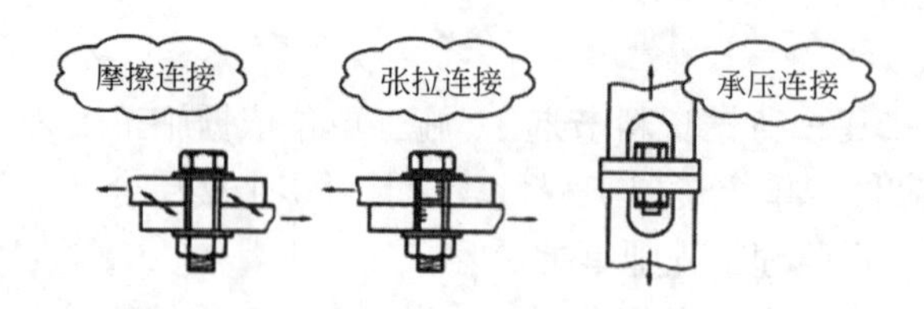

（2）安装环境气温不宜低于-10℃。当摩擦面潮湿或暴露于雨雪中，停止作业。

（3）安装时应先使用安装螺栓和冲钉，高强度螺栓不得兼作安装螺栓。

（4）自由穿入螺栓孔，不得强行穿入。若不能自由穿入，可采用铰刀或锉刀修整螺栓孔，不得采用气割扩孔。扩孔后的孔径不应超过1.2倍螺栓直径。

（5）超拧应更换并废弃。严禁用火焰或电焊切割高强度螺栓梅花头。

（6）高强度螺栓长度以终拧后外露2 ~ 3扣丝为标准。

（7）同一接头中，高强度螺栓连接副的初拧、复拧、终拧应在24h内完成。

（8）施拧顺序：从接头刚度较大部位向约束较小部位，从螺栓群中央向四周进行。

（9）高强度螺栓和焊接并用的连接节点，宜按先螺栓紧固后焊接的施工顺序。

三、钢结构防火保护措施

（1）喷涂（抹涂）防火涂料。

（2）包覆防火板。

（3）包覆柔性毡状隔热材料。

（4）外包混凝土、金属网抹砂浆或砌筑砌体。

四、钢结构单层厂房安装

（1）安装准备工作包括技术准备、机具准备、构件材料准备、现场基础准备和劳动力准备等。

（2）吊装方法：对于柱子、柱间支撑和吊车梁一般采用单件流水法吊装；对于屋盖系统安装通常采用节间综合法吊装。

（3）钢柱安装：常用的吊装方法有旋转法、滑行法和递送法。对于重型钢柱也可采用双机抬吊。

（4）钢屋架安装：吊点必须选择在上弦节点处。

五、高层钢结构的安装

（1）准备工作包括：钢构件预检和配套、定位轴线及标高和地脚螺栓的检查、钢构件现场堆放、安装机械的选择、安装流水段的划分和安装顺序的确定、劳动力的进场等。

（2）多层及高层钢结构吊装，在分片区的基础上，多采用综合吊装法。

（3）高层建筑的钢柱通常以2～4层为一节，吊装一般采用一点正吊。钢柱安装到位、对准轴线、校正垂直度、临时固定牢靠后才能松开吊钩。

（4）每节钢柱的定位轴线应从地面控制轴线直接引上。

（5）同一节柱、同一跨范围内的钢梁，宜从上向下安装。

六、网架结构安装

（1）基本单元形式有：三角锥、三棱体、正方体、截头四角锥。

（2）节点形式有：焊接空心球节点、螺栓球节点、板节点、毂节点、相贯节点。

（3）网架安装的方法：高空散装法、分条或分块安装法、滑移法、整体吊装法、整体提升法、整体顶升法。

（4）高空散装法特点：脚手架用量大、高空作业多、工期较长、需占建筑物场内用地，且技术上有一定难度。

【经典案例回顾】

例题1（2022年·背景资料节选）：某新建办公楼工程，地下1层，地上18层，总建筑面积2.1万m^2，钢筋混凝土核心筒，外框采用钢结构。外框钢结构工程开始施工时，总承包项目部质量员在巡视中发现，一种首次使用的焊接材料在施焊部位存在焊缝未熔合、未焊透等质量缺陷，钢结构安装单位也无法提供其焊接工艺评定试验报告。总承包项目部要求立即暂停此类焊接材料的焊接作业，待完成焊接工艺评定后重新申请恢复施工。

问题：哪些情况需要进行焊接工艺评定试验？焊缝缺陷还有哪些类型？

答案：

（1）需要进行焊接工艺评定试验的情况包括：首次采用的钢材、焊接材料、焊接方法、接头形式、焊接位置、焊后热处理制度以及焊接工艺参数、预热和后热措施等各种参数及参数的组合。

（2）焊缝缺陷类型还有：裂纹、孔穴、固体夹杂、形状缺陷、电弧擦伤、飞溅、表面撕裂。

例题2（2018年·背景资料节选）：某高校图书馆工程，地下2层，地上5层，建筑面积约35000m^2，现浇钢筋混凝土框架结构，部分屋面为正向抽空四角锥网架结构。项目部计划采用高空散装法施工屋面网架，监理工程师审查时认为高空散装法施工高空作业多、安全隐患大，建议修改为采用分条安装法施工。

问题：监理工程师的建议是否合理？网架安装方法还有哪些？网架高空散装法施工的特点还有哪些？

答案：

（1）合理。

（2）网架安装的方法还有：滑移法、整体吊装法、整体提升法、整体顶升法。

（3）高空散装法施工特点还有：脚手架用量大、工期较长、需占建筑物场内用地、技术上有一定难度。

例题3（2016年·背景资料节选）：屋盖网架采用Q390GJ钢，因钢结构制作单位首次采用该材料，施工前，监理工程师要求其对首次采用Q390GJ钢及相关的接头形式、焊接工艺参数、预热和后热措施等焊接参数组合条件进行焊接工艺评定。

问题：除背景资料已明确的焊接参数组合条件外，还有哪些参数的组合条件也需要进行焊接工艺评定？

答案：

（1）焊接材料。

（2）焊接方法。

（3）焊接位置。

（4）焊后热处理制度。

例题4（2015年·背景资料节选）：某高层钢结构安装施工前，监理工程师对现场的施工准备工作进行了检查，发现钢构件现场堆放存在问题，劳动力进场情况不符合要求，责令施工单位进行整改。

问题：高层钢结构安装前现场的施工准备还应检查哪些工作？

答案：

（1）钢构件预检和配套。

（2）定位轴线及标高和地脚螺栓的检查。

（3）安装机械的选择。

（4）安装流水段的划分和安装顺序的确定。

笔记区

考点十九：装配式混凝土结构工程

历年考情分析

年份	2014	2015	2016	2017	2018	2019	2020	2021	2022
案例	教材无此知识点				√		√		

一、装配式混凝土结构施工专项方案

内容包括工程概况、编制依据、进度计划、施工场地布置、预制构件运输与存放、安装与连接施工、绿色施工、安全管理、质量管理、信息化管理、应急预案等。

二、预制构件生产、吊运与存放

生产	（1）建立首件验收制度。 （2）预制构件和部品经检查合格后，宜设置表面标识，出厂时应出具质量证明文件
吊装	（1）吊索水平夹角不宜小于60°，不应小于45°。 （2）慢起、稳升、缓放，严禁吊装构件长时间悬停在空中
运输	（1）外墙板宜立式运输，外饰面层朝外。当采用靠放架立式运输时，构件与地面倾斜角应大于80°，对称靠放，每层不大于2层。 （2）梁、板、楼梯、阳台宜水平运输。 （3）水平运输时，预制梁、柱构件叠放不宜超过3层，板类构件叠放不宜超过6层
存放	（1）按产品品种、规格型号、检验状态分类存放，产品标识应明确耐久，预埋吊件朝上，标示向外。 （2）支点位置宜与起吊点位置一致。 （3）多层叠放时，每层构件间的垫块上下对齐。 （4）预制楼板、叠合板、阳台板和空调板等水平板类构件宜平放，叠放层数不宜超过6层。 （5）预制柱、梁等细长构件应平放，两条垫木支撑。 （6）墙板、挂板采用专用支架直立存放

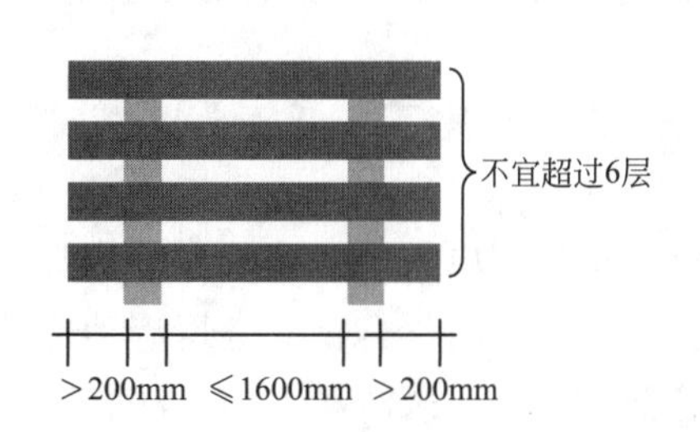

三、预制构件安装

1. 一般要求

（1）预制墙板、柱等竖向构件安装后，应校核和调整安装位置、安装标高、垂直度。

（2）叠合构件、预制梁等水平构件安装后，应校核和调整安装位置、安装标高、相邻构件平整度、高低差、拼缝尺寸。

（3）预制构件与吊具的分离在校准定位及临时支撑安装完成后。

（4）竖向构件安装采取临时支撑时，应符合下列规定：

① 临时支撑不宜少于两道。

② 预制柱、墙板构件上部斜支撑，其支撑点距离板底的距离不宜小于构件高度2/3，不应小于构件高度1/2。

2. 安装

预制柱	（1）按照角柱、边柱、中柱顺序安装。 （2）以轴线和外轮廓线为控制线，对于边柱和角柱应以外轮廓线控制为准
预制 剪力墙板	（1）按照外墙先行吊装原则，与现浇部分连接的墙板先行吊装。 （2）以轴线和轮廓线为控制线，外墙应以轴线和轮廓线双控制。 （3）墙板需要分仓灌浆的，采用坐浆料进行分仓。多层剪力墙采用坐浆材料时，应均匀铺设，厚度不宜大于20mm
预制梁 叠合梁、板	（1）先主梁、后次梁，先低后高。 （2）叠合板吊装完成，校核板底接缝高差及宽度。高差不满足时，重新起吊，通过可调支托调节。 （3）临时支撑应在后浇混凝土强度达到设计要求后方可拆除

四、预制构件的连接

1. 预制构件钢筋可以采用钢筋套筒灌浆连接、钢筋浆锚搭接连接、焊接或螺栓连接、钢筋机械连接等连接方式。

2. 钢筋套筒灌浆连接、钢筋浆锚搭接连接接头应及时灌浆。灌浆作业符合下列规定：

（1）灌浆施工环境温度不应低于5℃，养护环境温度低于10℃时，应采取加热保温措施。

（2）灌浆操作全过程应有专职检验人员负责旁站监督。

（3）每次拌制的灌浆料拌合物应进行流动性检测。

（4）灌浆作业应采用压浆法从下口灌注，浆料从上口流出后应及时封堵。

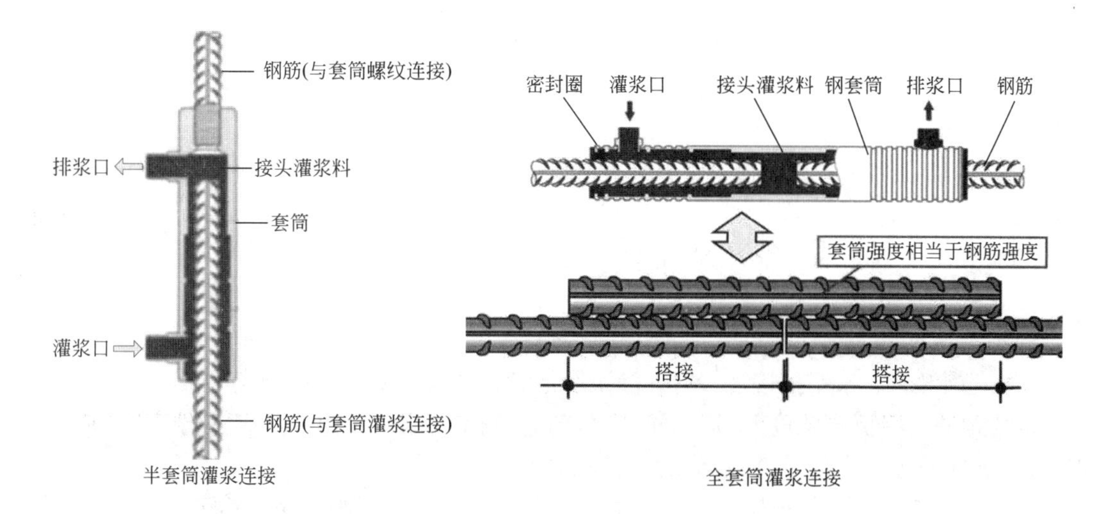

半套筒灌浆连接　　全套筒灌浆连接

（5）灌浆料拌合物应在制备后30min内用完。

3. 后浇混凝土的施工要求

（1）预制构件结合面疏松部分的混凝土应剔除并清理干净。

（2）构件连接部位后浇混凝土与灌浆料的强度达到设计要求后，方可撤除临时固定措施。

（3）装配式混凝土结构连接节点及叠合构件浇筑混凝土前，应进行隐蔽工程验收，验收内容包括：

① 混凝土粗糙面的质量，键槽的尺寸、数量、位置。

② 钢筋的牌号、规格、数量、位置、间距、箍筋弯钩的弯折角度及平直段长度。

③ 钢筋的连接方式、接头位置、接头数量、接头面积百分率、搭接长度、锚固方式及锚固长度。

④ 预埋件、预留管线的规格、数量、位置。

⑤ 预制混凝土构件接缝处防水、防火等构造做法。

⑥ 保温及其节点施工。

（4）外墙板接缝密封材料嵌填应饱满、密实、均匀、顺直、表面平滑，厚度应符合设计要求。

五、预制构件结构性能检验

1. 梁板类简支受弯预制构件进场应进行结构性能检验

（1）钢筋混凝土构件和允许出现裂缝的预应力构件检验：承载力、挠度和裂缝宽度。

（2）不允许出现裂缝的预应力构件应检验：承载力、挠度和抗裂。

（3）对大型构件及有可靠应用经验的构件，可只检验：裂缝宽度、抗裂和挠度。

（4）对多个工程共同使用的同类型预制构件，结构性能检验可共同委托，其结果对多个工程共同有效。

2. 不单独使用的叠合板预制底板，可不做结构性能检验；叠合梁是否需要结构性能检验，按设计要求确定。

3. 不需做结构性能检验的预制构件，采取下列措施：

（1）施工或监理单位代表应驻厂监督生产过程。

（2）当无驻厂监督时，预制构件进场时应对主要受力钢筋数量、规格、间距、保护层厚度及混凝土强度等进行实体检验。

检验数量：同一类型预制构件不超过1000个为一批，每批随机抽取1个构件进行结构性能检验。

检验方法：结构性能检验报告或实体检验报告。

六、预制构件安装与连接相关试验

1．套筒灌浆、浆锚搭接连接时，灌浆应饱满、密实，所有出口均应出浆。

2．灌浆料抗压强度试验：每工作班应制作1组且每层不应少于3组40mm×40mm×160mm的长方体试件，标准养护28d。

3．底部接缝坐浆抗压强度试验：每工作班同一配合比应制作1组且每层不应少于3组边长为70.7mm的立方体试件，标准养护28d。

4．外墙板接缝的防水性能应符合设计要求。每1000m^2外墙（含窗）划分为1个检验批，每个检验批抽查一处，抽查部位为相邻两层四块墙板形成的水平和竖向十字接缝区域，面积不小于10m^2，进行现场淋水试验。

七、外围护系统质量检查与验收的要求

1．外围护部品应完成下列隐蔽项目的现场验收：

（1）预埋件。

（2）与主体结构的连接节点。

（3）与主体结构之间的封堵构造节点。

（4）变形缝及墙面转角处的构造节点。

（5）防雷装置。

（6）防火构造。

2．外围护系统应进行下列现场试验和测试：

（1）饰面砖（板）的粘结强度测试。

（2）墙板接缝及外门窗安装部位的现场淋水试验。

（3）现场隔声测试。

（4）现场传热系数测试。

3．外围护系统应在验收前完成下列性能的试验和测试：

（1）抗压性能、层间变形性能、耐撞击性能、耐火极限等实验室检测。

（2）连接件材性、锚栓拉拔强度等检测。

【经典案例回顾】

例题1（2020年·背景资料节选）：某企业新建研发中心大楼工程，二层以上为装配式混凝土结构。二层装配式叠合构件安装完毕准备浇筑混凝土时，监理工程师发现该部位没有进行隐蔽验收，下达了整改通知单，指出装配式结构叠合构件的钢筋工程必须按质量合格证明书的牌号、规格、数量、位置以及间距等隐蔽工程的内容分别验收合格后，再进行叠合构件的混凝土浇筑。

问题：监理工程师对施工单位发出的整改通知单是否正确？补充叠合构件钢筋工程需进行隐蔽工程验收的内容。

答案：

（1）监理工程师对施工单位发出的整改通知单：正确。

（2）钢筋工程需进行隐蔽工程验收的内容还有：

① 箍筋弯钩角度及平直段长度。

② 钢筋连接方式、接头数量、接头位置、接头面积百分率、搭接长度、锚固方式、锚固长度。

③ 预埋件。

解析：

第二小问隐蔽工程验收内容一定要看清楚关键词，是针对钢筋工程的隐蔽工程验收，混凝土粗糙面、预留管线、接缝处及节点的隐蔽工程验收都不需要答，答案务必精准。

例题2（2018年·背景资料节选）：某新建高层住宅工程，地下1层，地上12层，二层以下为现浇钢筋混凝土结构，二层以上为装配式混凝土结构，预制墙板钢筋采用套筒灌浆连接施工工艺。监理工程师在检查第4层外墙板安装质量时发现：钢筋套筒连接灌浆满足规范要求；留置了3组边长为70.7mm的立方体灌浆料标准养护试件；留置了1组边长为70.7mm的立方体坐浆料标准养护试件；施工单位选取第4层外墙板竖缝两侧11mm的部位在现场进行淋水试验，对此要求整改。

问题：指出第4层外墙板施工中的不妥之处，并写出正确做法。装配式混凝土构件钢筋套筒连接灌浆质量要求有哪些？

答案：

（1）不妥之处及正确做法：

不妥1：灌浆料留置70.7mm的立方体试件。

正确做法：应留置40mm × 40mm × 160mm的长方体试件。

不妥2：留置1组坐浆料标准养护试件。

正确做法：每层应留置不少于3组坐浆料标准养护试件。

不妥3：选取竖缝两侧11mm的部位进行淋水试验。

正确做法：选取相邻两层四块墙板形成的水平和竖向十字接缝区域进行淋水试验，且面积不得少于10m^2。

（2）装配式混凝土构件钢筋套筒连接灌浆质量要求：饱满、密实，所有出口均有出浆。

例题3（背景资料节选）：装配式混凝土构件安装时，预制柱按照边柱、角柱、中柱顺序进行安装。预制梁和叠合梁、板按照先次梁后主梁、先高后低的原则安装。预制构件钢筋采用套筒灌浆连接，灌浆时采用压浆法从上口灌注，从下口流出后及时封堵，灌浆拌合物制备后60min内用完，每工作班应制作1组且每层不应少于3组边长为70.7mm的立方体试件，标准养护28d后进行抗折强度试验。

问题：指出装配式混凝土施工中的不妥之处，并写出正确做法。

答案：

不妥1：预制柱按照边柱、角柱、中柱顺序安装。

正确做法：应按照角柱、边柱、中柱顺序安装。

不妥2：预制梁和叠合梁、板按照先次梁后主梁、先高后低的原则安装。

正确做法：应按照先主梁后次梁、先低后高的原则安装。

不妥3：采用压浆法从上口灌注，从下口流出后及时封堵。

正确做法：采用压浆法从下口灌注，从上口流出后及时封堵。

不妥4：灌浆拌合物制备后60min内用完。

正确做法：应制备后30min内用完。

不妥5：灌浆料留70.7mm的立方体试块。

正确做法：应留40mm×40mm×160mm的长方体试块。

不妥6：灌浆料试块进行抗折强度试验。

正确做法：应进行抗压强度试验。

例题4（背景资料节选）：总承包单位在施工前编制了装配式混凝土结构施工的专项方案，内容包括工程概况、编制依据、进度计划、绿色施工和安全管理。预制构件进场后堆放情况为：外墙板采用平卧式堆放，预制楼板采用8层叠层平卧，上下层之间设垫块，垂直方向位置错开500mm。

问题：装配式混凝土结构施工的专项方案还应包括哪些内容？预制构件的堆放有何不妥？写出正确做法。

答案：

（1）装配式混凝土结构施工的专项方案还应包括：施工场地布置、预制构件运输与存放、安装与连接施工、质量管理、信息化管理、应急预案等。

（2）预制构件堆放的不妥之处及正确做法如下：

不妥1：外墙板采用平卧式堆放。

正确做法：外墙板宜采用专用支架直立存放。

不妥2：预制楼板采用8层叠层平卧。

正确做法：预制楼板叠放层数不宜超过6层。

不妥3：预制楼板上下层之间垫块垂直方向位置错开500mm。

正确做法：每层构件间的垫块应上下对齐。

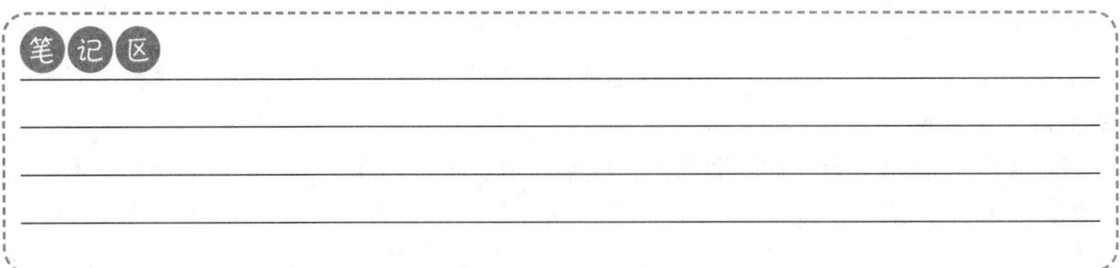

考点二十：地下防水工程

历年考情分析

年份	2014	2015	2016	2017	2018	2019	2020	2021	2022
案例	√			√					

一、地下工程防水等级

防水等级	标准
一级	不允许渗水，结构表面无湿渍
二级	不允许漏水，结构表面可有少量湿渍
三级	有少量漏水点，不得有线流和漏泥砂
四级	有漏水点，不得有线流和漏泥砂

二、防水混凝土施工

配制	（1）防水混凝土可通过调整配合比，或掺加外加剂、掺合料等措施配制而成。 （2）抗渗等级不得小于P6，试配混凝土的抗渗等级应比设计要求提高0.2MPa
材料	（1）水泥：宜采用硅酸盐水泥、普通水泥。 （2）石子：最大粒径≤40mm，含泥量≤1%，泥块含量≤0.5%。 （3）砂：中粗砂，含泥量≤3%，泥块含量≤1%；不宜使用海砂
配合比	（1）胶凝材料总量≥320kg/m³，其中水泥用量≥260kg/m³。 （2）砂率宜为35% ~ 40%，泵送时可增至45%。 （3）水胶比≤0.5，有侵蚀介质时水胶比不宜大于0.45。 （4）宜采用预拌商品混凝土，入泵坍落度控制在120 ~ 160mm
大体积防水混凝土	（1）入模温度≤30℃；中心与表面温度差值≤25℃；表面与大气温度差值≤20℃。 （2）保温保湿养护；养护时间≥14d
浇筑	分层（≤500mm）连续浇筑，机械振捣
穿墙管道止水措施	（1）单独埋设的管道可采用套管式穿墙防水。 （2）当管道集中多管时，可采用穿墙群管防水
其他	防水混凝土结构的变形缝、施工缝、后浇带、穿墙管道、埋设件等设置和构造必须符合设计要求

三、水泥砂浆防水层施工

适用部位	地下工程主体结构的迎水面或背水面；不应用于受持续振动或高于80℃的地下工程
材料	（1）水泥：硅酸盐水泥、普通水泥、特种水泥。 （2）砂：宜采用中砂，含泥量≤1%
基层处理	（1）充分湿润、无明水。 （2）表面孔洞、缝隙采用与防水层相同的防水砂浆堵塞并抹平
施工	（1）多层抹压法，最后一遍提浆压光。 （2）不得雨天、五级及以上大风中、烈日照射下施工。 （3）施工环境温度5 ~ 30℃
养护	终凝后养护，温度≥5℃，时间≥14d，保持湿润
检验批	按施工面积每100m²抽查1处，每处10m²

四、卷材防水层施工

适用部位	地下水环境，且受侵蚀介质作用或受振动作用的地下工程
铺贴	（1）严禁雨雪天、五级以上大风中施工。 （2）垫层卷材用空铺或点粘法；侧墙外防外贴卷材或顶板卷材用满粘法。 （3）冷粘法、自粘法施工环境温度≥5℃；热熔法、焊接法施工环境温度≥-10℃。 （4）铺设在混凝土结构迎水面，双层卷材时里外两层卷材不得相互垂直铺贴。 （5）外防外贴法铺贴卷材防水层时，先铺平面，后铺立面
接缝	（1）上下两层或相邻两幅卷材接缝错开1/3 ~ 1/2幅宽。 （2）搭接宽度：改性沥青类卷材150mm；合成高分子类卷材100mm
保护层	（1）顶板卷材采用细石混凝土保护层，人工回填土时厚度不宜小于50mm，机械碾压回填土时厚度不宜小于70mm，防水层与保护层之间宜设隔离层。 （2）底板卷材采用细石混凝土保护层不应小于50mm。 （3）侧墙卷材防水层宜采用软质保护材料或铺抹20mm厚1：2.5水泥砂浆层
其他	（1）厚度小于3mm的改性沥青防水卷材严禁采用热熔法施工。 （2）自粘法铺贴卷材的接缝处，应用密封材料封严，宽度不应小于10mm。 （3）焊接法施工时，应先焊长边搭接缝，后焊短边搭接缝

【经典案例回顾】

例题1（2017年·背景资料节选）：项目部对地下室M5水泥砂浆防水层施工提出了技术要求：采用普通硅酸盐水泥、自来水、中砂、防水剂等材料拌合，中砂含泥量不得大于3%；防水层施工前应采用强度等级M5的普通砂浆将基层表面的孔洞、缝隙堵塞抹平；防水层施工要求一遍成活，铺抹时应压实、表面应提浆压光，并及时进行保湿养护7d。

问题：写出项目部对地下室水泥砂浆防水层施工技术要求的不妥之处，并分别说明理由。

答案：

不妥1：中砂含泥量不得大于3%。

理由：含泥量不得大于1%。

不妥2：用同等级普通砂浆处理基层表面孔洞和缝隙。

理由：应用与防水层相同的防水砂浆处理基层表面孔洞和缝隙。

不妥3：防水层施工一遍成活。

理由：宜多层抹压施工。

不妥4：保湿养护7d。

理由：保湿养护不得少于14d。

例题2（2014年·背景资料节选）：在地下防水工程质量检查验收时，监理工程师对防水混凝土强度、抗渗性能和细部节点构造进行了检查，提出了整改要求。

问题：地下工程防水分为几个等级？一级防水的标准是什么？防水混凝土验收时，需要检查哪些部位的设置和构造做法？

答案：

（1）地下工程防水等级分为：四级。

（2）一级防水的标准：不允许渗水，结构表面无湿渍。

（3）需检查设置和构造做法的部位有：①变形缝；②施工缝；③后浇带；④穿墙管道；⑤埋设件。

例题3（背景资料节选）：某行政办公楼，建筑面积38940.4m²，局部2层地下室、筏板基础，地上4层，框架结构。地下室筏板和外墙混凝土均为C30P6。地下结构施工过程中，发生如下事件：

事件一：地下室底板下垫层防水设计为两道，为2mm+2mm高聚物改性沥青卷材外防水。施工单位拟采用热熔法、均满粘施工，监理工程师认为施工方法存在不妥，不予确认。

事件二：地下室防水层保护层做法：顶板与底板一致，机械碾压采用50mm厚细石混凝土；侧墙为聚苯乙烯泡沫塑料。室内厕浴间防水做法：采用卷材防水，先施工地面，然后施工墙面。监理对此做法提出诸多不同意见。

问题1：指出事件一中的不妥之处，分别写出理由。

答案：

不妥1：采用热熔法施工。

理由：改性沥青防水卷材厚度小于3mm时，严禁采用热熔法。

不妥2：采用满粘法施工。

理由：底板下垫层防水卷材宜采用空铺法或点粘法施工。

问题2：指出事件二中的不妥之处，并分别给出正确做法。

答案：

不妥1：地下室顶板用50mm厚细石混凝土作防水保护层。

正确做法：机械碾压回填时，顶板细石混凝土保护层厚度不宜小于70mm。

不妥2：厕浴间卷材防水先施工地面，后施工墙面。

正确做法：室内防水卷材施工宜先铺墙面，后铺地面。

笔记区

考点二十一：屋面防水工程

历年考情分析

年份	2014	2015	2016	2017	2018	2019	2020	2021	2022
案例		√				√			

一、屋面防水基本要求

（1）以防为主，以排为辅。

（2）找坡层：混凝土结构层宜采用结构找坡，坡度不应小于3%；当采用材料找坡时，坡度宜为2%；檐沟、天沟纵向找坡不应小于1%，最薄处厚度不小于20mm。

（3）保温层上找平层应在水泥初凝前压实抹平，并应留设分格缝，缝宽宜为5 ~

20mm，纵横缝的间距不宜大于6m，养护时间不得少于7d。

（4）找平层设置的分格缝可兼作排汽道。

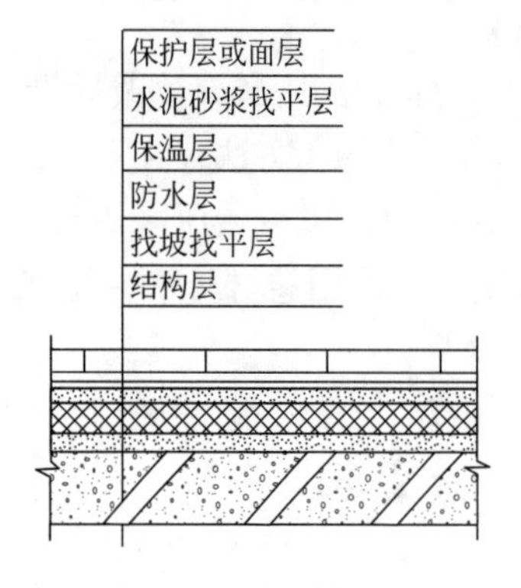

二、卷材防水层屋面施工

1．卷材防水层铺贴顺序和方向：

（1）施工时，应先进行细部构造处理，然后由屋面最低标高向上铺贴。

（2）檐沟、天沟卷材施工时，宜顺檐沟、天沟方向铺贴，搭接缝应顺流水方向。

（3）宜平行屋脊铺贴，上下层卷材不得相互垂直铺贴。

2．立面或大坡面铺贴卷材，应采用满粘法。

3．卷材搭接缝：

（1）平行屋脊的搭接缝顺流水方向。

（2）同一层相邻两幅卷材短边搭接缝错开不应小于500mm。

（3）上下层卷材长边搭接缝应错开，且不应小于幅宽的1/3。

（4）搭接缝宜留在屋面与天沟侧面，不宜留在沟底。

（5）搭接缝口用密封材料封严。

错缝顺流大坡满
边角旮旯后大面

4．卷材铺贴方法有冷粘法、热粘法、热熔法、自粘法、焊接法、机械固定法。

（1）厚度小于3mm的改性沥青防水卷材，严禁采用热熔法施工。

（2）自粘法铺贴卷材的接缝处应用密封材料封严，宽度不应小于10mm。

（3）焊接法施工时，应先焊长边搭接缝，后焊短边搭接缝。

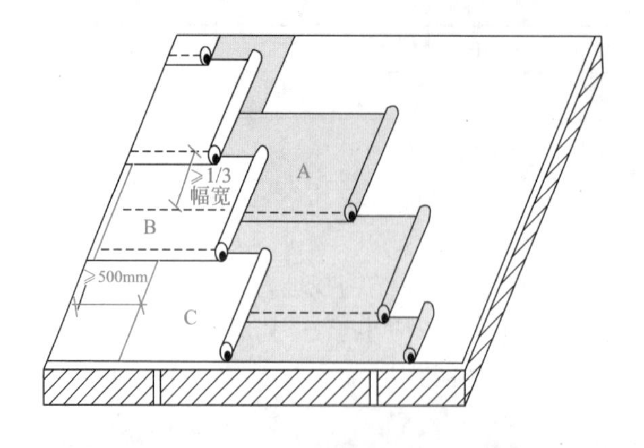

三、细部施工

1. 檐口

（1）卷材防水屋面檐口800mm范围内的卷材应满粘，卷材收头应采用金属压条钉压，并应用密封材料封严。

（2）檐口下端应做鹰嘴和滴水槽。

2. 檐沟和天沟防水

（1）防水层下应增设附加层，附加层伸入屋面的宽度不应小于250mm。

（2）檐沟防水层和附加层应由沟底翻上至外侧顶部，卷材收头应用金属压条钉压，并应用密封材料封严。

3. 女儿墙泛水处的防水层应增设附加层，附加层在平面和立面的宽度均不应小于250mm。

【经典案例回顾】

例题1（2019年·背景资料节选）：屋面防水层选用2mm厚的改性沥青防水卷材，铺贴顺序和方向按照平行于屋脊、上下层不得相互垂直等要求，采用热粘法施工。

问题：屋面防水卷材铺贴方法还有哪些？屋面卷材防水铺贴顺序和方向要求还有哪些？

答案：

（1）屋面卷材铺贴的方法还有：①冷粘法；②自粘法；③焊接法；④机械固定法。

（2）屋面卷材防水铺贴顺序和方向要求还有：

① 卷材防水层施工时，应先进行细部构造处理，然后由屋面最低标高向上铺贴。

② 檐沟、天沟卷材施工时，宜顺檐沟、天沟方向铺贴，搭接缝应顺流水方向。

解析：

第一小问的卷材铺贴方法不能写“热熔法”。根据规定，厚度小于3mm的改性沥青防水卷材，严禁采用热熔法施工。

例题2（2015年·背景资料节选）：某高层钢结构工程，屋面为现浇混凝土板，防水等级为Ⅰ级，采用卷材防水。监理工程师对屋面卷材防水进行了检查，发现屋面女儿墙墙根处等部位的防水做法存在问题（节点施工做法图示如下），责令施工单位整改。

问题：指出防水节点施工做法图示中的错误。

答案：

不妥1：Ⅰ级防水应为两道防水设防。

不妥2：防水卷材泛水高度仅200mm，不应小于250mm。

不妥3：泛水上口未固定，应采用金属压条钉压固定。

不妥4：阴角处未做成钝角（圆弧形）。

不妥5：防水层在女儿墙根部未设附加层。

不妥6：立面卷材应压水平卷材。

不妥7：立面卷材未做防水保护层。

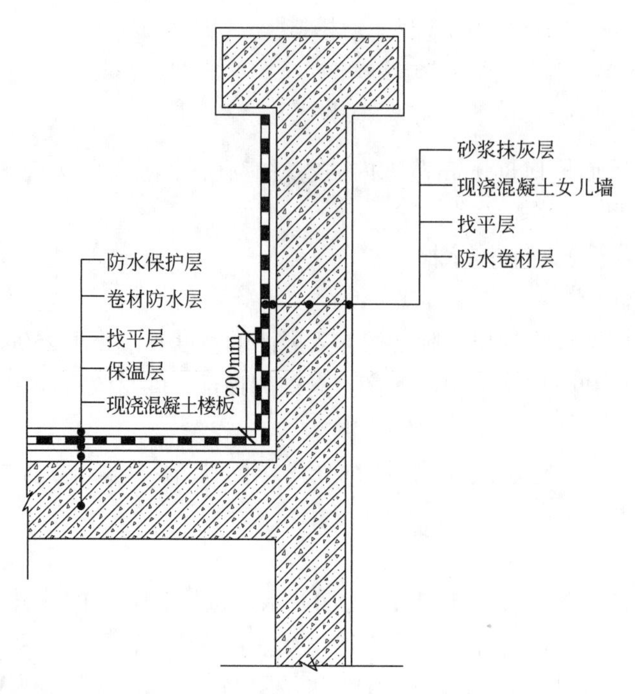

例题3（背景资料节选）：某新建综合楼工程，地下室筏板及外墙混凝土均为C30P6。室内防水采用聚氨酯防水涂料，地下防水及屋面防水均采用SBS卷材，屋面防水层等级为Ⅰ级。

施工单位上报的地下结构专项施工方案中部分文字"……地下防水混凝土严格按设计图纸的C30P6等级进行试配，并根据试配确定最终施工配合比；地下防水混凝土施工终凝后连续保湿养护10d以上……"。屋面进行水泥砂浆找平层施工时按横向6m、纵向12m间距留设分格缝；找平层施工完毕，养护5d后开始施工一道防水设防的卷材防水层；卷材防水层施工时，同一层相邻两幅卷材短边搭接缝错开300mm，上下两层卷材垂直进行铺贴。室内厕所楼板防水涂料施工完毕后，蓄水一夜检验，次日天亮后进行下道工序施工。监理工程师认为施工单位做法有诸多错误，责令整改。

问题：分别指出上述施工做法的错误之处，写出正确做法。

答案：

错误1：地下防水混凝土严格按设计图纸的C30P6等级进行试配。

正确做法：防水混凝土试配时的抗渗等级应比设计要求提高0.2MPa，即应按C30P8试配。

错误2：地下防水混凝土保湿养护10d以上。

正确做法：防水混凝土养护时间不得少于14d。

错误3：屋面找平层施工时按横向6m、纵向12m间距留设分格缝。

正确做法：找平层纵横向分格缝间距均不宜大于6m。

错误4：屋面找平层施工完毕，养护5d即开始下道工序施工。

正确做法：找平层养护时间不得少于7d。

错误5：屋面施工一道防水设防的卷材防水层。

正确做法：屋面防水层等级为Ⅰ级，应设置两道防水设防。

错误6：屋面同一层相邻两幅卷材短边搭接缝错开300mm。

正确做法：同一层相邻两幅卷材短边搭接缝错开至少500mm。

错误7：屋面上下两层卷材垂直进行铺贴

正确做法：上下两层卷材不得垂直铺贴。

错误8：室内厕所楼板防水涂料施工完毕后，蓄水一夜检验。

正确做法：蓄水时间应24h以上。

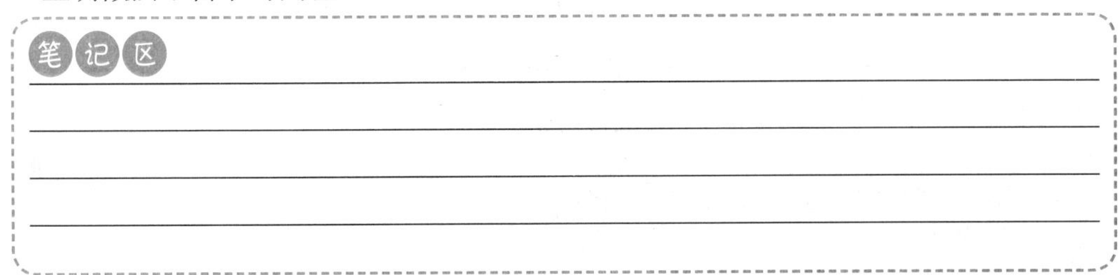

考点二十二：抹灰工程

历年考情分析

年份	2014	2015	2016	2017	2018	2019	2020	2021	2022
案例									

1. 材料的技术要求

（1）水泥：强度等级应不小于32.5MPa，砂浆的拉伸粘结强度、聚合物砂浆的保水率复验应合格。

（2）砂子：选用中砂，不得含有杂质；特细砂不宜使用。

（3）石灰膏：熟化期不应小于15d。

2. 需采取加强措施情形

（1）抹灰总厚度≥35mm。

（2）不同材料基体交接处表面（防开裂），当采用加强网时，加强网与各基体的搭接宽度不应小于100mm。

3. 阳角暗护角

采用1∶2水泥砂浆，其高度不应低于2m，每侧宽度不应小于50mm。

4. 分层抹灰

各层厚度宜为5～7mm，抹石灰砂浆和混合砂浆时每遍厚度宜为7～9mm。

5. 成品保护

水泥砂浆抹灰层应在湿润条件下养护，一般应在抹灰24h后进行养护。

笔记区

考点二十三：轻质隔墙工程

历年考情分析

年份	2014	2015	2016	2017	2018	2019	2020	2021	2022
案例									

一、轻质隔墙工程

轻钢龙骨罩面板施工：

（1）施工流程

弹线→安装天地龙骨→安装竖龙骨→安装通贯龙骨→机电管线安装→安装横撑龙骨→门窗等洞口制作→安装一侧罩面板→安装填充材料（岩棉）→安装另一侧罩面板。

（2）天地龙骨固定用射钉或膨胀螺栓；罩面板固定用自攻螺钉。

（3）安装竖龙骨：由隔断墙的一端开始排列竖龙骨，有门窗时要从门窗洞口开始分别向两侧排列。

（4）安装罩面板（一侧）：宜竖向铺设，其长边接缝应落在竖龙骨上。

（5）安装罩面板（另一侧）：

① 装配的板缝与对面的板缝不得布在同一个龙骨上。

② 隔墙两面有多层罩面板时，应交替封板，不可一侧封完再封另一侧，避免单侧受力过大造成龙骨变形。

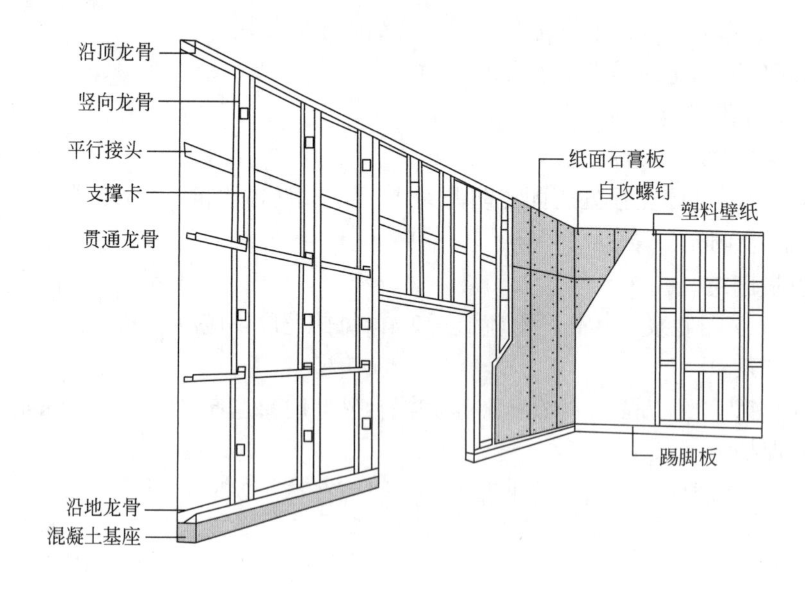

二、饰面板工程

（1）饰面板安装工程一般适用于内墙饰面板工程和高度不大于24m、抗震设防烈度不大于8度的外墙饰面板安装工程。

（2）饰面板工程应对下列材料及其性能指标进行复验：
① 室内用花岗石板的放射性、室内用人造木板的甲醛释放量。
② 水泥基粘结料的粘结强度。
③ 外墙陶瓷板的吸水率。
④ 严寒和寒冷地区外墙陶瓷板的抗冻性。
（3）饰面板工程应对下列隐蔽工程项目进行验收：
① 预埋件（或后置埋件）。
② 龙骨安装。
③ 连接节点。
④ 防水、保温、防火节点。
⑤ 外墙金属板防雷连接节点。

三、饰面砖工程

（1）饰面砖是指内墙饰面砖粘贴和高度不大于100m、抗震设防烈度不大于8度、采用满粘法施工的外墙饰面砖粘贴等工程。
（2）饰面砖工程应对下列材料及其性能指标进行复验：
① 室内用瓷质饰面砖的放射性。
② 水泥基粘结材料与所用外墙饰面砖的拉伸粘结强度。
③ 外墙陶瓷饰面砖的吸水率。
④ 严寒及寒冷地区外墙陶瓷饰面砖的抗冻性。
（3）饰面砖工程应对下列隐蔽工程项目进行验收：
① 基层和基体。
② 防水层。

笔记区

考点二十四：吊顶工程

历年考情分析

年份	2014	2015	2016	2017	2018	2019	2020	2021	2022
案例									

暗龙骨吊顶施工流程：
放线→弹龙骨分档线→安装水电管线→安装主龙骨→安装副龙骨→安装罩面板→安装压条。

吊杆	（1）连接到顶部结构受力部位上。 （2）长度＞1.5m时，设反支撑；长度＞2.5m时，设钢结构转换层。 （3）灯具、风口及检修口等部位应附加龙骨和吊杆。 （4）距主龙骨端部≤300mm
主龙骨	（1）平行房间长向安装，悬臂端不应大于300mm。 （2）接长应对接。 （3）间距不应大于1.2m
次龙骨	间距不得大于600mm
罩面板	（1）由中间向四周自由状态下固定，不得多点同时作业。 （2）纸面石膏板的长边沿纵向次龙骨铺设

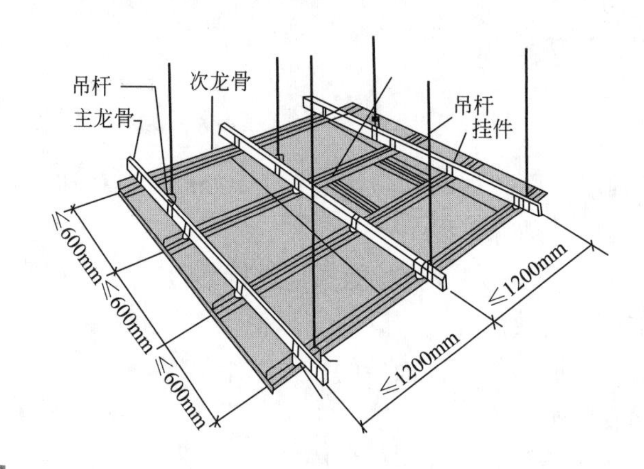

【经典案例回顾】

例题（背景资料节选）：装饰装修施工前，装修单位上报会议室的木龙骨纸面石膏板吊顶施工方案，其中包括：采用ϕ6吊杆，长1.8m，纸面石膏板的长边沿横向主龙骨铺设，纸面石膏板四角先固定在龙骨上，然后固定四边，最后固定中心，确保牢固，监理认为部分做法不妥，退回施工单位整改。

问题：指出纸面石膏板吊顶施工方案中的不妥之处，并给出正确做法。

答案：

不妥1：吊杆长度1.8m。

正确做法：吊杆长度大于1.5m时，还应设置反向支撑。

不妥2：纸面石膏板的长边沿横向主龙骨铺设。

正确做法：纸面石膏板的长边沿纵向次龙骨铺设。

不妥3：纸面石膏板四角先固定在龙骨上，然后固定四边，最后固定中心。

理由：纸面石膏板与龙骨固定，应从一块板的中间向板的四边进行固定。

笔记区

考点二十五：地面工程

历年考情分析

年份	2014	2015	2016	2017	2018	2019	2020	2021	2022
案例								√	

1. 进场材料应有质量合格证明文件、规格、型号及性能检测报告，对重要材料应有复验报告：

（1）花岗石、瓷砖的放射性。

（2）天然石材面层铺设前，板材应进行六面防护处理。

（3）人造板、地毯及地毯衬垫中的游离甲醛（释放量或含量）。

（4）木竹地板面层下的木搁栅、垫木和垫层地板进场时应对其断面尺寸、含水率等主要技术指标进行抽检。

2. 瓷砖面层

（1）工艺流程：

基底处理→放线→浸砖→铺设结合层砂浆→铺砖→养护→检查验收→勾缝→成品保护。

（2）瓷砖面层铺贴完应进行养护，养护时间不得小于7d。

（3）勾缝：

① 铺装完成28d或胶粘剂固化干燥后，进行勾缝。

② 采用专用勾缝剂，要求缝清晰、顺直、平整、光滑、深浅一致，缝略低于砖面。

【经典案例回顾】

例题（2021年·背景资料节选）：项目经理巡查到住宅楼二层样板间时，地面瓷砖铺设施工人员正按照基层处理、放线、浸砖等工艺流程进行施工。其检查了施工质量，强调后续工作要严格按照正确施工工艺作业，铺装完成28d后，用专用勾缝剂勾缝，做到清晰、顺直，保证地面整体质量。

问题：地面瓷砖面层施工工艺内容还有哪些？瓷砖勾缝要求还有哪些？

答案：

（1）瓷砖面层施工工艺内容还有：铺设结合层砂浆、铺砖、养护、检查验收、勾缝、成品保护。

（2）瓷砖勾缝要求还有：平整、光滑、深浅一致、缝应略低于砖面。

笔记区

历年考情分析

年份	2014	2015	2016	2017	2018	2019	2020	2021	2022
案例		√							

一、施工测量

根据土建施工单位给出的标高基准点和轴线位置，对已施工的主体结构与幕墙有关的部位进行全面复测。复测的内容包括：

（1）轴线位置、各层标高、垂直度、混凝土结构构件局部偏差和凹凸程度。

（2）预埋件的位置偏差及漏埋情况。

二、对后置埋件的验收要点

（1）后置埋件的品种、规格是否符合设计要求。

（2）锚板和锚栓的材质、锚栓埋置深度及拉拔力等是否符合设计要求。

（3）化学锚栓的锚固胶是否符合设计和规范要求。

三、构件式玻璃幕墙

概念	现场依次安装立柱、横梁和玻璃面板的框支承玻璃幕墙
立柱	（1）可采用铝合金型材或钢型材。 （2）一层楼高为一整根，接头处留空隙，上、下立柱通过活动接头连接。 （3）立柱先与角码连接，角码再与主体结构预埋件连接。（角码需考虑承载能力）
横梁	横梁与立柱连接用不锈钢螺栓或螺钉。（不锈钢螺栓、螺钉需考虑承载力）
玻璃面板	（1）幕墙开启窗的开启角度不宜大于30°，开启距离不宜大于300mm。 （2）密封胶的施工厚度应大于3.5mm，一般控制在4.5mm以内。 （3）密封胶在接缝内应两对面粘结，不应三面粘结。 （4）密封胶不得混用

四、单元式玻璃幕墙

将玻璃面板和金属框架（横梁、立柱）在工厂组装为幕墙单元，以幕墙单元形式在现场完成安装施工的玻璃幕墙。其主要特点有：

（1）工厂化程度高。

（2）工期短。

（3）建筑立面造型丰富。

（4）施工技术要求较高。

（5）缺点有：单方材料消耗量大、造价高，幕墙的接缝、封口和防渗漏技术要求高，施工有一定难度。

五、全玻幕墙

（1）由玻璃肋和玻璃面板构成的玻璃幕墙。面板玻璃厚度不宜小于10mm，夹层玻璃单片厚度不应小于8mm。

（2）吊挂玻璃的夹具不得与玻璃直接接触，夹具衬垫材料应与玻璃平整结合、紧密牢固。

六、建筑幕墙防火构造要求

（1）防火层构造做法：

① 幕墙与各层楼板、隔墙外沿间的缝隙，应采用不燃材料封堵，填充材料可采用岩棉或者矿棉，其厚度不应小于100mm，在楼层间形成水平防火烟带。

② 防火层应采用厚度不小于1.5mm的镀锌钢板承托。承托板与主体结构、幕墙结构之间的缝隙应采用防火密封胶密封。（防火密封胶应有法定检测机构的防火检验报告）

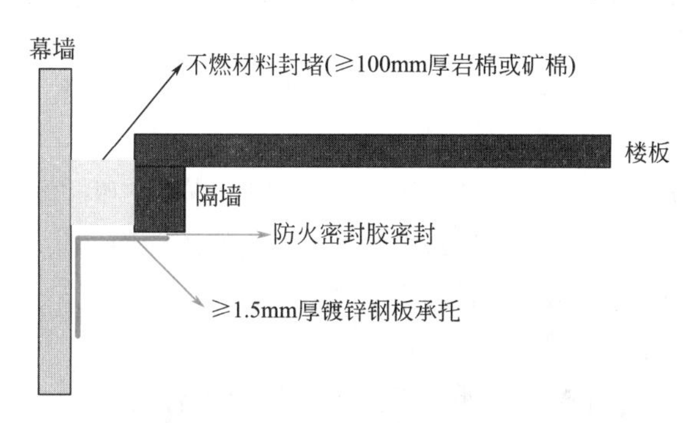

（2）防火层不应与玻璃直接接触，防火材料朝玻璃面处宜采用装饰材料覆盖。

（3）同一幕墙玻璃单元不应跨越两个防火分区。

七、建筑幕墙防雷构造要求

（1）幕墙的金属框架应与主体结构的防雷体系可靠连接。

（2）幕墙的铝合金立柱，在不大于10m范围内宜有一根立柱采用柔性导线，把上柱与下柱的连接处连通。

（3）避雷接地一般每三层与均压环连接。

（4）在有镀膜层的构件上进行防雷连接，应除去镀膜层。

（5）防雷构造连接均应进行隐蔽工程验收。

（6）防雷连接的钢构件在完成后都应进行防锈油漆处理。

【经典案例回顾】

例题1（2015年·背景资料节选）：施工中，施工单位对幕墙与各层楼板间的缝隙防火隔离处理进行了检查；对幕墙的气密性、水密性、耐风压性能等有关安全和功能检测项目进行了见证取样和抽样检测。

问题：建筑幕墙与各楼层楼板间的缝隙隔离的主要防火构造做法是什么？幕墙工程中有关安全和功能的检测项目还有哪些？

答案：

（1）主要防火构造做法：

① 缝隙采用不燃材料封堵，填充材料可采用岩棉或矿棉，其厚度不应小于100mm，满足设计的耐火极限要求，在楼层间形成水平防火烟带。

② 防火层应采用厚度不小于1.5mm的镀锌钢板承托，不得采用铝板。

③ 承托板与主体结构、幕墙结构及承托板之间的缝隙应采用防火密封胶密封。

（2）幕墙工程中有关安全和功能的检测项目还有：

① 硅酮结构胶的相容性和剥离粘结性。

② 幕墙后置埋件和槽式预埋件的现场拉拔力。

③ 幕墙的层间变形性能。

例题2（背景资料节选）：单元式玻璃组件采用之江牌硅酮结构密封胶。安装过程中金属扣件采用白云牌硅酮耐候密封胶，层间防火封堵采用白云牌硅酮耐候密封胶，避雷接地每4层做均压环与连接主体接地体有效连接。

问题：幕墙施工做法有何不妥？说明理由。

答案：

不妥1：单元式玻璃组件采用之江牌硅酮结构密封胶，金属扣件采用白云牌硅酮耐候密封胶。

理由：同一幕墙工程应采用同一品牌的硅酮结构密封胶和硅酮耐候密封胶配套使用，防止不同品牌的胶接触可能产生化学反应，失去原胶的性能而产生安全隐患。

不妥2：层间防火封堵采用硅酮耐候密封胶。

理由：层间防火封堵应采用防火密封胶。

不妥3：避雷接地每4层做均压环与连接主体接地体有效连接。

理由：避雷接地应每3层做均压环与连接主体接地体有效连接。

笔记区

考点二十七：节能工程

历年考情分析

年份	2014	2015	2016	2017	2018	2019	2020	2021	2022
案例		√		√		√		√	

一、节能工程施工

1. 倒置式屋面：

（1）基本构造自下而上为：结构层、找坡层、找平层、防水层、保温层及保护层。

（2）倒置式屋面的核心是将保温层做在防水层上。

（3）保护层与卷材、涂膜防水层之间，应设置隔离层。隔离层可采用干铺塑料膜、土工布、卷材或铺抹低强度等级砂浆。

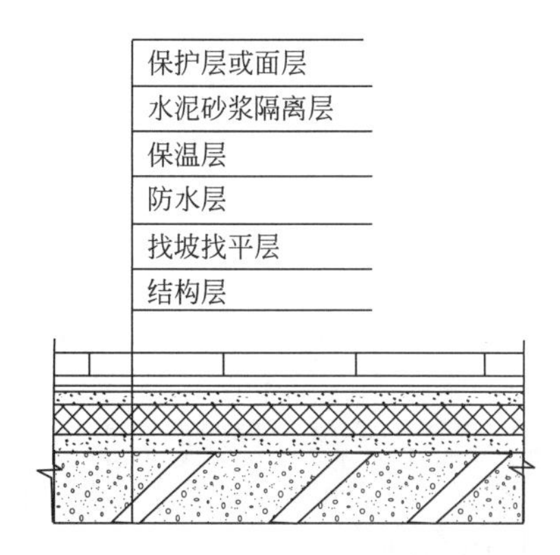

2．防火隔离带：

（1）设置在可燃、难燃保温材料外墙外保温中，按水平方向分布。

（2）采用防火隔离带构造的外墙外保温工程施工前，应编制施工技术方案，并应采用与施工技术方案相同的材料或工艺制作样板墙。

（3）燃烧性能应为A级（宜用岩棉带），宽度不应小于300mm，防火棉密度不应小于100kg/m^3。

（4）应与保温材料的施工同步进行。

3．保温工程施工前，保温板材与基层的粘结强度应做现场拉拔试验，合格后进行全面施工。

4．外墙外保温施工要求：

（1）施工前应进行基层墙体检查或处理。

① 检查：基层墙体表面应洁净、坚实、平整，无油污和脱模剂等妨碍粘结的附着物。

② 处理：凸起、空鼓和疏松部位应剔除；界面处理宜用水泥基界面砂浆。

（2）采用粘贴固定的外保温系统，施工前应做基层墙体与胶粘剂的拉伸粘结强度检验，拉伸粘结强度不应低于0.3MPa，且粘结界面脱开面积不应大于50%。

（3）现场不应有高温或明火作业。

（4）环境空气温度不应低于5℃；5级以上大风天气和雨天不得施工。

二、技术与管理

（1）设计变更不得降低建筑节能效果。当设计变更涉及建筑节能效果时，应经原施工图设计审查机构审查，在实施前办理设计变更手续，并获得监理或建设单位的确认。

（2）建筑节能工程采用的新技术、新设备、新材料、新工艺，应按规定进行评审、鉴定及备案。施工前应对新的或首次采用的施工工艺进行评价，并制定专门的施工技术方案。

（3）单位工程的施工组织设计应包括建筑节能工程施工内容。建筑节能工程施工前，施工单位应编制建筑节能工程专项施工方案。施工单位应对从事建筑节能工程施工作业的人员进行技术交底和必要的实际操作培训。

三、节能工程验收

1. 基本规定

（1）建筑节能工程是分部工程，按分项工程验收，验收资料单独组卷。

（2）围护结构节能子分部工程包括以下分项工程：墙体节能工程，幕墙节能工程，门窗节能工程，屋面节能工程，地面节能工程。

（3）建筑节能分部工程质量验收合格应符合下列规定：

① 建筑节能各分项工程应全部合格。

② 质量控制资料应完整。

③ 外墙节能构造现场实体检验结果应对照图纸进行核查，并符合要求。

④ 建筑外窗气密性能现场实体检测结果应对照图纸进行核查，并符合要求。

⑤ 建筑设备工程系统节能性能检测结果应合格。

⑥ 太阳能系统性能检测结果应合格。

2. 围护结构节能工程

（1）墙体、屋面和地面节能工程采用的材料、构件和设备施工进场复验应包括下列内容：

① 保温隔热材料的导热系数或热阻、密度、压缩强度或抗压强度、吸水率、燃烧性能（不燃材料除外）及垂直于板面方向的抗拉强度（仅限墙体）。

② 复合保温板的传热系数或热阻、单位面积质量、拉伸粘结强度及燃烧性能（不燃材料除外）。

③ 保温砌块的传热系数或热阻、抗压强度及吸水率。

④ 墙体及屋面反射隔热材料的太阳光反射比及半球发射率。

⑤ 墙体粘结材料的拉伸粘结强度。

⑥ 墙体抹面材料的拉伸粘结强度及压折比。

⑦ 墙体增强网的力学性能及抗腐蚀性能。

（2）墙体、屋面和地面节能工程的施工质量，应符合下列规定：

① 墙体保温板材与基层之间的拉伸粘结强度应进行现场拉拔试验，且不得在界面破坏，粘结面积比应进行剥离检验。

② 当保温层采用锚固件固定时，锚固件数量、位置、锚固深度、胶结材料性能和锚固力应符合设计和施工方案的要求。

（3）胶粘剂与保温板的粘结在原强度、浸水48h后干燥7d的耐水强度条件下发生破坏时，破坏部位应位于保温板内。

3. 建筑节能工程围护结构现场实体检验

（1）对象：外墙节能构造、外窗气密性能。

（2）实施：

① 外墙节能构造钻芯检验应由监理工程师见证，可由建设单位委托有资质的检测机构实施，也可由施工单位实施。

② 外窗气密性能现场实体检验应由监理工程师见证，由建设单位委托有资质的检测机构实施。

（3）实体检验不合格，委托有资质的检测单位扩大一倍抽样，对不符合项目或参数再次检验。仍不符合要求时给出“不符合设计要求”的结论。

4．节能工程验收（补充）

依据《建筑节能工程施工质量验收标准》GB 50411—2019中的18.0.2条。

参加建筑节能工程验收的各方人员应具备相应的资格，其程序和组织应符合下列规定：

（1）节能工程检验批验收和隐蔽工程验收应由专业监理工程师组织并主持，施工单位相关专业的质量检查员与施工员参加验收。

（2）节能分项工程验收应由专业监理工程师组织并主持，施工单位项目技术负责人和相关专业的质量检查员、施工员参加验收；必要时可邀请主要设备、材料供应商及分包单位、设计单位相关专业的人员参加。

（3）节能分部工程验收应由总监理工程师组织并主持，施工单位项目负责人、项目技术负责人和相关专业的负责人、质量检查员、施工员参加；施工单位的质量、技术负责人应参加验收；设计单位项目负责人及相关专业负责人应参加验收；主要设备、材料供应商及分包单位负责人应参加验收。

【经典案例回顾】

例题1（2021年·背景资料节选）：项目经理部编制的《屋面工程施工方案》中规定：

（1）工程采用倒置式屋面，屋面构造层包括防水层、保温层、找平层、找坡层、隔离层、结构层和保护层，构造示意见下图。

（2）防水层施工完成后进行雨后观察或淋水、蓄水试验，持续时间应符合规范要求，合格后再进行隔离层施工。

问题1：常用屋面隔离层材料有哪些？

答案：

常用隔离层材料有：塑料膜、土工布、卷材、低强度等级砂浆。

问题2：写出图中屋面构造层1 ~ 7对应的名称。

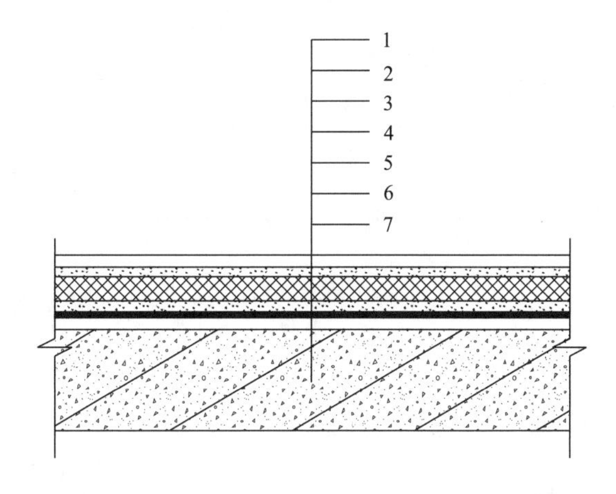

答案：

1：保护层；2：保温层；3：隔离层；4：防水层；5：找平层；6：找坡层；7：结构层。

注：此答案和《倒置式屋面工程技术规程》JGJ 230—2010中的6.5.2-2条不一致，是严格按照命题人的题目背景来答题的。

例题2（2021年·背景资料节选）：某住宅工程对建筑节能工程围护结构子分部工程检查时，抽查了墙体节能分项工程中保温隔热材料复验报告。复验报告表明该批次酚醛泡沫塑料板的导热系数（热阻）等各项性能指标合格。

问题：建筑节能工程中的围护结构子分部工程包含哪些分项工程？墙体保温隔热材料进场时需要复验的性能指标有哪些？

答案：

（1）分项工程包括：①墙体节能工程；②幕墙节能工程；③门窗节能工程；④屋面节能工程；⑤地面节能工程。

（2）复验的性能指标有：①导热系数或热阻；②密度；③压缩强度或抗压强度；④垂直于板面方向的抗拉强度；⑤吸水率；⑥燃烧性能。

例题3（2015年·背景资料节选）：某工程采用某新型保温材料，按规定进行了评审、鉴定和备案，同时施工单位完成相应程序性工作后，经监理工程师批准后投入使用。

问题：新型保温材料使用前还应有哪些程序性工作？

答案：

（1）进行施工工艺评价。

（2）制定专门施工技术方案。

例题4（背景资料节选）：建筑节能分部工程验收时，由施工单位项目经理主持、施工单位质量负责人以及相关专业的质量检查员参加，总监理工程师认为该验收主持及参加人员均不满足规定，要求重新组织验收。

问题：节能分部工程验收应由谁主持？施工单位还应有哪些人员参加？

答案：

（1）节能分部工程验收应由总监理工程师主持。

（2）还应参加的人员：项目技术负责人、项目节能专业负责人、施工员、施工单位技术负责人。

笔记区

第二章

组织管理

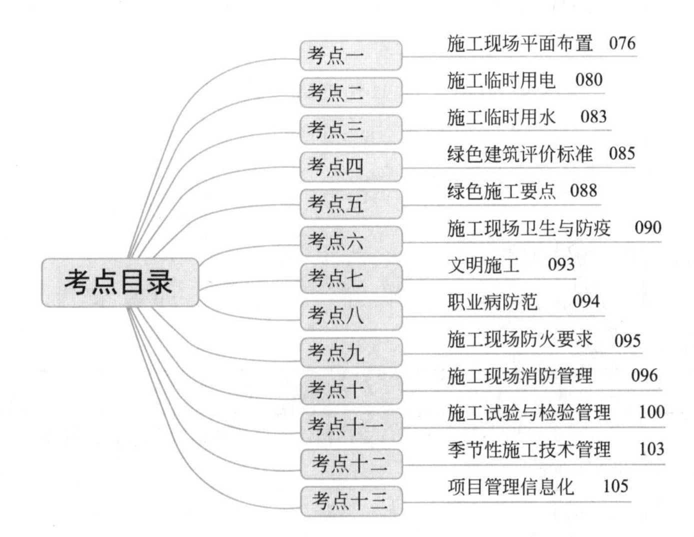
考点目录
考点一
施工现场平面布置 076
考点二
施工临时用电 080
考点三
施工临时用水 083
考点四
绿色建筑评价标准 085
考点五
绿色施工要点 088
考点六
施工现场卫生与防疫 090
考点七
文明施工 093
考点八
职业病防范 094
考点九
施工现场防火要求 095
考点十
施工现场消防管理 096
考点十一
施工试验与检验管理 100
考点十二
季节性施工技术管理 103
考点十三
项目管理信息化 105

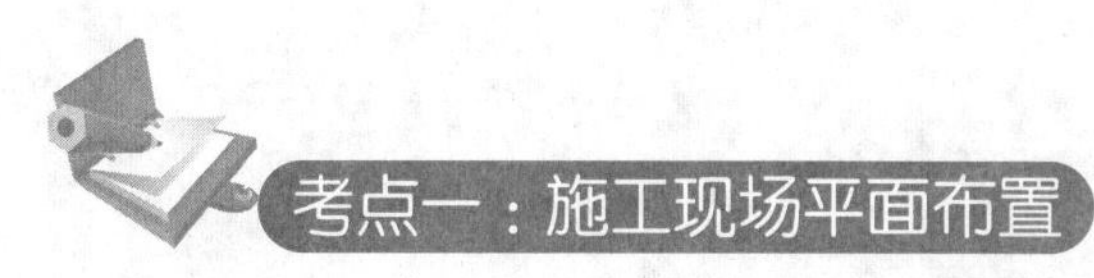

考点一：施工现场平面布置

历年考情分析

年份	2014	2015	2016	2017	2018	2019	2020	2021	2022
案例		√			√			√	

一、施工总平面图的设计内容

（1）项目施工用地范围内的地形状况。

（2）全部拟建的建筑物和其他基础设施的位置。

（3）项目施工用地范围内的加工、运输、存储、供电、供水供热、排水排污设施以及临时施工道路和办公、生活用房等。

（4）施工现场必备的安全、消防、保卫和环保设施。

（5）相邻的地上、地下既有建筑物及相关环境。

二、施工总平面图设计要点（也即各设施布置的先后顺序）

1. 设置大门，引入场外道路

宜考虑设置两个以上大门，但一般只设置一个出入口，即实名制通道。

2. 布置大型机械设备

机械名称	布置需考虑的因素
塔式起重机	基础设置、周边环境、覆盖范围、可吊构件的重量及运输和堆放、附墙杆件位置和距离及使用后的拆除和运输
混凝土泵	泵管的输送距离、混凝土罐车行走与停靠
施工升降机	地基承载力、地基平整度、周边排水、导轨架的附墙位置和距离、楼层平台通道、出入口防护门、升降机周边的防护围栏

3. 布置仓库、堆场

（1）接近使用地点，纵向与现场临时道路平行。

（2）存放危险品的仓库应远离现场单独设置，离在建工程距离不小于15m。

4. 布置加工厂

5. 布置场内临时运输道路

主干道宽度单行道≥4m，双行道≥6m。木材场两侧6m宽通道，端头处12m×12m回车场，消防车道宽度≥4m，载重车转弯半径不宜小于15m。

6. 布置临时房屋

（1）办公用房设在工地入口处。

（2）宿舍设在现场附近，有条件时可设在场内。

（3）食堂宜布置在生活区。

7. 布置临时水、电管网和其他动力设施

（1）临时总变电站设在高压线进入工地最近处，避免高压线穿过工地。

（2）管网一般沿道路布置，供电线路应避免与其他管道设在同一侧。

三、施工平面图现场管理

1．总体要求：满足施工需求、现场文明、安全有序、整洁卫生、不扰民、不损坏公众利益、绿色环保。

2．施工现场管理：

（1）实行封闭管理，采用硬质围挡。

（2）市区主要路段的施工现场围挡高度不应低于2.5m，一般路段围挡高度不应低于1.8m。

（3）距离交通路口20m范围内占据道路施工设置的围挡，其0.8m以上部分应采用通透性围挡，并应采取交通疏导和警示措施。

3．出入口管理：

（1）现场大门应设置门卫岗亭，安排门卫人员24h值班。

（2）主要出入口明显处应设置工程概况牌，大门内应有施工现场总平面图、安全管理、环境保护、绿色施工、消防保卫管理人员名单及监督电话等制度牌和宣传栏。

（3）车辆出入口设置车辆冲洗设施。

4．规范场容：

（1）主要道路及材料加工场地应做硬化处理，如铺设混凝土、钢板、碎石。

（2）裸露的场地和集中堆放的土方应采取覆盖、固化或绿化措施。

【经典案例回顾】

例题1（2021年·背景资料节选）：某工程项目，钢筋混凝土剪力墙结构，总建筑面积57000m^2。施工单位项目经理部上报了施工组织设计，其中：施工总平面图设计要点包括了设置大门，布置塔式起重机、施工升降机，布置临时房屋、水、电和其他动力设施等。布置施工升降机时，考虑了导轨架的附墙位置和距离等现场条件和因素。公司技术部门在审核时指出施工总平面图设计要点不全，施工升降机布置条件和因素考虑不足，要求补充完善。

问题1：施工总平面布置图设计要点还有哪些？

答案：

（1）布置仓库、堆场。

（2）布置加工厂。

（3）布置场内临时运输道路。

问题2：布置施工升降机时，应考虑的条件和因素还有哪些？

答案：

（1）地基承载力。

（2）地基平整度。

（3）周边排水。

（4）楼层平台通道。

（5）出入口防护门。

（6）升降机周边的防护栏杆。

例题2（2018年·背景资料节选）：一建筑施工场地，东西长110m，南北宽70m。

拟建建筑物首层平面80m×40m，地下2层，地上6/20层，檐口高26/68m，建筑面积约48000m^2。施工场地部分临时设施平面布置示意图见下图。图中布置施工临时设施有：现场办公室，木材加工及堆场，钢筋加工及堆场，油漆库房，塔式起重机，施工电梯，物料提升机，混凝土地泵，大门及围墙，车辆冲洗池（图中未显示的设施均视为符合要求）。

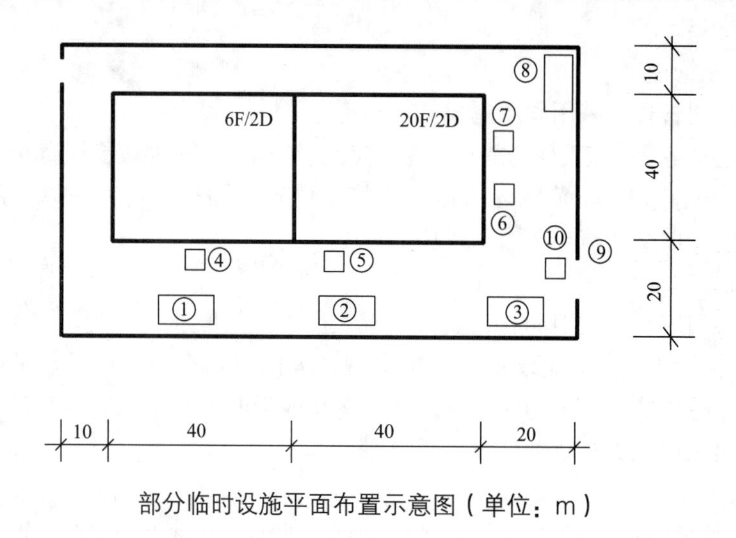

部分临时设施平面布置示意图（单位：m）

问题1：写出图中临时设施编号所处位置最宜布置的临时设施名称。（如⑨大门与围墙）

答案：

① 木材加工及堆场。

② 钢筋加工及堆场。

③ 现场办公室。

④ 物料提升机。

⑤ 塔式起重机。

⑥ 混凝土地泵。

⑦ 施工电梯。

⑧ 油漆库房。

⑨ 大门及围墙。

⑩ 车辆冲洗池。

问题2：简单说明布置理由。

答案：

布置理由如下：

位置	临时设施	理由
①	木材加工及堆场	尽量利用现场设施起吊和运输，且必须与塔式起重机同侧并尽量靠近塔式起重机。考虑到钢筋的重量及用量远大于木材，为减少二次搬运工作量，故②布置钢筋加工及堆场，①布置木材加工及堆场
②	钢筋加工及堆场	
③	现场办公室	办公用房宜设在工地入口处
④	物料提升机	适用于楼层较低（6F）的垂直运输

续表

位置	临时设施	理由
⑤	塔式起重机	适用于楼层较高（20F）的垂直运输，同时考虑到单体建筑的覆盖范围，宜布置在建筑物长向的中间位置
⑥	混凝土地泵	考虑出入方便及混凝土浇筑时泵车占用交通及掉头空间需要，故将混凝土地泵布置于⑥，将施工电梯布置于⑦
⑦	施工电梯	
⑧	油漆库房	油漆属于危险品类，库房应远离现场单独布置，与在建工程距离不小于15m
⑨	大门及围墙	大门位置应考虑车辆的转弯半径，与加工场地、仓库位置的有效衔接
⑩	车辆冲洗池	设在工地出入口大门处

例题3（2015年·背景资料节选）：施工现场总平面布置设计中包含如下主要内容：①材料加工场地布置在场外；②现场设置一个出入口，出入口处设置办公用房；③场地周边设置3.8m宽环形载重单行车道作为主干道（兼消防车道），并进行硬化，转弯半径10m；④在主干道外侧开挖400mm×600mm管沟，将临时供电线缆、临时用水管线埋置于管沟内。监理工程师认为总平面布置存在多处不妥，责令整改后再验收，并要求补充主干道具体硬化方式和裸露场地文明施工防护措施。

问题：指出施工总平面布置设计的不妥之处，分别写出正确做法，施工现场主干道常用硬化方式有哪些？裸露场地的文明施工防护通常有哪些措施？

答案：

（1）不妥之处及正确做法：

不妥1：单行主干道3.8m宽。

正确做法：主干道宽度单行道不小于4m。

不妥2：载重车转弯半径10m。

正确做法：载重车的转弯半径不小于15m。

不妥3：将临时供电线缆、临时用水管线埋置于管沟内。

正确做法：临时供电线缆应避免与其他管道设在同一侧。

（2）主干道硬化方式：铺设混凝土、钢板、碎石等。

（3）裸露场地的文明施工防护措施：覆盖、固化、绿化。

例题4（背景资料节选）：某房屋建筑工程，建筑面积6000m^2，现场项目部为控制成本，对现场围墙实行分段设计，全封闭式管理。即东、南两面紧邻市区主要路段设计为1.8m高砖围墙，并按市容管理要求进行美化，西、北两面紧邻居民小区一般路段，设计为1.8m高普通钢围挡，部分围挡占据了交通路口。

问题：分别说明现场砖围墙和普通钢围挡设计高度是否妥当，说明理由。交通路口占据道路的围挡还要采取哪些措施？

答案：

（1）围挡高度：

① 砖围墙1.8m高，不妥。

理由：市区主要路段的施工现场围挡高度不应小于2.5m。

② 普通钢围挡1.8m高，妥当。

理由：一般路段围挡高度不应小于1.8m。

（2）距离交通路口20m范围内占据道路施工设置的围挡，其0.8m以上部分应采用通透性围挡，并应采取交通疏导和警示措施。

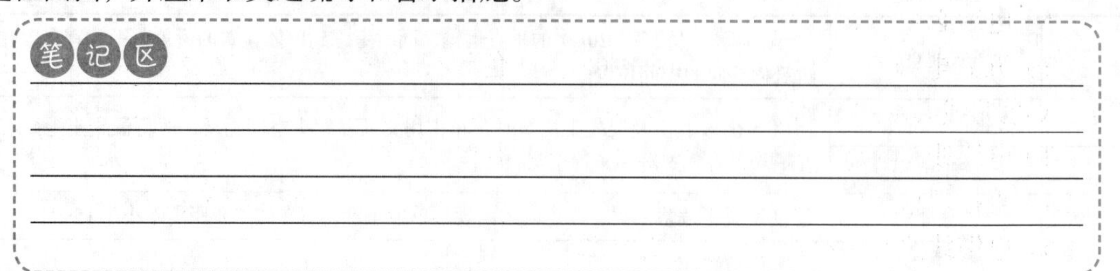

考点二：施工临时用电

历年考情分析

年份	2014	2015	2016	2017	2018	2019	2020	2021	2022
案例		√		√				√	

一、临时用电管理

1. 电工必须经考核合格后，持证上岗。
2. 安装、巡检、维修或拆除临时用电设备和线路，必须由电工完成，并应有人监护。
3. 临时用电组织设计：

编制条件	（1）用电设备≥5台或设备总容量≥50kW，应编制用电组织设计；否则应制定安全用电和电气防火措施。 （2）装饰装修工程补充编制单项施工用电方案
编制人员	电气工程技术人员
审批程序	相关部门审核，企业技术负责人或授权的技术人员审批，现场监理签认
临时用电工程	经编制、审核、批准部门和使用单位验收合格，方可投入使用

4. 临时用电工程定期检查应按分部、分项工程进行，对安全隐患必须及时处理，并应履行复查验收手续。

二、《施工现场临时用电安全技术规范》JGJ 46—2005的强制性条文

1. 配电箱的电器安装板上必须分设N线端子板和PE线端子板。N线端子板必须与金属电器安装板绝缘；PE线端子板必须与金属电器安装板做电气连接。
2. 配电箱、开关箱的电源进线端严禁采用插头和插座做活动连接。
3. 下列特殊场所使用安全特低电压照明器：

电压	适用场所
36V	隧道、人防工程、高温、有导电灰尘、比较潮湿或灯具离地高度<2.5m等场所
24V	潮湿和易触及带电体场所
12V	特别潮湿的场所，导电良好地面、锅炉或金属容器内
口诀：特湿导电好（12V），潮湿易触电（24V），较湿电灰尘（36V）	

三、电缆线路

（1）电缆必须为五芯电缆。

（2）五芯电缆必须包括淡蓝、绿/黄两种颜色绝缘芯线。淡蓝色芯线必须用作N线，绿/黄双色芯线必须用作PE线，严禁混用。

（3）电缆线路应采用埋地或架空敷设，严禁沿地面明设。

（4）直接埋地敷设的电缆过墙、过道、过临建设施时，应套钢管保护。

（5）电缆线路必须有短路保护和过载保护。

（6）室内非埋地明敷主干线距地面高度不得小于2.5m。

四、配电箱与开关箱的设置

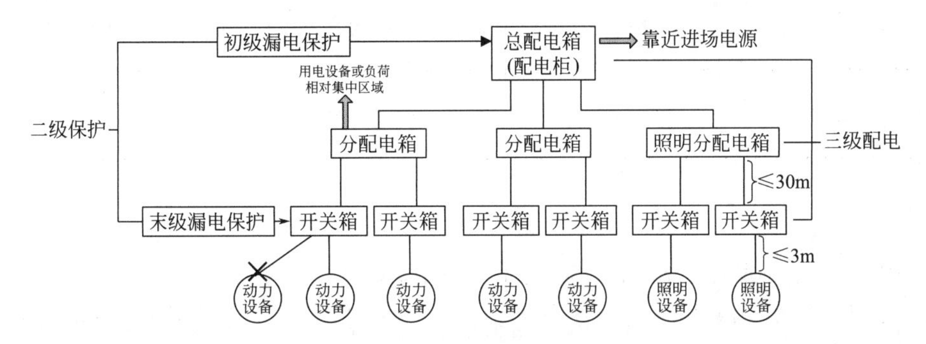

（1）配电箱、开关箱中心点离地距离：固定式1.4 ~ 1.6m；移动式0.8 ~ 1.6m。

（2）配电箱、开关箱的金属箱体、金属电器安装板以及电器正常不带电的金属底座、外壳等必须通过PE线端子板与PE线做电气连接。

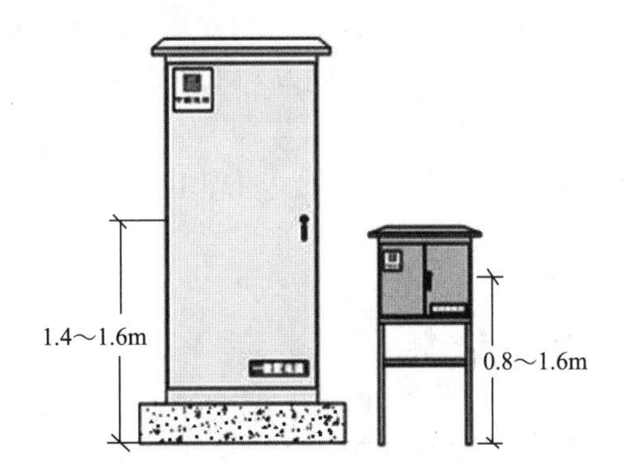

【经典案例回顾】

例题1（2021年·背景资料节选）：某住宅工程由7栋单体组成，地下2层，地上10 ~ 13层，总建筑面积11.5万m^2。施工总承包单位中标后成立项目经理部组织施工。项目总工程师编制了临时用电组织设计，其内容包括：总配电箱设在用电设备相对集中的区域；电缆直接埋地敷设穿过临建设施时应设置警示标识进行保护；临时用电施工完成后，由编制和使用单位共同验收合格后方可使用；各类用电人员经考试合格后持证上岗工作；发现用电安全隐患，经电工排除后继续使用；维修临时用电设备由电工独立完成；临时用电定期检查按分部、分项工程进行。临时用电组织设计报企业技术部门批准后，上报监理单位。监理工程师认为临时用电组织设计存在不妥之处，要求修改完善后再报。

问题：写出临时用电组织设计内容与管理中不妥之处的正确做法。

答案：

（1）分配电箱设在用电设备相对集中的区域（或总配电箱设在进场电源相近处）。

（2）电缆穿过临建设施时应套钢管保护。

（3）由编制、审核、批准部门和使用单位共同验收合格后方可使用。

（4）用电安全隐患经电工排除后，经复查验收方可继续使用。

（5）维修临时用电设备由电工完成，并有人监护。

（6）项目电气工程技术人员编制临时用电组织设计。

（7）报企业技术负责人批准。

例题2（2015年·背景资料节选）：项目经理安排土建技术人员编制了《现场施工用电组织设计》，经相关部门审核、项目技术负责人批准、总监理工程师签认后实施。临时用电工程施工完毕，在相关部门和单位共同验收后投入使用。

问题：指出背景资料中的不妥之处，分别写出正确做法。临时用电工程投入使用前，哪些部门和单位应参加验收？

答案：

（1）不妥之处及正确做法：

不妥1：土建技术人员编制现场施工用电组织设计。

正确做法：应由电气工程技术人员编制。

不妥2：项目技术负责人批准现场施工用电组织设计。

正确做法：应由企业的技术负责人批准。

（2）应参加验收的部门和单位：施工单位的编制、审核、批准部门和使用单位。

例题3（背景资料节选）：根据施工组织设计的安排，施工高峰期现场同时使用机械设备达到8台。项目土建施工员仅编制了安全用电和电气防火措施，并报送监理工程师。监理工程师认为存在多处不妥，要求整改。

问题：背景资料存在哪些不妥之处？分别说明理由。

答案：

不妥1：项目土建施工员编制。

理由：应由电气工程技术人员编制。

不妥2：仅编制安全用电和电气防火措施。

理由：用电设备超过5台时，应编制用电组织设计。

不妥3：编制后报送监理工程师。

理由：用电组织设计经施工单位技术负责人审批后，方可报送监理工程师。

笔记区

历年考情分析

年份	2014	2015	2016	2017	2018	2019	2020	2021	2022
案例			√						

一、临时用水

（1）临时用水量：

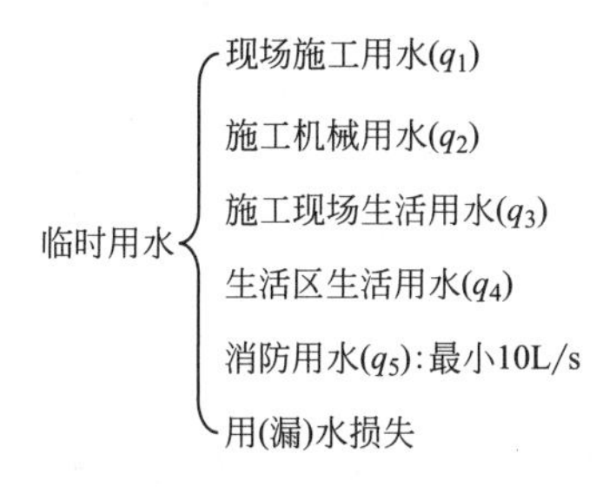

（2）供水系统包括：取水位置、取水设施、净水设施、贮水装置、输水管、配水管网和末端配置。

二、供水设施

（1）管线穿路处均要套以铁管，并埋入地下0.6m处。

（2）排水沟沿道路两侧布置，纵向坡度不小于0.2%，过路处须设涵管。

（3）临时室外消防给水干管的直径不应小于DN100，消火栓间距不应大于120m；距拟建房屋不应小于5m且不宜大于25m，距路边不宜大于2m。

（4）室外消火栓沿消防车道或堆料场内交通道路的边缘布置。

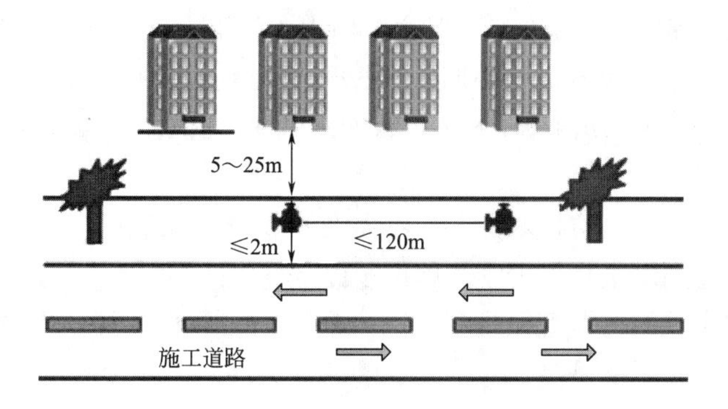

三、总用水量计算

1．净用水量

（1）当（$q_1+q_2+q_3+q_4$）≤ q_5时，$Q=q_5+(q_1+q_2+q_3+q_4)/2$

（2）当（$q_1+q_2+q_3+q_4$）＞q_5时，则$Q=q_1+q_2+q_3+q_4$

（3）当工地面积＜5hm²，且（$q_1+q_2+q_3+q_4$）＜q_5时，$Q=q_5$

注：消防用水量（q_5）：最小10L/s，并应满足《建设工程施工现场消防安全技术规范》GB 50720—2011的要求。

2. 总用水量（耗水量）

总用水量=净用水量×（1+10%）

注：10%为漏水损失。

四、临时用水管径计算

$$d=\sqrt{\frac{4Q}{\pi \cdot v \cdot 1000}}$$

式中：d——配水管直径，m；

Q——耗水量，L/s；

v——管网中水流速度（1.5 ~ 2m/s）。

五、特别注意

（1）消防用水量（q_5）最小到底取多少，一定要查看《建设工程施工现场消防安全技术规范》GB 50720—2011的要求，不一定是10L/s。

（2）计算施工现场临时用水管径，耗水量Q要考虑漏水损失10%（百分比如果题目另有约定按约定）。

（3）计算消防干管或者临时消防竖管管径，耗水量Q指的就是消防用水量（q_5），不再考虑任何漏水损失，查看规范《建设工程施工现场消防安全技术规范》GB 50720—2011中的第5.3.5 ~ 5.3.10条。

【经典案例回顾】

例题1（2016年·背景资料节选）：某住宅楼工程，场地占地面积约10000m²，建筑面积约14000m²，地下2层，地上16层，层高2.8m，檐口高47m。在施工现场消防技术方案中，临时施工道路（宽4m）与施工（消防）用水主管沿在建住宅楼环状布置，消火栓设在施工道路两侧，距路中线5m，在建住宅楼外边线距道路中线9m，施工用水管计算中，现场施工用水量（$q_1+q_2+q_3+q_4$）为8.5L/s，管网水流速度1.6m/s，漏水损失10%，消防用水量按最小用水量计算。

问题：（1）指出施工消防技术方案的不妥之处，并说明理由。

（2）施工现场总用水量是多少？（单位：L/s）

（3）施工用水主管的计算管径是多少？（单位：mm，保留两位小数）

（4）应选择的管径规格是多少？

答案：

（1）不妥之处及理由：

不妥1：消火栓距路边3m。

理由：按规定消火栓距路边不宜大于2m。

不妥2：消火栓距在建住宅4m。

理由：按规定消火栓距拟建房屋不应小于5m。

（2）施工总用水量：

① 建筑面积约14000m^2，层高2.8m，该住宅楼体积14000×2.8=39200m^3，消防用水量最小为20L/s。

注：依据《建设工程施工现场消防安全技术规范》GB 50720—2011中的第5.3.6条。

② 工地面积1hm^2＜5hm^2，且$q_1+q_2+q_3+q_4<q_5$，净总用水量$Q=q_5$=20L/s。

③ 漏水损失为10%，施工现场总用水量（耗水量）为Q=20×（1+10%）=22L/s。

（3）施工用水主管计算管径：

$$d=\sqrt{\frac{4Q}{\pi \cdot v \cdot 1000}}=\sqrt{\frac{4\times 22}{3.14\times 1.6\times 1000}}=0.13235\text{m}=132.35\text{mm}$$

（4）应选择的管径规格：DN150。

例题2（2013年·背景资料节选）：根据现场条件，场内设置了办公区、木工加工区等生产辅助设施，工人宿舍统一设置在场外。施工组织设计中对临时用水进行了设计与计算。

问题：某教学楼施工组织设计在计算临时用水的总用水量时，根据现场实际情况应考虑哪些方面的用水量?

答案：

（1）现场施工用水量。

（2）施工机械用水量。

（3）施工现场生活用水量。

（4）消防用水量。

（5）漏水损失。

解析：背景信息“工人宿舍统一设置在场外”，传递的意思是施工现场不设生活区，即不需考虑生活区生活用水量。

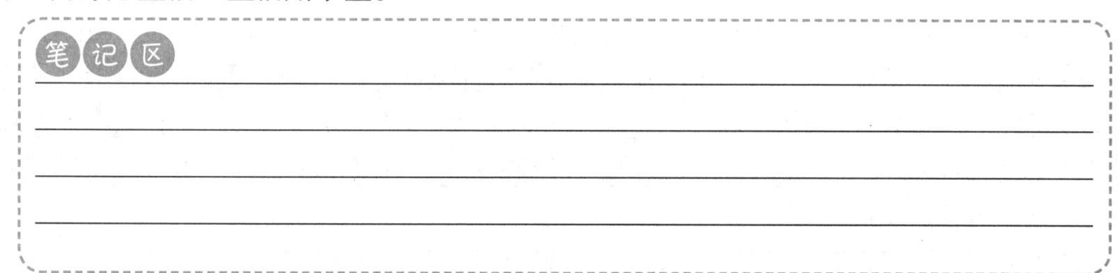

考点四：绿色建筑评价标准

历年考情分析

年份	2014	2015	2016	2017	2018	2019	2020	2021	2022
案例	此考点教材没有					√	√		

1．分类

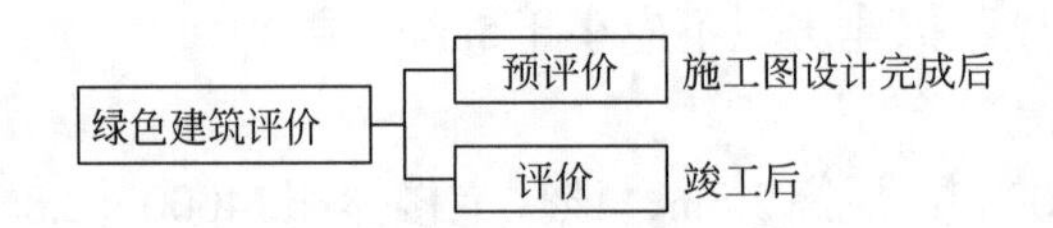

2．评价指标

安全耐久、健康舒适、生活便利、资源节约、环境宜居。

（1）每类指标均包括控制项和评分项。

（2）评价指标体系还统一设置加分项。

3．评分

（1）控制项的评定结果为达标或不达标，评分项和加分项的评定结果为分值。

	控制项基础得分	评分项满分值					提高与创新加分项满分值
		安全耐久	健康舒适	生活便利	资源节约	环境宜居	
预评价分值	400	100	100	70	200	100	100
评价分值	400	100	100	100	200	100	100

注：预评价时，“生活便利评分项”中“物业管理”项、“提高与创新加分项”中“按照绿色施工的要求进行施工和管理”项不得分。

（2）绿色建筑评价总得分：

$$Q=(Q_0+Q_1+Q_2+Q_3+Q_4+Q_5+Q_A)/10$$

式中：Q——总得分。

Q_0——控制项基础得分，当满足所有控制项的要求时取400分。

$Q_1 \sim Q_5$——5类指标评分项得分。

Q_A——提高与创新加分项得分。

4．等级划分

等级	基本级	一星级	二星级	三星级
满足条件	满足全部控制项要求			
	—	每类指标评分项得分不小于满分值的30%		
		全装修		
		总分≥60分	总分≥70分	总分≥85分

5．五大指标评分项内容

评价指标体系	评分项
安全耐久	安全、耐久
健康舒适	室内空气品质、水质、声环境与光环境、室内热湿环境
生活便利	出行与无障碍、服务设施、智慧运行、物业管理
资源节约	节地与土地利用、节能与能源利用、节水与水资源利用、节材与绿色建材
环境宜居	场地生态与景观、室外物理环境

6. 控制项内容

（1）“健康舒适”控制项内容

① 室内空气中的污染物浓度应符合现行国家标准的有关规定。

② 建筑室内和建筑主出入口处应禁止吸烟，并应在醒目位置设置禁烟标志。

③ 采取措施避免厨房、餐厅、打印复印室、卫生间、地下车库等区域的空气和污染物串通到其他空间。

④ 防止厨房、卫生间的排气倒灌。

（2）“资源节约”控制项内容

① 对建筑的体形、平面布局、空间尺度、围护结构等进行节能设计。

② 采取措施降低部分负荷、部分空间使用下的供暖、空调系统能耗。

③ 根据建筑空间功能设置分区温度，合理降低室内过渡区空间的温度设定标准。

（3）“环境宜居”控制项内容

① 建筑规划布局应满足日照标准，且不得降低周边建筑的日照标准。

② 室外热环境应满足国家现行有关标准的要求。

③ 配建的绿地应符合所在地城乡规划的要求。

【经典案例回顾】

例题1（2020年·背景资料节选·有改动）：工程全装修完毕，根据合同要求相关部门对该工程进行绿色建筑评价。评价指标中，“生活便利”该项分值相对较低；施工单位将该评分项“出行与无障碍”等4项指标进行了逐一分析，以便得到改善。评价分值见下表。

某办公楼工程绿色建筑评价分值

	控制项基础分值 Q_0	评价指标及分值					提高与创新加分得分 Q_A
		安全耐久 Q_1	健康舒适 Q_2	生活便利 Q_3	资源节约 Q_4	环境宜居 Q_5	
评价分值	400	90	80	75	80	80	120

问题：列式计算该工程绿色建筑总得分 Q，该建筑属于哪个等级，还有哪些等级？生活便利评分还有什么指标？

答案：

（1）（400+90+80+75+80+80+100）/10=90.5

（2）该建筑属于三星级，还有基本级、一星级、二星级。

（3）生活便利评分指标还有：服务设施、智慧运行、物业管理。

例题2（2019年·背景资料节选·改动）：工程全装修完毕并经竣工验收后，相关部门对该工程进行绿色建筑评价，按照评价体系各类指标评价结果为：各类指标的控制项均满足要求，评分项得分均为满分值的30%以上，工程绿色建筑评价总得分80分，评定为二星级。

问题：依据《绿色建筑评价标准》GB/T 50378—2019，绿色建筑运行评价指标体系中的指标有哪些？绿色建筑评价一、二、三星级的评价总得分标准是多少？

答案：

（1）指标包括：安全耐久、健康舒适、生活便利、资源节约、环境宜居。

（2）一星级总得分：60分；

二星级总得分：70分；

三星级总得分：85分。

笔记区

考点五：绿色施工要点

历年考情分析

年份	2014	2015	2016	2017	2018	2019	2020	2021	2022
案例				√	√				

1．环境保护技术要点

（1）市区项目：开工15d以前向工程所在地县级以上环境保护管理部门申报登记。

（2）夜间施工：

①时间：当日22时到次日6时。

②需采取的措施：办理夜间施工许可证明，并公告附近社区居民，现场采取降噪措施。（办证、公告、降噪）

（3）尽量避免或减少施工过程中的光污染。

①夜间室外照明灯：加设灯罩，透光方向集中在施工区域。

②电焊作业：采取遮挡措施，避免电焊弧光外泄。

（4）污水排放要与所在地县级以上市政管理部门签署污水排放许可协议，申领《临时排水许可证》。

①雨水排入市政雨水管网。

②污水经沉淀处理后二次使用或排入市政污水管网。

（5）现场食堂用餐人数超过100人时，应设隔油池，专人定期掏油。

（6）施工现场产生的固体废弃物：

①在所在地县级以上环卫部门申报登记，分类存放。

②建筑垃圾和生活垃圾与所在地垃圾消纳中心签署环保协议，及时清运处置。

③有毒有害废弃物送到专门的有毒有害废弃物中心消纳。

（7）拆除建筑物、构筑物时，应采用隔离、洒水等措施。

（8）施工现场内严禁焚烧各类废弃物，禁止将有毒有害废弃物作土方回填。

（9）施工中需要停水、停电、封路而影响环境时，必须经有关部门批准，事先告示，并设有标志。

2．节材与材料资源利用技术要点

（1）审核节材与材料资源利用的相关内容，降低材料损耗率；合理安排材料的采购、进场时间和批次，减少库存；应就地取材，装卸方法得当，防止损坏和遗撒；避免和减少二次搬运。

（2）推广使用商品混凝土和预拌砂浆、高强钢筋和高性能混凝土，减少资源消耗。推广钢筋专业化加工和配送，优化钢结构制作和安装方案，装饰贴面类材料在施工前应进行总体排版策划，减少资源损耗。采用非木质的新材料或人造板材代替木质板材。

（3）门窗、屋面、外墙等围护结构选用耐候性及耐久性良好的材料，施工确保密封性、防水性和保温隔热性，并减少材料浪费。

（4）应选用耐用、维护与拆卸方便的周转材料和机具。模板应以节约自然资源为原则，推广采用外墙保温板替代混凝土施工模板的技术。

（5）现场办公和生活用房采用周转式活动房。现场围挡应最大限度地利用已有围墙，或采用装配式可重复使用围挡封闭。力争工地临建房、临时围挡材料的可重复使用率达到70%。

3．节能与能源利用的技术要点

（1）制定合理施工能耗指标，提高施工能源利用率。充分利用太阳能、地热等可再生能源。

（2）优先使用国家、行业推荐的节能、高效、环保的施工设备和机具。合理安排工序，提高各种机械的使用率和满载率，降低各种设备的单位耗能。优先考虑耗用电能的或其他能耗较少的施工工艺。

（3）临时设施宜采用节能材料，墙体、屋面使用隔热性能好的材料，减少夏天空调、冬天取暖设备的使用时间及耗能量。

（4）临时用电优先选用节能电线和节能灯具，照明设计以满足最低照度为原则，照度不应超过最低照度的20%。合理配置采暖设备、空调、风扇数量，规定使用时间，实行分段分时使用，节约用电。

（5）施工现场分别设定生产、生活、办公和施工设备的用电控制指标，定期进行计量、核算、对比分析，并有预防与纠正措施。

【经典案例回顾】

例题1（2018年·背景资料节选）：在“绿色施工专项方案”的节能与能源利用中，分别设定了生产等用电项的控制指标，规定了包括分区计量等定期管理要求，制定了指标控制预防与纠正措施。

问题：在“绿色施工专项方案”的节能与能源利用中，还应分别对哪些用电项设定控制指标？对控制指标定期管理的内容还有哪些？

答案：

（1）还应设定用电控制指标的用电项有：生活、办公和施工设备等用电项。

（2）定期管理的内容还有：核算、对比分析。

例题2（2017年·背景资料节选）：施工单位为接驳市政水管，安排人员在夜间挖沟、断路施工，被主管部门查处，要求停工整改。

问题：对需要市政停水、封路而影响环境时的正确做法是什么？

答案：

（1）向主管部门申请办理停水、封路的批准手续。

（2）事先公告附近居民（事先告示）。

（3）设有标志。

考点六：施工现场卫生与防疫

历年考情分析

年份	2014	2015	2016	2017	2018	2019	2020	2021	2022
案例	√						√	√	

一、现场宿舍的管理

（1）必须设置可开启式窗户，床铺不得超过2层，严禁通铺。

（2）室内净高不得小于2.5m，通道宽度不得小于0.9m，每间宿舍居住人员不得超过16人。

（3）现场宿舍内设置生活用品专柜，门口应设置垃圾桶。

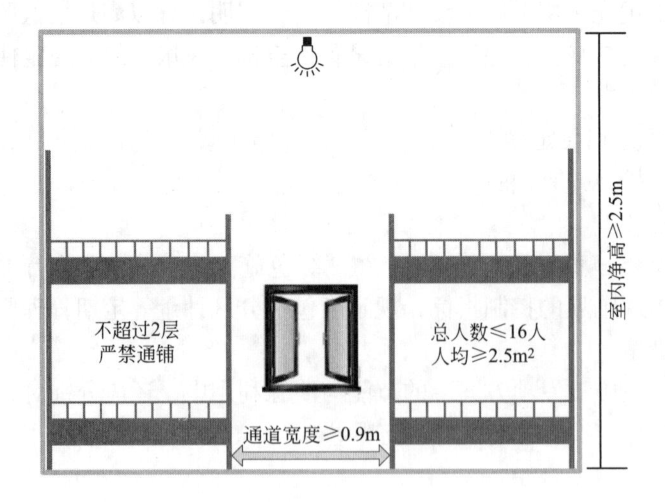

二、现场食堂的管理

（1）设置在远离厕所、垃圾站、有毒有害场所等污染源的地方。

（2）设置独立的制作间、储藏间，门扇下方应设不低于0.2m的防鼠挡板。

（3）燃气罐单独设置存放间，存放间通风良好且严禁存放其他物品。

（4）灶台及周边应铺贴瓷砖，高度不宜小于1.5m。

（5）储藏室的粮食存放台距墙和地面应大于0.2m。

（6）现场食堂外应设置密闭式泔水桶，及时清运。

（7）现场食堂需办理卫生许可证，炊事人员必须持身体健康证上岗，上岗应穿戴洁净的工作服、工作帽和口罩，应保持个人卫生，不得穿工作服出食堂，非炊事人员不得随意进入制作间。

三、其他

（1）施工现场应配备常用药品及绷带、止血带、颈托、担架等急救器材。

（2）施工现场应设专职或兼职保洁员，负责项目日常的卫生清扫和保洁工作。现场办公区和生活区应采取灭鼠、灭蚊、灭蝇、灭蟑螂等措施，并应定期投放和喷洒灭虫、消毒药物。

（3）施工现场生活区内应设置开水炉、电热水器或饮用水保温桶，施工区应配备流动保温水桶。

（4）施工作业人员如发生法定传染病、食物中毒或急性职业中毒时，必须要在2h内向施工现场所在地建管部门和卫生防疫等部门进行报告，并应积极配合调查处理。

（5）施工作业人员如患有法定传染病时，应及时进行隔离，并由卫生防疫部门进行处置。

【经典案例回顾】

例题1（2021年·背景资料节选）： 项目经理部结合各级政府新冠肺炎疫情防控工作政策，编制了《绿色施工专项方案》。监理工程师审查时指出了以下不妥之处：

（1）生产经理是绿色施工组织实施第一责任人。

（2）施工工地内的生活区实施封闭管理。

（3）实行每日核酸检测。

（4）现场生活区采取灭鼠、灭蚊、灭蝇等措施，不定期投放和喷洒灭虫、消毒药物。

同时要求补充发现施工人员患有法定传染病时，施工单位采取的应对措施。

问题： 写出《绿色施工专项方案》中不妥之处的正确做法。施工人员患有法定传染病时，施工单位应对措施有哪些？

答案：

（1）《绿色施工专项方案》不妥之处的正确做法如下：

① 项目经理是绿色施工组织实施第一责任人。

② 施工工地实施封闭管理。

③ 实行每日体温检测登记。

④ 现场生活区定期进行喷洒灭虫、消毒药物。

（2）施工单位应对措施：

① 施工单位2h内向建管部门和卫生防疫部门进行报告。

② 及时对病人进行隔离，由卫生防疫部门处置。

③ 积极配合调查。

例题2（2020年·背景资料节选）： 进入夏季后，公司项目管理部对该项目的工人宿舍和食堂进行了检查，个别宿舍内床铺均为2层，住有18人，设置有生活用品专用柜；窗户为封闭式窗户，防止他人进入；通道的宽度为0.8m；食堂办理了卫生许可证，3名炊事人员均有身体健康证，上岗中符合个人卫生相关规定。检查后项目管理部对工人宿舍的不足提出了整改要求，并限期达标。

问题：指出工人宿舍管理的不妥之处并改正。在炊事员上岗期间，从个人卫生角度还有哪些具体管理？

答案：

（1）工人宿舍管理的不妥之处及正确做法如下：

不妥1：个别宿舍住有18人。

正确做法：每间宿舍居住人员不得超过16人。

不妥2：封闭式窗户。

正确做法：现场宿舍必须设置可开启式窗户。

不妥3：通道宽度为0.8m。

正确做法：通道宽度不得小于0.9m。

（2）炊事员上岗期间个人卫生管理：

① 上岗应穿戴洁净的工作服、工作帽和口罩。

② 应保持个人卫生。

③ 不得穿工作服出食堂。

例题3（背景资料节选）：现场食堂靠近垃圾站，食堂的制作间和储藏间共用一个房间，燃气罐存放在杂物间，制作间灶台周边铺贴瓷砖高度为1m，储藏室的粮食存放台距墙和地面0.1m。现场食堂按规定办理了卫生许可证，炊事人员在项目当地聘请即上岗。

问题：指出现场食堂的不妥之处，写出正确做法。

答案：

不妥1：现场食堂靠近垃圾站。

正确做法：现场食堂应设置在远离厕所、垃圾站、有毒有害场所等污染源的地方。

不妥2：制作间和储藏间共用一个房间。

正确做法：应设置独立的制作间、储藏间。

不妥3：燃气罐存放在杂物间。

正确做法：燃气罐应单独设置存放间。

不妥4：灶台周边铺贴瓷砖高度为1m。

正确做法：灶台周边铺贴瓷砖高度不宜小于1.5m。

不妥5：储藏室的粮食存放台距墙和地面0.1m。

正确做法：储藏室的粮食存放台距墙和地面应大于0.2m。

不妥6：炊事人员在项目当地聘请即上岗。

正确做法：炊事人员必须持身体健康证方可上岗。

笔记区

考点七：文明施工

历年考情分析

年份	2014	2015	2016	2017	2018	2019	2020	2021	2022
案例	√			√	√				

一、现场文明施工管理的主要内容

（1）抓好项目文化建设。
（2）规范场容，保持作业环境整洁卫生。
（3）创造文明有序的安全生产条件。
（4）减少对居民和环境的不利影响。

二、建筑工程施工现场基本要求

（1）围挡、大门、标牌标准化。
（2）材料码放整齐化。
（3）安全设施规范化。
（4）生活设施整洁化。
（5）职工行为文明化。
（6）工作生活秩序化。

三、现场文明施工管理的控制要点

（1）主要出入口明显处应设置工程概况牌，大门内应设置施工现场总平面图和安全生产、消防保卫、环境保护、文明施工和管理人员名单及监督电话牌等制度牌。

（2）现场必须实施封闭管理，围挡连续，一般路段围挡高度≥1.8m，市区主要路段围挡高度≥2.5m。

（3）施工区域应与办公、生活区划分清晰，采取相应的隔离防护措施。

（4）施工现场临时设施包括：办公室、宿舍、食堂、厕所、淋浴间、开水房、文体活动室、密闭式垃圾站及盥洗设施等。

（5）安全文明施工宣传方式：
①宣传栏。
②报刊栏。
③悬挂安全标语。
④安全警示标志牌。

【经典案例回顾】

例题（2013年·背景资料节选）：施工现场入口仅设置了企业标志牌、工程概况牌，检查组认为制度牌设置不完整，要求补充。工人宿舍内净高2.3m，封闭式窗户，每个房间住20个工人，检查组认为不符合相关要求，对此下发了整改通知单。

问题：施工现场入口还应设置哪些制度牌？现场工人宿舍应如何整改？

答案：

（1）入口还应设置的制度牌包括：

① 安全生产牌。

② 消防保卫牌。

③ 环境保护牌。

④ 文明施工牌。

⑤ 管理人员名单及监督电话牌。

（2）宿舍整改：

① 室内净高不得低于2.5m。

② 必须设置可开启式窗户。

③ 每个宿舍居住不得超过16人。

笔记区

考点八：职业病防范

历年考情分析

年份	2014	2015	2016	2017	2018	2019	2020	2021	2022
案例									

一、施工主要职业危害种类

（1）粉尘危害。

（2）噪声危害。

（3）高温危害。

（4）振动危害。

（5）密闭空间危害。

（6）化学毒物危害。

二、易发职业病类型

（1）油漆作业易发职业病：苯中毒、甲苯中毒、二甲苯中毒、苯致白血病。

（2）手工电弧焊作业易发职业病：电焊尘肺、锰及其化学物中毒、氮氧化物中毒、一氧化碳中毒、电光性皮炎、电光性眼炎。

（3）振捣作业易发职业病：手臂振动病、噪声致聋。

（4）防水作业易发职业病：甲苯中毒、二甲苯中毒。

三、职业病的预防

（1）应书面告知劳动者工作场所或工作岗位所产生或可能产生的职业病危害因素、危害后果和应采取的职业病防护措施。

（2）对劳动者进行上岗前的职业卫生培训和在岗期间的定期职业卫生培训。

（3）对从事接触职业病危害作业的劳动者，应当组织上岗前、在岗期间和离岗时的职业健康检查。

（4）不得安排未成年工从事接触职业病危害的作业，不得安排孕期、哺乳期的女职工从事对本人和胎儿、婴儿有危害的作业。

（5）用于预防和治理职业病危害、工作场所卫生检测、健康监测和职业卫生培训等的费用，在生产成本中据实列支，专款专用。

笔记区

考点九：施工现场防火要求

历年考情分析

年份	2014	2015	2016	2017	2018	2019	2020	2021	2022
案例						√			

一、动火等级及审批程序

等级	范围	审批程序		
		组织申请	事项	审批人
一级	（1）禁火区域内； …… （4）危险性较大的登高焊、割作业； （5）比较密封室内、容器内、地下室； （6）现场堆有大量可燃和易燃物质场所	项目负责人	（1）编制防火安全技术方案； （2）填写动火申请表	企业安全管理部门
二级	（1）具有一定危险因素的非禁火区域内临时焊、割作业； （2）小型油箱； （3）登高焊、割作业	项目责任工程师	（1）拟定防火安全技术措施； （2）填写动火申请表	项目安全管理部门 项目负责人
三级	非固定、无明显危险因素的场所	班组	填写动火申请表	项目安全管理部门 项目责任工程师

注：1. 动火证当日当地有效。

2. 义务消防队人数不少于施工总人数的10%。

二、施工现场防火要求

（1）不得在高压线下面搭设临时性建筑物或堆放可燃物品。

（2）危险物品与易燃易爆品的堆放距离不得小于30m。

（3）乙炔瓶和氧气瓶使用时距离不得小于5m，距火源的距离不得小于10m。

（4）氧气瓶、乙炔瓶等焊割设备上的安全附件应完整、有效，否则不得使用。

笔记区

考点十：施工现场消防管理

历年考情分析

年份	2014	2015	2016	2017	2018	2019	2020	2021	2022
案例	√			√	√				

一、施工期间的消防管理

（1）动火前要清除周围的易燃、可燃物，必要时采取隔离等措施。作业后必须确认无火源隐患方可离去。

（2）氧气瓶、乙炔瓶工作间距不小于5m，两瓶与明火作业距离不小于10m。气瓶应储存于库房内，易燃易爆品库房内应通风良好，满足防火防爆要求。

（3）施工现场严禁吸烟。不得在建设工程内设置宿舍。

二、消防器材的配备

（1）临时搭设的建筑物区域内每100m^{2}配备2只10L灭火器。

（2）大型临时设施总面积超过1200m^{2}时，应配有专供消防用的太平桶、积水桶（池）、黄砂池，且周围不得堆放易燃物品。

（3）临时木料间、油漆间、木工机具间等，每25m^{2}配备1只灭火器。

（4）高层建筑设置专用的消防水源和消防立管，每层留设消防水源接口。消防水源进水口一般不应少于两处。

（5）消防箱内消防水管长度不小于25m。

三、灭火器

1. 设置在明显的位置，铭牌必须朝外。

2. 摆放位置：

（1）挂钩。

（2）托架。

（3）消防箱内。

（4）环境干燥、条件较好场所的地面。

3．顶部离地高度＜1.5m，底部离地高度≥0.15m。

4．可直接放在消防箱的底面上，但消防箱离地面的高度不宜小于0.15m。

四、重点部位的防火要求

1．存放易燃材料仓库的防火要求：

（1）设在水源充足、消防车能驶到的地方，并应设在下风方向。

（2）露天仓库四周内，应有宽度不小于6m的平坦场地作为消防通道，通道上禁止堆放障碍物。

（3）易引起火灾的仓库，应将库房内、外每500m^2区域分段设立防火墙。

（4）可燃材料仓库单个房间的建筑面积不应超过30m^2，易燃易爆危险品仓库单个房间的建筑面积不应超过20m^2。房间内任一点至最近疏散门的距离不应大于10m，房门的净宽度不应小于0.8m。

（5）仓库或堆场内电缆一般应埋入地下；若有困难需设置架空电力线时，架空电力线与露天易燃物堆垛的最小水平距离不应小于电杆高度的1.5倍。

（6）仓库或堆料场所使用的照明灯具与易燃堆垛间至少应保持1m的距离。

（7）开关箱、接线盒应距离堆垛外缘不小于1.5m。

（8）仓库或堆料场严禁使用碘钨灯。

2．油漆料库与调料间的防火要求：

（1）油漆料库与调料间应分开设置。

（2）性质相抵触、灭火方法不同的品种，应分库存放。

（3）调料间应通风良好，并用防爆电器设备，室内禁止一切火源，调料间不能兼作更衣室和休息室。

（4）调料间内不应存放超过当日调制所需的原料。

3．木工操作间的建筑应采用阻燃材料搭建。

【经典案例回顾】

例题1（2017年·背景资料节选）：部分木工堆场临时用电现场布置剖面示意图如下所示。

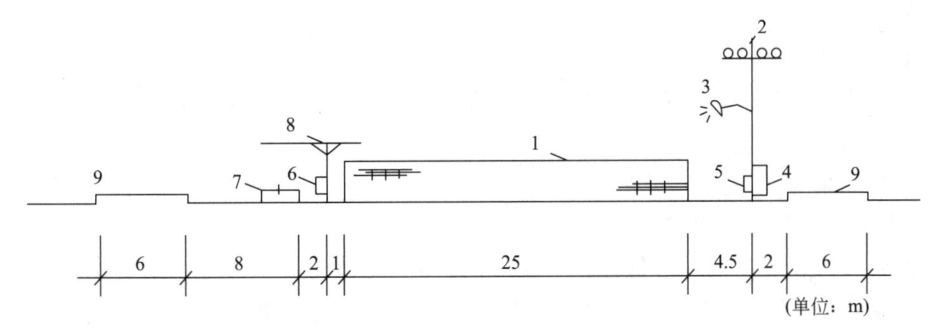

1—模板堆；2—电杆(高5m)；3—碘钨灯；4—堆场配电箱；5—灯开关箱；
6—电锯开关箱；7—电锯；8—木工棚；9—场内道路

问题：指出图中措施做法的不妥之处。正常情况下，现场临时配电系统停电的顺序是什么？

答案：

（1）不妥之处有：

不妥1：敞开式木工棚。

不妥2：堆场配电箱和电锯开关箱的距离太远（距离达30.5m）。

不妥3：电杆离模板堆太近（距离4.5m）。

不妥4：电锯开关箱离模板堆外缘太近（距离1m）。

不妥5：使用碘钨灯。

不妥6：照明用电与动力用电采用一个回路。

（2）现场临时停电的顺序为：开关箱→分配电箱→总配电箱。

例题2（2014年·背景资料节选）：监理工程师在消防工作检查时，发现一只手提式灭火器直接挂在工人宿舍外墙的挂钩上，其顶部离地面的高度为1.6m；食堂设置了独立制作间和冷藏设施，燃气罐放置在通风良好的杂物间。

问题：指出上述背景资料有哪些不妥之处，并说明正确做法。手提式灭火器还有哪些放置方法？

答案：

（1）不妥之处及正确做法：

不妥1：手提式灭火器顶部离地面的高度为1.6m。

正确做法：顶部离地面的高度应小于1.5m。

不妥2：燃气罐放置在杂物间。

正确做法：燃气罐应单独设置存放间。

（2）手提式灭火器还有以下放置方法：

① 放置在托架上。

② 放置在消防箱内。

③ 直接放在环境干燥、条件较好的场所的地面上。

例题3（2013年·背景资料节选）：主体结构施工期间，项目有150人参与施工，项目部组建了10人的义务消防队，楼层内配备了消防立管和消防箱，消防箱内消防水龙带长度达20m；在临时搭建的95m^{2}钢筋加工棚内，配备了2只10L的灭火器。

问题：指出背景资料中有哪些不妥之处，写出正确做法。

答案：

不妥1：义务消防队共10人。

正确做法：义务消防队人数不少于施工总人数的10%，本项目150人参与施工，应组建不少于15人的义务消防队。

不妥2：消防箱内消防水龙带长度达20m。

正确做法：消防水龙带长度不小于25m。

例题4（2020年二建·背景资料节选）：某住宅楼工程，地下2层，地上20层，施工过程中公司相关部门对项目日常管理检查时发现：进入楼层的临时消防竖管直径为75mm，隔层设置一个出水口，平时作为施工用取水点；二级动火作业申请表由工长填写，生产经理审查批准。

问题：项目日常管理行为有哪些不妥之处？说明正确做法。

答案：

不妥1：临时消防竖管直径75mm。

正确做法：管径至少DN100。（《建设工程施工现场消防安全技术规范》GB 50720—2011中5.3.10条）

不妥2：临时消防竖管隔层设置出水口。

正确做法：每层留设消防水源接口。

不妥3：临时消防竖管出水口作为施工用取水点。

正确做法：施工用取水点应单独设置，消防水源和临时消防竖管必须专用。

不妥4：二级动火作业申请表由工长填写，生产经理审查批准。

正确做法：应由项目责任工程师填写，项目安全管理部门和项目负责人审查批准。

例题5（背景资料节选）：某新建商用群体建设项目，根据场地实际情况，在现场临时设施区域内设置了环形消防通道、消火栓、消防供水池等消防设施。经统计，现场生产区临时设施总面积为1230m^2，检查组认为现场临时设施区域内消防设施配置不齐全，要求项目部整改。

问题：针对本项目生产区临时设施总面积情况，在生产区临时设施区域内还应增设哪些消防器材或设施?

答案：

（1）至少26支灭火器。

（2）专供消防用的太平桶、积水桶和黄砂池。

例题6（背景资料节选）：现场重点部位的防火布置如下：现场焊、割作业点与氧气瓶、乙炔瓶等危险物品的距离为8m，与易燃易爆物品的距离为25m。可燃材料库房和易燃易爆危险品库房单个房间的建筑面积均为30m^2，房间内任一点至最近疏散门的距离为15m，房门的净宽为0.8m。易燃材料露天仓库四周有宽度4m的平坦空地作为消防通道。

问题：现场重点部位的防火布置存在哪些不妥？分别写出正确做法。

答案：

不妥1：现场焊、割作业点与氧气瓶、乙炔瓶等危险物品的距离为8m。

正确做法：距离不得小于10m。

不妥2：现场焊、割作业点与易燃易爆物品的距离为25m。

正确做法：距离不得小于30m。

不妥3：易燃易爆危险品库房单个房间的建筑面积为30m^2。

正确做法：单个房间的建筑面积不应超过20m^2。

不妥4：房间任一点至最近疏散门的距离为15m。

正确做法：不应大于10m。

不妥5：易燃材料露天仓库四周有宽度4m的平坦空地作为消防通道。

正确做法：有宽度不小于6m的平坦空地作为消防通道。

笔记区

考点十一：施工试验与检验管理

历年考情分析

年份	2014	2015	2016	2017	2018	2019	2020	2021	2022
案例	此考点教材没有				√			√	

一、施工检测试验管理基本规定

（1）建设单位应委托具备相应资质的第三方检测机构进行工程质量检测，非建设单位委托的检测机构出具的检测报告不得作为工程质量验收依据。

（2）施工现场检测试验技术管理程序：

①制订检测试验计划。

②制取试样。

③登记台账。

④送检。

⑤检测试验。

⑥检测试验报告管理。

二、施工检测试验计划

（1）工程施工前由施工项目技术负责人组织编制，报送监理单位审查和监督实施。

（2）按检测试验项目分别编制，内容包括：

①检测试验项目名称。

②检测试验参数。

③试样规格。

④代表批量。

⑤施工部位。

⑥计划检测试验时间。

（3）应调整施工检测试验计划的情况有：

①设计变更。

②施工工艺改变。

③施工进度调整。

④ 材料和设备的规格、型号或数量变化。

三、施工过程质量检测试验主要内容

类别	检测试验项目	主要检测试验参数
地基与基础	桩基	承载力、桩身完整性
钢筋连接	机械连接现场检验	抗拉强度
混凝土	配合比设计	工作性、强度等级
	混凝土性能	标准养护试件强度
		同条件试件强度
		同条件转标准养护强度
		抗渗性能
砌筑砂浆	配合比设计	强度等级、稠度
	砂浆力学性能	标准养护试件强度
		同条件试件强度
装饰装修	饰面板粘贴	粘结强度
建筑节能	围护结构现场实体检验	外墙节能构造
		外窗气密性能
	设备系统节能性能检验	—

施工过程质量检测试验依据施工流水段划分、工程量、施工环境及质量控制的需要确定抽检频次。

四、见证与取样

（1）需要见证检测的检测项目，施工单位应在取样及送检前通知见证人员。

（2）见证人员发生变化时，监理单位应通知相关单位，办理书面变更手续。

（3）见证人员应对见证取样和送检的全过程进行见证，并填写见证记录。

（4）检测机构接收试样时应核实见证人员及见证记录，见证人员与备案见证人员不符或见证记录无备案，见证人员签字时不得接收试样。

（5）见证人员应核查见证检测的检测项目、数量和比例是否满足有关规定。

【经典案例回顾】

例题 1（2021 年·背景资料节选）：项目部在工程质量策划中，制订了分项工程过程质量检测试验计划，部分内容见下表。施工过程质量检测试验抽检频次依据质量控制需要等条件确定。

部分施工过程质量检测试验主要内容

类别	检测试验项目	主要检测试验参数
地基与基础	桩基	
钢筋连接	机械连接现场检验	
混凝土	混凝土性能	
		同条件转标准养护强度
建筑节能	围护结构现场实体检验	
		外窗气密性能

问题：写出表中相关检测试验项目对应主要检测试验参数的名称（如混凝土性能、同条件转标准养护强度）。确定抽检频次条件还有哪些？

答案：

（1）检查项目所对应主要检测试验参数的名称：

① 桩基：承载力、桩身完整性。

② 机械连接现场检验：抗拉强度。

③ 混凝土性能：标准养护试件强度、同条件试件强度、抗渗性能。

④ 围护结构现场实体检验：外墙节能构造。

（2）确定抽检频次的条件还有：施工流水段划分、工程量、施工环境。

例题2（2018年·背景资料节选）：施工中，项目部技术负责人组织编写了施工检测试验计划，内容包括试验项目名称、计划试验时间等，报项目经理审批同意后实施。

问题：指出施工检测试验计划管理中的不妥之处，并说明理由。施工检测试验计划内容还有哪些？

答案：

（1）不妥之处及理由：

不妥1：施工中编制施工检测试验计划。

理由：应在施工前编制。

不妥2：施工检测试验计划报项目经理审批同意后实施。

理由：应报送监理单位审查同意后实施。

（2）施工检测试验计划内容还有：检测试验参数；试样规格；代表批量；施工部位。

例题3（2021年二建·背景资料节选）：某新建住宅工程，钢筋混凝土剪力墙结构。主体结构施工过程中，一批A8钢筋进场后，施工单位及时通知见证人员到场进行取样等见证工作，见证人员核查了检测项目等有关见证内容，要求这批钢筋单独存放，待验证资料齐全，完成其他进场验证工作后才能使用。

问题：见证检测时，什么时间通知见证人员到场见证？见证人员应核查的见证内容是什么？该批进场验证不齐的钢筋还需完成什么验证工作才能使用？

答案：

（1）见证检测时，应在取样前和送检前通知见证人员到场见证。

（2）见证人员应核查检测项目、数量和比例是否满足规定。

（3）该批钢筋还需复验合格才能使用。

笔记区

考点十二：季节性施工技术管理

历年考情分析

年份	2014	2015	2016	2017	2018	2019	2020	2021	2022
案例						√			

一、冬期施工（室外日平均气温连续5d稳定低于5℃）

（1）配制混凝土宜选用硅酸盐水泥或普通水泥，采用蒸汽养护时选用矿渣水泥。

（2）混凝土拌合物出机温度≥10℃，入模温度≥5℃。

（3）施工期间的测温项目及频次见下表：

测温项目	频次
室外气温	测量最高、最低气温
环境温度	每昼夜不少于4次
搅拌机棚温度	每一工作班不少于4次
水、水泥、矿物掺合料、砂、石及外加剂溶液温度	每一工作班不少于4次
混凝土出机、浇筑、入模温度	每一工作班不少于4次

（4）浇筑后，裸露表面应采取防风、保湿、保温措施。

（5）拆模时混凝土表面与环境温差＞20℃时，表面及时覆盖，缓慢冷却。

（6）混凝土同条件养护试件≥2组，在解冻后进行试验。

（7）混凝土受冻临界强度：

① 采用硅酸盐水泥或普通水泥时，或高强混凝土时，≥设计混凝土强度等级的30%；采用其他水泥时，≥设计混凝土强度等级的40%。

② 有抗渗要求的混凝土，≥设计混凝土强度等级的50%。

（8）防水混凝土的冬期施工应符合下列规定：

① 养护宜采用蓄热法、综合蓄热法、暖棚法、掺化学外加剂法。

② 应采取保温保湿措施。大体积防水混凝土的中心温度与表面温度的差值不应大于

25℃，表面温度与大气温度的差值不应大于20℃，温降梯度不宜大于2℃/d且不应大于3℃/d，养护时间不应少于14d。

二、雨期施工

（1）原材料：水泥和掺合料采取防水和防潮措施，粗、细骨料实时监测含水率，及时调整混凝土配合比。

（2）小雨、中雨天气不宜露天浇筑混凝土；大雨、暴雨天气不应露天浇筑混凝土。

（3）雨天钢结构构件不能进行涂刷作业，涂装后4h内不得雨淋。

三、高温施工（日平均气温达到30℃及以上）

（1）露天堆放的粗、细骨料应采取遮阳防晒等措施，必要时可对粗骨料进行喷雾降温。

（2）宜采用低水泥用量原则，可用粉煤灰取代部分水泥。宜选用水化热较低的水泥。

（3）坍落度≥70mm。

（4）混凝土拌合物出机温度不宜大于30℃。

（5）采用白色涂装的搅拌运输车；对混凝土输送管应进行遮阳覆盖，并洒水降温。

（6）宜在早间或晚间连续浇筑，入模温度≤35℃，浇筑完毕及时保湿养护。大体积混凝土炎热季节施工时入模温度≤30℃。

（7）水分蒸发速率大于1kg/（m^2·h），在施工面采取挡风、遮阳、喷雾措施。

（8）涂饰工程、抹灰、粘贴饰面砖、打密封胶等粘结工艺施工，环境温度不宜高于35℃。

【经典案例回顾】

例题（2019年·背景资料节选）：工程开始施工正值冬季，A施工单位项目部编制了冬期施工专项方案，根据当地资源和气候情况对底板混凝土的养护用综合蓄热法，对底板混凝土的测温方案和温差控制、温降梯度及混凝土养护时间提出了控制指标要求。

问题：冬期施工混凝土养护方法还有哪些？对底板混凝土养护中温差控制、温降梯度、养护时间应提出的控制指标是什么？

答案：

（1）冬期施工混凝土养护方法还有：

① 蓄热法。

② 暖棚法。

③ 掺化学外加剂法。

（2）底板混凝土养护中的温控指标：

① 温差控制：中心温度与表面温度的差值不应大于25℃，表面温度与大气温度的差值不应大于20℃。

② 温降梯度：不宜大于2℃/d且不应大于3℃/d。

③ 养护时间：不应少于14d。

笔记区

考点十三：项目管理信息化

历年考情分析

年份	2014	2015	2016	2017	2018	2019	2020	2021	2022
案例									

1. 项目管理信息系统通常包括：成本管理、进度管理、质量管理、材料及机械设备管理、合同管理、安全管理、文档资料管理等子系统。

（1）成本管理子系统功能包括：资金计划；业主资金到位计划；分包付款；借款支付；资金到位记录及资金使用与资金计划分析等。

（2）质量管理子系统主要功能包括：建立质量标准数据库；制订关键节点质量计划；汇总产生所承包范围内的整套质量管理资料；查看和审批分包商的质量报告和质量控制意见；建立质量通病及纠正预防措施信息库。

（3）安全管理子系统主要功能包括：建立安全管理及技术规范信息库；编制安全保证计划；安全档案与表单管理；安全教育与安全检查；事故记录及处理；安全评分等。

2. 建筑信息模型（BIM）应用：

（1）BIM应用宜包括工程项目深化设计、施工实施、竣工验收等的施工全过程。

（2）模型元素信息包括内容：尺寸、定位、空间拓扑关系等几何信息；名称、规格型号、材料和材质、生产厂商、功能与性能技术参数，以及系统类型、施工段、施工方式、工程逻辑关系等非几何信息。

（3）BIM模型质量控制措施：

质量控制措施：
- 模型与工程项目的符合性检查
- 不同模型元素之间的相互关系检查
- 模型与相应标准规定的符合性检查
- 模型信息的准确性和完整性检查

（4）施工BIM模型包括深化设计模型、施工过程模型和竣工验收模型。

【经典案例回顾】

例题（背景信息节选）：某8度抗震设防地区一框架–剪力墙结构建筑物，基坑开挖深度8.2m，室外自然地坪标高为–0.6m，地下水位位于地表以下1.8m，屋顶结构为钢结构网架结构体系，外墙采用预制夹心复合墙板体系。施工过程中采用BIM技术进行建模，模拟屋顶网架结构的拼装施工，该工程施工被选为项目所在地绿色建造项目。

问题：采用BIM技术进行建模时，质量控制措施有哪些？

答案：

质量控制措施有：

（1）模型与工程项目的符合性检查。

（2）不同模型元素之间的相互关系检查。

（3）模型与相应标准规定的符合性检查。

（4）模型信息的准确性和完整性检查。

笔记区

第三章

进度

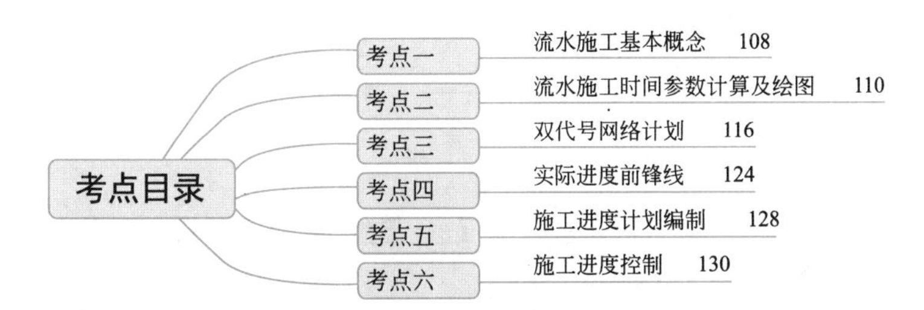

历年考情分析

年份	2014	2015	2016	2017	2018	2019	2020	2021	2022
案例								√	

工程施工组织的方式分三种：依次施工、平行施工、流水施工。流水施工的表达方式有三种：网络图、横道图、垂直图。

一、流水施工参数

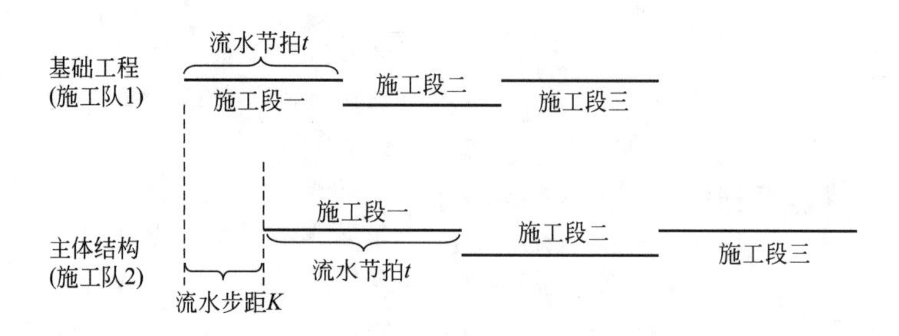

工艺参数	（1）施工过程：根据施工组织及计划安排需要划分出的计划任务子项。 （2）流水强度：流水施工的某个施工过程（专业队）在单位时间内完成的工程量
空间参数	施工段（区）：表达流水施工在空间布置上划分的个数，如施工单体数
时间参数	（1）流水节拍（t）：某个专业队在一个施工段上的施工时间。 （2）流水步距（K）：两个相邻的专业队进入流水作业的时间间隔。流水步距的计算可用“大差法”（累加错位相减取大值）。 （3）工期：流水作业的整个持续时间

二、流水施工的基本组织形式

（1）无节奏流水施工

全部或部分施工过程在各个施工段上流水节拍不相等。专业工作队数等于施工过程数。

例 1：无节奏流水节拍表（周）

	施工段一	施工段二	施工段三
基础工程	2	5	3
主体结构	8	2	7
装饰装修	3	2	3

（2）等节奏流水施工

各施工过程的流水节拍都相等，且流水步距等于流水节拍，专业工作队数等于施工过程数。

例 2：等节奏流水节拍表（周）

	施工段一	施工段二	施工段三
基础工程	5	5	5
主体结构	5	5	5
装饰装修	5	5	5

（3）异节奏流水施工

同一施工过程的流水节拍相等而不同施工过程之间的流水节拍不尽相等。可分为等步距异节奏流水施工和异步距异节奏流水施工。

其中：异步距异节奏流水施工的专业队组数等于施工过程数。

等步距异节奏流水施工的专业队组数大于施工过程数。

例 3：异节奏流水节拍表（周）

	施工段一	施工段二	施工段三
基础工程	3	3	3
主体结构	5	5	5
装饰装修	2	2	2

【经典案例回顾】

例题（2021年·背景资料节选）：某工程项目，项目经理部计划施工组织方式采用流水施工，根据劳动力储备和工程结构特点确定流水施工的工艺参数、时间参数和空间参数，如空间参数中的施工段、施工层划分等，合理配置了组织和资源，编制项目双代号网络计划。

问题：工程施工组织方式有哪些？组织流水施工时，应考虑的工艺参数和时间参数分别包括哪些内容？

答案：

（1）工程施工组织方式有：依次施工、平行施工、流水施工。

（2）工艺参数包括：施工过程、流水强度。

（3）时间参数包括：流水节拍、流水步距、工期。

笔记区

考点二：流水施工时间参数计算及绘图

历年考情分析

年份	2014	2015	2016	2017	2018	2019	2020	2021	2022
案例			√			√		√	

背景资料：某工程由3个结构形式与建造规模完全一样的单体建筑组成，各单体建筑施工共由5个施工过程组成，分别为：土方开挖、基础施工、地上结构、二次砌筑、装饰装修。根据施工工艺要求，地上结构施工完毕后，需等待2周才能进行二次砌筑。

该工程采用5个专业工作队组织施工，各施工过程的流水节拍如下表所示：

施工过程编号	施工过程	流水节拍（周）
Ⅰ	土方开挖	2
Ⅱ	基础施工	2
Ⅲ	地上结构	6
Ⅳ	二次砌筑	4
Ⅴ	装饰装修	4

解析：

1. 计算流水步距（累加错位相减取大值）

（1）累加：将同一施工过程在各施工段上累加

	施工段一	施工段二	施工段三
土方开挖	2	4	6
基础工程	2	4	6
地上结构	6	12	18
二次砌筑	4	8	12
装饰装修	4	8	12

（2）错位相减取大值

施工队伍Ⅰ－Ⅱ流水步距$K_{Ⅰ-Ⅱ}$

$$\begin{array}{rrrrr} & 2 & 4 & 6 & \\ - & & 2 & 4 & 6 \\ \hline & 2 & 2 & 2 & -6 \end{array}$$

$K_{Ⅰ-Ⅱ}$=2周

施工队伍Ⅱ－Ⅲ流水步距$K_{Ⅱ-Ⅲ}$

$$\begin{array}{rrrrr} & 2 & 4 & 6 & \\ - & & 6 & 12 & 18 \\ \hline & 2 & -2 & -6 & -18 \end{array}$$

$K_{Ⅱ-Ⅲ}$=2周

施工队伍Ⅲ－Ⅳ流水步距$K_{Ⅲ-Ⅳ}$

$$\begin{array}{rrrrr} & 6 & 12 & 18 & \\ - & & 4 & 8 & 12 \\ \hline & 6 & 8 & 10 & -12 \end{array}$$

$K_{Ⅲ-Ⅳ}$=10周

施工队伍Ⅳ－Ⅴ流水步距$K_{Ⅳ-Ⅴ}$

$$\begin{array}{rrrrr} & 4 & 8 & 12 & \\ - & & 4 & 8 & 12 \\ \hline & 4 & 4 & 4 & -12 \end{array}$$

$K_{Ⅳ-Ⅴ}$=4周

2．计算工期

$$T=\sum K+\sum t_n+\sum G$$

式中：$\sum K$——所有流水步距之和。

$\sum t_n$——最后一个施工过程在各施工段持续时间之和。

$\sum G$——表示技术组织间隔时间，若没有，则为0。

以上案例题工期计算：$T=\sum K+\sum t_n+\sum G=$（2+2+10+4）+（4+4+4）+2=32周

3．绘制流水施工进度计划

施工过程	施工进度（周）															
	2	4	6	8	10	12	14	16	18	20	22	24	26	28	30	32
土方开挖（施工队一）	①	②	③													
$K_{Ⅰ-Ⅱ}=2$																
基础施工（施工队二）		①	②	③												
$K_{Ⅱ-Ⅲ}=2$																
地上结构（施工队三）				①			②			③						
$K_{Ⅲ-Ⅳ}=10$																
二次砌筑（施工队四）										①		②		③		
$K_{Ⅳ-Ⅴ}=4$																
装饰装修（施工队五）												①		②		③

4．成倍节拍流水施工

组织成倍节拍流水施工的条件：同一施工过程的节拍全都相等，各施工过程的节拍不相等，但为某一常数的倍数。步骤如下：

（1）计算流水步距：K=各施工过程流水节拍的最大公约数。

（2）计算各施工过程需配备的队组数：$b=t/K$。

专业队总数：$N=\sum b$

（3）成倍节拍流水施工总工期：$T=(M+N-1)\times K+G$

式中：M——施工段。

N——专业队总数。

5．本题如果组织成倍节拍流水施工，计算过程如下：

（1）K=min（2、2、6、4、4）=2周

（2）$b_Ⅰ=2/2=1$

$b_Ⅱ=2/2=1$

$b_Ⅲ=6/2=3$

$b_Ⅳ=4/2=2$

$b_Ⅴ=4/2=2$

故：专业队总数N=1+1+3+2+2=9

（3）流水施工工期：$T=(M+N-1)\times K+G=(3+9-1)\times 2+2=24$周

施工过程	专业队	施工进度（周）											
		2	4	6	8	10	12	14	16	18	20	22	24
土方开挖	Ⅰ	①	②	③									
基础施工	Ⅱ		①	②	③								
地上结构	$Ⅲ_1$				①								
	$Ⅲ_2$					②							
	$Ⅲ_3$						③						
二次砌筑	$Ⅳ_1$							①		③			
	$Ⅳ_2$								②				
装饰装修	$Ⅴ_1$									①		③	
	$Ⅴ_2$										②		

【经典案例回顾】

例题1（2019年·背景资料节选）：

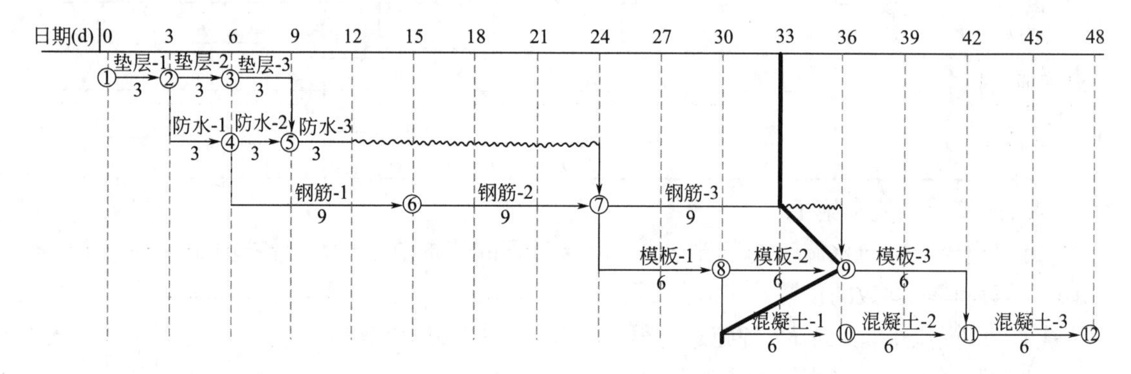

问题：指出网络图中各施工工作的流水节拍，如采用成倍节拍流水施工，计算各施工工作专业队数量。

答案：

（1）各施工工作的流水节拍如下：

① 垫层：流水节拍均为3d

② 防水：流水节拍均为3d

③ 钢筋：流水节拍均为9d

④ 模板：流水节拍均为6d

⑤ 混凝土：流水节拍均为6d

（2）若采用成倍节拍流水施工，流水步距为3d，各施工作业应配备的专业队数量如下：

① 垫层专业队数量：3 ÷ 3=1

② 防水专业队数量：3 ÷ 3=1

③ 钢筋专业队数量：9 ÷ 3=3

④ 模板专业队数量：6 ÷ 3=2

⑤ 混凝土专业队数量：6 ÷ 3=2

例题2（2016年·背景资料节选）：装修施工单位将地上标准层（F6 ~ F20）划分为三个施工段组织流水施工，各施工段上均包含三道施工工序，其流水节拍如下表所示（单位：周）。

流水节拍		施工过程		
		工序Ⅰ	工序Ⅱ	工序Ⅲ
施工段	F6 ~ F10	4	3	3
	F11 ~ F15	3	4	6
	F16 ~ F20	5	4	3

问题：参照下图图示，在答题卡上相应位置绘制标准层装修的流水施工横道图。

施工过程	施工进度（周）										
	1	2	3	4	5	6	7	8	9	10	……
工序 Ⅰ											
工序 Ⅱ											
工序 Ⅲ											

答案：

（1）计算流水步距

① 同一施工过程（工序）累加：

	施工段一（F6 ~ F10）	施工段二（F11 ~ F15）	施工段三（F16 ~ F20）
工序 Ⅰ 累加	4	7	12
工序 Ⅱ 累加	3	7	11
工序 Ⅲ 累加	3	9	12

② 工序Ⅰ与工序Ⅱ之间的流水步距：

$$\begin{array}{rrrrr} & 4 & 7 & 12 & \\ - & & 3 & 7 & 11 \\ \hline & 4 & 4 & 5 & -11 \end{array}$$

取$K_{Ⅰ-Ⅱ}$=5周

③ 工序 Ⅱ 与工序 Ⅲ 之间的流水步距：

$$\begin{array}{rrrrr} & 3 & 7 & 11 & \\ - & & 3 & 9 & 12 \\ \hline & 3 & 4 & 2 & -12 \end{array}$$

取$K_{Ⅱ-Ⅲ}$=4周

（2）流水施工工期

$$T=\sum K+\sum t_n+\sum G=（5+4）+12+0=21 \text{ 周}$$

（3）画图

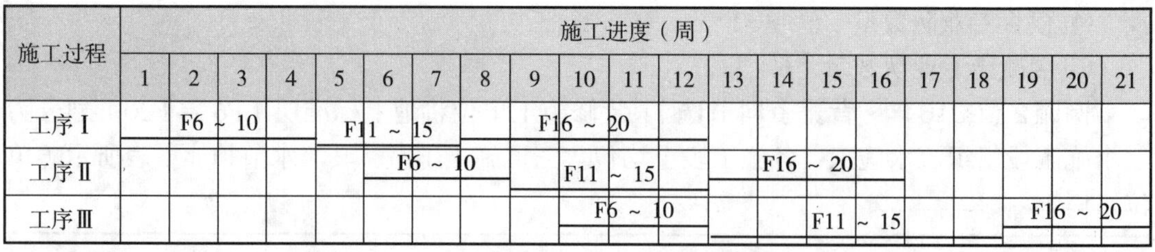

施工过程	施工进度（周）																				
	1	2	3	4	5	6	7	8	9	10	11	12	13	14	15	16	17	18	19	20	21
工序Ⅰ		F6 ~ 10				F11 ~ 15				F16 ~ 20											
工序Ⅱ							F6 ~ 10				F11 ~ 15				F16 ~ 20						
工序Ⅲ											F6 ~ 10				F11 ~ 15					F16 ~ 20	

例题3（背景资料节选）：某H工作包括P、R、Q三道工序，在H工作开始前，为了缩短工期，施工总承包单位将原施工方案中H工作的异节奏流水施工调整为成倍节拍流水施工。原施工方案中H工作异节奏流水施工横道图如下图所示（时间单位：月）。

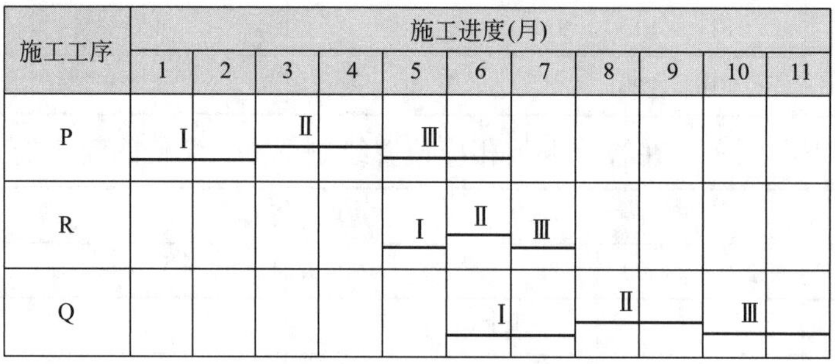

施工工序	施工进度(月)										
	1	2	3	4	5	6	7	8	9	10	11
P	Ⅰ		Ⅱ		Ⅲ						
R					Ⅰ	Ⅱ	Ⅲ				
Q						Ⅰ		Ⅱ		Ⅲ	

H工作异节奏流水施工横道图

问题：流水施工调整后，H工作相邻工序的流水步距为多少个月？工期可缩短多少个月？绘制出调整后H工作的施工横道图。

答案：

（1）流水步距计算

① 各工序流水节拍分别是：工序P为2个月，工序R为1个月，工序Q为2个月。

② 流水步距：流水节拍最大公约数，即K=1个月。

（2）工期缩短

① 各工序需安排施工队伍数量：$b_P=2/1=2$；$b_R=1/1=1$；$b_Q=2/1=2$。

② 施工队伍数量总和：$N=2+1+2=5$（队组）。

③ 成倍节拍流水施工工期：$T=(M+N-1)\times K+G=(3+5-1)\times 1=7$个月。

④ 工期缩短月数：11−7=4个月。

（3）绘图

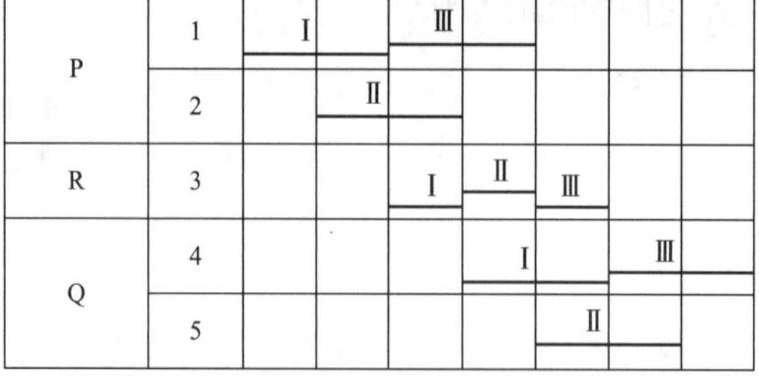

施工工序	专业队	施工进度(月)						
		1	2	3	4	5	6	7
P	1	Ⅰ		Ⅲ				
	2		Ⅱ					
R	3			Ⅰ	Ⅱ	Ⅲ		
Q	4				Ⅰ		Ⅲ	
	5					Ⅱ		

例题4（2021年二建·背景资料节选）：某新建职业技术学校工程，由教学楼、实验楼、办公楼及3栋相同的公寓楼组成，均为钢筋混凝土现浇框架结构，室内填充墙体采用蒸压加气混凝土砌块，水泥砂浆砌筑。施工组织设计中，针对3栋公寓楼组织流水施工，各工序流水节拍参数见下表。

流水施工参数表

工序编号	施工过程	流水节拍（周）	与前序工序的关系（搭接/间隔）及时间
①	土方开挖与基础	3	
②	地上结构	5	A、B
③	砌筑与安装	5	C、D
④	装饰装修及收尾	4	

绘制流水施工横道图如下所示，核定公寓楼流水施工工期满足整体工期要求。

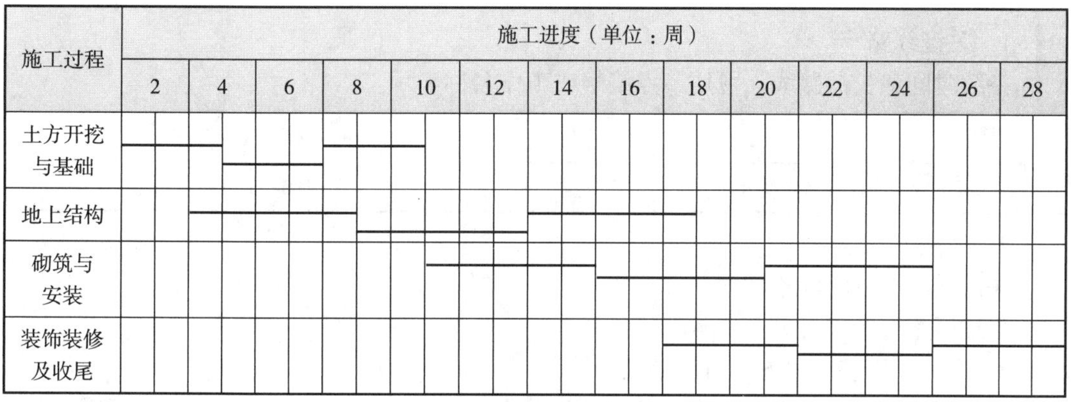

施工过程	施工进度（单位：周）													
	2	4	6	8	10	12	14	16	18	20	22	24	26	28
土方开挖与基础														
地上结构														
砌筑与安装														
装饰装修及收尾														

流水施工横道图

问题：写出流水节拍参数表中A、C对应的工序关系，B、D对应的时间。

答案：

A：搭接；B：1周；C：间隔；D：2周。

解析：

（1）根据流水节拍表计算出“土方开挖与基础”“地上结构”之间的流水步距$K_{①-②}$=3周，而流水施工横道图上得知这两个工序开始时间是间隔2周，故得出搭接1周的结论。

（2）根据流水节拍表计算出地上结构、砌筑与安装之间的流水步距$K_{②-③}$=5周，而流水施工横道图上得知这两个工序开始时间是间隔7周，故得出间隔2周的结论。

笔记区

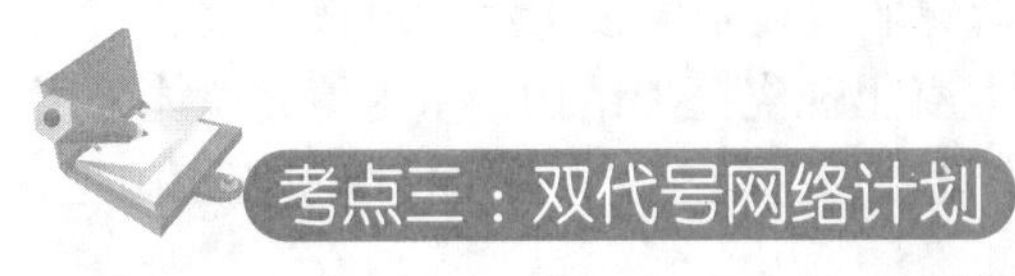

历年考情分析

年份	2014	2015	2016	2017	2018	2019	2020	2021	2022
案例	√	√		√	√		√		√

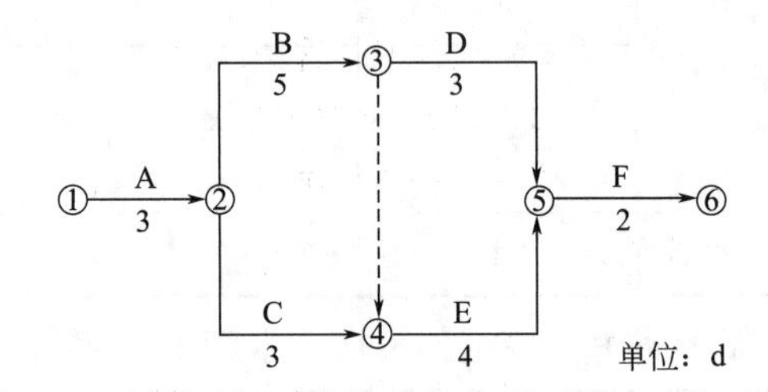

1．关键线路

持续时间最长的路线，可用节点编号或工作名称表示。

节点编号表示	①→②→③→④→⑤→⑥
工作名称表示	A→B→E→F

2．工期

关键线路持续时间累加。

上述网络图的工期 T=3+5+4+2=14d。

3．实际工期和业主方认可工期的计算

网络图如上所示，A工作由于业主原因延误2d，C工作由于不可抗力因素延误3d，F工作由于施工单位自身原因延误1d。

（1）实际工期为多少天？

解析：任何原因造成的工期延误都是实际发生的，在实际工期计算时都必须考虑。把延误天数反映到网络图上，得到如下实际发生的网络图：

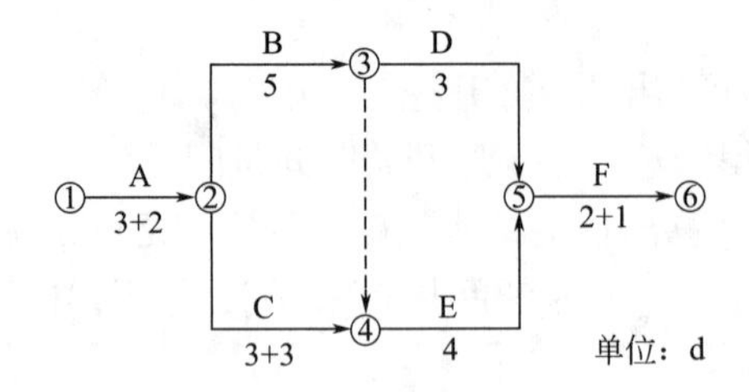

关键线路为：①→②→④→⑤→⑥，实际工期为18d。

（2）业主方认可工期为多少天？

解析：只有业主原因和不可抗力因素导致的进度延误，业主方才给予认可，施工方原因造成的延误，虽然实际发生了，但业主方并不认可。把业主认可的延误天数反映到网络图上，得到如下业主方认可的网络图：

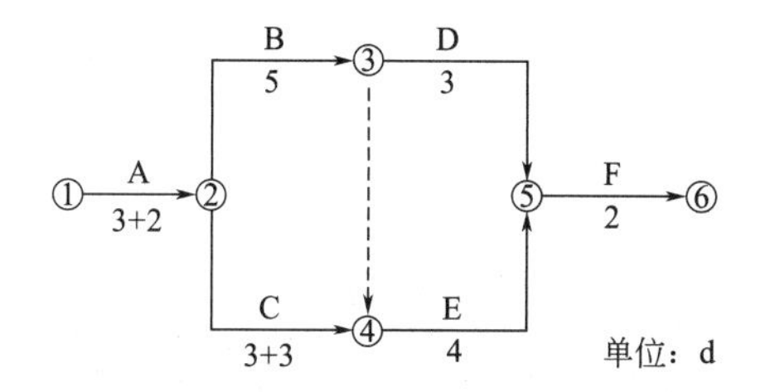

关键线路为：①→②→④→⑤→⑥，业主方认可工期为17d。

4. 工期优化

网络计划的优化可分为工期优化、费用优化和资源优化三种，最常见的是工期优化。

工期优化的目的是当计算工期不能满足要求工期时，通过压缩关键路线上关键工作的持续时间达到缩短工期的目的。选择优化对象需要考虑以下因素：

（1）缩短持续时间对质量和安全影响不大的工作。

（2）有备用资源的工作。

（3）缩短持续时间所需增加的资源、费用最少的工作。

【经典案例回顾】

例题1（2022年·背景资料节选）：总承包项目部在工程施工准备阶段，根据合同要求编制了工程施工网络进度计划，如下图所示。在进度计划审查时，监理工程师提出在工作A和工作E中含有特殊施工技术，涉及知识产权保护，须由同一专业单位按先后顺序依次完成。项目部对原进度计划进行了调整，以满足工作A与工作E先后施工的逻辑关系。

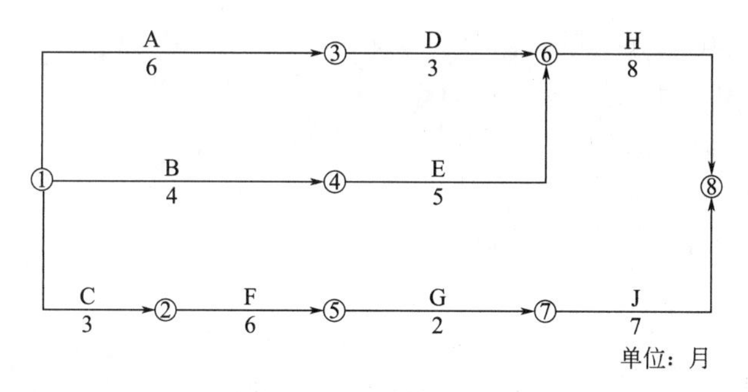

问题1：画出调整后的工程网络计划图，并写出关键线路。（以工作表示，如A→B→C）。调整后的总工期是多少个月？

答案：

（1）调整后的工程网络计划图如下：

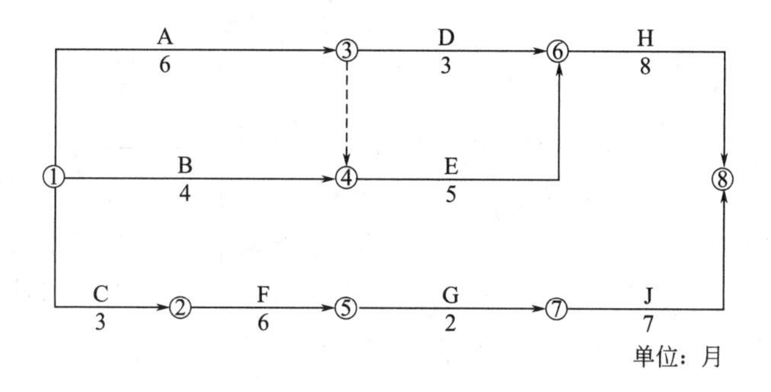

（2）关键线路：A→E→H。

（3）调整后的总工期：19个月。

问题2：网络图的逻辑关系包括什么？网络图中虚工作的作用是什么？

答案：

（1）网络图的逻辑关系包括：工艺关系、组织关系。

（2）虚工作的作用：联系、区分、断路。

例题2（2020年·背景资料节选）：社区活动中心施工进度计划如下图所示，内部评审中项目经理提出C、G、J工作由于特殊工艺共同租赁一台施工机具，在工作B、E按计划完成的前提下，考虑该机具租赁费用较高，尽量连续施工，要求对进度计划进行调整。经调整，最终形成既满足工期要求又经济可行的进度计划。

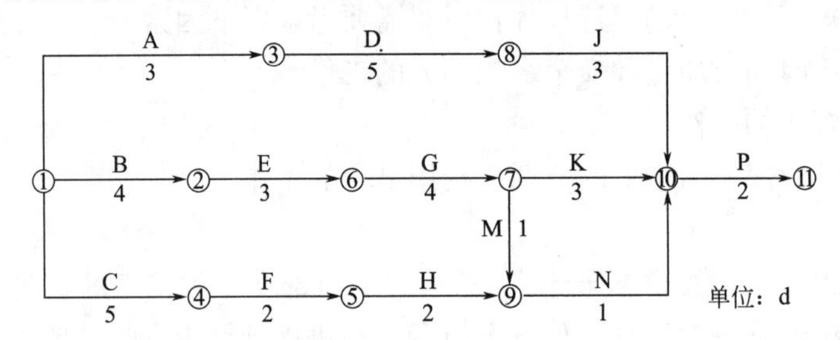

问题：列出上图调整后有变化的逻辑关系（以工作节点表示，如①→②或②⇢③）。计算调整后的总工期，列出关键线路（以工作名称表示，如A→D）。

答案：

（1）有变化的逻辑关系：④⇢⑥；⑦⇢⑧。

（2）调整后的总工期：4+3+4+3+2=16d。

（3）关键线路：有两条。

第一条：B→E→G→K→P；

第二条：B→E→G→J→P。

解析：

解答此问一定要看清楚题目示例：如①→②或②⇢③。也就是说，如果是增加实际的工作，必须用实箭线→，而不是仅仅是改变前后工作间的逻辑关系，则必须用虚箭线⇢。

例题3（2017年·背景资料节选）：施工总承包单位项目部按幢编制了单幢工程施工进度计划。某幢计划工期为180日历天，施工进度计划见下图。

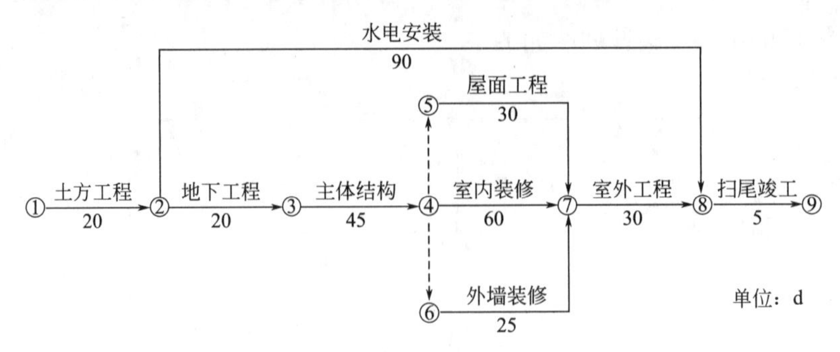

在该幢别墅工程开工后第46天进行的进度检查时发现，土方工程和地基基础工程在

第45天完成，已开始主体结构工程施工，工期进度滞后5d。项目部依据赶工参数表，对相关施工过程进行压缩，确保工期不变。

赶工参数表

序号	施工过程	最大可压缩时间（d）	赶工费用（元/d）
1	土方工程	2	800
2	地下工程	4	900
3	主体结构	2	2700
4	水电安装	3	450
5	室内装修	8	3000
6	屋面工程	5	420
7	外墙装修	2	1000
8	室外工程	3	4000
9	扫尾竣工	0	—

问题：按照经济、合理原则对相关施工过程进行压缩，请分别写出最适宜压缩的施工过程和相应的压缩天数。

答案：

（1）最适宜压缩的施工过程：主体结构、室内装修。

（2）相应的压缩天数：主体结构压缩2d；室内装修压缩3d。

解析：

解答本题，仅需把握两点原则：一是必须压缩关键工作的时间，而且是未完成的关键工作的时间；二是成本最低的原则。

例题4（2013年·背景资料节选）：某工程基础底板施工，合同约定工期50d，项目经理部根据业主提供的电子版图纸编制了施工进度计划，如下图所示。编制底板施工进度计划时，暂未考虑流水施工。

代号	施工过程	6月						7月					
		5	10	15	20	25	30	5	10	15	20	25	30
A	基底清理	——											
B	垫层与砖胎模		——										
C	防水层施工			——									
D	防水保护层				——								
E	钢筋制作	——	——	——	——								
F	钢筋绑扎					——	——	——	——				
G	混凝土浇筑									——			

在施工准备及施工过程中，发生了如下事件：

事件一：公司在审批该施工进度计划横道图时提出，计划未考虑工序B与C、工序D与F之间的技术间歇（养护）时间，要求项目经理部修改。两处工序技术间歇（养护）均为2d，项目经理部按要求调整了进度计划，经监理批准后实施。

事件二：施工单位采购的防水材料进场抽样复试不合格，致使工序C比调整后的计划开始时间拖后3d；因业主未按时提供正式的图纸，致使工序E在6月11日才开始。

问题1：绘制事件一中调整后的施工进度计划网络图（双代号），并用双线表示出关键线路。

答案：

A 5　B 5　养护1 2　C 5　D 5　养护2 2　F 20　G 5　E 20
单位：d

问题2：考虑事件一、二的影响，计算总工期（假定各工序持续时间不变）。如果钢筋制作、钢筋绑扎、混凝土浇筑按两个流水段组织等节拍流水施工，其总工期将变为多少天？是否满足原合同约定的工期？

答案：

（1）考虑事件一、二的影响，修改网络图来计算，如下图所示：

A 5　B 5　养护1 2　延误1 3　C 5　D 5　养护2 2　F 20　G 5　延误2 10　E 20
单位：d

关键线路为：①→⑧→⑨→⑩→⑪

总工期 T=10+20+20+5=55d。

（2）如果钢筋制作、钢筋绑扎及混凝土浇筑按两个流水段组织等节拍流水施工，重新绘制双代号网络图如下：

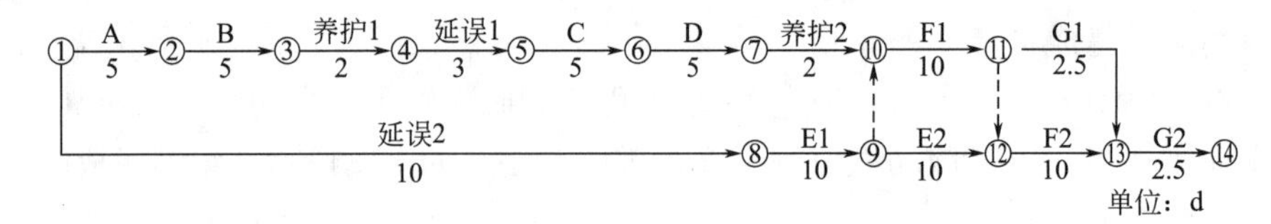

关键线路为：①→②→③→④→⑤→⑥→⑦→⑩→⑪→⑫→⑬→⑭

总工期为：5+5+2+3+5+5+2+10+10+2.5=49.5d。

（3）满足原合同约定的工期。

例题5（2019年二建·背景资料节选）：某洁净厂房工程，项目经理指示项目技术负责人编制施工进度计划（单位：周），并评估项目总工期。项目技术负责人编制了相应施工进度安排如下图所示，报项目经理审核。项目经理提出：施工进度计划不等同于施工进度安排，还应包含相关施工计划必要组成内容，要求技术负责人补充。

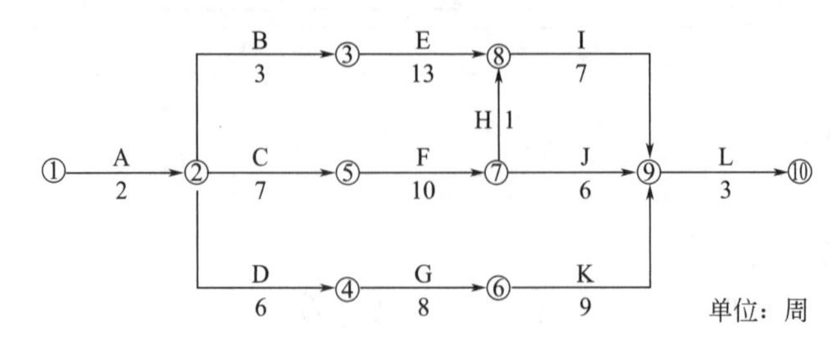

因为本工程采用了某项专利技术，其中工序B、工序F、工序K必须使用某特种设备，且需按“B→F→K”先后顺序施工。该设备在当地仅有一台，租赁价格昂贵，租赁时长计算从进场开始直至设备退场为止，且场内停置等待的时间均按正常作业时间计取租赁费用。

项目技术负责人根据上述特殊情况，对网络图进行了调整，并重新计算项目总工期，报项目经理审批。项目经理二次审查发现：各工序均按最早开始时间考虑，导致特种设备存在场内停置等待时间。项目经理指示调整各工序的起止时间，优化施工进度安排以节约设备租赁成本。

问题1：写出上图所示网络图的关键线路（用工作表示）和总工期。

答案：

关键线路：A→C→F→H→I→L。

总工期：2+7+10+1+7+3=30周。

问题2：项目技术负责人还应补充哪些施工进度计划的组成内容？

答案：

（1）工程建设概况。

（2）工程施工情况。

（3）单位工程进度计划，分阶段进度计划，单位工程准备工作计划，劳动力需用量计划，主要材料、设备及加工计划，主要施工机械和机具需要量计划，主要施工方案及流水段划分，各项经济技术指标要求等。

问题3：根据特种设备使用的特殊情况，重新绘制调整后的施工进度计划网络图。调整后的网络图总工期是多少？

答案：

（1）调整后的施工进度计划网络图如下所示：

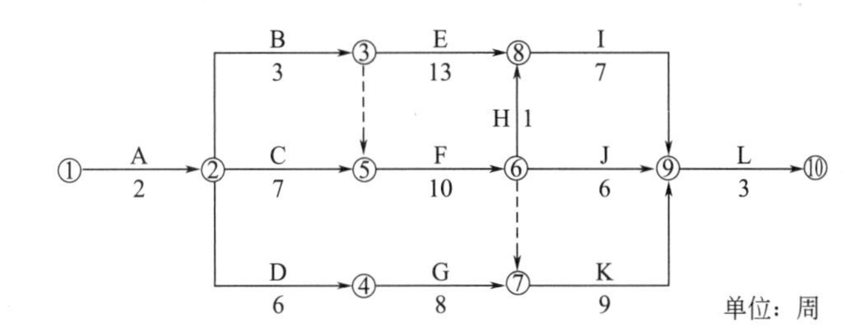

（2）调整后的网络图关键线路：A→C→F→K→L。

总工期：2+7+10+9+3=31周。

问题4：根据重新绘制的网络图，如各工序均按最早开始时间考虑，特种设备计取租赁费用的时长为多少？优化工序的起止时间后，特种设备应在第几周初进场？优化后特种设备计取租赁费用的时长为多少？

答案：

（1）按最早开始时间考虑，特种设备计取租赁费用的时长：

算法一：3+4+10+9=26周

算法二：28–2=26周

（2）优化工序的起止时间后，应在第6周初进场。

（3）优化后特种设备计取费用时长：

算法一：3+1+10+9=23周

算法二：28−5=23周

解析：

本问是2019年二级建造师建筑实务真题，难度很大，完全超出二级建造师甚至一级建造师考试难度。工作B、F、K的六时间参数计算如下：

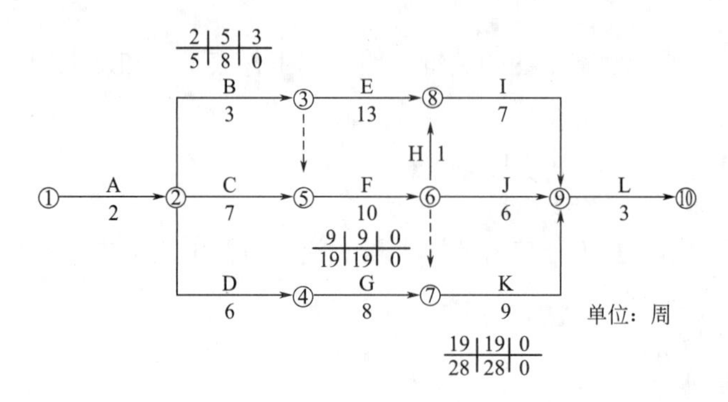

难度一：工作B的总时差是3周，而不是4周，这是很多学员在网上学了各种所谓大师、名师的快捷方法后犯得最多的一个错误。所以工作B按最迟开始时间开始时，工作B和工作F之间还是存在1周的间隔时间的。

难度二："第几周初进场"这个问题很多考生没有把握好，优化工序起止时间后（即按最迟开始时间开始），工作B应该是5周进场，如果写成第5周初进场就不对，应该写成第6周初进场。如工作A最迟开始时间是0，不能说第0周初进场，因为这种说法不存在，应该说成是第1周初进场。画图举例如下：

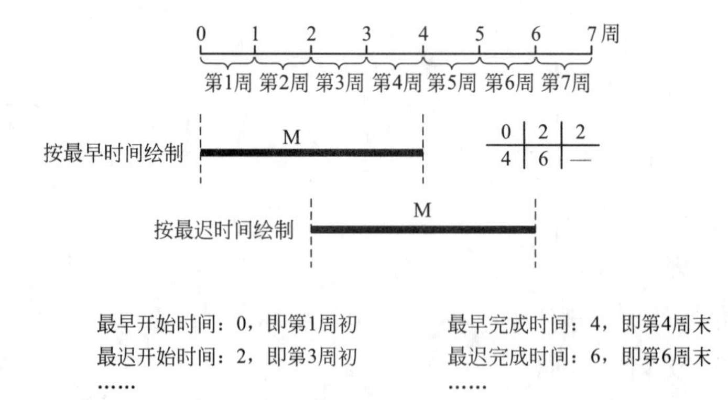

例题6（2018年二建·背景资料节选）：办公楼上部标准层结构工序安排如下：

工作内容	施工准备	模板支撑体系搭设	模板支设	钢筋加工	钢筋绑扎	管线预埋	混凝土浇筑
工序编号	A	B	C	D	E	F	G
时间（d）	1	2	2	2	2	1	1
紧后工序	B、D	C、F	E	E	G	G	—

问题：根据标准层结构工序安排表绘制出双代号网络图，找出关键线路，并计算上部标准层结构每层工期是多少日历天？

答案：

（1）双代号网络图如下：

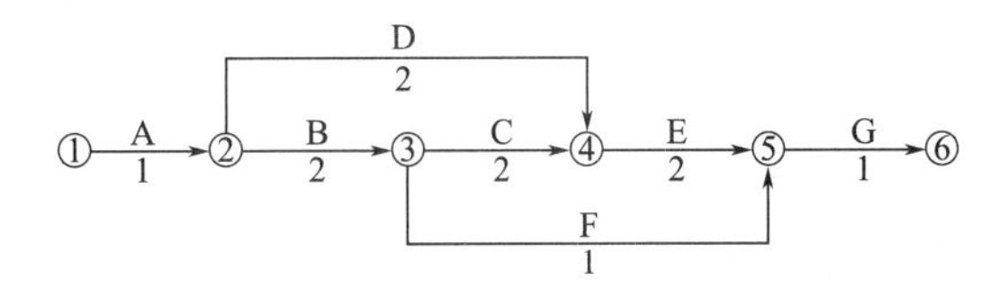

（2）关键线路为：A→B→C→E→G（①→②→③→④→⑤→⑥）

（3）上部标准层结构每层工期为：8日历天。

例题7（背景资料节选）：某办公楼工程，建筑面积6800m²，框架结构，基础工程分为两个流水施工段组织流水施工，根据工期要求编制了该基础工程的施工进度计划，并绘制了施工双代号网络计划图（时间单位：d），如下图所示：

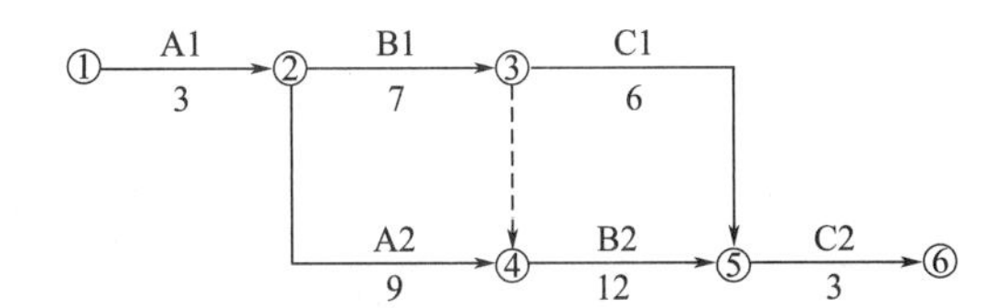

问题：

1．指出基础工程网络计划的关键线路，写出该基础工程计划工期。

2．按照双代号网络图绘制流水施工横道图。

答案：

1．关键线路为：①→②→④→⑤→⑥（A1→A2→B2→C2）。

计划工期为：3+9+12+3=27d。

2．绘制流水施工横道图：

（1）绘制流水节拍表

	施工段一	施工段二
施工过程A	3	9
施工过程B	7	12
施工过程C	6	3

（2）施工过程时间累加

	施工段一	施工段二
施工过程A累加	3	12
施工过程B累加	7	19
施工过程C累加	6	9

（3）错位相减取大

$$\begin{array}{lrrr} K_{A-B} & 3 & 12 & \\ & - & 7 & 19 \\ \hline & 3 & 5 & -19 \end{array} \qquad \begin{array}{lrrr} K_{B-C} & 7 & 19 & \\ & - & 6 & 9 \\ \hline & 7 & 13 & -9 \end{array}$$

K_{A-B}=5d　　　　K_{B-C}=13d

（4）绘制流水施工横道图

分项	2	4	6	8	10	12	14	16	18	20	22	24	26	28
A	①		②											
B					①				②					
C											①		②	

笔记区

考点四：实际进度前锋线

历年考情分析

年份	2014	2015	2016	2017	2018	2019	2020	2021	2022
案例						√		√	

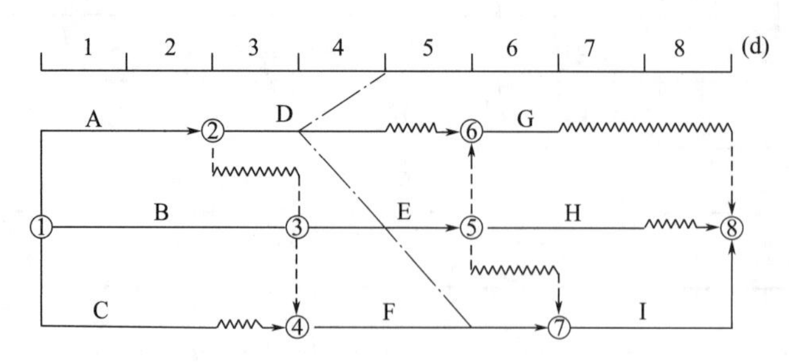

1．本质是双代号时标网络计划，仅在特定检查时刻加一条反映实际进度的点画线。

（1）实际进度在检查日期左侧：进度延误

（2）实际进度在检查日期右侧：进度提前

（3）实际进度与检查日期重合：进度正常

提前或延误时间为实际进度点与检查日期点的水平投影长度。

2. 上述图例结论如下：

（1）D工作实际进度在检查日期左侧，代表D工作延误，延误时间为1d。

（2）F工作实际进度在检查日期右侧，代表F工作提前，提前时间为1d。

（3）E工作实际进度与检查日期重合，代表E工作进度正常，按计划进行。

3. 判断实际进度对总工期及紧后工作的影响：

（1）是否影响总工期，只看本项工作的总时差。

（2）是否影响紧后工作的最早开始时间，只看本项工作的自由时差。

如：D工作实际进度延误1d，总时差为3d，延误天数没有超过总时差，不影响总工期；自由时差为1d，延误天数没有超过自由时差，也不影响紧后工作。

【经典案例回顾】

例题1（2021年·背景资料节选）： 某工程项目，施工单位编制项目双代号网络计划如图1所示。

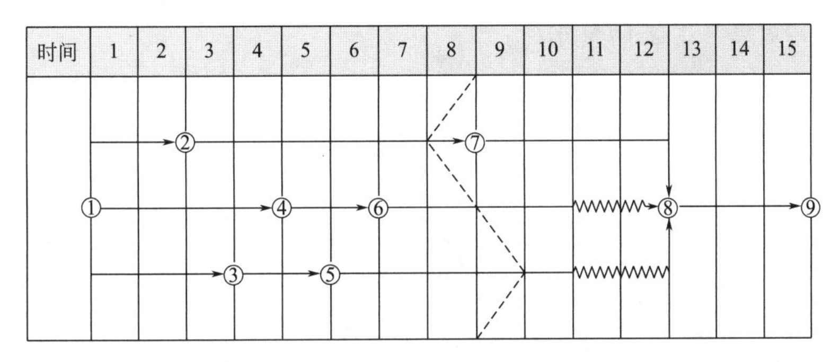

图1　项目双代号网络计划（一）

项目经理部在工程施工到第8月底时，对施工进度进行了检查，工程进展状态如图1中前锋线所示。工程部门根据检查分析情况，调整措施后重新绘制了从第9月开始到工程结束的双代号网络计划，部分内容如图2所示。

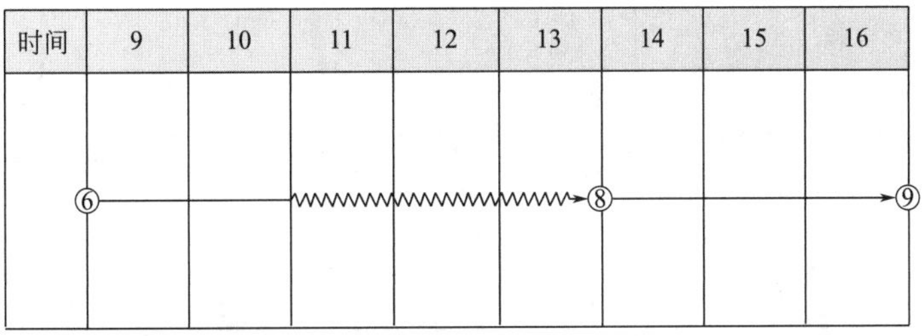

图2　项目双代号网络计划（二）

问题1： 根据图1中进度前锋线分析第8月底工程的实际进展情况。

答案：

第8月底检查结果：

（1）工作②→⑦进度滞后1个月。

（2）工作⑥→⑧进度与原计划一致。

（3）工作⑤→⑧进度提前1个月。

问题2：在答题纸上绘制正确的从第9月开始到工程结束的双代号网络计划图（图2）。

答案：

时间
9
10
11
12
13
14
15
16
②
⑦
⑥
⑧
⑨
⑤

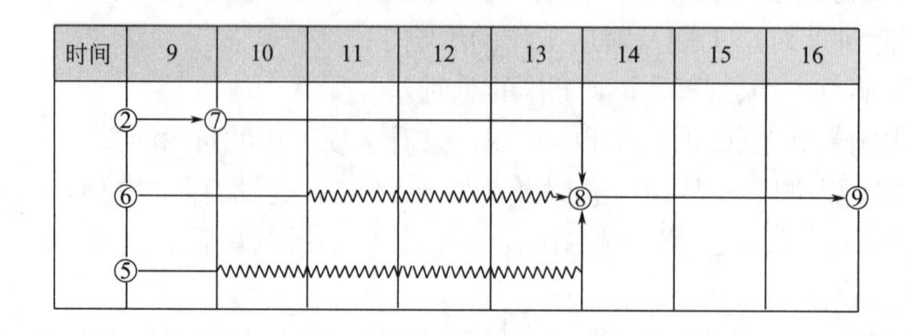

解析：

（1）由于关键工作②→⑦滞后1个月，故工期变为16个月。节点⑦定在9月底，节点⑧定在13月底，节点⑨定在16月底。

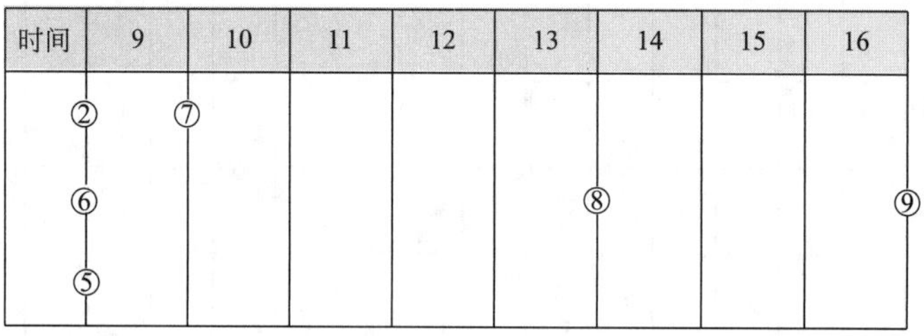

时间
9
10
11
12
13
14
15
16
②
⑦
⑥
⑧
⑨
⑤

（2）关键工作②→⑦、⑦→⑧、⑧→⑨用实箭线连起来。（关键工作不存在机动时间）

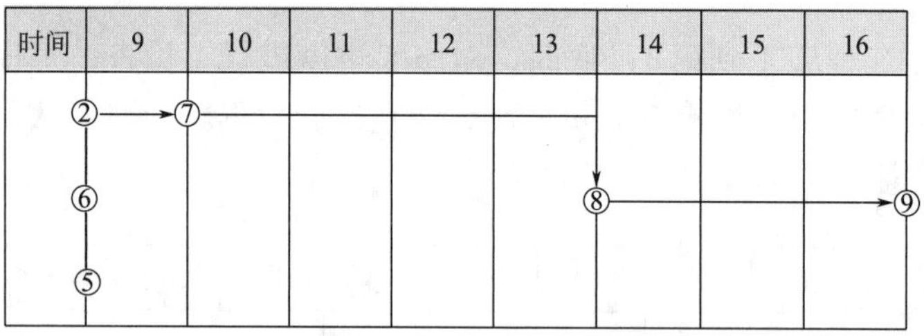

时间
9
10
11
12
13
14
15
16
②
⑦
⑥
⑧
⑨
⑤

（3）节点⑥到节点⑧有5个月的时间，但工作⑥→⑧只需2个月，剩余3个月用波形线补充。

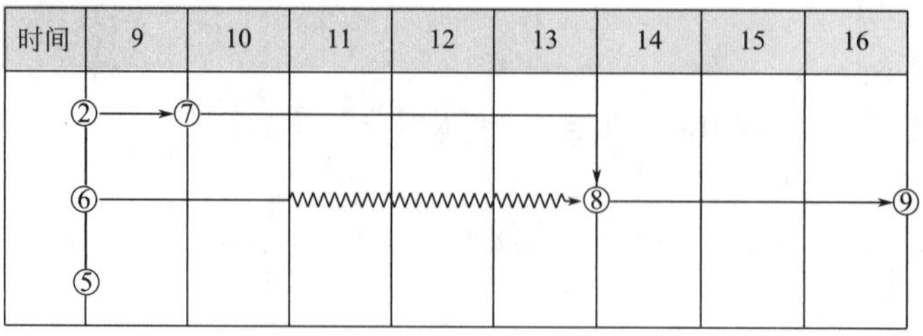

时间
9
10
11
12
13
14
15
16
②
⑦
⑥
⑧
⑨
⑤

（4）节点⑤到节点⑧有5个月的时间，但工作⑤→⑧只需1个月，剩余4个月用波形线补充。

时间	9	10	11	12	13	14	15	16

例题2（2017年二建·背景资料节选）：施工进度计划以时标网络图（时间单位：月）形式表示。在第8月末，施工单位对现场实际进度进行检查，并在时标网络图中绘制了实际进度前锋线，如下图所示：

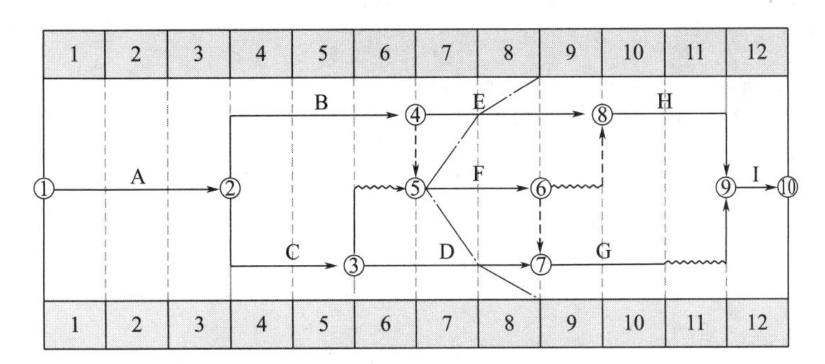

针对检查中所发现实际进度与计划进度不符的情况，施工单位均在规定时限内提出索赔意向通知，并在监理机构同意的时间内上报了相应的工期索赔资料。经监理工程师核实，工序E的进度偏差是因为建设单位供应材料原因所导致，工序F的进度偏差是因为当地政令性停工导致，工序D的进度偏差是因为工人返乡农忙原因导致。根据上述情况，监理工程师对三项工期索赔分别予以批复。

问题1：写出网络图中前锋线所涉及各工序的实际进度偏差情况。如后续工作仍按原计划的速度进行，本工程的实际完工工期是多少个月？

答案：

（1）各工序实际进度偏差情况：

工序E：滞后1个月。

工序F：滞后2个月。

工序D：滞后1个月。

（2）工程的实际完工工期：13个月。

问题2：针对工序E、工序F、工序D，分别判断施工单位上报的三项工期索赔是否成立，并说明相应的理由。

答案：

（1）工序E索赔：成立。

理由：工序E滞后1个月，影响总工期1个月，且因建设单位供应材料所导致，属建设单位责任范围，故索赔成立。

（2）工序F索赔：不成立。

理由：工序F虽是政令性停工导致滞后2个月，原计划网络图的总时差为1个月，但由于工序E已经给予1个月的工期索赔，此时工序F滞后2个月并不影响总工期，故索赔不成立。

（3）工序D索赔：不成立。

理由：工序D滞后的原因是工人返乡农忙，属施工单位责任范围，故索赔不成立。

笔记区

考点五：施工进度计划编制

历年考情分析

年份	2014	2015	2016	2017	2018	2019	2020	2021	2022
案例		√		√	√		√		

一、施工进度计划分类

分类	编制
施工总进度计划	总承包单位总工程师领导下编制
单位工程进度计划	项目经理组织，项目技术负责人领导下编制
分阶段（或专项工程）工程进度计划	专业工程师或负责分部分项的工长编制
分部分项工程进度计划	—

二、施工进度计划的内容

类别	内容
施工总进度计划	（1）编制说明：内容包括编制的依据、假设条件、指标说明、实施重点和难点、风险估计及应对措施等。 （2）施工总进度计划表（图）。 （3）分期（分批）实施工程的开、竣工日期及工期一览表。 （4）资源需要量及供应平衡表
单位工程进度计划	（1）工程建设概况。 （2）工程施工情况。 （3）单位工程进度计划，分阶段进度计划，单位工程准备工作计划，劳动力需用量计划，主要材料、设备及加工计划，主要施工机械和机具需要量计划，主要施工方案及流水段划分，各项经济技术指标要求等

三、施工进度计划的编制步骤

1．施工总进度计划的编制步骤

（1）明确划分建设工程项目的施工阶段；合理确定各阶段各个单项工程的开、竣工日期。

（2）分解单项工程，列出每个单项工程的单位工程和每个单位工程的分部工程。

（3）计算每个单项工程、单位工程和分部工程的工程量。

（4）确定单项工程、单位工程和分部工程的持续时间。

（5）编制初始施工总进度计划。

（6）综合平衡后，绘制正式施工总进度计划图。

2. 单位工程进度计划的编制步骤

（1）收集编制依据。

（2）划分施工过程、施工段和施工层。

（3）确定施工顺序。

（4）计算工程量。

（5）计算劳动量或机械台班需用量。

（6）确定持续时间。

（7）绘制可行的施工进度计划图。

（8）优化并绘制正式施工进度计划图。

【经典案例回顾】

例题1（2020年·背景资料节选）：某新建住宅群体工程包含10栋装配式高层住宅、5栋现浇框架小高层公寓、1栋社区活动中心及地下车库。项目部综合工程设计、合同条件、现场场地分区移交、陆续开工等因素编制本工程施工组织总设计，其中施工进度总计划在项目经理领导下编制，编制过程中，项目经理发现该计划编制说明中仅有编制的依据，未体现计划编制应考虑的其他要素，要求编制人员补充。社区活动中心开工后，由项目技术负责人组织，专业工程师根据施工总进度计划编制社区活动中心施工进度计划。

问题：指出背景资料中施工进度计划编制中的不妥之处。施工总进度计划编制说明还包括哪些内容？

答案：

（1）不妥之处：

不妥1：施工总进度计划在项目经理领导下编制。

不妥2：社区活动中心施工进度计划开工后编制。

不妥3：项目技术负责人组织编制社区活动中心施工进度计划。

（2）编制说明内容还包括：①假设条件；②指标说明；③实施重点和难点；④风险估计；⑤应对措施。

例题2（2018年·背景资料节选）：在工程开工前，施工单位按照收集依据、划分施工过程（段）、计算劳动量、优化并绘制正式进度计划图等步骤编制了施工进度计划，并通过了总监理工程师的审查与确认。

问题：单位工程进度计划编制步骤还应包括哪些内容？

答案：

（1）确定施工顺序。

（2）计算工程量。

（3）计算台班需用量。

（4）确定持续时间。

（5）绘制可行的施工进度计划图。

例题3（2015年·背景资料节选）：工程开工前，施工单位按规定向项目监理机构报审施工组织设计，监理工程师审核时，发现“施工进度计划”部分仅有“施工进度计划表”一项，该部分内容缺项较多，要求补充其他必要内容。

问题：背景资料中还应补充的施工进度计划内容有哪些？

答案：

还应补充的施工进度计划内容有：

（1）编制说明。

（2）分期（分批）实施工程的开、竣工日期及工期一览表。

（3）资源需要量及供应平衡表。

笔记区

考点六：施工进度控制

历年考情分析

年份	2014	2015	2016	2017	2018	2019	2020	2021	2022
案例						√	√		

一、施工进度控制程序

1．进度事前控制内容

（1）编制项目实施总进度计划，确定工期目标。

（2）分解总目标，制定相应细部计划。

（3）制定完成计划的相应施工方案和保障措施。

2．进度事后控制内容

当实际进度与计划进度发生偏差时，在分析原因的基础上应采取以下措施：

（1）制定保证总工期不突破的对策措施。

（2）制定总工期突破后的补救措施。

（3）调整相应的施工计划，并组织协调相应的配套设施和保证措施。

二、施工计划的实施与监测

1．施工进度计划监测的方法

（1）横道计划比较法。

（2）网络计划法。
（3）实际进度前锋线法。
（4）S形曲线法。
（5）香蕉形曲线比较法。
2. 项目进度报告内容
（1）进度执行情况的综合描述。
（2）实际施工进度。
（3）资源供应进度。
（4）工程变更、价格调整、索赔及工程款收支情况。
（5）进度偏差状况及导致偏差的原因分析。
（6）解决问题的措施。
（7）计划调整意见。

三、进度计划的调整

1. 施工进度计划调整的步骤
（1）分析进度计划检查结果。
（2）分析进度偏差的影响并确定调整的对象和目标。
（3）选择适当的调整方法。
（4）编制调整方案。
（5）对调整方案进行评价和决策。
（6）调整。
（7）确定调整后付诸实施的新施工进度计划。
2. 进度计划的调整方法
（1）关键工作的调整。
（2）改变某些工作间的逻辑关系。
（3）剩余工作重新编制进度计划。
（4）非关键工作调整。
（5）资源调整。

【经典案例回顾】

例题1（2020年·背景资料节选）：公司对项目部进行月度生产检查时发现，因连续小雨影响，社区活动中心实际进度较计划进度滞后2d，要求项目部在分析原因的基础上制定进度事后控制措施。

问题：按照施工进度事后控制要求，社区活动中心项目部应采取的措施有哪些？

答案：

应采取的措施有：
（1）制定保证社区活动中心工期不突破的对策措施。
（2）制定社区活动中心工期突破后的补救措施。
（3）调整计划，并组织协调相应的配套设施和保证措施。

例题2（2019年·背景资料节选）：项目部在施工至第33天时，对施工进度进行了检查，实际施工进度如网络图中实际进度前锋线所示，对进度有延误的工作采取了改进措施。

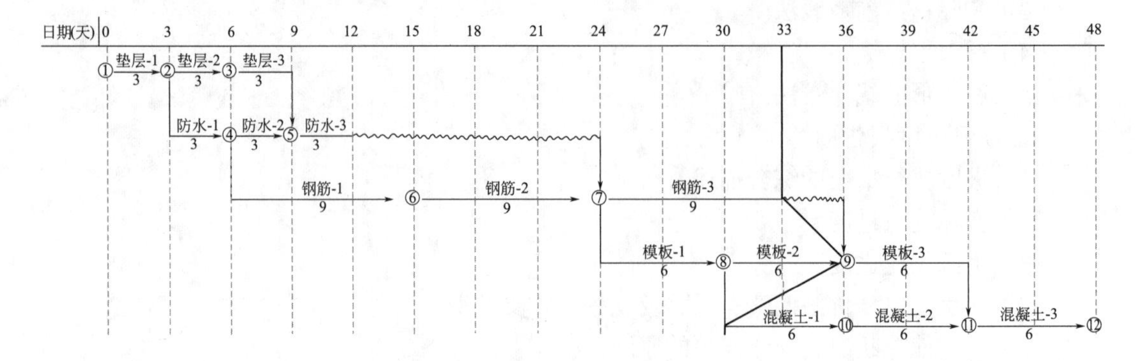

问题：进度计划监测检查方法还有哪些？写出第33天的实际进度检查结果。

答案：

（1）进度计划监测检查方法还有：

① 横道计划比较法。

② 网络计划法。

③ S形曲线法。

④ 香蕉形曲线比较法。

（2）第33天的实际进度检查结果如下：

① 钢筋-3：实际进度正常。

② 模板-2：实际进度提前3d。

③ 混凝土-1：实际进度延误3d。

例题3（背景资料节选）：某单项工程，按下图所示进度计划网络图组织施工。

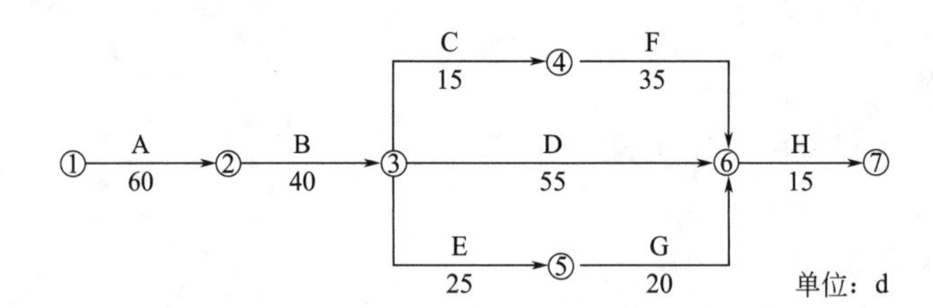

在第75天进行进度检查时发现：工作A已全部完成，工作B刚刚开工。建设单位要求施工单位必须采取赶工措施，保证总工期。项目部向建设单位上报了进度计划调整方案，其中调整步骤包括分析进度计划检查结果，分析进度偏差的影响并确定调整的对象和目标，选择适当的调整方法，编制调整方案。建设单位认为内容不全，要求认真分析补充内容后再上报。

本工程原计划各工作相关参数如下表所示。

相关参数表

序号	工作	最大可压缩时间（d）	赶工费用（元/d）
1	A	10	200
2	B	5	200

续表

序号	工作	最大可压缩时间（d）	赶工费用（元/d）
3	C	3	100
4	D	10	300
5	E	5	200
6	F	10	150
7	G	10	120
8	H	5	420

项目部向施工企业主管部门上报了项目阶段进度报告，其主要内容包括：进度执行情况的综合描述，实际施工进度，资源供应进度。遭到施工企业主管部门的批评，认为内容不完整，要求补充后上报。

问题：

1. 根据题目要求调整原计划，列出详细调整过程。计算调整后所需投入的赶工费用。

2. 重新绘制调整后的进度计划网络图，并列出关键线路（以工作表示）。

3. 调整施工进度计划步骤还应包括哪些内容?

4. 项目进度报告还应补充哪些内容?

答案：

1. 解答如下：

（1）A拖后15d，此时的关键线路：B→D→H。

① 其中工作B赶工费率最低，故先对工作B持续时间进行压缩。

工作B压缩5d，因此增加的费用为：5×200=1000元。

总工期为：185–5=180d。

关键线路：B→D→H。

② 剩余关键工作中，工作D赶工费率最低，故应对工作D持续时间进行压缩。

工作D压缩的同时，应考虑与之平行的各线路，以各线路工作正常进展均不影响总工期为限。

故工作D只能压缩5d，因此增加的费用为：5×300=1500元。

总工期为：180–5=175d。

关键线路：B→D→H和B→C→F→H两条。

③ 剩余关键工作中，存在三种压缩方式：同时压缩工作C、工作D；同时压缩工作F、工作D；压缩工作H。

同时压缩工作C和工作D的赶工费率最低，故应对工作C和工作D同时进行压缩。

工作C最大可压缩天数为3d，故本次调整只能压缩3d，因此增加的费用为：3×100+3×300=1200元。

总工期为：175–3=172d。

关键线路：B→D→H和B→C→F→H两条。

④ 剩余关键工作中，存在两种压缩方式：同时压缩工作F、工作D；压缩工作H。

压缩工作H赶工费率最低，故应对工作H进行压缩。

工作H压缩2d，因此增加的费用为：2×420=840元。

总工期为：172−2=170d。

⑤ 通过以上工期调整，工作仍能按原计划的170d完成。

（2）所需投入的赶工费用：1000+1500+1200+840=4540元。

2. 调整后的进度计划网络图如下所示：

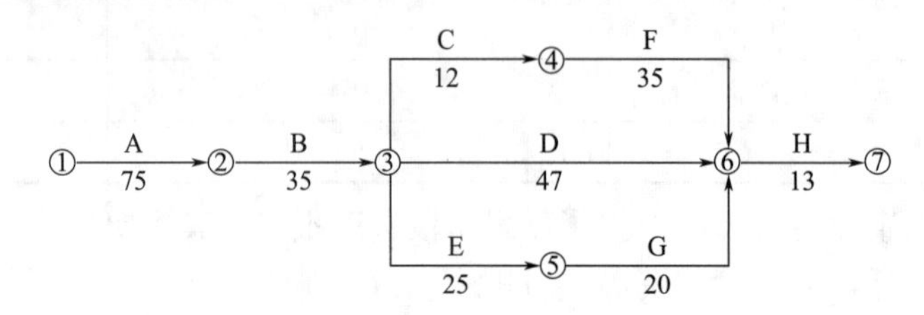

关键线路有两条：

（1）A→B→D→H。

（2）A→B→C→F→H。

3. 调整施工进度计划步骤还应包括：

（1）对调整方案进行评价和决策。

（2）调整。

（3）确定调整后付诸实施的新施工进度计划。

4. 项目进度报告还应补充：

（1）工程变更、价格调整、索赔及工程款收支情况。

（2）进度偏差状况及导致偏差的原因分析。

（3）解决问题的措施。

（4）计划调整意见。

第四章

质量管理

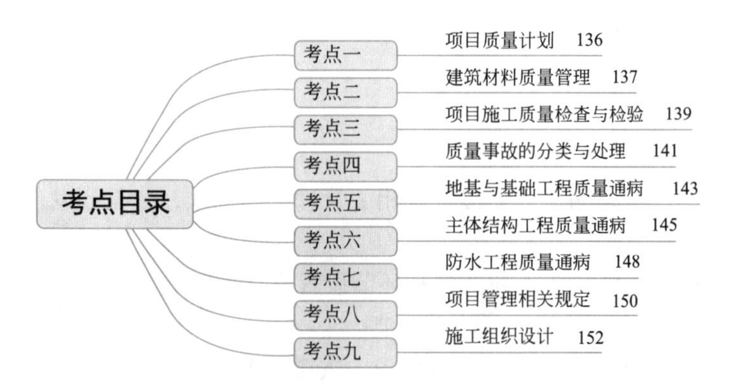

历年考情分析

年份	2014	2015	2016	2017	2018	2019	2020	2021	2022
案例				√		√			

一、项目质量计划编制依据

（1）工程承包合同、设计图纸及相关文件。
（2）企业质量管理体系文件及对项目部的管理要求。
（3）国家和地方相关法律、法规、技术标准、规范及有关施工操作规程。
（4）项目管理实施规划或施工组织设计、专项施工方案。

二、项目质量计划编制要求

（1）在项目策划过程中编制。
（2）由项目经理组织编写，须报企业相关管理部门批准，并得到发包方和监理方认可后实施。
（3）工程质量计划中应在下列部位和环节设置质量控制点：
① 影响施工质量的关键部位、关键环节。
② 影响结构安全和使用功能的关键部位、关键环节。
③ 采用新技术、新工艺、新材料、新设备的部位和环节。
④ 隐蔽工程验收。

三、质量管理记录

（1）施工日记和专项施工记录。
（2）交底记录。
（3）上岗培训记录和岗位资格证明。
（4）使用机具和检验、测量试验设备的管理记录。
（5）图纸、变更设计接收和发放的有关记录。
（6）监督检查和整改、复查记录。
（7）质量管理相关文件。
（8）工程项目质量管理策划结果中规定的其他记录。

【经典案例回顾】

例题1（2019年·背景资料节选）：施工单位项目部在施工前，由项目技术负责人组织编写了项目质量计划书，报请施工单位质量管理部门审批后实施。质量计划要求项目部施工过程中建立包括使用机具和设备管理记录，图纸、设计变更收发记录，检查和整改复查记录，质量管理文件及其他记录等质量管理记录制度。

问题：指出项目质量计划书编、审、批和确认手续的不妥之处。质量计划应用中，施工单位应建立的质量管理记录还有哪些?

答案:

(1)不妥之处如下:

不妥1:项目技术负责人组织编写项目质量计划书。

不妥2:项目质量计划书报请施工单位质量管理部门审批后即实施。

(2)质量管理记录还有:

① 施工日记和专项施工记录。

② 交底记录。

③ 上岗培训记录和岗位资格证明。

例题2(2017年·背景资料节选):某新建住宅工程项目,施工总承包单位项目部技术负责人组织编制了项目质量计划,由项目经理审核后报监理单位审批,该质量计划要求建立的施工过程质量管理记录有:使用机具和检验、测量及试验设备管理记录,质量检查和整改、复查记录,质量管理文件记录及规定的其他记录等。监理工程师对此提出了整改要求。

问题:项目部编制质量计划的做法是否妥当?质量计划中管理记录还应该包含哪些内容?

答案:

(1)不妥当。

(2)管理记录还应该包含:

① 施工日记和专项施工记录。

② 交底记录。

③ 上岗培训记录和岗位资格证明。

④ 图纸、变更设计接收和发放的记录。

笔记区

考点二:建筑材料质量管理

历年考情分析

年份	2014	2015	2016	2017	2018	2019	2020	2021	2022
案例							√		

一、复试材料的取样

(1)在建设单位或监理工程师的见证下,由项目试验员在现场取样后送至试验室进行试验。

（2）送检试样，必须从进场材料中随机抽取，严禁在现场外抽取。

（3）见证人由建设单位书面确认，并委派在工程现场的建设或监理单位人员1～2名担任。见证人及送检单位对试样的代表性及真实性负有法定责任。

（4）试验室在接受委托试验任务时，须由送检单位填写委托单。

二、主要材料复试内容

材料名称	复试内容
钢筋	屈服强度、抗拉强度、伸长率、冷弯性能和重量偏差
水泥	抗压强度、抗折强度、安定性、凝结时间
混凝土外加剂	（1）检验报告应有碱含量指标。 （2）预应力混凝土结构中严禁使用含氯化物的外加剂。 （3）混凝土结构中使用含氯化物的外加剂时，氯化物总含量应符合规定
石子	筛分析、含泥量、泥块含量、含水率、吸水率及非活性骨料检验
砂	筛分析、泥块含量、含水率、吸水率及非活性骨料检验
建筑外墙金属窗、塑料窗	气密性、水密性、抗风压性能
装修用人造木板及胶粘剂	甲醛含量
饰面板（砖）	室内用花岗石放射性，粘贴用水泥的凝结时间、安定性、抗压强度，外墙陶瓷面砖的吸水率及抗冻性能

三、建筑材料质量控制的主要过程

主要体现在四个环节：

（1）材料的采购。

（2）材料进场试验检验。

（3）过程保管。

（4）材料使用。

四、材料采购的控制

1. 实行备案证明管理材料

钢材、水泥、预拌混凝土、砂石、砌体材料、石材、胶合板。

2. 选择供货单位的原则

（1）供货质量稳定。

（2）履约能力强。

（3）信誉高。

（4）价格有竞争力。

五、材料试验检验

（1）材料进场时，应提供材料或产品合格证，并进行现场质量验证和记录。

（2）材料质量验证内容包括材料品种、型号、规格、数量、外观检查和见证取样。

（3）对于项目采购的物资，业主的验证不能代替项目对所采购物资的质量责任；业主采购的物资，项目的验证也不能取代业主对其采购物资的质量责任。

原则：谁采购谁负责。

（4）物资进场验证不齐或对其质量有怀疑时，要单独存放该部分物资，在资料齐全和复验合格后，方可使用。

【经典案例回顾】

例题（2020年·背景资料节选）：项目部编制了包括材料采购等内容的材料质量控制环节，材料进场时，材料员等相关管理人员对进场材料进行了验收。并将包括材料的品种、型号和外观检查等内容的质量验证记录上报监理单位备案，监理单位认为，项目部上报的材料质量验证记录内容不全，要求补充后重新上报。

问题：质量验证记录还有哪些内容？材料质量控制环节还有哪些内容？

答案：

（1）材料质量验证记录还有：材料规格、材料数量、见证取样。

（2）材料质量控制的环节还有：材料进场试验检验、过程保管、材料使用。

笔记区

考点三：项目施工质量检查与检验

历年考情分析

年份	2014	2015	2016	2017	2018	2019	2020	2021	2022
案例								√	√

一、地基基础工程质量检查与检验

土方开挖	（1）开挖前检查定位放线、排水和地下水控制系统。 （2）过程中检查平面位置、水平标高、边坡坡度、压实度、排水系统。 （3）结束后检查基坑的位置、平面尺寸、坑底标高、基坑土质、地下水情况
土方回填	（1）过程中检查排水措施、每层填筑厚度、回填土的含水量控制和压实程度。 （2）结束后检查标高、边坡坡度、压实程度
灰土地基 砂石地基	（1）施工前检查原材料及配合比。 （2）施工过程中检查分层铺设的厚度、夯实时加水量、夯实遍数、压实系数。 （3）施工结束后检查承载力
强夯地基	（1）施工前检查夯锤质量、尺寸、落距控制手段、排水设施及被夯地基土质。 （2）施工中检查落距、夯击遍数、夯点位置、夯击范围。 （3）施工结束后检查被夯地基的强度、承载力

二、防水工程施工完成后的检查与检验

1. 屋面防水工程

屋面防水层完成后，应在雨后或持续淋水2h后（有可能做蓄水试验的屋面，其蓄水时间不应少于24h），检查屋面有无渗漏、积水和排水系统是否畅通，施工质量符合要求后方可进行防水层验收。

2. 厨房、厕浴间防水工程

厨房、厕浴间防水层完成后，应做24h蓄水试验，确认无渗透时再做保护层和面层。设备与饰面层施工完后还应在其上继续做第二次24h蓄水试验，达到最终无渗漏和排水畅通为合格，方可进行正式验收。墙面间歇淋水试验应达到30min以上不渗漏。

三、装饰装修工程施工阶段的质量管理

（1）施工人员应做好质量自检、互检及工序交接检查，记录数据要做到真实、全面、及时。

（2）确立图纸“三交底”的施工准备工作：施工主管向施工工长做详细的图纸工艺要求、质量要求交底；工序开始前工长向班组长做详尽的图纸、施工方法、质量标准交底；作业开始前班长向班组成员做具体的操作方法、工具使用、质量要求的详细交底。

【经典案例回顾】

例题1（2022年·背景资料节选）：装饰工程施工前，项目部按照图纸“三交底”的施工准备工作要求，安排工长向班组长进行图纸、施工方法和质量标准交底；施工中，认真执行包括工序交接检查等内容的“三检制”，做好质量管理工作。

问题：装饰工程图纸“三交底”是什么（如：工长向班组长交底）？工程施工质量管理“三检制”指什么？

答案：

（1）三交底指：

① 施工主管向施工工长交底。

② 工长向班组长交底。

③ 班长向班组成员交底。

（2）三检制指：自检、互检、工序交接检查。

例题2（2021年·背景资料节选）：项目经理部编制的《屋面工程施工方案》中规定：

（1）……

（2）……

（3）防水层施工完成后进行雨后观察或淋水、蓄水试验，持续时间应符合规范要求。

问题：屋面防水层淋水、蓄水试验持续时间各是多少小时？

答案：

（1）淋水试验持续时间：2h

（2）蓄水试验持续时间：24h

例题3（背景资料节选）：室内卫生间楼板聚氨酯防水涂料施工完毕后，从下午5:00开

始进行蓄水检验，次日上午8:30施工总承包单位要求项目监理机构进行验收，监理工程师对施工总承包单位的做法提出异议，不予验收。

问题：分别指出上述背景资料中的不妥之处，并写出正确做法。

答案：

不妥1：蓄水试验时间不够。

正确做法：蓄水时间至少需24h。

不妥2：次日上午8:30要求项目监理机构进行验收。

正确做法：蓄水试验合格后，方可向项目监理机构申请验收。

笔记区

考点四：质量事故的分类与处理

历年考情分析

年份	2014	2015	2016	2017	2018	2019	2020	2021	2022
案例			√						

一、工程质量事故的分类

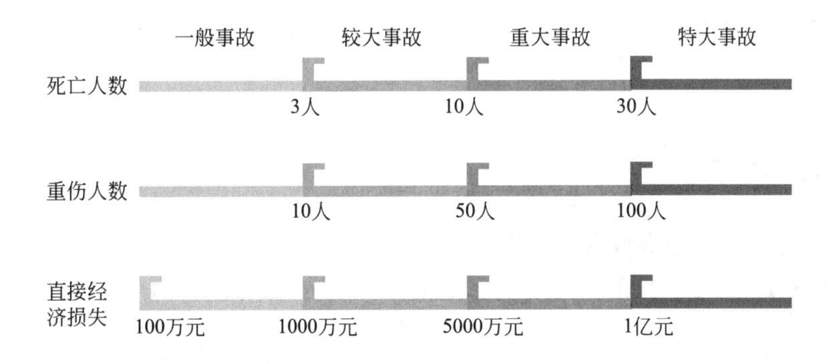

二、工程质量问题（事故）处理的依据

（1）质量问题的实况资料。

（2）具有合法的工程承包合同、设计委托合同、材料或设备购销合同以及监理合同或分包合同等合同文件。

（3）有关的技术文件和档案。

（4）相关的建设法规。

三、工程质量事故（问题）的报告

1. 现场报告

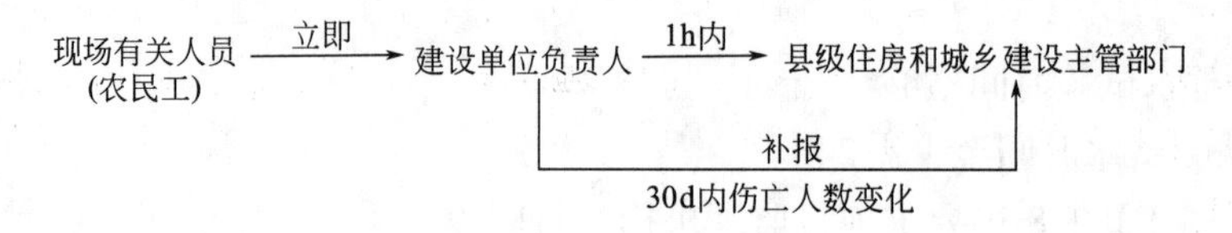

2. 住房和城乡建设主管部门报告

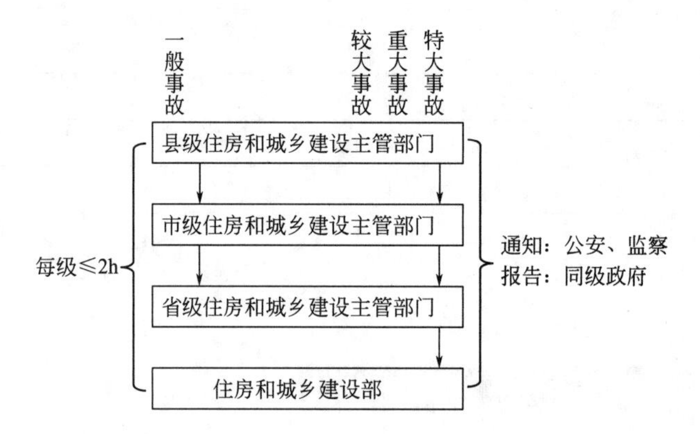

3. 质量事故报告内容

（1）事故发生的时间、地点、工程项目名称、工程各参建单位名称。

（2）事故发生的简要经过、伤亡人数（包括下落不明的人数）和初步估计的直接经济损失。

（3）事故的初步原因。

（4）事故发生后采取的措施及事故控制情况。

（5）事故报告单位、联系人及联系方式。

（6）其他应当报告的情况。

四、工程质量问题的调查和处理

1. 质量事故调查报告内容：

（1）事故项目及各参建单位概况。

（2）事故发生经过和事故救援情况。

（3）事故造成的人员伤亡和直接经济损失。

（4）事故项目有关质量检测报告和技术分析报告。

（5）事故发生的原因和事故性质。

（6）事故责任的认定和事故责任者的处理建议。

（7）事故防范和整改措施。

2. 住房和城乡建设主管部门应当依据政府对事故调查报告的批复和有关法律法规的规定，对事故相关责任者实施行政处罚。

【经典案例回顾】

例题（2016年·背景资料节选）：“两年专项治理行动”检查时，二层混凝土结构经回弹法检验，强度不满足设计要求，经设计单位验算，需对二层结构进行加固处理，造成直接经济损失300余万元，工程质量事故发生后，现场有关人员立即向本单位负责人报告，在规定时间内逐级上报至市（设区）级人民政府住房和城乡建设主管部门，提交的质量事故报告内容包括：(1）事故发生的时间、地点、工程项目名称；(2）事故发生的简要经过，无人员伤亡；(3）事故发生后采取的措施及事故控制情况；(4）事故报告单位。

问题：本题中的质量事故属于哪个等级？指出事故上报的不妥之处。质量事故报告还应包括哪些内容？

答案：

（1）事故等级：一般事故。

（2）不妥之处：

不妥1：现场有关人员向本单位负责人报告。

不妥2：逐级上报至市级人民政府住房和城乡建设主管部门。

（3）还应包括：

① 工程各参建单位名称。

② 初步估计的直接经济损失。

③ 事故的初步原因。

④ 事故报告联系人及联系方式。

笔记区

考点五：地基与基础工程质量通病

历年考情分析

年份	2014	2015	2016	2017	2018	2019	2020	2021	2022
案例									

一、回填土密实度达不到要求

1. 原因

（1）土的含水率过大或过小，达不到最优含水率下的密实度要求。(含水率）

（2）填方土料不符合要求。(土料）

（3）碾压或夯实机具能量不够。(机械）

2. 治理

（1）将不符合要求的土料挖出换土，或掺入石灰、碎石等夯实加固。

（2）因含水量过大而达不到密实度的土层，可采用翻松晾晒、风干，或均匀掺入干土等吸水材料，重新夯实等措施。

（3）因含水量小或碾压机能量过小时，可采用增加夯实遍数，或使用大功率压实机碾压等措施。

二、泥浆护壁灌注桩坍孔

1. 原因

（1）泥浆比重不够。

（2）孔内水头高度不够或出现承压水，降低了静水压力。

（3）护筒埋置太浅。

（4）进尺速度太快或空转时间太长，转速太快。

（5）冲击（抓）锥或掏渣筒倾倒，撞击孔壁。

（6）爆破处理孔内孤石、探头石时，炸药量过大。

2. 防治

（1）在松散砂土或流沙中钻进时，应控制进尺，选用较大相对密度、黏度、胶体率的优质砂浆。

（2）如地下水位变化过大时，应采取升高护筒、增大水头或用虹吸管连接等措施。

（3）严格控制冲程高度和炸药用量。

（4）孔口坍塌时，应先探明位置，将砂和黏土（或砂砾和黄土）混合物回填到坍孔位置以上1 ~ 2m；如坍孔严重，应全部回填，等回填物沉积密实后再进行钻孔。

【经典案例回顾】

例题（2012年·背景资料节选）：回填土施工时正值雨季，土源紧缺，工期较紧，项目经理部在回填后立即浇筑地面混凝土面层，在工程竣工初验时，该部位地面局部出现下沉，影响使用功能，监理工程师要求项目经理部整改。

问题：分析事件中导致地面局部下沉的原因有哪些。在利用原填方土料的前提下，写出处理方案中的主要施工步骤。

答案：

（1）导致地面局部下沉的原因有：

① 土的含水率过大。

② 填方土料不符合要求。

③ 碾压或夯实机具能量不够。

（2）处理方案中的主要施工步骤包括：

① 拆除混凝土垫层和面层。

② 将不符合要求的土料掺入石灰、碎石等夯实加固。

③ 对于含水率过大的土层，翻松晾晒、重新夯实。

④ 对于碾压机具能量过小的情况，增加夯实遍数，或使用大功率压实机碾压。

⑤ 房心回填土处理完毕后，重新浇筑混凝土垫层和面层。

解析：

本问的答案，有两处需要说明：

（1）导致地面局部下沉的原因是不是漏答了一条“土的含水率过小”？

大家需要紧紧抓住背景资料中的一条关键信息“回填土施工时正值雨季”，据此可判断土的含水率不会过小，只可能过大。

（2）本问地面局部下沉的实质是回填土密实度达不到要求，答题难度在第二问“在利用原填方土料的前提下，写出处理方案中的主要施工步骤”，即不能出现换土回填之类的答案。很多学员会按照教材的内容全部抄上去，是应该要扣分的，没有紧跟题目信息作答。

考点六：主体结构工程质量通病

历年考情分析

年份	2014	2015	2016	2017	2018	2019	2020	2021	2022
案例						√		√	√

一、混凝土强度等级偏低，不符合设计要求

1．原因

（1）原材料材质不符合规定。

（2）未能严格按照混凝土配合比进行规范操作。

（3）投料计量有误。

（4）混凝土搅拌、运输、浇筑、养护不符合规范要求。

2．防治措施

（1）拌制混凝土所用水泥、粗（细）骨料和外加剂等必须符合规定。

（2）必须按法定检测单位的混凝土配合比试验报告进行配制。

（3）必须按质量比计量投料且计量要准确。

（4）必须采用机械搅拌，加料顺序为“粗骨料→水泥→细骨料→水”，严格控制搅拌时间。

（5）运输和浇捣必须在混凝土初凝前。

（6）控制好混凝土的浇筑和振捣质量。

（7）控制好混凝土的养护。

二、混凝土表面缺陷

1．现象

拆模后混凝土表面出现麻面、露筋、蜂窝、孔洞等。

2．原因

（1）模板表面不光滑、安装质量差，接缝不严、漏浆，模板表面污染未清除。

（2）木模板在混凝土入模之前没有充分湿润，钢模板隔离剂涂刷不均匀。

（3）钢筋保护层垫块厚度或放置间距、位置等不当。

（4）局部配筋、铁件过密，阻碍混凝土下料或无法正常振捣。

（5）混凝土坍落度、和易性不好。

（6）混凝土浇筑方法不当、不分层或分层过厚，布料顺序不合理等。

（7）混凝土浇筑高度超过规定要求，且未采取措施，导致混凝土离析。

（8）漏振或振捣不实。

（9）混凝土拆模过早。

三、混凝土收缩裂缝

1. 现象

裂缝多出现在新浇筑并暴露于空气中的结构构件表面，有塑态收缩、沉陷收缩、干燥收缩、碳化收缩、凝结收缩等收缩裂缝。

2. 原因

（1）原材料质量不合格，如骨料含泥量大。

（2）水泥或掺合料用量超过规范规定。

（3）混凝土水胶比、坍落度偏大，和易性差。

（4）混凝土浇筑振捣差，养护不及时或养护差。

3. 防治措施

（1）选用合格原材料。

（2）配制合适的混凝土配合比，并确保搅拌质量。

（3）确保混凝土浇筑振捣密实，并在初凝前进行二次抹压。

（4）确保混凝土及时养护，并保证养护质量满足要求。

四、钢柱底部螺栓孔偏移

1. 现象

钢柱底部预留螺栓孔与预埋螺栓不对中。

2. 防治措施

（1）钢柱底部预留螺栓孔应放大样后制作，并确保螺栓孔位与柱子轴线相对位置准确。

（2）如螺栓孔偏移不大，经设计人员许可，沿偏差方向将孔扩大为椭圆孔，然后换用加大的垫圈进行安装。

（3）如螺栓孔偏移较大，经设计认可，可将原孔塞焊，重新补钻孔。

五、填充墙砌筑不当，与主体结构交接处裂缝

1. 现象

框架梁底、柱边出现裂缝。

2. 防治措施

（1）柱边应设置间距不大于500mm的2ϕ6钢筋，且应在砌体内锚固长度不小于

1000mm的拉结筋。

（2）填充墙梁下口最后3皮砖应在下部墙砌完14d后砌筑。

（3）柱与填充墙接触处应设钢丝网片，防止该处粉刷裂缝。

【经典案例回顾】

例题1（2022年·背景资料节选）：施工作业班组在一层梁、板混凝土强度未达到拆模标准情况下，进行了部分模板拆除；拆模后，发现梁底表面出现了夹渣、麻面等质量缺陷。

问题：混凝土容易出现哪些表面缺陷?

答案：

混凝土容易出现的表面缺陷包括：麻面、露筋、蜂窝、孔洞等。

例题2（2021年·背景资料节选）：某施工单位承建一高档住宅楼工程，钢筋混凝土剪力墙结构，地下2层，地上26层。首层楼板混凝土出现明显的塑态收缩现象，造成混凝土结构表面收缩裂缝。项目部质量专题会议分析其主要原因是骨料含泥量过大和水泥及掺合料的用量超出规范要求等，要求及时采取防治措施。

问题：除塑态收缩外，还有哪些收缩现象易引起混凝土表面收缩裂缝?收缩裂缝产生的原因还有哪些?

答案：

（1）引起混凝土表面收缩裂缝的收缩现象还有：沉陷收缩、干燥收缩、碳化收缩、凝结收缩。

（2）收缩裂缝产生的原因还有：

① 混凝土水胶比大、坍落度偏大、和易性差。

② 混凝土浇筑振捣差，养护不及时或养护差。

例题3（2019年·背景资料节选）：240mm厚灰砂砖填充墙与主体结构连接施工的要求有：填充墙与柱连接钢筋为2ϕ6@600，伸入墙内500mm；填充墙与结构梁下最后三皮砖空隙部位，在墙体砌筑7d后，采取两边对称斜砌填实；化学植筋连接筋ϕ6做拉拔试验时，将轴向受拉非破坏承载力检验值设为5.0kN，持荷时间2min，期间各检测结果符合相关要求，即判定该试样合格。

问题：指出填充墙与主体结构连接施工要求中的不妥之处，并写出正确做法。

答案：

不妥1：连接钢筋垂直方向间距600mm。

正确做法：应为间距500mm。

不妥2：连接钢筋伸入墙内500mm。

正确做法：应伸入墙内1000mm。

不妥3：梁下最后三皮砖间隔7d后填实。

正确做法：应间隔14d后填实。

不妥4：轴向受拉非破坏承载力检验值设为5.0kN。

正确做法：轴向受拉非破坏承载力检验值设为6.0kN。（来自《砌体结构工程施工质量验收规范》GB 50203—2011）

例题4（2013年·背景资料节选）：二层现浇混凝土楼板出现收缩裂缝，经项目经理部分析认为原因有：混凝土原材料质量不合格（骨料含泥量大），水泥和掺合料用量超出规范规定。同时提出了相应的防治措施：选用合格的原材料，合理控制水泥和掺合料用量。监理工程师认为项目经理部的分析不全面，要求进一步完善原因分析和防治方法。

问题：出现裂缝原因还可能有哪些？补充完善其他常见的防治方法。

答案：

（1）原因还有：

① 混凝土水胶比、坍落度偏大，和易性差。

② 混凝土浇筑振捣质量差，养护不及时或养护差。

（2）防治方法还有：

① 配制合适的混凝土配合比，并确保搅拌质量。

② 确保混凝土浇筑振捣密实，并在初凝前进行二次抹压。

③ 确保混凝土及时养护，并保证养护质量满足要求。

笔记区

考点七：防水工程质量通病

历年考情分析

年份	2014	2015	2016	2017	2018	2019	2020	2021	2022
案例				√					

一、地下防水混凝土施工缝渗漏水

1. 现象

施工缝处混凝土松散，骨料集中，接槎明显，沿缝隙处渗漏水。

2. 原因

（1）施工缝留设位置不当。

（2）施工缝处杂物没有清除，形成夹层。

（3）未按规定处理施工缝，接触面粘结不牢。

（4）钢筋过密，混凝土浇捣困难。

（5）下料方法不当，骨料集中于施工缝处。

（6）新老接槎部位产生收缩裂缝。

3. 治理

（1）已渗漏的施工缝，采用促凝胶浆或氰凝灌浆堵漏。

（2）不渗漏的施工缝，沿缝剔成八字形凹槽，将松散石子剔除，刷洗干净，用水泥素浆打底，抹1 ：2.5水泥砂浆找平压实。

二、地下防水混凝土裂缝渗漏水

1．现象

混凝土表面有不规则的收缩裂缝且贯通于混凝土结构，有渗漏水现象。

2．原因

（1）混凝土搅拌不均匀，或水泥品种混用，收缩不一产生裂缝。

（2）设计中对土的侧压力及水压作用考虑不周，结构缺乏足够的刚度。

（3）设计或施工等原因产生局部断裂或环形裂缝。

3．治理

（1）采用促凝胶浆或氰凝灌浆堵漏。

（2）不渗漏的裂缝，可用灰浆或用水泥压浆法处理。

（3）环形裂缝可采用埋入式橡胶止水带、后埋式止水带、粘贴或涂刷式氯丁胶片等。

三、屋面卷材起鼓

1．现象

一般在施工后不久产生。起鼓一般从底层卷材开始，其内还有冷凝水珠。

2．原因

卷材防水层中粘结不实的部位，窝有水分和气体，当其受到太阳照射或人工热源影响后，体积膨胀，造成鼓泡。

3．治理

（1）直径小于100mm的鼓泡：用抽气灌胶法处理，并压上几块砖。

（2）直径100～300mm的鼓泡，处理步骤如下：

①铲除保护层。

②割开鼓泡，放出气体，擦干水分，清除旧胶结料，用喷灯将卷材内部吹干。

③按顺序把旧卷材分片重新粘贴好，再新贴一块方形卷材（边长比开刀范围大100mm），压入卷材下。

④粘贴覆盖好卷材，重做保护层。

（3）直径大于300mm的鼓泡用割补法治理，步骤如下：

①割除鼓泡卷材，清理基层。

②用喷灯烘烤旧卷材槎口，并分层剥开，除去旧胶结料。

③依次粘贴好旧卷材，上面铺贴一层新卷材（四周与旧卷材搭接不小于100mm）。

④再依次粘贴旧卷材，上面覆盖铺贴第二层新卷材，周边压实刮平。

⑤重做保护层。

【经典案例回顾】

例题1（2017年·背景资料节选）：项目部针对屋面卷材防水层出现的起鼓（直径>300mm）问题，制定了割补法处理方案。方案规定了修补工序，并要求先铲除保护层、把鼓泡卷材割除、对基层清理干净等修补工序依次进行处理整改。

问题：卷材鼓泡采用割补法治理的工序依次还有哪些？

答案：

（1）用喷灯烘烤旧卷材槎口，并分层剥开，去掉旧胶结材料。

（2）依次粘贴好旧卷材，上面铺贴一层新卷材。

（3）再依次粘贴旧卷材，上面覆盖铺贴第二层新卷材，周边压实刮平。

（4）重做保护层。

例题2（背景资料节选）：某框架结构工程，地下2层，地上24层，筏板基础。基础施工期间，施工单位按照设计抗渗等级试配混凝土，并选用矿渣硅酸盐水泥配制混凝土。地下室外墙施工时在基础底板顶面留置水平施工缝，监理工程师检查时发现不合理，要求施工单位整改，并发现部分施工缝处有渗漏水现象。

问题：地下防水工程施工做法中有哪些不妥？说明理由。分析施工缝隙渗漏水的原因还有哪些。

答案：

（1）不妥之处及理由：

不妥1：按照设计抗渗等级试配混凝土。

理由：防水混凝土试配抗渗等级应比设计要求提高0.2MPa。

不妥2：选用矿渣硅酸盐水泥配制混凝土。

理由：宜采用硅酸盐水泥或普通水泥配制防水混凝土。

不妥3：地下室外墙水平施工缝留置在基础底板顶面。

理由：地下室外墙水平施工缝应留在高出底板表面不小于300mm的墙体上。

（2）施工缝隙漏水的原因还有：

① 施工缝处杂物没有清除，形成夹层。

② 未按规定处理施工缝，接触面粘结不牢。

③ 钢筋过密，混凝土浇捣困难。

④ 下料方法不当，骨料集中于施工缝处。

⑤ 新老接槎部位产生收缩裂缝。

笔记区

考点八：项目管理相关规定

历年考情分析

年份	2014	2015	2016	2017	2018	2019	2020	2021	2022
案例		√		√		√			

1. 项目范围管理的过程包括：范围计划、范围界定、范围确认、范围变更控制。

2. 建立项目管理机构应遵循下列步骤：

（1）明确管理任务。
（2）明确组织结构。
（3）确定岗位职责、权限以及人员配置。
（4）制定工作程序和管理制度。
（5）由组织管理层审核认定。
3．项目合同管理遵循程序：
（1）合同评审。
（2）合同订立。
（3）合同实施计划。
（4）合同实施控制。
（5）合同管理总结。
4．合同评审应包括内容：
（1）合法性、合规性评审。
（2）合理性、可行性评审。
（3）合同严密性、完整性评审。
（4）与产品或过程有关要求的评审。
（5）合同风险评估。
5．成本分析包括内容：
（1）时间节点成本分析。
（2）工作任务分解单元成本分析。
（3）组织单元成本分析。
（4）单项指标成本分析。
（5）综合项目成本分析。
6．项目应急准备与响应预案内容：
（1）应急目标和部门职责。
（2）突发过程的风险因素及评估。
（3）应急响应程序和措施。
（4）应急准备与响应能力测试。
（5）需要准备的相关资源。
7．绿色建造计划内容：
（1）绿色建造范围和管理职责分工。
（2）绿色建造目标和控制指标。
（3）重要环境因素控制计划及响应方案。
（4）节能减排及污染物控制的主要技术措施。
（5）绿色建造所需的资源和费用。
8．风险管理：
（1）项目风险管理程序：风险识别、风险评估、风险应对、风险监控。
（2）项目管理机构应对负面风险的措施：风险规避、风险减轻、风险转移、风险自留。

9. 项目管理绩效评价内容：

（1）项目管理特点。

（2）项目管理理念、模式。

（3）主要管理对策、调整和改进。

（4）合同履行与相关方满意度。

（5）项目管理过程检查、考核、评价。

（6）项目管理实施成果。

笔记区

考点九：施工组织设计

历年考情分析

年份	2014	2015	2016	2017	2018	2019	2020	2021	2022
案例			√						

一、基本规定

1. 编制与审批

分类	施工组织总设计、单位工程施工组织设计、施工方案	
编制	项目负责人主持编制，可根据实际需要分阶段编制	
审批	施工组织总设计	总承包单位技术负责人
	单位工程施工组织设计	施工单位技术负责人或授权人员
	施工方案	项目技术负责人
	重难点分部分项工程和专项工程施工方案	施工单位技术部门组织专家评审，施工单位技术负责人批准
		分包单位编制时，分包单位技术负责人批准，总承包单位项目技术负责人核准备案

2. 施工组织设计的修改或补充

项目施工过程中，出现以下情况之一时，施工组织设计应及时进行修改或补充：

（1）工程设计有重大修改。

（2）有关法律、法规、规范和标准实施、修订和废止。

（3）主要施工方法有重大调整。

（4）主要施工资源配置有重大调整。

（5）施工环境有重大改变。

总结：四重大（设资法环）+法律法规变化。

二、施工组织设计的内容

类别	施工组织总设计	单位工程施工组织设计	施工方案
内容	（1）工程概况； （2）总体施工部署； （3）主要施工方法； （4）施工总进度计划； （5）总体施工准备与主要资源配置计划； （6）施工总平面布置	（1）工程概况； （2）施工部署； （3）主要施工方案； （4）施工进度计划； （5）施工准备与资源配置计划； （6）施工现场平面布置	（1）工程概况； （2）施工安排； （3）施工方法及工艺要求； （4）施工进度计划； （5）施工准备与资源配置计划

三、主要施工管理计划

（1）进度管理计划。

（2）质量管理计划。

（3）安全管理计划。

（4）环境管理计划。

（5）成本管理计划。

（6）其他管理计划。包括绿色施工管理计划、消防管理计划、合同管理计划、组织协调管理计划、创优质工程管理计划、工程保修管理计划以及对施工现场人力资源、施工机具、材料设备等生产要素的管理计划等。

【经典案例回顾】

例题1（背景资料节选）：某单位工程开工前，施工单位的项目技术负责人主持编制了施工组织设计，经项目负责人审核、施工单位技术负责人审批后，报项目监理机构审查。监理工程师认为该施工组织设计的编制、审核（批）手续不妥，要求改正；同时，要求补充建筑节能工程施工的内容。施工单位认为，在建筑节能工程施工前还要编制、报审建筑节能施工技术专项方案，施工组织设计中没有建筑节能工程施工内容并无不妥，不必补充。

问题：分别指出施工组织设计编制、审批程序的不妥之处，并写出正确做法。施工单位关于建筑节能工程施工的说法是否正确？说明理由。

答案：

（1）不妥之处及正确做法：

不妥1：施工单位的项目技术负责人主持编制施工组织设计。

正确做法：施工组织设计应由项目负责人主持编制。

不妥2：施工组织设计由项目负责人审核。

正确做法：单位工程施工组织设计应由施工单位主管部门审核。

（2）施工单位关于建筑节能工程施工的说法：不正确。

理由：建筑节能工程作为单位工程中的一个分部工程，编制单位工程施工组织设计时，应包括建筑节能工程的施工内容。

例题2（背景资料节选）：某建筑施工单位在新建办公楼工程项目开工前，按《建筑施工组织设计规范》GB/T 50502—2009规定的单位工程施工组织设计应包含的各项基本内容，编制了本工程的施工组织设计，经相应人员审批后报监理机构，在总监理工程师审批签字后按此组织施工。

问题：本工程的施工组织设计中应包含哪些基本内容？

答案：

（1）工程概况。

（2）施工部署。

（3）主要施工方案。

（4）施工进度计划。

（5）施工准备与资源配置计划。

（6）施工现场平面布置。

笔记区

第五章

安全

考点目录

考点一：危大工程与超危大工程范围

历年考情分析

年份	2014	2015	2016	2017	2018	2019	2020	2021	2022
案例		√		√					

	危大工程	超危大工程
基坑工程（支护、降水、开挖）	开挖深度≥3m 或未超3m，但......	开挖深度≥5m
模板工程	滑模、爬模、飞模、隧道模	
混凝土模板支撑工程	（1）搭设高度≥5m； （2）搭设跨度≥10m； （3）面荷载≥$10kN/m^2$； （4）线荷载≥15kN/m	（1）搭设高度≥8m； （2）搭设跨度≥18m； （3）面荷载≥$15kN/m^2$； （4）线荷载≥20kN/m
起重吊装工程	单件起吊10kN及以上（非常规）	（1）单件起吊100kN及以上（非常规）； （2）起重量300kN及以上
起重机械安装拆卸工程	（1）采用起重机械进行安装的工程； （2）起重机械设备自身安装、拆卸	搭设总高度（基础标高）200m及以上起重机械安装、拆除
脚手架工程	（1）落地式钢管脚手架h≥24m； （2）其他脚手架（附着、悬挑、吊篮、平台）	（1）落地式钢管脚手架h≥50m； （2）附着式脚手架（平台）提升高度h≥150m； （3）悬挑脚手架分段架体搭设h≥20m
拆除、爆破工程	影响人员、设施安全的拆除工程	文物保护建筑、优秀历史建筑的拆除
其他	（1）建筑幕墙安装工程； （2）钢结构工程； （3）人工挖扩孔桩工程； （4）水下作业工程； （5）“四新”工程； （6）装配式建筑安装工程	（1）幕墙安装工程高度≥50m； （2）钢结构安装工程跨度≥36m； （3）人工挖扩孔桩工程深度≥16m； （4）水下作业工程； （5）“四新”工程

【经典案例回顾】

例题1（2017年·背景资料节选）：某新建办公楼工程，总建筑面积$68000m^2$，地下2层，地上30层。人工挖孔桩基础，设计桩长18m，基础埋深8.5m，地下水位-4.5m；裙房6层，檐口高28m；主楼高度128m，钢筋混凝土框架-核心筒结构。建设单位与施工单位签订了施工总承包合同。施工单位制定的主要施工方案有：排桩+内支撑式基坑支护结构，裙房用落地式双排扣件式钢管脚手架，核心筒爬模施工，结构施工用胶合板模板。

问题：背景资料中，需要进行专家论证的专项施工方案有哪些？

答案：

（1）土方开挖工程专项施工方案。

（2）基坑支护工程专项施工方案。

（3）基坑降水工程专项施工方案。

（4）核心筒爬模工程专项施工方案。

（5）人工挖孔桩工程专项施工方案。

例题2（2015年·背景资料节选）：某新建钢筋混凝土框架结构工程，地下2层，地上15层，建筑总高58m，玻璃幕墙外立面，钢筋混凝土叠合楼板，预制钢筋混凝土楼梯。基坑挖土深度为8m，地下水位位于地表以下8m，采用钢筋混凝土排桩+钢筋混凝土内支撑支护体系。监理工程师在审查施工组织设计时，发现需要单独编制专项施工方案的分项工程清单内只列有塔式起重机安装拆除、施工电梯安装拆除、外脚手架工程。监理工程师要求补充完善清单内容。

问题：按照《危险性较大的分部分项工程安全管理规定》（建办质〔2018〕31号）规定，本工程还应单独编制哪些专项施工方案？

答案：

（1）钢筋混凝土排桩+钢筋混凝土内支撑支护体系专项施工方案。

（2）基坑降水专项施工方案。

（3）基坑土方开挖专项施工方案。

（4）玻璃幕墙安装工程专项施工方案。

（5）钢筋混凝土叠合楼板安装专项施工方案。

（6）预制钢筋混凝土楼梯安装专项施工方案。

例题3（2012年·背景资料节选）：某办公楼工程，建筑面积98000m^2，劲钢混凝土框筒结构。地下3层、地上46层，建筑高度203m，基坑深度为15m，桩基础为人工挖孔桩，桩长18m。首层大堂的高度为12m，跨度为24m。外墙为玻璃幕墙。吊装施工的垂直运输采用内爬式塔式起重机，单个构件吊装的最大重量为12t。施工总承包单位编制了附着式整体提升脚手架的专项施工方案，经专家论证，履行相关程序后开始实施。

问题：根据《危险性较大的分部分项工程安全管理规定》（建办质〔2018〕31号），上述背景资料中需要专家论证的分部分项工程安全专项施工方案还有哪几项？

答案：

（1）基坑土方开挖工程专项施工方案。

（2）基坑支护工程专项施工方案。

（3）人工挖孔桩工程专项施工方案。

（4）首层大堂模板支撑体系专项施工方案。

（5）玻璃幕墙工程专项施工方案。

（6）内爬式塔式起重机安装拆卸工程专项施工方案。

例题4（2022年二建·背景资料节选）：某体能训练场馆工程，建筑面积3300m^2，建筑物长72m，宽45m，地上一层，钢筋混凝土框架结构，屋面采用球形网架结构。本工程框架梁模板支撑体系高度9.6m，属于超过一定规模危险性较大的分部分项工程。施工单位编制了超过一定规模危险性较大的模板工程专项施工方案。

问题：对于模板支撑工程，除搭设高度超过8m及以上外，还有哪几项属于超过一定规模危险性较大分部分项工程范围？

答案：

（1）搭设跨度18m及以上。

（2）施工总荷载（设计值）15kN/m² 及以上。

（3）集中线荷载（设计值）20kN/m 及以上。

笔记区

考点二：危大工程专项施工方案

历年考情分析

年份	2014	2015	2016	2017	2018	2019	2020	2021	2022
案例			√			√			

1．编制

（1）实行施工总承包的，专项方案应当由施工总承包单位组织编制。

（2）危大工程实行分包的，专项方案可由专业承包单位组织编制。

2．安全专项施工方案内容

工程概况、编制依据、施工计划、施工工艺技术、施工安全保证措施、施工管理及作业人员配备和分工、验收要求、应急处置措施、计算书及相关施工图纸。

3．审批

施工单位	（1）应由施工单位技术负责人审核签字、加盖单位公章。 （2）由分包单位编制的，应由总承包单位技术负责人及分包单位技术负责人共同审核签字并加盖单位公章
监理单位	由总监理工程师审查签字、加盖执业印章

4．专家论证

组织	（1）施工单位组织专家论证。实行施工总承包的，施工总承包单位组织。 （2）专家论证前专项施工方案应通过施工单位审核和总监理工程师审查
参会人员	（1）专家（参建各方不得以专家身份参加专家论证会）。 （2）建设单位项目负责人。 （3）有关勘察、设计单位项目技术负责人及相关人员。 （4）总承包单位和分包单位技术负责人或授权委派的专业技术人员、项目负责人、项目技术负责人、专项施工方案编制人员、项目专职安全生产管理人员及相关人员。 （5）监理单位项目总监理工程师及专业监理工程师
论证内容	（1）专项方案内容是否完整、可行。 （2）专项施工方案计算书和验算依据、施工图是否符合有关标准规范。 （3）专项施工方案是否满足现场实际情况，并能够确保施工安全
论证结论	（1）通过。 （2）修改后通过：施工单位修改完重新履行审批程序后方可实施，修改情况应及时告知专家。 （3）不通过：施工单位修改后重新组织专家论证

5．监测方案

进行第三方监测的危大工程监测方案主要内容包括工程概况、监测依据、监测内容、监测方法、人员及设备、测点布置与保护、监测频次、预警标准及监测成果报送等。

6．验收人员

危大工程验收人员包括：

（1）总承包单位和分包单位技术负责人或授权委派的专业技术人员、项目负责人、项目技术负责人、专项施工方案编制人员、项目专职安全生产管理人员及相关人员。

（2）监理单位项目总监理工程师及专业监理工程师。

（3）有关勘察、设计和监测单位项目技术负责人。

【经典案例回顾】

例题1（2019年·背景资料节选）：基坑施工前，基坑支护专业施工单位编制了基坑支护专项方案，履行相关审批盖章手续后，组织包括总承包单位技术负责人在内的5名专家对该专项方案进行专家论证，总监理工程师提出专家论证组织不妥，要求整改。

问题：指出基坑支护专项方案论证的不妥之处，应参加专家论证会的单位还有哪些？

答案：

（1）不妥之处：

不妥1：基坑支护专业施工单位组织专家论证。

不妥2：总承包单位技术负责人作为专家组成员。

（2）参加专家论证会的单位还有：建设单位、设计单位、勘察单位。

例题2（2022年二建·背景资料节选）：某体能训练场馆工程，地上一层，框架梁模板支撑体系高度9.6m。施工单位编制了超危大模板支撑架专项施工方案，建设单位组织召开了超危大模板支撑工程专项施工方案专家论证会，设计单位项目技术负责人以专家身份参会。

问题：指出专家论证会组织形式的错误之处，说明理由。专家论证包含哪些主要内容?

答案：

（1）不妥之处及理由：

不妥1：建设单位组织专家论证会。

理由：应由施工单位组织。

不妥2：设计单位项目技术负责人以专家身份参会。

理由：与本工程有利害关系的人员不得以专家身份参会。

（2）专家论证内容

① 内容是否完整、可行。

② 计算书和验算依据、施工图是否符合有关标准规范。

③ 是否满足现场实际情况，并能确保施工安全。

例题3（2020年二建·背景资料节选）：基坑施工前，施工单位编了《××工程基坑支护方案》，并组织召开了专家论证会，参建各方项目负责人及施工单位项目技术负责人，生产经理、部分工长参加了会议。会议期间，总监理工程师发现施工单位没有按规定要求的人员参会，要求暂停专家论证会。

问题：施工单位参加专家论证会议人员还应有哪些？

答案：

（1）施工单位技术负责人。

（2）专项方案编制人员。

（3）项目专职安全生产管理人员。

例题4（2019年二建·背景资料节选）：某大型酒店工程由某总承包单位施工，基坑支护由专业分包单位承担，基坑支护施工前，专业分包单位编制了基坑支护专项施工方案，分包单位技术负责人审批签字后报总承包单位备案并直接上报监理单位审查，总监理工程师审核通过。随后分包单位组织了3名符合相关专业要求的专家及参建各方相关人员召开论证会，形成论证意见："方案采用土钉喷护体系基本可行，需完善基坑监测方案，修改完善后通过"。分包单位按论证意见进行修改后拟按此方案实施，但被建设单位技术负责人以不符合相关规定为由要求整改。

问题：本项目基坑支护专项施工方案编制到专家论证的过程有何不妥？并说明正确做法。

答案：

不妥1：分包单位技术负责人审批签字后报总承包单位。

正确做法：还需加盖单位公章方可报总承包单位。

不妥2：由总承包单位备案。

正确做法：应由总承包单位审批签字，并加盖单位公章。

不妥3：监理单位审查基坑支护专项施工方案。

正确做法：监理单位应不予接收专项施工方案，因为是专业分包单位报送。

不妥4：分包单位组织专家论证。

正确做法：施工总承包单位组织专家论证。

不妥5：由3名专家组成专家组。

正确做法：应由5名及以上符合相关专业要求的专家组成专家组。

不妥6：分包单位按论证意见修改后实施。

正确做法：按论证意见修改后需重新履行审批手续方可实施。

笔记区

考点三：安全事故

历年考情分析

年份	2014	2015	2016	2017	2018	2019	2020	2021	2022
案例	√	√		√					

一、安全事故分类

1．按事故的原因及性质分类

分为生产事故、质量问题、技术事故和环境事故。

2．按事故类别分类

建筑业相关职业伤害事故可分为12类，即：物体打击、车辆伤害、机械伤害、起重伤害、触电、灼烫、火灾、高处坠落、坍塌、爆炸、中毒和窒息、其他伤害。

建筑工程最常发生的安全事故：高处坠落、物体打击、机械伤害、触电、坍塌，占事故总数的80%～90%。

装饰装修工程主要事故隐患包括：高处坠落、物体打击、火灾、触电、坍塌。

3．根据人员伤亡或者直接经济损失分类

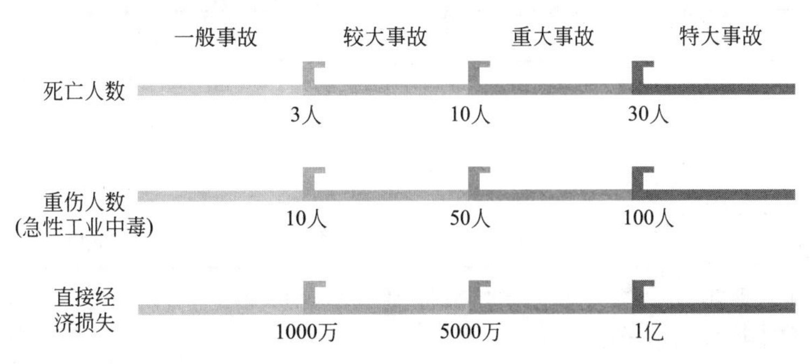

注：需注意与质量事故的区别。

二、安全事故报告

1．事故报告原则

（1）应当及时、准确、完整。

（2）不得迟报、漏报、谎报或者瞒报。

2．施工单位报告

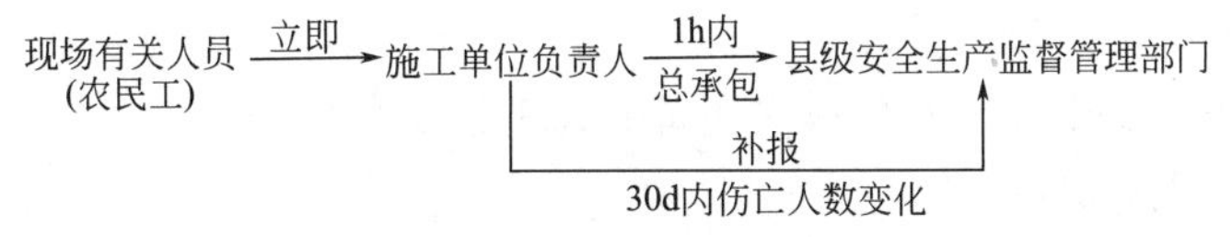

3．安监部门逐级上报

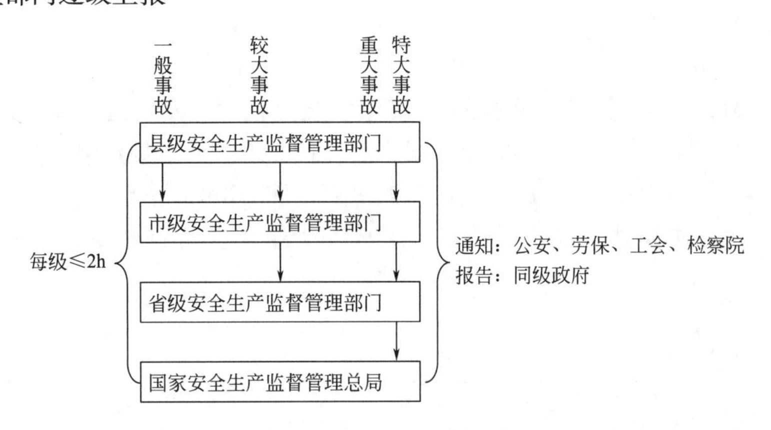

4．安全事故报告的内容

（1）事故发生单位概况。

（2）事故发生的时间、地点以及事故现场情况。

（3）事故的简要经过。

（4）事故已经造成或者可能造成的伤亡人数（包括下落不明的人数）和初步估计的直接经济损失。

（5）已经采取的措施。

（6）其他应当报告的情况。

三、事故调查

1．组织调查部门见下表：

事故类别	组织调查部门
特别重大事故	国务院
重大事故	省级政府
较大事故	市级政府
一般事故	县级政府

注：无人员伤亡的一般事故，县级政府可委托事故发生单位组织调查。

2．事故调查组构成：

（1）应（必须）参加的是：有关政府、安监部门、负有安监职责有关部门、监察机关、公安机关、工会、检察院。（7个）

（2）可聘请有关专家参与调查。

3．安全事故调查报告内容包括：

（1）事故发生单位概况。

（2）事故发生经过和事故救援情况。

（3）事故造成的人员伤亡和直接经济损失。

（4）事故发生的原因和事故性质。

（5）事故责任的认定以及对事故责任者的处理建议。

（6）事故防范和整改措施。

4．事故发生单位应当按照负责事故调查的人民政府的批复，对本单位负有事故责任的人员进行处理。

【经典案例回顾】

例题1（2017年·背景资料节选）：屋面梁安装过程中，发生两名施工人员高处坠落事故，一人死亡。当地人民政府接到事故报告后，按照事故调查规定组织安全生产监督管理部门、公安机关等相关部门指派的人员和2名专家组成事故调查组。

问题：判断此次高处坠落事故等级。事故调查组还应有哪些单位或部门指派人员参加？

答案：

（1）一般事故。

（2）事故调查组还应包括：负有安全管理职责的部门、监察机关、工会、检察院。

例题2（2015年·背景资料节选）：主体结构施工过程中发生塔式起重机倒塌事故，当地县级人民政府接到事故报告后，按规定组织安全生产监督管理部门、负有安全生产监督管理职责的有关部门等派出的相关人员组成了事故调查组，对事故展开调查。施工单位按照事故调查组移交的事故调查报告中对事故责任者的处理建议，对事故责任人进行处理。

问题：施工单位对事故责任人的处理做法是否妥当？并说明理由。事故调查组应还有哪些单位派人参加？

答案：

（1）不妥当。

理由：施工单位应当按照负责事故调查的人民政府的批复，对事故责任人进行处理。

（2）还应参加事故调查组的单位有：监察机关；公安机关；工会；人民检察院。

例题3（2020年二建·背景资料节选）：现场使用潜水泵抽水过程中，下午1时15分，抽水作业人员发现，潜水泵体已陷淤泥，在拉拽出水管时触电，经抢救无效死亡。事故发生后，施工单位负责人在下午2时15分接到了现场项目经理事故报告，立即赶往事故现场，召集项目部全体人员，分析事故原因，并于下午4时08分按照事故报告应当及时、不得迟报等原则，向事故发生地的县人民政府安全生产监督管理部门报告。

问题：施工单位负责人事故报告时间是否正确？并说明理由。事故报告的原则除应当及时、不得迟报外还有哪些内容？

答案：

（1）施工单位负责人事故报告时间：不正确。

理由：施工单位负责人应当于1小时内向事故发生地县级政府安全生产监督管理部门报告。

（2）事故报告的原则还有：①准确、完整；②不得漏报、谎报或者瞒报。

例题4（背景资料节选）：连续大雨引发山体滑坡，材料库房垮塌，造成1人当场死亡、7人重伤，施工单位负责人接到事故报告后，立即组织相关人员召开紧急会议，要求迅速查明事故原因和责任，严格按照“四不放过”原则处理；4小时后向相关部门递交了1人死亡的事故报告，事故发生后第7天和第32天分别有1人在医院抢救无效死亡，其余5人康复出院。

问题：施工单位负责人报告事故的做法是否正确？应该补报死亡人数几人？事故处理的“四不放过原则”是什么？

答案：

（1）施工单位负责人报告事故的做法不正确。

（2）应该补报死亡人数1人。

（3）事故处理的“四不放过原则”是：①事故原因未查清不放过；②责任人员未处理不放过；③有关人员未受到教育不放过；④整改措施未落实不放过。

例题5（背景资料节选）：施工总承包单位在浇筑首层大堂混凝土时，发生了模板支撑系统坍塌事故，造成5人死亡、7人重伤。事故发生后，施工总承包单位现场有关人员于2小时后向本单位负责人进行了报告，施工总承包单位负责人接到报告1小时后向当地政府行政主管部门进行了报告。

问题：此次事故属于哪个等级？纠正施工总承包单位报告事故的错误做法。报告事故时应报告哪些内容？

答案：

（1）此次事故属于较大事故。

（2）错误做法及纠正：

错误1：现场有关人员于2小时后向本单位负责人报告。

纠正：现场有关人员应立即向本单位负责人进行报告。

错误2：单位负责人接到报告1小时后向政府行政主管部门报告。

纠正：施工单位负责人接到报告1小时内向政府行政主管部门报告。

（3）报告的内容：①事故发生单位的概况；②事故发生的时间、地点、现场情况；③事故的简要经过；④事故已（可能）造成的伤亡人数和初步估计的直接经济损失；⑤已经采取的措施；⑥其他应报告的情况。

笔记区

考点四：施工安全管理内容

历年考情分析

年份	2014	2015	2016	2017	2018	2019	2020	2021	2022
案例	此考点教材没有				√				√

一、企业安全生产管理制度

（1）安全生产教育培训制度。

（2）安全费用管理制度。

（3）施工设施、设备及劳动防护用品的安全管理制度。

（4）安全生产技术管理制度。

（5）分包（供）方安全生产管理制度。

（6）施工现场安全管理制度。

（7）应急救援管理制度。

（8）生产安全事故管理制度。

（9）安全检查和改进制度。

（10）安全考核和奖惩制度。

二、建筑施工安全生产教育培训

1. 安全教育和培训的类型：

（1）上岗证书的初审、复审培训。

（2）三级安全教育（企业、项目、班组）。

（3）岗前教育。

（4）日常教育。

（5）年度继续教育。

2. 施工企业新上岗操作工人必须进行岗前教育培训，内容包括：

（1）安全生产法律法规和规章制度。

（2）安全操作规程。

（3）针对性的安全防护措施。

（4）违章指挥、违章作业、违反劳动纪律产生的后果。

（5）预防、减少安全风险以及紧急情况下应急救援的基本知识、方法和措施。

三、建筑施工安全生产费用管理

（1）安全生产费用管理包括：资金的提取、申请、审核审批、支付、使用、统计、分析、审计检查等。

（2）安全生产费用包括：安全技术措施、安全教育培训、劳动保护、应急准备等，以及安全评价、监测、检测、论证所需费用。

四、总承包单位对分包单位安全检查和考核的内容

（1）分包单位安全生产管理机构的设置、人员配备及资格情况。

（2）分包单位违约、违章情况。

（3）分包单位安全生产绩效。

五、项目专职安全生产管理人员应履行下列主要安全生产职责

（1）对项目安全生产管理情况实施巡查，阻止和处理违章指挥、违章作业和违反劳动纪律等现象，并应做好记录。

（2）对危险性较大的分部分项工程应依据方案实施监督并做好记录。

（3）应建立项目安全生产管理档案，并应定期向企业报告项目安全生产情况。

六、施工企业制定的应急救援预案内容

（1）紧急情况、事故类型及特征分析。

（2）应急救援组织机构与人员及职责分工、联系方式。

（3）应急救援设备和器材的调用程序。

（4）与企业内部相关职能部门和外部政府、消防、抢险、医疗等相关单位与部门的信息报告、联系方法。

（5）抢险急救的组织、现场保护、人员撤离及疏散等活动的具体安排。

【经典案例回顾】

例题1（2022年·背景资料节选）：某酒店工程，建筑面积2.5万m^2，地下1层，地上12层。施工单位中标后开始组织施工。施工单位企业安全管理部门对项目贯彻企业安全生产管理制度情况进行检查，检查内容有：安全生产教育培训、安全生产技术管理、分包（供）方安全生产管理、安全生产检查和改进等。

问题：施工企业安全生产管理制度内容还有哪些?

答案：

施工企业安全生产管理制度内容还有：

（1）安全费用管理制度。

（2）施工设施、设备及劳动防护用品的安全管理制度。

（3）施工现场安全管理制度。

（4）应急救援管理制度。

（5）生产安全事故管理制度。

（6）安全考核和奖惩制度。

例题2（2018年·背景资料节选）：施工总承包单位根据项目部制定的安全技术措施、安全评价等安全管理内容提取了项目安全生产费用。

问题：安全生产费用还应包括哪些内容?

答案：

还应包括：安全教育培训、劳动保护、应急准备等，以及安全监测、检测、论证所需费用。

例题3（背景资料节选）：为了确保按期完工，施工总承包单位在施工前按照依法履行、诚实信用的原则开展合同管理工作，并重点对专业分包单位的安全生产进行检查和考核。

问题：总承包单位对分包单位的安全检查和考核内容包括哪些?

答案：

（1）分包单位安全生产管理机构的设置、人员配备及资格情况。

（2）分包单位违约、违章情况。

（3）分包单位安全生产绩效。

考点五：施工安全危险源

历年考情分析

年份	2014	2015	2016	2017	2018	2019	2020	2021	2022
案例	√								

一、危险源的辨识

1. 危险源类型（按工作活动专业分类）

危险源：
- 机械类
- 电器类
- 辐射类
- 物质类
- 高坠类
- 火灾类
- 爆炸类

2. 危险源辨识方法

危险源辨识的方法：
- 专家调查法
- 头脑风暴法
- 德尔菲法
- 现场调查法
- 工作任务分析法
- 安全检查表法
- 危险与可操作性研究法
- 事件树分析法
- 故障树分析法

二、重大危险源控制系统的组成

（1）重大危险源的辨识。

（2）重大危险源的评价。

（3）重大危险源的管理。

（4）重大危险源的安全报告。

（5）事故应急救援预案。

目的是抑制突发事件，减少事故对工人、居民和环境的危害。因此，事故应急救援预案应提出详尽、实用、明确和有效的技术措施和组织措施。

（6）工厂选址和土地使用规划。

（7）重大危险源的监察。

【经典案例回顾】

例题1（2014年·背景资料节选）：项目部编制的重大危险源控制系统文件中，仅包含重大危险源的辨识、重大危险源的管理、工厂选址和土地使用规划等内容，调查组要求补充完善。

问题：重大危险源控制系统还应有哪些组成部分？

答案：

重大危险源控制系统还应有：

（1）重大危险源的评价。

（2）重大危险源的安全报告。

（3）事故应急救援预案。

（4）重大危险源的监察。

例题2（背景资料节选）：某公司投资建造一座太阳能电池厂，项目部针对工程特点，依据《建筑施工安全检查标准》JGJ 59—2011采用安全检查表法进行了重大危险源的辨识，编制了专项应急救援预案。

问题：重大危险源辨识的方法还有哪些？

答案：

（1）专家调查法。

（2）头脑风暴法。

（3）德尔菲法。

（4）现场调查法。

（5）工作任务分析法。

（6）危险与可操作性研究法。

（7）事件树分析法。

（8）故障树分析法。

笔记区

考点六：安全检查的内容

历年考情分析

年份	2014	2015	2016	2017	2018	2019	2020	2021	2022
案例		√							

1. 建筑工程施工安全检查内容包括：

（1）查安全思想。

(2）查安全责任。
(3）查安全制度。
(4）查安全措施。
(5）查安全防护。
(6）查设备设施。
(7）查教育培训。
(8）查操作行为。
(9）查劳动防护用品使用。
(10）查伤亡事故处理。
2. 安全责任检查的主要内容包括：
(1）检查现场安全生产责任制度的建立。
(2）检查安全生产责任目标的分解与考核情况。
(3）检查安全生产责任制与责任目标落实情况。
3. 查操作行为主要是检查现场施工作业过程中有无违章指挥、违章作业、违反劳动纪律的行为发生。

【经典案例回顾】

例题（2013年·背景资料节选）：建设单位组织监理单位、施工单位对工程施工安全进行检查，检查内容包括：安全思想、安全责任、安全制度、安全措施。

问题：除背景所述检查内容外，施工安全检查还应检查哪些内容?

答案：

(1）安全防护。
(2）设备设施。
(3）教育培训。
(4）操作行为。
(5）劳动防护用品使用。
(6）伤亡事故处理。

笔记区

考点七：安全检查的形式

历年考情分析

年份	2014	2015	2016	2017	2018	2019	2020	2021	2022
案例				√			√		

1．建筑工程施工安全检查的主要形式

（1）日常巡查。

（2）专项检查。

（3）定期安全检查（每旬一次、项目经理组织）。

（4）经常性安全检查。

（5）季节性安全检查。

（6）节假日安全检查。

（7）开、复工安全检查。

（8）专业性安全检查（专业工程技术人员、专业安全管理人员参加）。

（9）设备设施安全验收检查。

2．经常性安全检查方式

（1）现场专（兼）职安全生产管理人员及安全值班人员每天例行开展的安全巡视、巡查。

（2）现场项目经理、责任工程师及相关专业技术管理人员在检查生产工作的同时进行的安全检查。

（3）作业班组在班前、班中、班后进行的安全检查。

3．设备设施安全验收检查

对象包括：塔式起重机、施工电梯、龙门架及井架物料提升机、电气设备、脚手架、模板支撑系统。

【经典案例回顾】

例题1（2020年·背景资料节选）：公司安全部门在年初的安全检查规划中按相关要求明确了对项目安全检查的主要形式，包括定期安全检查、开工、复工安全检查、季节性安全检查等，确保项目施工过程全覆盖。

问题：建筑工程施工安全检查还有哪些形式？

答案：

（1）日常巡查。

（2）专项检查。

（3）经常性安全检查。

（4）节假日安全检查。

（5）专业性安全检查。

（6）设备设施安全验收检查。

例题2（2017年·背景资料节选）：屋面梁安装过程中，发生两名施工人员高处坠落事故，一人死亡。当地政府安全事故调查组检查了项目部制定的项目施工安全检查制度，其中规定了项目经理至少每旬组织开展一次定期安全检查，专职安全管理人员每天进行巡视检查。调查组认为项目部经常性安全检查制度规定内容不全，要求完善。

问题：项目部经常性安全检查的方式还应有哪些？

答案：

（1）现场兼职安全生产管理人员及安全值班人员每天例行开展的安全巡视、巡查。

（2）现场项目经理、责任工程师及相关专业技术管理人员在检查生产工作的同时进行的安全检查。

（3）作业班组在班前、班中、班后进行的安全检查。

笔记区

考点八：安全检查的方法

历年考情分析

年份	2014	2015	2016	2017	2018	2019	2020	2021	2022
案例									

安全检查方法
- 听：基层管理人员、安全员
- 问：现场管理人员(项目经理为首)、操作工人
- 看：查看现场安全管理资料、巡视施工现场
- 量
- 测
- 运转试验

方法“看”，例如：

（1）查看项目负责人、专职安全管理人员、特种作业人员等的持证上岗情况。

（2）现场安全标志设置情况。

（3）劳动防护用品使用情况。

（4）现场安全防护情况。

（5）现场安全设施及机械设备安全装置配置情况。

笔记区

考点九：安全检查的标准

历年考情分析

年份	2014	2015	2016	2017	2018	2019	2020	2021	2022
案例			√				√		√

一、《建筑施工安全检查标准》JGJ 59—2011中各检查表检查项目的构成

安全检查评分汇总表（满分100分）
- (1) 安全管理 (满分10分)
- (2) 文明施工 (满分15分)
- (3) 脚手架 (满分10分)
- (4) 基坑工程 (满分10分)
- (5) 模板支架 (满分10分)
- (6) 高处作业 (满分10分)
- (7) 施工用电 (满分10分)
- (8) 物料提升机与施工升降机 (满分10分)
- (9) 塔式起重机与起重吊装 (满分10分)
- (10) 施工机具 (满分5分)

1. 安全管理检查评定内容

（1）保证项目：安全生产责任制、施工组织设计及专项施工方案、安全技术交底、安全检查、安全教育、应急救援。

（2）一般项目：分包单位安全管理、持证上岗、生产安全事故处理、安全标志。

2. 文明施工检查评定内容

（1）保证项目：现场围挡、封闭管理、施工场地、材料管理、现场办公与住宿、现场防火。

（2）一般项目：综合治理、公示标牌、生活设施、社区服务。

3. 扣件式钢管脚手架检查评定内容

（1）保证项目：施工方案、立杆基础、架体与建筑结构拉结、杆件间距与剪刀撑、脚手板与防护栏杆、交底与验收。

（2）一般项目：横向水平杆设置、杆件连接、层间防护、构配件材质、通道。

4. 满堂脚手架检查评定内容

（1）保证项目：施工方案、架体基础、架体稳定、杆件锁件、脚手板、交底与验收。

（2）一般项目：架体防护、构配件材质、荷载、通道。

5. 基坑工程

保证项目：施工方案、基坑支护、降排水、基坑开挖、坑边荷载、安全防护。

6. 模板支架

保证项目：施工方案、支架基础、支架构造、支架稳定、施工荷载、交底与验收。

7. 高处作业

检查评定项目：安全帽、安全网、安全带、临边防护、洞口防护、通道口防护、攀登作业、悬空作业、移动式操作平台、悬挑式物料钢平台。

8. 施工升降机

保证项目：安全装置、限位装置、防护设施、附墙架、钢丝绳、滑轮与对重、安拆、验收与使用。

9. 塔式起重机

保证项目：载荷限制装置、行程限位装置、保护装置、吊钩、滑轮、卷筒与钢丝绳、

多塔作业、安拆、验收与使用。

10. 起重吊装

保证项目：施工方案、起重机械、钢丝绳与地锚、索具、作业环境、作业人员。

二、检查评分方法

（1）分项检查评分表和检查评分汇总表的满分分值均为100分，评分表的实得分值应为各检查项目所得分值之和。

（2）分项检查评分表评分时，保证项目中有一项未得分或保证项目小计得分不足40分，此分项检查评分表0分。

（3）汇总表各分项项目实得分值=分项表实得分×分项检查项目占汇总表比重。

（4）评分遇缺项时，分项检查评分表或检查评分汇总表的总得分值按比例调整。

$$A=\frac{D}{E}\times 100$$

式中：A——遇有缺项时总得分值；

D——实查项目在该表的实得分值之和；

E——实查项目在该表的应得满分值之和。

（5）脚手架、物料提升机与施工升降机、塔式起重机与起重吊装项目的实得分值，为所对应专业的分项检查评分表实得分值的算术平均值。

三、施工安全检查评定等级

评定等级	评定条件
优良	（1）分项检查评分表无零分； （2）汇总表得分在80分及以上。
合格	（1）分项检查评分表无零分； （2）汇总表得分在80分以下、70分及以上。
不合格	汇总表得分不足70分；或当有一项检查评分表为零分时

【经典案例回顾】

例题1（2022年·背景资料节选）：宴会厅施工"满堂脚手架"搭设完成自检后，监理工程师按照《建筑施工安全检查标准》JGJ 59—2011要求的保证项目和一般项目进行了检查，检查结果见下表。

满堂脚手架检查结果（部分）

检查内容	施工方案		架体稳定	杆件锁件	脚手板			构配件材质	荷载		合计
满分值	10	10	10	10	10	10	10	10	10	10	100
得分值	10	10	10	9	8	9	8	9	10	9	92

问题：写出满堂脚手架检查内容中的空缺项。分别写出属于保证项目和一般项目的检查内容。

答案：

（1）空缺项：架体基础、交底与验收、架体防护、通道。

（2）保证项目应包括：施工方案、架体基础、架体稳定、杆件锁件、脚手板、交底与验收。

（3）一般项目应包括：架体防护、构配件材质、荷载、通道。

例题2（2020年·背景资料节选）：某办公楼工程，地下2层，地上18层，框筒结构，地下建筑面积0.4万m^2，地上建筑面积2.1万m^2。某施工单位中标后，派赵某任项目经理组织施工。施工至5层时，公司安全部叶某带队对该项目进行了定期安全检查，检查过程依据《建筑施工安全检查标准》JGJ 59—2011的相关内容进行，项目安全总监张某也全过程参加，最终检查结果如下表所示。

某办公楼工程建筑施工安全检查评分汇总表

工程名称	建筑面积（万m^2）	结构类型	总计得分	检查项目内容及分值									
某办公楼	（A）	框筒结构	检查前总分（B）分	安全管理（10）分	文明施工（15）分	脚手架（10）分	基坑工程（10）分	模板支架（10）分	高处作业（10）分	施工用电（10）分	外用电梯（10）分	塔式起重机（10）分	施工机具（5）分
			检查后得分（C）分	8	12	8	7	8	8	9	—	8	4
评语：该项目安全检查总得分为（D）分，评定等级为（E）													
检查单位	公司安全部	负责人	叶某	受检单位	某办公楼项目部	项目负责人	（F）						

问题：写出表中A ~ F所对应内容（如A: *万m^2），施工安全评定结论分几个等级，评价依据有哪些？

答案：

（1）A ~ F所对应内容：A：2.5万m^2；B：90；C：72；D：80；E：优良；F：赵某。

（2）三个等级。

（3）安全等级评价依据：汇总表得分、保证项目达标情况。

例题3（背景资料节选）：安全检查评分汇总表如下所示，表中已填有部分数据，该工程的高处作业检查评分表中有一保证项目（10分）缺项，保证项目实得分33分，合计为72分；安全管理、文明施工实得分分别为80分、85分；扣件式脚手架实得分为70分，附着式脚手架实得分为80分。

总计得分（满分100）	项目名称及分值									
	安全管理（10）	文明施工（15）	脚手架（10）	基坑工程（10）	模板支架（10）	高处作业（10）	施工用电（10）	物料提升机与施工升降机（10）	塔式起重机与起重吊装（10）	施工机具（5）
				8.2	8.8		8.4	8.3	8.6	3.8

问题：计算各分项检查分值，填入汇总表，并计算本工程总计得分。本次安全检查评定结果属于哪个等级？说明理由。

答案：

（1）计算各分项检查分值及总分：

① 安全管理汇总表得分：80 × 10/100=8分

② 文明施工汇总表得分：85 × 15/100=12.75分

③ 脚手架实得分：（70+80）/2=75分

脚手架汇总表得分：75 × 10/100=7.5分

④ 高处作业汇总表得分：

保证项目缺一项，实得分为33分，调整后应得分值为（33/50）× 60=39.6分＜40分。所以该分项检查评分表得0分。

汇总表总分为：8+12.75+7.5+8.2+8.8+0+8.4+8.3+8.6+3.8=74.35分

总计得分（满分100）	项目名称及分值									
	安全管理（10）	文明施工（15）	脚手架（10）	基坑工程（10）	模板支架（10）	高处作业（10）	施工用电（10）	物料提升机与施工升降机（10）	塔式起重机与起重吊装（10）	施工机具（5）
74.35	8	12.75	7.5	8.2	8.8	0	8.4	8.3	8.6	3.8

（2）本次安全检查评定结果：不合格。

理由：具备下列条件之一的安全检查等级为不合格：① 有一分项检查评分表为0分；② 汇总表得分不足70分。本工程汇总表得分虽然为74.35分，但《高处作业检查评分表》为0分，故安全检查评定结果为不合格。

例题4（背景资料节选）：基坑工程施工期间，相关部门根据《建筑施工安全检查标准》JGJ 59—2011规定，进行现场安全检查，基坑工程安全检查评分表打分情况如下，最终汇总表得分为78分。（由于地下水位较低，本项目不需降水）

基坑工程安全检查评分表

检查项目	保证项目						一般项目
	施工方案	基坑支护	降排水	坑边荷载	基坑开挖	安全防护	
满分	10	10	10	10	10	10	40
实际得分	7	10	—	6	7	7	35

问题：基坑保证项目得分是多少？基坑工程分项检查表应得分值为多少？若其他分项检查表均有得分，本次安全检查评为哪个等级？说明理由。

答案：

（1）基坑保证项目实际得分：7+10+6+7+7=37分。

考虑缺项后，基坑保证项目应得分为：37/50 × 60=44.4分。

（2）基坑工程分项检查表应得分值：

缺“降排水”项，基坑工程实际得分：37+35=72分。

考虑缺项后，基坑工程分项检查表得分调整为：72/90 × 100=80分。

（3）本次安全检查评定：合格。

理由：本项目所有安全检查评分表无零分，同时汇总表得分在80分以下，70分及以上。

解析：

本问难点在于基坑工程分项检查表应得分值的计算，绝大多数考生把保证项目分数调整到44.4分后，就会理所当然加上一般项目分数35分，得到基坑工程分项检查表应得分79.4分。这种算法是错误的，没有深刻理解教材公式各字母的含义。

例题5（背景资料节选）：某建筑安装工程检查评分汇总表，已填入汇总表的项目及分值如下表所示。未填入的分项表与分值如下：“塔式起重机与起重吊装检查评分表”“物料提升机与外用电梯”两项表的实得分分别为81分、86分。该工程使用了多种脚手架，落地式脚手架实得分为80分，悬挑式脚手架实得分为82分。

				检查评汇总表									
单位工程名称	建筑面积 m^2	结构类型	总计得分（满分100分）	安全管理（满分分值10分）	文明施工（满分分值15分）	脚手架（满分分值10分）	基坑工程（满分分值10分）	模板工程（满分分值10分）	高处作业（满分分值10分）	施工用电（满分分值10分）	物料提升机与外用电梯（满分分值10分）	塔式起重机与起重吊装（满分分值10分）	施工机具（满分分值5分）
××住宅	36800	框剪		8.2	12		8.4	8.3	8.2	8.1			4
评语：													
检查单位			负责人			受检项目					项目经理		

问题：计算未填入汇总表的各分项检查分值，并计算本工程总计得分。

答案：

（1）“塔式起重机与起重吊装”分项检查分值：10×81/100=8.1分。

（2）“物料提升机与外用电梯”分项检查分值：10×86/100=8.6分。

（3）“脚手架”实得分：（80+82）/2=81分；

“脚手架”分项检查分值：10×81/100=8.1分。

（4）本工程总计得分：8.2+12+8.1+8.4+8.3+8.2+8.1+8.6+8.1+4=82分。

例题6（背景资料节选）：结构施工至12层后，项目经理部按计划设置了施工升降机，相关部门根据《建筑施工安全检查标准》JGJ 59—2011中《施工升降机检查评分表》的内容逐项进行检查，并通过验收，准许使用。

问题：《施工升降机检查评分表》检查项目包括哪些内容？

答案：

检查项目包括：

（1）保证项目应包括：安全装置、限位装置、防护设施、附墙架、钢丝绳、滑轮与对重、安拆、验收与使用。

（2）一般项目应包括：导轨架、基础、电气安全、通信装置。

笔记区

考点十：基础工程安全管理要点

历年考情分析

年份	2014	2015	2016	2017	2018	2019	2020	2021	2022
案例									

一、基础工程施工安全控制的主要内容

（1）挖土机械作业安全。

（2）边坡与基坑支护安全。

（3）降水设施与临时用电安全。

（4）防水施工时的防火、防毒安全。

（5）桩基施工的安全防范。

二、基坑施工安全控制要点

1. 专项施工方案

（1）开挖深度超过3m或虽未超过3m，但地质条件、周边环境和地下管线复杂的基坑土方开挖、支护、降水工程需编制专项施工方案。

（2）开挖深度超过5m的基坑土方开挖、支护、降水工程需编制专项施工方案并进行专家论证。

（3）土方开挖专项施工方案内容包括：

① 放坡要求；

② 支护结构设计；

③ 机械选择；

④ 开挖时间；

⑤ 开挖顺序；

⑥ 分层开挖深度；

⑦ 坡道位置；

⑧ 车辆进出道路；

⑨ 降水措施；

⑩ 监测要求。

2. 基坑土方开挖与回填安全技术措施

（1）基坑开挖时，两人操作间距应大于2.5m。多台机械开挖，挖土机间距应大于10m。挖土应由上而下，逐层进行，严禁先挖坡脚或逆坡挖土。

（2）在坑边堆放弃土、材料和移动施工机械时，当土质良好时，要距坑边1m以外，堆放高度不能超过1.5m。

（3）在拆除护壁支撑时，应按照回填顺序，从下而上逐步拆除。更换护壁支撑时，必须先安装新的，再拆除旧的。

3．基坑工程的监测

（1）监测内容：

	支护结构监测	周围环境监测
内容	（1）对围护墙侧压力、弯曲应力和变形的监测； （2）对支撑（锚杆）轴力、弯曲应力的监测； （3）对腰梁（围檩）轴力、弯曲应力的监测； （4）对立柱沉降、抬起的监测	（1）坑外地形的变形监测； （2）邻近建筑物的沉降和倾斜监测； （3）地下管线的沉降和位移监测

（2）重点是支护结构水平位移、周围建筑物、地下管线变形、地下水位等的监测。

4．基坑施工的安全应急措施

（1）基坑开挖过程中出现渗漏水，应采用坑底设沟排水、引流修补、密实混凝土封堵、压密注浆、高压喷射注浆等方法处理。

（2）悬臂式支护结构位移超过设计值时，应加设支撑或锚杆、支护墙背卸土等方法。如果悬臂式支护结构发生深层滑动，应及时浇筑垫层，必要时加厚垫层。

（3）支撑式支护结构发生墙背土体沉陷，应采取增设坑外回灌井、进行坑底加固、垫层随挖随浇、加厚垫层或采用配筋垫层、设置坑底支撑等方法。

（4）对邻近建筑物沉降的控制采用回灌井、跟踪注浆等方法。

三、人工挖孔桩施工安全控制要点

（1）开挖深度超过16m时，需对人工挖孔桩专项方案进行专家论证。

（2）桩孔内必须设置应急软爬梯供人员上下井。

（3）每日开工前必须对井下有毒有害气体成分和含量进行检测，桩孔开挖深度超过10m时，应配置专门向井下送风的设备。

（4）挖出的土石方应及时远离孔口，不得堆放在孔口四周1m范围内。

（5）孔上电缆必须架空2.0m以上，照明应采用安全矿灯或12V以下的安全电压。

【经典案例回顾】

例题1（背景资料节选）： 施工单位依据基础形式、工程规模、现场和机具设备条件以及土方机械的特点，选择了土方施工机械，编制了土方开挖专项施工方案后组织施工。在基坑北侧坑边大约1m处堆置了3m高的土方，土方开挖分为两段，一段人工开挖，开挖时工人间操作间距约为2m，一段机械开挖，挖土机间距约为8m。挖土时由坡角向上逆坡开挖，施工过程中发生了边坡塌方事故。

问题： 指出背景资料中的不妥之处，并说明理由。

答案：

不妥1：编制了土方开挖专项施工方案后组织施工。

理由：土方开挖专项施工方案编制后需按规定进行审批或专家论证后方可实施。

不妥2：在基坑北侧坑边大约1m处堆置了3m高的土方。

理由：基坑边堆放土方，要距坑边1m以外，堆放高度不能超过1.5m。

不妥3：开挖时工人间操作间距约为2m。

理由：基坑开挖时，工人操作间距应大于2.5m。

不妥4：开挖时挖土机间距约为8m。

理由：基坑开挖时，挖土机间距应大于10m。

不妥5：挖土时由坡角向上逆坡开挖。

理由：挖土应由上而下，逐层进行，严禁先挖坡脚或逆坡挖土。

例题2（背景资料节选）：某综合楼工程，总建筑面积58200m^2，地下2层，地上16层，地基土变形明显，灌注桩筏板基础，桩径1m，桩长38m，共320根，现浇钢筋混凝土框架剪力墙结构，施工过程期间对该建筑进行变形测量。由于周边有大量既有建筑物，施工单位委托具有资质的第三方对基坑进行重点监测，其中基坑围护结构顶部变形观测点布置图如下图所示，施工期间发现支护结构位移超过设计值。

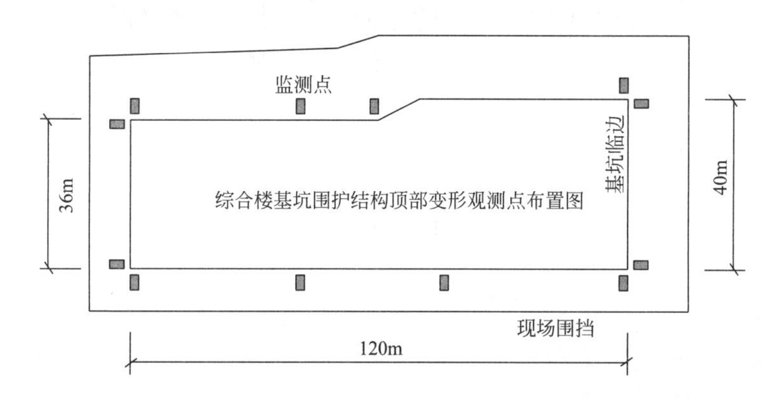

土方开挖过程中施工单位编制了土方开挖专项施工方案，监理单位审核时发现，内容只包含放坡要求、开挖时间、开挖顺序、机械选择，监理单位认为内容不全，要求施工方补充完整。

在对基坑工程进行专项安全检查时发现，保证项目仅包含施工方案、基坑开挖两项，监理工程师认为检查项目不全，要求按照《建筑施工安全检查标准》JGJ 59—2011予以补充。

问题1：基坑围护结构顶部变形观测点布置是否妥当，并说明理由。基坑重点做好哪些监测内容？

答案：

（1）基坑围护结构顶部变形观测点布置：不妥当。

理由：基坑围护墙顶部变形观测点沿基坑周边布置，周边中部、阳角处、邻近被保护对象的部位设点；观测点间距不宜大于20m，且每边不宜少于3个；水平和垂直观测点宜共用同一点。

（2）基坑重点监测内容包括：支护结构水平位移、周围建筑物、地下管线变形、地下水位等的监测。

问题2：针对施工期间发现支护结构位移超过设计值，应采取哪些措施？（至少写4条）

答案：

（1）加设支撑。

(2)加设锚杆。

(3)支护墙背卸土。

(4)加快垫层浇筑。

(5)加厚垫层。

问题3:土方专项施工方案还应包括哪些内容?基坑工程保证项目还有哪些内容?

答案:

(1)土方专项施工方案还应包括:支护结构设计、分层开挖深度、坡道位置、车辆进出道路、降水措施及监测要求。

(2)基坑工程保证项目还有:基坑支护、降排水、坑边荷载、安全防护。

例题3(2021年二建·真题节选):某住宅工程,建筑面积1.2万m^2,地下1层,地上12层,剪力墙结构。工程东侧距基坑上口线8m处有一座六层老旧砖混结构住宅,市政管线从两建筑间穿过,为了保证既有住宅的安全,项目部对东侧边坡采用钢筋混凝土排桩支护,其余部位采用喷锚支护。项目部制定了基坑工程监测方案,对基坑支护结构和周围环境进行监测,其中周围环境监测包含基坑外地形变形监测等内容。方案报送监理工程师批准后实施。

问题:基坑工程监测方案中,对周围环境监测还应有哪些监测内容?

答案:

(1)既有住宅的沉降监测。

(2)既有住宅的倾斜监测。

(3)市政管线的沉降监测。

(4)市政管线的位移监测。

笔记区

考点十一:脚手架工程安全管理要点

历年考情分析

年份	2014	2015	2016	2017	2018	2019	2020	2021	2022
案例	√		√					√	

一、钢管脚手架搭设

钢管脚手架搭设如下图所示。

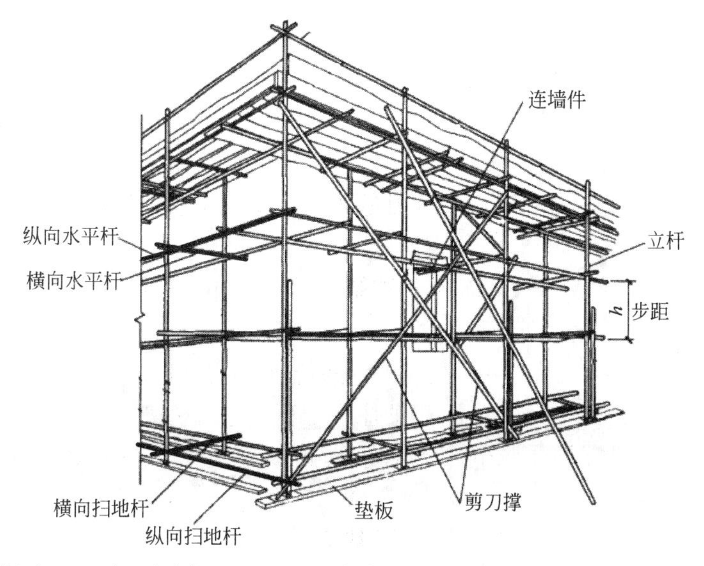

1. 垫板：长度≥2跨、厚度≥50mm、宽度≥200mm的木垫板。

2. 脚手架应按顺序搭设，并应符合下列规定：

（1）落地作业脚手架、悬挑脚手架的搭设应与主体结构施工同步，一次搭设高度不应超过最上层连墙件2步，且自由高度不应大于4m。

（2）剪刀撑、斜撑杆等加固杆件应随架体同步搭设。

（3）构件组装类脚手架的搭设应自一端向另一端延伸，应自下而上按步逐层搭设；并应逐层改变搭设方向。

（4）每搭设完一步距架体后，应及时校正立杆间距、步距、垂直度及水平杆的水平度。

3. 纵向水平杆（大横杆）：

（1）立杆内侧，长度不小于3跨。

（2）接长：对接或搭接；接头不设在同步或同跨内；相邻接头水平错开至少500mm。

（3）接头中心距最近主节点≤纵距1/3。

（4）搭接长度≥1m，等间距设置3个旋转扣件固定，扣件盖板边缘至杆端的距离不应小于100mm。

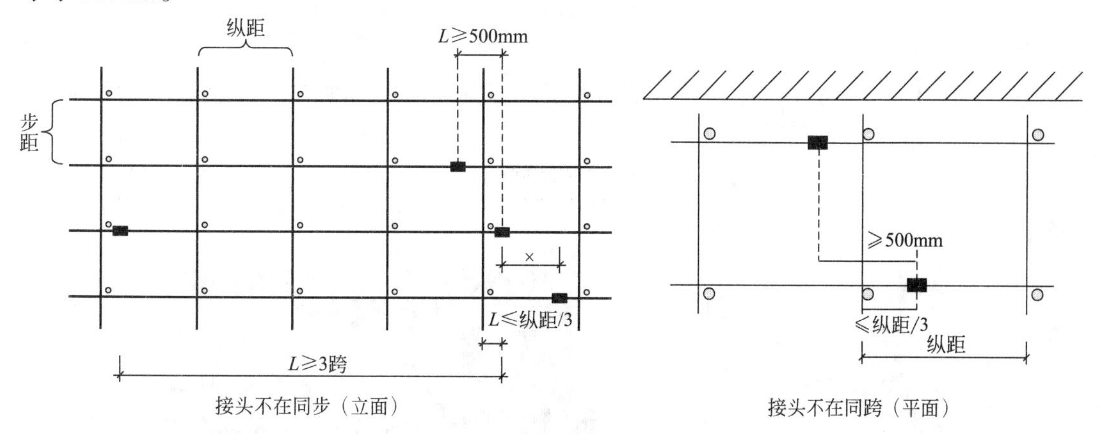

接头不在同步（立面）　　接头不在同跨（平面）

4. 直角扣件、旋转扣件的中心点的相互距离不应大于150mm。作业层上非主节点处的横向水平杆，最大间距不应大于纵距的1/2。

5．扫地杆：

（1）纵上横下（水平杆纵下横上）。

（2）用直角扣件固定于立杆上。

（3）距钢管底端≤200mm。

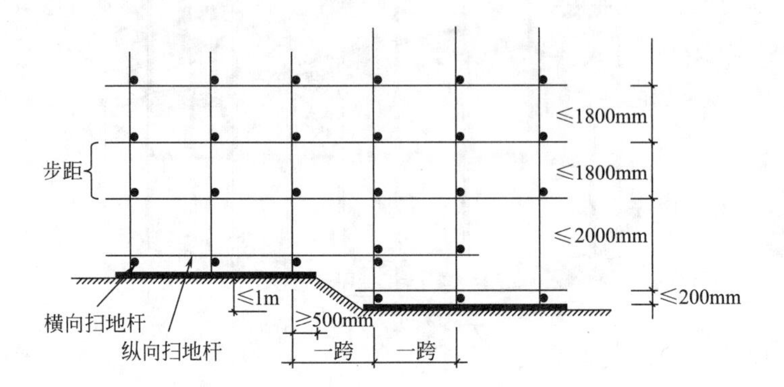

6．立杆：

对接扣件应交错布置，两根相邻立杆的接头不应设置在同步内，同步内每隔一根立杆的两个相邻接头在高度方向错开的距离不宜小于500mm；各接头中心至主节点的距离不宜大于步距的1/3。

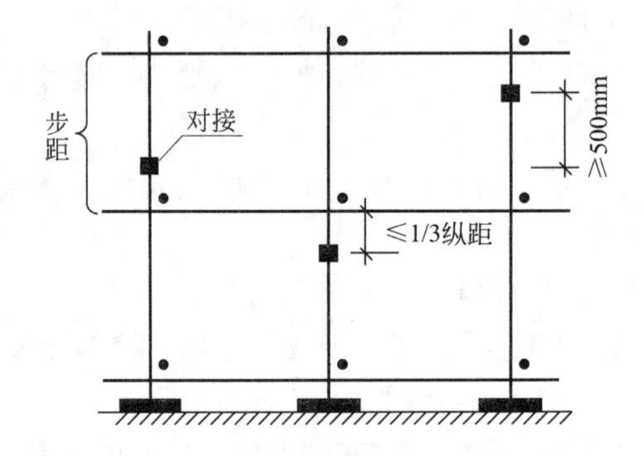

7．连墙件：

（1）$h \leqslant 24$m，宜用刚性连墙件，亦可用钢筋与顶撑配合使用；$h > 24$m，必须采用刚性连墙件。

（2）在架体的转角处、开口型作业脚手架端部应增设连墙件，连墙件竖向间距不应大于建筑物层高，且不应大于4m。

（3）水平间距不得超过3跨，竖向间距不得超过3 步，连墙点之上架体的悬臂高度不应超过2步。

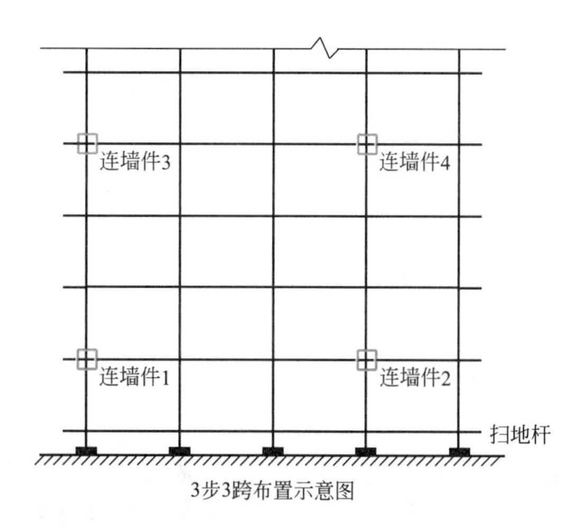

3步3跨布置示意图

8. 剪刀撑：

（1）$h<24$m，在外侧两端、转角及中间不超过15m的立面上，各设一道剪刀撑（由底到顶），剪刀撑净距≤15m。

（2）$h\geqslant24$m，外侧全立面连续设置。

（3）每道剪刀撑宽度4～6跨，且应为6～9m，斜杆与地面的倾角在45°～60°之间。

（4）各底层斜杆下端均必须支承在垫块或垫板上。

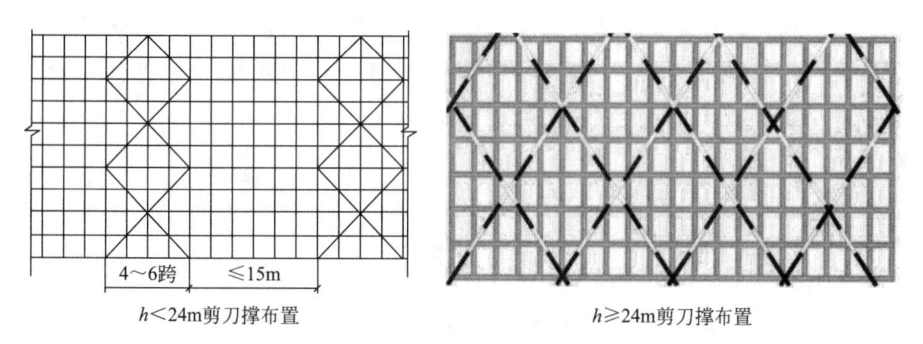

$h<24$m剪刀撑布置　　$h\geqslant24$m剪刀撑布置

二、脚手架的拆除

（1）由上而下逐层进行，严禁上下同时作业。

（2）连墙件必须随脚手架逐层拆除，严禁先将连墙件整层拆除后再拆脚手架；分段拆除高差不应大于2步，如大于2步，应增设连墙件加固。

（3）拆除作业应设专人指挥，当有多人同时操作时，应明确分工、统一行动，且应具有足够的操作面。

（4）拆除构配件采用起重设备吊运或人工传递到地面，严禁抛掷。

三、脚手架的检查验收

1. 脚手架搭设过程中，应在下列阶段进行检查，检查合格后方可使用；不合格应进行整改，整改合格后方可使用：

（1）基础完工后及脚手架搭设前。

（2）首层水平杆搭设后。

（3）作业脚手架每搭设一个楼层高度。
（4）悬挑脚手架悬挑结构搭设固定后。
（5）搭设支撑脚手架，高度每2步～4步或不大于6m。
2．脚手架的验收应包括下列内容：
（1）材料与构配件质量。
（2）搭设场地、支承结构件的固定。
（3）架体搭设质量。
（4）专项施工方案、产品合格证、使用说明及检测报告、检查记录、测试记录等技术资料。
3．脚手架定期检查的主要内容：
（1）杆件的设置与连接，连墙件、支撑、门洞桁架的构造是否符合要求。
（2）地基是否积水，底座是否松动，立杆是否悬空，扣件螺栓是否松动。
（3）立杆的沉降与垂直度的偏差是否符合技术规范要求。
（4）架体安全防护措施是否符合要求。
（5）是否有超载使用现象。

【经典案例回顾】

例题1（2021年·背景资料节选）：项目一处双排脚手架搭设到20m时，当地遇罕见暴雨，造成地基局部下沉，外墙脚手架出现严重变形，经评估后认为不能继续使用。项目技术部门编制了该脚手架拆除方案，规定了作业时设置专人指挥，多人同时操作时，明确分工、统一行动，保持足够的操作面等脚手架拆除作业安全管理要点。经审批并交底后实施。

问题：脚手架拆除作业安全管理要点还有哪些？

答案：

脚手架拆除作业安全管理要点还有：
（1）必须由上而下逐层进行，严禁上下同时作业。
（2）连墙件逐层拆除，严禁整层拆除连墙件后再拆脚手架。
（3）分段拆除高差不大于2步，如高差大于2步增设连墙件加固。
（4）拆除的构配件吊运或传递到地面，严禁抛掷。

例题2（2016年·背景资料节选）：某新建工程，建筑面积15000m^2，地下2层，地上5层，钢筋混凝土框架结构，800mm厚钢筋混凝土筏板基础，建筑总高20m。外装修施工时，施工单位搭设了扣件式钢管脚手架（如下图所示）。

问题：指出脚手架搭设的错误之处。

答案：

错误1：横向扫地杆在纵向扫地杆上部。
错误2：立杆采用搭接方式接长。
错误3：连墙件仅用钢筋ϕ8连接。
错误4：首部未设连墙件。（《建筑施工扣件式钢管脚手架安全技术规范》JGJ 130—2011中第6.4.3条）
错误5：脚手架底层步距2.3m。（单双排脚手架底层步距≤2m，《建筑施工扣件式钢管脚手架安全技术规范》JGJ 130—2011中第6.3.4条）
错误6：立杆悬空，未伸至垫板。

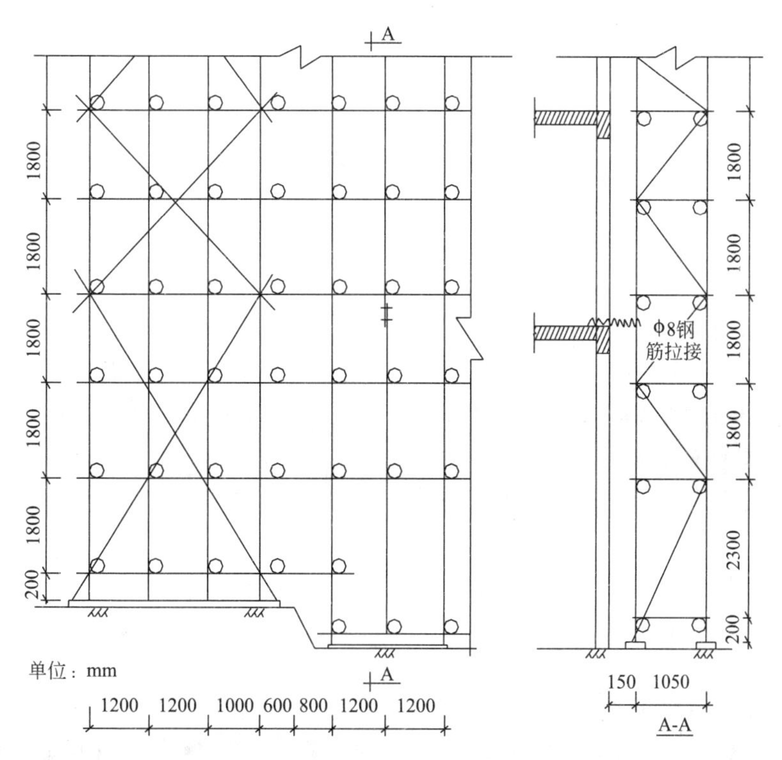

错误7：剪刀撑宽度不够，仅3跨。

错误8：连墙件竖向间距过大。（开口型脚手架连墙件垂直间距不应大于建筑物的层高）

备注：本题严格按照2023年版教材和《施工脚手架通用规范》GB 55023—2022来解答，被《施工脚手架通用规范》GB 55023—2022废止的条款一律不放入答案。

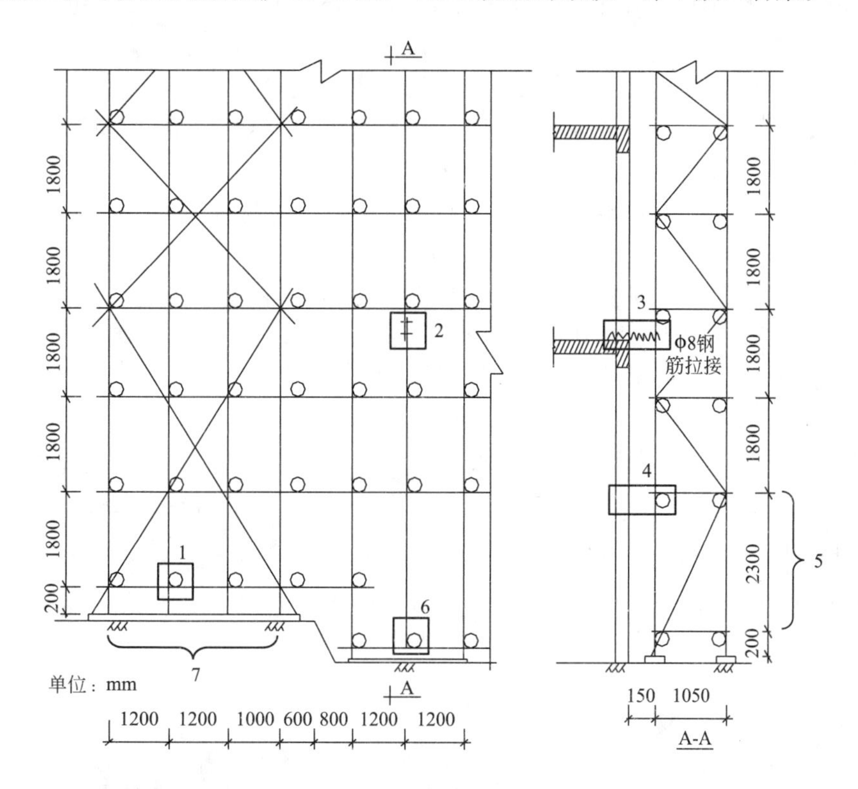

例题3（2014年·背景资料节选）：双排脚手架连墙件被施工人员拆除了两处。双排脚手架在同一区段的上下两层的脚手板上堆放的材料重量均超过3kN/m^2。项目部对双排脚手架在基础完成后、架体搭设前进行了阶段检查和验收，并形成书面检查记录。

问题：指出背景资料中的不妥之处。脚手架还有哪些情况下也要进行阶段检查和验收?

答案：

（1）不妥之处：

不妥1：连墙件被施工人员拆除两处。

不妥2：同一区段的上下两层的脚手板上堆放的材料重量均超过3kN/m^2。

（2）脚手架需检查和验收的情况还有：

① 首层水平杆搭设后。

② 作业脚手架每搭设一个楼层高度。

解析：

根据《建筑施工扣件式钢管脚手架安全技术规范》JGJ 130—2011中的第4.2.3条，当在双排脚手架上同时有2个及以上操作层作业时，在同一跨距内各操作层的施工均布荷载标准值总和不得超过5.0kN/m^2。

例题4（背景资料节选）：施工结束后，办公楼外脚手架按东、南、西、北四个立面分片进行拆除，先拆除南北面积比较大的两个立面，再拆除东西两个立面。为了快速拆除架体，工人先将大部分连墙件挨个拆除后，再一起拆除架管。拆除的架管、脚手板传递到一定高度后直接顺着架体溜下后斜靠在墙根，等累积一定数量后一次性清运出场。

问题：脚手架拆除作业存在哪些不妥之处？并简述正确做法。

答案：

不妥1：分段拆除时，先拆南北立面，再拆东西立面。

正确做法：分段拆除高差不应大于2步，如高差大于2步，应增设连墙件加固。

不妥2：先将连墙件拆除后，再拆除架管。

正确做法：连墙件必须随脚手架逐层拆除，严禁先将连墙件整层拆除后再拆脚手架。

不妥3：拆除的架管、脚手板直接顺着架体溜下后斜靠在墙根。

正确做法：拆下的构配件采用起重设备吊运或人工传递到地面，严禁抛掷。

笔记区

考点十二：现浇混凝土工程安全管理要点

历年考情分析

年份	2014	2015	2016	2017	2018	2019	2020	2021	2022
案例			√				√		√

一、模板与支撑系统部分安全隐患的主要表现形式

（1）模板支撑架体地基、基础下沉。

（2）架体的杆件间距或步距过大。

（3）架体未按规定设置斜杆、剪刀撑和扫地杆。

（4）构架的节点构造和连接的紧固程度不符合要求。

（5）主梁和荷载显著加大部位的构架未加密、加强。

（6）高支撑架未设置一至数道加强的水平结构层。

（7）大荷载部位的扣件指标数值不够。

（8）架体整体或局部变形、倾斜，架体出现异常响声。

二、混凝土浇筑过程安全隐患的主要表现形式

（1）高处作业安全防护设施不到位。

（2）机械设备的安装、使用不符合安全要求。

（3）用电不符合安全要求。

（4）混凝土浇筑方案不当使支撑架受力不均衡，产生过大的集中荷载、偏心荷载、冲击荷载或侧压力。

（5）过早地拆除支撑和模板。

三、现浇混凝土工程安全控制的主要内容

（1）模板支撑系统设计。

（2）模板支拆施工安全。

（3）钢筋加工及绑扎、安装作业安全。

（4）混凝土浇筑高处作业安全。

（5）混凝土浇筑用电安全。

（6）混凝土浇筑设备使用安全。

【经典案例回顾】

例题（2022年真题·背景资料节选）：某酒店工程宴会厅顶板混凝土浇筑前，施工技术人员向作业班组进行了安全专项方案交底，针对混凝土浇筑过程中可能出现的包括浇筑方案不当使支架受力不均衡，产生集中荷载、偏心荷载等多种安全隐患形式，提出了预防措施。

问题：混凝土浇筑过程的安全隐患主要表现形式还有哪些？

答案：

混凝土浇筑过程的安全隐患主要表现形式还有：

（1）高处作业安全防护设施不到位。

（2）机械设备的安装、使用不符合安全要求。

（3）用电不符合安全要求。

（4）支撑架产生过大的冲击荷载或侧压力。

（5）过早地拆除支撑和模板。

笔记区

考点十三：吊装工程安全管理要点

历年考情分析

年份	2014	2015	2016	2017	2018	2019	2020	2021	2022
案例									

1. 起吊作业的人员必须经过专门的安全培训，经考核合格，持特种作业操作资格证书上岗。

2. 吊装作业前需检查确认的安全装置包括：超高限位器、力矩限制器、臂杆幅度指示器、吊钩保险装置。

3. 起重机要做到“十不吊”，即：

（1）超载或被吊物质量不清不吊。

（2）指挥信号不明确不吊。

（3）捆绑、吊挂不牢或不平衡，可能引起滑动时不吊。

（4）被吊物上有人或浮置物时不吊。

（5）结构或零部件有影响安全工作的缺陷或损伤时不吊。

（6）遇有拉力不清的埋置物件时不吊。

（7）工作场地昏暗，无法看清场地、被吊物和指挥信号时不吊。

（8）被吊物棱角处与捆绑钢绳间未加衬垫时不吊。

（9）歪拉斜吊重物时不吊。

（10）容器内装的物品过满时不吊。

4. 钢丝绳断丝数在一个节距中超过10%、钢丝绳锈蚀或表面磨损达40%以及有死弯、结构变形、绳芯挤出等情况时，应报废停止使用。

5. 预制构件的运输和堆放：

（1）运输时，混凝土预制构件的强度不低于设计混凝土强度的75%。

（2）叠放运输时，构件之间必须用隔板或垫木隔开。上、下垫木应保持在同一垂直线上。

（3）构件多层叠放时，柱子不超过2层；梁不超过3层；大型屋面板、多孔板6～8层；钢屋架不超过3层，各层的支承垫木应在同一垂直线上，各堆放构件之间应留不小于0.7m宽的通道。

6. 吊装作业使用行灯照明时，电压不得超过36V。

笔记区

考点十四：高处作业安全管理要点

历年考情分析

年份	2014	2015	2016	2017	2018	2019	2020	2021	2022
案例	此知识点教材没有				√				

一、高处作业基本要求

1. 高处作业是指凡在坠落高度基准面2m以上（含2m）有可能坠落的高处进行的作业。

2. 需制定高处作业安全技术措施的施工活动包括：

（1）临边与洞口作业。

（2）攀登与悬空作业。

（3）操作平台。

（4）交叉作业。

（5）安全防护网搭设。

3. 安全防护设施验收资料应包括：

（1）施工组织设计中的安全技术措施或施工方案。

（2）安全防护用具用品、材料和设备产品合格证明。

（3）安全防护设施验收记录。

（4）预埋件隐蔽验收记录。

（5）安全防护设施变更记录。

二、临边与洞口作业安全防范措施

1. 坠落高度在基准面2m及以上进行临边作业时，应在临空一侧设置防护栏杆，并应采用密目式安全立网或工具式栏板封闭。

2. 竖向洞口：

（1）短边＜500mm时，采取封堵措施。

（2）短边≥500mm时，临空一侧设置高度不小于1.2m的防护栏杆，并用密目式安全立网或工具式栏板封闭，设置挡脚板。（三步）

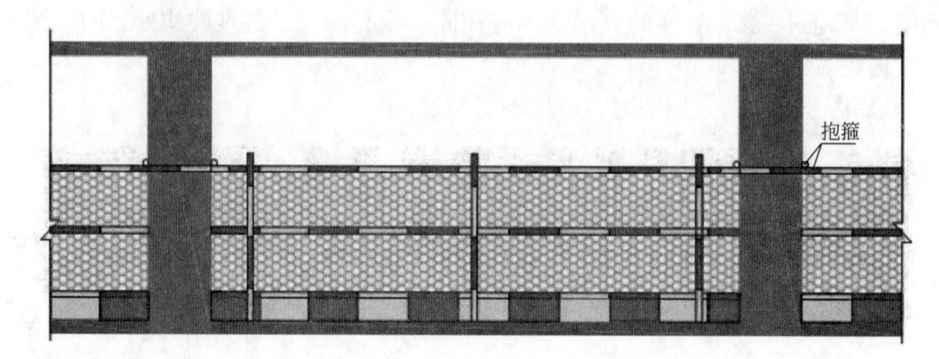

3．非竖向洞口（水平洞口）：

（1）短边为25 ~ 500mm时，应采用盖板覆盖，盖板四周搁置均衡，防止移位。

（2）短边为500 ~ 1500mm时，采用盖板覆盖或防护栏杆等措施，并应固定牢固。

（3）短边≥1.5m时，应在洞口作业侧设置高度不小于1.2m的防护栏杆，洞口应采用安全平网封闭。

4．电梯井口：

（1）设置高度不低于1.5m的防护门，底端距地面高度≤50mm，并设挡脚板。

（2）井内每隔2层且不大于10m加设一道安全平网。

（3）井内施工层上部，应设置隔离防护设施。

5．防护栏杆：

（1）应为两道横杆，上杆离地高度应为1.2m，下杆应在上杆和挡脚板中间设置。

（2）防护栏杆高度大于1.2m时，应增设横杆，横杆间距不应大于600mm。

（3）立杆间距不应大于2m。

（4）挡脚板高度不应小于180mm。

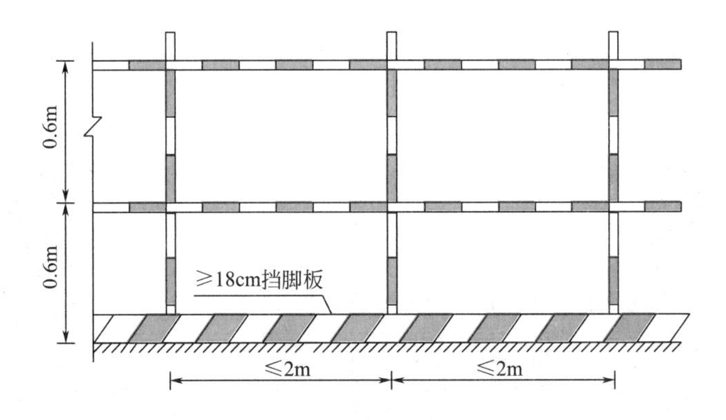

三、操作平台的安全防范措施

1．基本规定

（1）临边应设置防护栏杆，单独设置的操作平台应设置供人上下、踏步间距不大于400mm的扶梯。

（2）明显位置设置标明允许负载值的限载牌及限定允许的作业人数。

（3）使用中每月不少于1次定期检查，专人负责日常维护工作。

2．移动式操作平台

（1）面积≤ $10m^2$，高度≤ 5m，高宽比≤ 2 ∶ 1，施工荷载≤ $1.5kN/m^2$。

（2）立柱底端离地面不得大于80mm，行走轮和导向轮应配有制动器或刹车闸等制动措施。

（3）架体垂直，不得弯曲变形，制动器除在移动情况外均应保持制动状态。

（4）移动时，平台上不得站人。

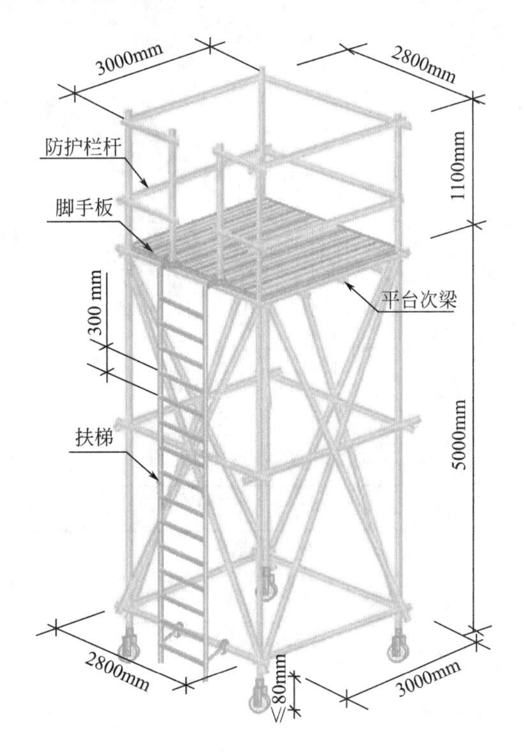

3. 落地式操作平台

平台架体构造规定	（1）高度不应大于15m，高宽比不应大于3 ∶ 1。 （2）施工荷载不应大于2.0kN/m²，否则应进行专项设计。 （3）平台应与建筑物进行刚性连接或加设防倾措施，不得与脚手架连接。 （4）用脚手架搭设平台时，立杆下部应设底座或垫板、纵横向扫地杆，并应在外立面设置剪刀撑或斜撑。 （5）从底层第一步水平杆起，逐层设置连墙件，且间距不应大于4m。 （6）一次搭设高度不应超过相邻连墙件以上两步
检查验收规定	（1）操作平台的钢管和扣件应有产品合格证。 （2）搭设前对基础进行检查验收。 （3）搭设中随施工进度按结构层对操作平台进行检查验收。 （4）遇6级以上大风、雷雨、大雪等恶劣天气及停用超过1个月，恢复使用前应进行检查

4. 悬挑式操作平台

（1）搁置点、拉结点、支撑点设置在主体结构上。

（2）悬挑长度≤5m，均布荷载≤5.5kN/m²，集中荷载≤15kN，悬挑梁应锚固固定。

（3）悬挑式操作平台的形式：

斜拉式悬挑操作平台	两侧连接吊环应与前后两道斜拉钢丝绳连接，每一道钢丝绳应能承载该侧所有荷载
支承式悬挑操作平台	钢平台下方至少两道斜撑
悬臂梁式操作平台	采用型钢制作悬臂梁或悬挑桁架

（4）设置4个吊环，吊运时应使用卡环，不得使吊钩直接钩挂吊环。

（5）外侧略高于内侧；外侧应安装防护栏杆并应设置防护挡板全封闭。

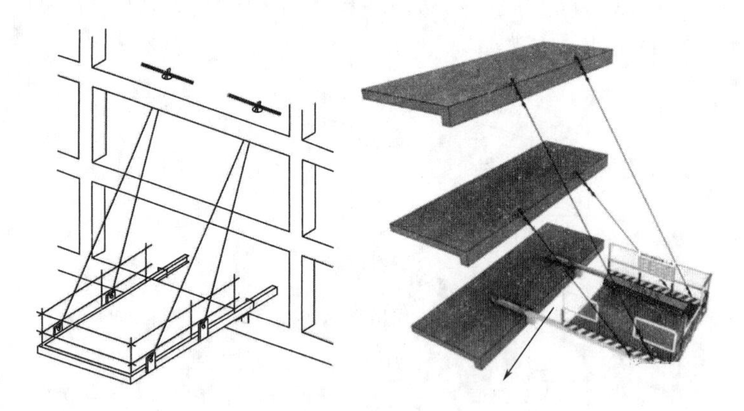

四、交叉作业安全防范措施

（1）下层作业位置应处于上层作业的坠落半径之外。

序号	上层作业高度（h_b）	坠落半径（m）
1	$2 \le h_b \le 5$	3
2	$5 < h_b \le 15$	4
3	$15 < h_b \le 30$	5
4	$h_b > 30$	6

（2）坠落半径内应设安全防护棚或安全防护网。当未设置安全隔离措施时，应设置警戒隔离区，人员严禁进入隔离区。

（3）施工现场人员进出的通道口，应搭设安全防护棚。

① 高度（棚底离地高度）：非机动车辆通行时≥3m；机动车辆通行时≥4m。

② 建筑高度＞24m并采用木质板搭设时，应搭设双层安全防护棚。两层防护的间距≥700mm，安全防护棚高度≥4m。

（4）安全防护网搭设应符合规定：

① 每隔3m设一根支撑杆，支撑杆水平夹角不宜小于45°。

② 在楼层设支撑杆时，应预埋钢筋环或在结构内外侧各设一道横杆。

③ 外高里低。

【经典案例回顾】

例题1（2018年·背景资料节选）：一新建工程，地下2层，地上20层，高度70m，建筑面积40000m^2，标准层平面为40m×40m。施工总承包单位根据项目部制定的安全技术措施、安全评价等安全管理内容提取了项目安全生产费用，在“×××工程施工组织设计”中制定了临边作业、攀登与悬空作业等高处作业项目安全技术措施。

问题：安全生产费用还应包括哪些内容？需要在施工组织设计中制定安全技术措施的高处作业项还有哪些？

答案：

（1）安全生产费用还包括：安全教育培训、劳动保护、应急准备等，以及安全监测、检测、论证所需费用。

（2）需制定安全技术措施的高处作业项还有：洞口作业、操作平台、交叉作业及安全防护网搭设。

例题2（背景资料节选）：在装饰装修阶段，项目部使用钢管和扣件临时搭设了一个移动式操作平台用于顶棚装饰装修作业。该操作平台的台面面积8.64m^2，台面距楼地面高4.6m。

问题：现场搭设的移动式操作平台的台面面积、台面高度是否符合规定？现场移动式操作平台作业安全控制要点有哪些？

答案：

（1）现场搭设的移动式操作平台的台面面积和台面高度符合规定。

（2）移动式操作平台作业安全控制要点有：

① 台面脚手板要铺满扎（钉）牢；

② 台面四周设置防护栏杆；

③ 架体应保持垂直，不得弯曲变形；

④ 制动器除在移动情况外，均应保持制动状态；

⑤ 移动时，操作平台上不得站人；

⑥ 限载作业；

⑦ 使用中每月不少于1次定期检查，专人负责日常维护工作。

例题3（背景资料节选）：现场使用一落地式操作平台进行施工作业，平台从底层第一步水平杆起每隔两层设置连墙件，平台临边设置1.15m高防护栏杆，平台上堆放1m高多层模板，平台搭设所用钢管和扣件均有产品合格证，施工前对平台基础进行了检查验收。

问题：落地式操作平台搭设及使用有哪些不妥之处？写出正确做法。落地式操作平台还应进行哪些检查验收？

答案：

（1）落地式操作平台搭设及使用的不妥之处及正确做法如下：

不妥1：每隔两层设置连墙件。

正确做法：应逐层设置连墙件，且间距不应大于4m。

不妥2：平台临边设置1.15m高防护栏杆。

正确做法：防护栏杆高度应不低于1.2m。

不妥3：平台上堆放1m高多层模板。

正确做法：平台上临时堆放的模板不宜超过3层。

（2）落地式操作平台还应进行的检查验收有：

① 搭设中随施工进度按结构层对操作平台进行检查验收。

② 遇6级以上大风、雷雨、大雪等恶劣天气及停用超过1个月，恢复使用前进行检查验收。

例题4（背景资料节选）：施工员在楼层悬挑式钢质卸料平台安装技术交底中，要求使用吊环进行钢平台吊运，安装时保证平台标高一致，并在卸料平台三个侧边设置防护栏杆及防护挡板。架子工对此提出异议。

问题：指出背景中技术交底的不妥之处，并说明理由。

答案：

不妥1：施工员进行技术交底。

理由：应由施工负责人进行技术交底。（《建筑施工安全检查标准》JGJ 59—2011）

不妥2：使用吊环进行钢平台吊运。

理由：应使用卡环吊运。

不妥3：安装时保证卸料平台标高一致。

理由：安装时外侧应略高于内侧。

例题5（背景资料节选）：外墙装饰完成后，施工单位安排工人拆除外脚手架。在拆除过程中，上部钢管意外坠落击中下部施工人员，造成1名工人死亡。

问题：安全事故分几个等级？本次安全事故属于哪种安全事故？当交叉作业无法避开在同一垂直方向上操作时，应采取什么措施？

答案：

（1）分为四个等级。

（2）属于一般事故。

（3）应设置安全防护棚或安全防护网等安全隔离措施。

笔记区

考点十五：装饰装修工程安全管理要点

历年考情分析

年份	2014	2015	2016	2017	2018	2019	2020	2021	2022
案例									

一、装饰装修工程主要事故隐患

装饰装修工程主要事故隐患：
- 高处坠落
- 物体打击
- 火灾
- 触电
- 机械伤害

二、高空坠落和物体打击防范

高空坠落和物体打击占整个装饰装修施工事故隐患的40%以上，防范措施包括：

（1）加强临边防护，预防坠落物伤人。

（2）加强从事高处作业人员的身体检查和高处作业安全教育，不断提高自我保护意识。

（3）科学合理地安排施工作业，尽量减少高处作业并为高处作业创造良好的作业条件。

（4）充分利用安全网、安全帽、安全带等防护用品，保证工人在有安全保证措施的情况下施工。

（5）临边应采用密目式安全网等预防落物伤人的措施。

笔记区

考点十六：塔式起重机安全控制要点

历年考情分析

年份	2014	2015	2016	2017	2018	2019	2020	2021	2022
案例	√	√	√		√				

1．塔式起重机拆装配备人员

（1）持有安全生产考核合格证书的人：项目负责人、安全负责人、机械管理人员。

（2）持有特种作业操作资格证书的人：起重机械安装拆卸工、起重司机、起重信号工、司索工。

2. 无载荷作用下，塔身与地面的垂直度偏差不得超过4‰。

3. 安全保护装置：动臂变幅限制器、行走限位器、力矩限制器、吊钩高度限制器、行程限位开关。

4. 在进行塔式起重机回转、变幅、行走和吊钩升降等动作前，操作人员应检查电源电压是否达到380V，变动范围不得超过+20V/-10V，送电前启动控制开关应在零位，并应鸣声示意。

5. 不得超荷载和起吊不明质量的物件。

6. 塔式起重机运行时突然停电：

（1）控制器拨到零位。

（2）断开电源开关。

（3）采取措施将重物安全降到地面。

注：严禁起吊重物后长时间悬挂空中。

7. 遇有6级及以上的大风或大雨、大雪、大雾等恶劣天气时，应停止塔式起重机露天作业。雨雪过后或雨雪中作业时，应先进行试吊，确认制动器灵敏可靠后方可作业。

8. 在起吊荷载达到塔式起重机额定起重量的90%及以上时，应先将重物吊离地面200～500mm，然后进行下列检查：机械状况、制动性能、物件绑扎情况等，确认安全后方可继续起吊。对有晃动的物件，必须拉溜绳使之稳定。

【经典案例回顾】

例题1（2018年·背景资料节选·有改动）：设备安装阶段，发现拟安装在屋面的某空调机组重量达到塔式起重机限载值（额定起重量）的96%，起吊前先进行试吊，即将空调机组吊离地面80cm后停止提升，现场安排专人进行观察与监督。监理工程师认为施工单位做法不符合安全规定，要求整改，对试吊时的各项检查内容旁站监理。

问题：指出背景资料中施工单位做法不符合安全规定之处，并说明理由。在试吊时，必须进行哪些检查？

答案：

（1）不妥之处：试吊时将空调机组吊离地面80cm。

理由：在起吊荷载达到塔式起重机额定起重量90%及以上时，应先将重物吊离地面20～50cm进行检查。

（2）试吊时必须检查内容包括：①机械状况；②制动性能；③物件绑扎情况。

例题2（2014年·背景资料节选）：某工程项目经理持有一级注册建造师证书和安全生产考核资格证书（B），电工、电焊工、架子工持有特种作业操作资格证书。

问题：背景资料中的施工企业还有哪些人员需要取得安全生产考核资格证书及其证书类别？与建筑起重作业相关的特种作业人员有哪些？

答案：

（1）需要取得安全生产考核资格证书的人员还包括：施工单位主要负责人、项目专职安全管理人员。

（2）安全生产考核资格证书类别分别为：施工单位主要负责人为A类证书；项目专职安全管理人员为C类证书。

（3）起重机械安装拆卸工、起重司机、起重信号工、司索工。

例题3（2022年二建·背景资料节选）：用于宿舍楼的某预制外墙板，即将起吊时突遇6级大风，施工人员立即停止作业，塔式起重机吊钩仍挂在外墙板预埋吊环上。大风过后，施工人员直接将该预制外墙板吊至所在楼层，利用轮廓线控制就位后，设置2道可调斜撑临时固定。

问题：指出预制外墙板在吊运和安装过程中的不妥之处，写出正确做法。还有哪些恶劣天气塔式起重机也需停止作业？

答案：

（1）不妥之处及正确做法：

不妥1：塔式起重机停止作业时，吊钩仍挂在外墙板预埋吊环上。

正确做法：停止作业塔式起重机应解钩，将吊钩升起。

不妥2：大风过后，直接起吊外墙板。

正确做法：应先试吊，确认制动器灵敏可靠方可正式起吊。

不妥3：预制外墙板采用轮廓线控制就位。

正确做法：预制外墙板应以轴线和轮廓线双控制。

（2）塔式起重机需停止作业的恶劣天气还有：大雨、大雪、大雾。

例题4（背景资料节选）：施工第10层时，碰上当地供电部门临时停电，现场对塔式起重机采取了相应的安全防范措施。

问题：塔式起重机运转过程中突然停电，按步骤写出相应的安全防范措施。

答案：

（1）立即将所有控制器拨到零位。

（2）断开电源开关。

（3）采取措施将重物安全降到地面。

例题5（背景资料节选）：塔式起重机安装阶段，发现总高度为135m的塔身，在无载荷情况下塔尖垂直度水平位移偏差675mm，监理工程师认为该塔式起重机不符合安全规定，要求对塔式起重机进行全面的整体技术检验和调整，经再次检验合格后方可投入使用。

问题：监理工程师要求塔式起重机重新检验是否正确？说明理由。

答案：

监理工程师的要求：正确。

理由：本塔身的垂直度偏差=675/（135×1000）=5‰，规范要求塔身垂直度偏差不得超过4‰。

笔记区

考点十七：施工电梯安全控制要点

历年考情分析

年份	2014	2015	2016	2017	2018	2019	2020	2021	2022
案例									

1．周围5m内，不得堆放易燃、易爆物品及其他杂物，不得挖沟开槽。电梯2.5m范围内应搭坚固的防护棚。

2．层间平台防护：

（1）平台两侧边：防护栏杆+挡脚板，密目式安全立网或工具式栏板封闭。

（2）平台口：高度≥1.8m的防护门，设防外开装置（即开闭装置在外侧）。

3．司机需取得机械操作合格证后，方可独立操作。

4．正式投入使用前需检查或试验：

（1）限位安全装置。

（2）制动器。

（3）楼层站台、防护门、上限位、前后门限位。

5．遇下列情况，施工电梯应停止运行：

（1）天气恶劣，如雷雨、6级及以上大风、大雾、导轨结冰。

（2）灯光不明，信号不清。

（3）机械发生故障，未彻底排除。

（4）钢丝绳断丝磨损超过规定。

【经典案例回顾】

例题1（背景资料节选）：某超高层建筑工程，工期较紧，外幕墙与室内精装修同时进行施工，采用四台SCD200/200G型高速施工电梯运输人员及材料。电梯安装位置与各楼层搭设过桥连接，并设置相应的安全防护措施。电梯拆除后再进行相应位置的幕墙封闭。

问题：施工电梯与各楼层过桥安全防护措施应如何设置？

答案：

（1）两侧设置防护栏杆、挡脚板，并用密目式安全立网或工具式栏板封闭。

（2）停层平台口应设置高度不低于1.8m的楼层防护门，并应设置防外开装置。

例题2（背景资料节选）：项目采用SC200/200V型高速施工电梯运输人员及材料，在进行设备设施安全验收检查时发现，施工电梯底部周围2.2m范围内设置了防护棚，防护棚高2.5m，距离防护棚2m处放有两罐乙炔瓶。建筑物每个停层平台已设置相应的防护措施。塔式起重机信号工兼职施工电梯操作司机，且只有信号工证，项目经理认为存在多处安全隐患，要求尽快整改。

问题：指出关于施工电梯的不妥之处，写出正确做法。

答案：

不妥1：施工电梯底部周围2.2m范围内设置防护棚。

正确做法：施工电梯2.5m范围内应搭设的防护棚。

不妥2：防护棚高2.5m。

正确做法：当安全防护棚为非机动车辆通行时，棚高不应小于3m；当为机动车辆通行时，棚高不应小于4m。

不妥3：距离施工电梯防护棚2m处放有两罐乙炔瓶。

正确做法：施工电梯周围5m内，不得堆放易燃、易爆物品及其他杂物。

不妥4：塔式起重机信号工兼职施工电梯操作司机。

正确做法：施工机械应实行定机、定人、定岗位职责的“三定”制度，即塔式起重机信号工不得兼职施工电梯操作司机。

不妥5：施工电梯操作司机持信号工证上岗。

正确做法：施工电梯司机需取得机械操作合格证后方可上岗作业。

笔记区

考点十八：其他建筑机具安全控制要点

历年考情分析

年份	2014	2015	2016	2017	2018	2019	2020	2021	2022
案例						√			√

一、物料提升机

（1）住房和城乡建设部将龙门架、井架物料提升机列为危及生产安全的限制使用施工设备，不得用于高度25m及以上的建设工程施工。

（2）钢丝绳的端部固定采用绳卡时，绳卡数量不得少于3个且间距不小于钢丝绳直径的6倍。绳卡滑鞍放在受力绳的一侧，不得正反交错设置绳卡。

（3）安全防护装置包括：安全停靠装置；断绳保护装置；楼层口停靠栏杆；吊篮安全门；上料口防护棚；上极限限位器；下极限限位器；紧急断点开关；信号装置；缓冲器；超载限制器；通信装置。

（4）附墙架与架体及建筑之间，应采用刚性件连接，不得连接在脚手架上，严禁使用钢丝绑扎。

二、钢筋加工机械的安全控制要点

（1）室外作业应设置机棚，机械旁应有堆放原材料、半成品的场地。

（2）冷拉场地应在两端地锚外侧设置警戒区，并应安装防护栏及警告标志。操作人员在作业时必须离开受拉钢筋2m以外。

（3）用延伸率控制的装置，应装设明显的限位标志，并应有专人负责指挥。

三、气瓶的安全控制要点

（1）气瓶的放置地点，不得靠近热源和明火；禁止敲击、碰撞；禁止在气瓶上进行电弧引焊；禁止用带油的手套开气瓶。

（2）氧气瓶和乙炔瓶在室温下，两瓶之间的安全距离至少5m；气瓶距明火的距离至少10m。

（3）气瓶内的气体不能用尽，必须留有剩余压力或重量。

（4）气瓶必须配有瓶帽、防震圈；旋紧瓶帽，轻装，轻卸，严禁抛、滑、滚动或撞击。

【经典案例回顾】

例题1（2019年·背景资料节选）：施工中，施工员对气割作业人员进行安全作业交底，主要内容有：气瓶要防止暴晒；气瓶在楼层内滚动时应设置防震圈；严禁用带油的手套开气瓶。切割时，氧气瓶和乙炔瓶的放置距离不得小于5m，气瓶离明火的距离不得小于8m；作业点离易燃物的距离不小于20m；气瓶内的气体应尽量用完，减少浪费。

问题：指出施工员安全作业交底中的不妥之处，并写出正确做法。

答案：

不妥1：气瓶在楼层内滚动。

正确做法：严禁滚动气瓶，应抬至指定位置。

不妥2：气瓶离明火的距离不得小于8m。

正确做法：气瓶离明火的距离至少10m。

不妥3：气割作业点离易燃物的距离不小于20m。

正确做法：气割作业点离易燃物的距离不得小于30m。

不妥4：气瓶内的气体应尽量用完。

正确做法：气瓶内的气体不能用尽，必须留有剩余压力或重量。

例题2（背景资料节选）：现场采用物料提升机进行小型材料吊运，提升机钢丝绳采用绳卡固定，设置2个绳卡，绳卡滑鞍正反交错设置。监理工程师巡视时发现存在安全隐患，责令限期整改。

问题：物料提升机设置有哪些不妥？说明理由。

答案：

不妥1：钢丝绳采用2个绳卡固定。

理由：绳卡数量不得少于3个。

不妥2：绳卡滑鞍正反交错设置。

理由：绳卡滑鞍放在受力绳的一侧，不得正反交错设置绳卡。

例题3（背景资料节选）：现场使用钢筋加工机械在室外进行露天冷拉调直时，仅在场地两端地锚外侧设置警戒区后即进行作业，操作人员离受拉钢筋1.5m。用于控制延伸率的装置未装设限位标志，下午1时钢筋在进行冷拉调直时突发断裂导致一名作业人员腹部被钢筋插入，经抢救无效死亡。

问题：写出钢筋加工中的错误之处并改正。

答案：

错误1：钢筋加工机械在室外进行露天冷拉调直。

正确做法：钢筋加工机械室外作业应设置机棚。

错误2：冷拉场地两端地锚外侧仅设置警戒区。

正确做法：还应安装防护栏及警告标志。

错误3：操作人员离受拉钢筋1.5m。

正确做法：操作人员在作业时必须离开受拉钢筋2m以外。

错误4：控制延伸率的装置未装设限位标志。

正确做法：控制延伸率的装置应装设限位标志。

笔记区

第六章

合同与成本

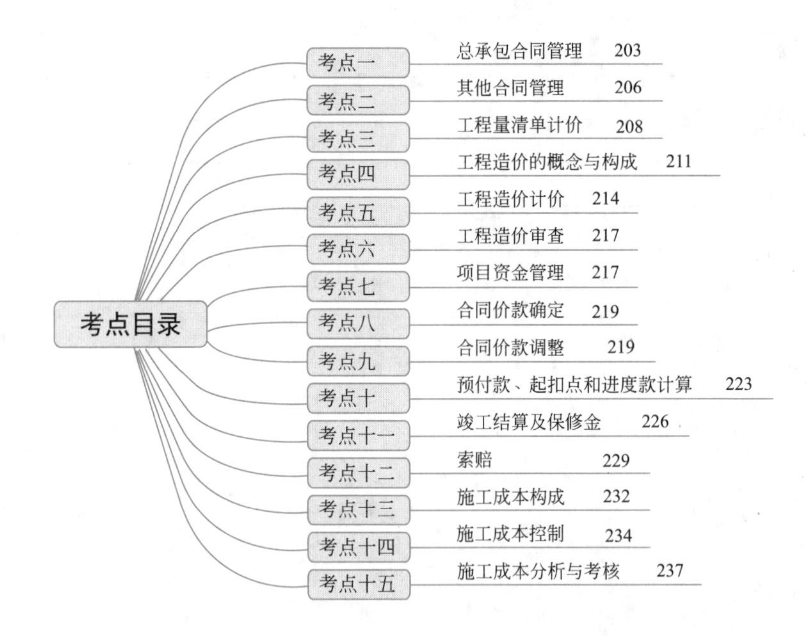
考点目录
考点一
总承包合同管理 203
考点二
其他合同管理 206
考点三
工程量清单计价 208
考点四
工程造价的概念与构成 211
考点五
工程造价计价 214
考点六
工程造价审查 217
考点七
项目资金管理 217
考点八
合同价款确定 219
考点九
合同价款调整 219
考点十
预付款、起扣点和进度款计算 223
考点十一
竣工结算及保修金 226
考点十二
索赔 229
考点十三
施工成本构成 232
考点十四
施工成本控制 234
考点十五
施工成本分析与考核 237

考点一：总承包合同管理

历年考情分析

年份	2014	2015	2016	2017	2018	2019	2020	2021	2022
案例			√			√		√	

一、《建设项目工程总承包合同（示范文本）》GF-2020-0216使用时的注意事项

由合同协议书、通用合同条件和专用合同条件三部分组成。在编写专用合同条件时，应注意以下事项：

（1）专用合同条件编号应与通用合同条件编号一致。

（2）在专用合同条件中有横道线的地方，合同当事人可针对相应的通用合同条件进行细化、完善、补充、修改或另行约定。

（3）对于在专用合同条件中未列出的通用合同条件中的条款，合同当事人需要进行细化、完善、补充、修改或另行约定的，可在专用合同条件中，以同一条款号增加相应内容。

合同文件优先解释顺序如下：

① 合同协议书；

② 中标通知书；

③ 投标函及其附录；

④ 专用合同条件及《发包人要求》等附件；

⑤ 通用合同条件；

⑥ 承包人建议书；

⑦ 价格清单；

⑧ 双方约定的其他合同文件。

二、总承包合同概述

1. 工程总承包是指承包单位按照与建设单位签订的合同，对工程设计、采购、施工或者设计、施工等阶段实行总承包，并对工程的质量、安全、工期和造价等全面负责的工程建设组织实施方式。

2. 工程总包合同管理工作包括：

（1）合同订立。

（2）合同备案。

（3）合同交底。

（4）合同履行。

（5）合同变更。

（6）争议与诉讼；

（7）合同分析与总结。

3. 总承包合同管理原则：

（1）依法履约原则。

（2）诚实信用原则。

（3）全面履行原则。

（4）协调合作原则。

（5）维护权益原则。

（6）动态管理原则。

三、企业层合同管理

1. 合同谈判人员组成：

（1）掌握建筑法律法规的相关人员。

（2）懂得工程技术方面的人员。

（3）懂得经济方面的人员。

2. 谈判讨论中经双方确认的内容及范围方面的修改或调整，应以“合同补充”或“会议纪要”方式作为合同附件。

3. 合同签约：

（1）由合约管理部门牵头负责召集本企业的工程、技术、质量、资金、财务、劳务、物资、法律部门进行合同评审。

（2）签约前，需做好以下工作：

① 保持待签合同与招标文件、投标文件的一致性。一致性的要求包含了合同内容、承包范围、工期、造价、计价方式、质量要求等实质性内容。

② 尽量采用当地行政部门制定的通用合同示范文本，完整填写合同内容。

③ 审核合同的主体。

④ 谨慎填写合同细节条款。

当事人就同一建设工程另行订立的建设工程施工合同与经过备案的中标合同实质性内容不一致的，以备案的中标合同作为结算工程价款的依据。（即：阴阳合同问题）

四、项目层合同管理

1. 合同变更管理程序：

（1）提出合同变更申请。

（2）施工方审查、批准。

一般由项目经理审查批准，有必要时经企业合同管理部门负责人签认，重大的合同变更需报企业负责人签认。

（3）业主签认，形成书面文件。

（4）组织实施。

2. 项目部按以下程序进行合同争议处理：

（1）准备并提供合同争议事件的证据和详细报告。

（2）通过“和解”或“调解”达成协议，解决争端。

（3）当“和解”或“调解”无效时，报请企业负责人同意后，按合同约定提交仲裁或诉讼处理。

（4）当事人应接受并执行最终裁定或判决的结果。

【经典案例回顾】

例题1（2016年·背景资料节选）：某新建住宅楼工程，建筑面积43200m²，砖混结构，投资额25910万元。某施工总承包单位按市场价格计算为25200万元，为确保中标最终以23500万元作为投标价。经公开招标投标，该总承包单位中标，双方签订了工程施工总承包合同A，并上报建设行政主管部门。建设单位因资金紧张，提出工程款支付比例修改为按每月完成工作量的70%支付，并提出今后在同等条件下该施工总承包单位可以优先中标的条件。施工总承包单位同意了建设单位这一要求，双方据此重新签订了施工总承包合同B，约定照此执行。

问题：双方签订合同的行为是否违法？双方签订的哪份合同有效？施工单位遇到此类现象时，需要把握哪些关键点？

答案：

（1）双方签订合同的行为：违法。

（2）双方签订的有效合同是：合同A。

（3）需要严格把握的关键点是：

① 保持待签合同与招标投标文件一致。

② 签订的合同必须在建设行政主管部门备案。

例题2（2020年二建·背景资料节选）：建设单位投资兴建写字楼工程，地下1层，地上5层，建筑面积6000m²。经公开招标投标，在7家施工单位里选定A施工单位中标，B施工单位因为在填报工程量清单价格（投标文件组成部分）时，所填报的工程量与建设单位提供的工程量不一致以及其他原因导致未中标。A施工单位经合约、法务等部门认真审核相关条款，并上报相关领导同意后，与建设单位签订了工程施工总承包合同。

问题1：B施工单位在填报工程量清单价格时，除工程量外还有哪些内容必须与建设单位提供的内容一致？

答案：

必须与建设单位提供的内容一致的还有：项目编码、项目名称、项目特征、计量单位。

问题2：除合约、法务部门外，A施工单位审核合同条款时还需要哪些部门参加？

答案：

审核合同条款时还需要以下部门参加：工程、技术、质量、资金、财务、劳务、物资部门。

笔记区

历年考情分析

年份	2014	2015	2016	2017	2018	2019	2020	2021	2022
案例						√			√

一、合同类型

作为施工企业，合同类型包括勘察设计、施工总承包合同、分包合同、劳务合同、采购合同、租赁合同、借款合同、担保合同、咨询合同、保险合同等。

二、分包合同

承包单位承包工程后违反法律法规规定，把单位工程或分部分项工程分包给其他单位或个人施工的行为，存在下列情形之一的，属于违法分包：

（1）承包单位将其承包的工程分包给个人的。

（2）施工总承包单位或专业承包单位将工程分包给不具备相应资质单位的。

（3）施工总承包单位将施工总承包合同范围内工程主体结构的施工分包给其他单位的，钢结构工程除外。

（4）专业分包单位将其承包的专业工程中非劳务作业部分再分包的。

（5）专业作业承包人将其承包的劳务再分包的。

（6）专业作业承包人除计取劳务作业费用外，还计取主要建筑材料款和大中型施工机械设备、主要周转材料费用的。

三、物资采购合同

应对以下条款加强重点管理：

（1）标的：主要包括购销物资的名称、品种、型号、规格、等级、花色、技术标准或质量要求等。

（2）数量。

（3）包装：包括包装的标准和包装物的供应和回收。包装费用一般不得向需方另外收取。

（4）运输方式。

（5）价格。

（6）结算。

我国现行结算方式分为现金结算和转账结算两种，其中转账结算的方法有：

异地间转账结算	①托收承付； ②委托收款； ③信用证； ④汇兑； ⑤限额结算

续表

同城间转账结算	① 支票； ② 付款委托书； ③ 托收无承付； ④ 同城托收承付

（7）违约责任。

（8）特殊条款。

四、设备供应合同

（1）合同签订时需注意以下问题：设备价格、设备数量、技术标准、现场服务、验收和保修。

（2）设备数量条目需明确：成套设备名称、套数、随主机的辅机、附件、易损耗备用品、配件和安装修理工具等。

【经典案例回顾】

例题1（2022年·背景资料节选）：建设单位针对建设项目进行招标，某施工总承包单位中标，签订了施工总承包合同。施工总承包单位与地砖供应商签订物资采购合同，购买800mm × 800mm的地砖3900块，合同标的规定了地砖的名称、等级、技术标准等内容。地砖由A、B、C三地供应，相关信息见下表：

地砖采购信息表

序号	货源地	数量（块）	出厂价（元/块）	其他
1	A	936	36	
2	B	1014	33	
3	C	1950	35	
合计		3900		

问题1：施工企业除施工总承包合同外，还可能签订哪些与工程相关的合同？

答案：

还可能签订的合同有：分包合同、劳务合同、物资采购合同、保险合同、担保合同、租赁合同、借款合同、咨询合同。

问题2：分别计算地砖的每平方米用量、各地采购比重和材料原价各是多少？（原价单位：元/m^2）物资采购合同中的标的内容还有哪些？

答案：

（1）地砖每平方米用量：1 ÷（0.8 × 0.8）=1.5625块

（2）各地采购比重和材料原价：

A地采购比重：936 ÷ 3900=24%

B地采购比重：1014 ÷ 3900=26%

C地采购比重：1950 ÷ 3900=50%

材料原价 =（36 × 24%+33 × 26%+35 × 50%）× 1.5625=54.25元/m^2

（3）物资采购合同中的标的内容还有：牌号、商标、品种、规格、型号、花色、质量要求。

例题2（2019年·背景资料节选）：项目部材料管理制度要求对物资采购合同的标的、价格、结算、特殊要求等条款加强重点管理。其中，对合同标的的管理要包括物资的名称、花色、技术标准、质量要求等内容。

问题：物资采购合同重点管理的条款还有哪些？物资采购合同标的包括的主要内容还有哪些？

答案：

（1）重点管理的条款还有：数量、包装、运输方式、违约责任。

（2）标的包括的主要内容还有：品种、型号、规格、等级。

例题3（背景资料节选）：某大学城工程，包括结构形式与建造规模完全一致的四栋单体建筑，钢筋混凝土框架–剪力墙结构。A施工单位与建设单位签订了施工总承包合同，合同约定：除主体结构外的其他分部分项工程施工，总承包单位可以自行依法分包，建设单位负责供应油漆等部分材料。由于工期较紧，A施工单位将其中两栋单体建筑的室内精装修和幕墙工程分包给具备相应资质的B施工单位。B施工单位经A施工单位同意后，将其承包范围内的幕墙工程分包给具备相应资质的C施工单位组织施工，油漆劳务作业分包给具备相应资质的D施工单位组织施工。

问题：分别判定A施工单位、B施工单位、C施工单位、D施工单位之间的分包行为是否合法？并逐一说明理由。

答案：

（1）A施工单位与B施工单位之间的分包行为：合法。

理由：施工总承包合同约定：除主体结构外的其他分部分项工程施工，总承包单位可以自行依法分包；室内精装修和幕墙工程不属于主体工程，且B施工单位具备相应资质。

（2）B施工单位与C施工单位之间的分包行为：不合法。

理由：专业分包单位将其承包的专业工程中非劳务作业再分包的属于违法分包。

（3）B施工单位与D施工单位之间的分包行为：合法。

理由：分包单位可以将分包工程的劳务作业分包给具备相应资质的劳务分包单位。

笔记区

考点三：工程量清单计价

历年考情分析

年份	2014	2015	2016	2017	2018	2019	2020	2021	2022
案例			√		√				

一、工程量清单计价特点

特点	相关说明
强制性	对工程量清单的使用范围、计价方式、竞争费用、风险处理、工程量清单编制方法、工程量计算规则均做出强制性规定，不得违反
统一性	采用综合单价形式
完整性	包括工程项目招标、投标、过程计价以及结算的全过程管理
规范性	对计价方式、计价风险、清单编制、分部分项工程量清单编制、招标控制价的编制与复核、投标价的编制与复核、合同价款调整、工程计价表格式均做出统一规定和标准
竞争性	—
法定性	—

二、工程量清单构成与编制要求

1. 采用工程量清单计价形成的工程造价：

工程造价 =(分部分项工程费 + 措施项目费 + 其他项目费)×(1+ 规费费率)×(1+ 税率)

2. 分部分项工程量清单应载明项目编码、项目名称、项目特征、计量单位和工程量，并根据拟建工程的实际情况列项。

3. 措施项目清单应根据建设工程的实际情况列项。若出现《计价规范》未列明的项目，可根据工程实际情况予以补充。措施项目包括一般措施项目、脚手架工程、混凝土模板及支架（撑）、垂直运输、超高施工增加。

一般措施费项目一览表

序号	项目名称
1	安全文明施工费（含环境保护、文明施工、安全施工、临时设施）
2	夜间施工
3	二次搬运费
4	冬雨期施工
5	大型机械设备进出场及安拆
6	施工排水
7	施工降水
8	地上、地下设施，建筑物的临时保护设施
9	已完工程及设备保护

4. 招标工程量清单：

（1）必须作为招标文件组成部分，准确性和完整性由招标人负责。

（2）招标人应编制招标控制价，不得浮动并在招标文件中予以公布。

（3）采用工程量清单计价的工程，应在招标文件或合同中明确计价中的风险内容及其范围，不得采用无限风险、所有风险或类似语句规定计价中的风险内容及其范围。

5. 投标工程量清单：

（1）投标人应按招标人提供的工程量清单填报价格。填写的项目编码、项目名称、项目特征、计量单位、工程量必须与招标人提供的一致。

（2）投标总价应当与分部分项工程费、措施项目费、其他项目费、规费和税金的合计金额一致。

（3）投标报价时，措施费自主确定，但安全文明施工费应按照不低于国家或省级、行业建设主管部门规定标准的90%计价。

（4）投标时不得做竞争性费用：安全文明施工费、规费和税金。

【经典案例回顾】

例题1（2018年·背景资料节选）：中标后，双方依据《建设工程工程量清单计价规范》GB 50500—2013，对工程量清单编制方法等强制性规定进行了确认，对工程造价进行了全面审核。最终确定有关费用如下：分部分项工程费82000.00万元，措施项目费20500.00万元，其他项目费12800.00万元，暂列金额8200.00万元，规费2470.00万元，税金3750.00万元。双方依据《建设工程施工合同（示范文本）》GF-2017-0201签订了工程施工总承包合同。

问题：计算本工程签约合同价（单位：万元，保留两位小数）。双方在工程量清单计价管理中应遵守的强制性规定还有哪些？

答案：

（1）签约合同价＝分部分项工程费＋措施项目费＋其他项目费＋规费＋税金

=82000+20500+12800+2470+3750=121520.00万元

（2）双方在工程量清单计价管理中还应遵守的强制性规定有：

① 工程量清单的使用范围；

② 计价方式；

③ 竞争费用；

④ 风险处理；

⑤ 工程量计算规则。

例题2（2020年二建·背景资料节选）：建设单位投资兴建写字楼工程，地下1层，地上5层，建筑面积为6000m^2，总投资额4200.00万元。经公开招标投标，在7家施工单位里选定A施工单位中标，B施工单位因为在填报工程量清单价格（投标文件组成部分）时，所填报的工程量与建设单位提供的工程量不一致以及其他原因导致未中标。

问题：B施工单位在填报工程量清单价格时，除工程量外还有哪些内容必须与建设单位提供的内容一致？

答案：

还有以下内容必须与建设单位提供的内容一致：

（1）项目编码；

（2）项目名称；

（3）项目特征；

（4）计量单位。

例题3（2019年二建·背景资料节选·有改动）：沿海地区某群体住宅工程，包含整体地下室、8栋住宅楼、1栋物业配套楼以及小区公共区域园林绿化等，业态丰富、体量较大，工期暂定3.5年。招标文件约定：采用工程量清单计价模式，要求投标单位充分考虑风险，特别是一般措施费用项目均应以有竞争力的报价投标，最终按固定总价签订施工合同。

问题1：指出本工程招标文件中的不妥之处，并写出相应正确做法。

答案：

不妥1：要求投标单位充分考虑风险。

正确做法：采用工程量清单计价的工程，招标人应在招标文件中明确计价中的风险内容及范围。

不妥2：一般措施费项目均以有竞争力的报价投标。

正确做法：一般措施费项目中的安全文明施工费不得作为竞争性费用。

不妥3：按固定总价合同签订施工合同。

正确做法：本工程工期较长（3.5年），不适用固定总价合同，应采用可调总价合同。

问题2：根据工程量清单计价原则，一般措施费用项目有哪些（至少列出6项）？

答案：

（1）安全文明施工费。

（2）夜间施工。

（3）二次搬运费。

（4）冬雨期施工。

（5）大型机械设备进出场及安拆。

（6）施工排水。

（7）施工降水。

（8）地上、地下设施，建筑物的临时保护设施。

（9）已完工程及设备保护。

笔记区

考点四：工程造价的概念与构成

历年考情分析

年份	2014	2015	2016	2017	2018	2019	2020	2021	2022
案例	√			√	√			√	

一、建设工程造价的特点

（1）大额性。

（2）个别性和差异性。

（3）动态性。

（4）层次性。

二、建设工程造价的分类

（1）投资估算。

（2）概算造价。

（3）预算造价。

（4）合同价。

（5）结算价。

（6）决算价。

三、按费用构成要素划分

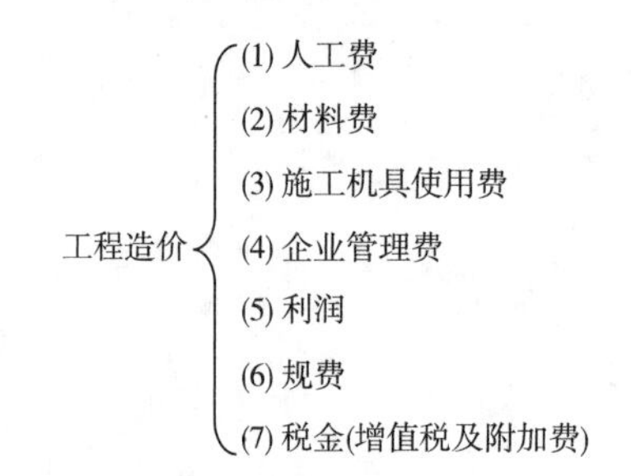

检验试验费属于企业管理费，是工程造价的一部分。

包括：

（1）对建筑以及材料、构件和建筑安装物进行一般鉴定、检查所发生的费用。

（2）施工单位自设试验室进行试验所耗用的材料等费用。

不包括：

（1）新结构、新材料的试验费。

（2）对构件做破坏性试验及其他特殊要求检验试验的费用。

（3）建设单位委托检测机构进行检测的费用。

四、按造价形成划分

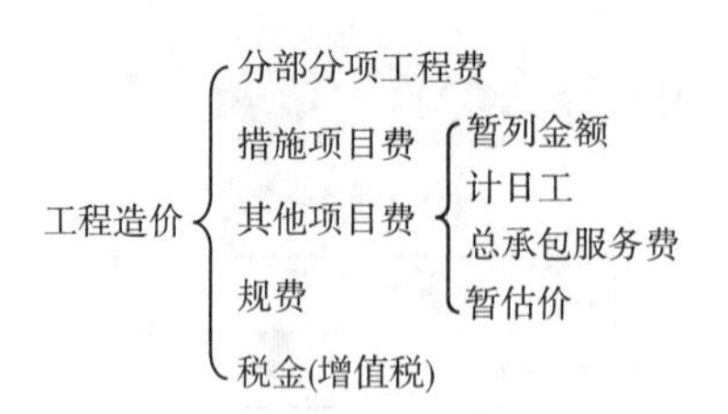

（1）暂列金额：招标人在工程量清单中暂定并包括在合同价款中的一笔款项，并不直接属于承包人所有，而是由发包人暂定并掌握使用的一笔款项，用于施工合同签订时尚未确定或者不可预见的所需材料、设备、服务的采购，施工中可能发生的工程变更、合同约定调整因素出现时的工程价款调整以及发生的索赔、现场签证确认等的费用。

（2）暂估价：招标人在工程量清单中提供的用于支付必然发生但暂时不能确定价格的专业服务、材料、设备以及专业工程的金额。

（3）总承包服务费是指总承包人为配合、协调专业工程发包，对建设单位自行采购的材料、工程设备等进行保管以及施工现场管理等服务所需的费用。（即针对业主指定分包、甲供材）

【经典案例回顾】

例题1（2021年·背景资料节选）：项目检验试验由建设单位委托具有资质的检测机构负责，施工单位支付了相关费用，并向建设单位提出以下索赔事项：

（1）现场自建试验室费用超出预算费用3.5万元。

（2）新型钢筋混凝土预制剪力墙结构验证试验费25万元。

（3）新型钢筋混凝土剪力墙预制构件抽样检测费用12万元。

（4）预制钢筋混凝土剪力墙板破坏性试验费用8万元。

（5）施工企业采购的钢筋连接套筒抽检不合格而增加的检测费用1.5万元。

问题：分别判断检测试验索赔事项的各项费用是否成立？（如1万元成立）

答案：

（1）3.5万元不成立。

（2）25万元成立。

（3）12万元不成立。

（4）8万元成立。

（5）1.5万元不成立。

解析：

此问很难，一是难在答案格式没看清；二是难在考点理解不透彻。

难度一：答案格式没看清。问题后括号内已经明确答案的格式是“××万元成立”或“××万元不成立”，结果很多考生长篇大论地写，生怕命题人误解他的想法和思路。试问一句，命题人会误解你的思路和答案吗？那为什么你是考生，他是考官呢？

难度二：没有深刻理解工程造价（合同价）中包括的检验试验费的含义。

检验试验费是指施工企业按照有关标准规定，对建筑以及材料、构件和建筑安装物进行一般鉴定、检查所发生的费用，包括自设试验室进行试验所耗用的材料等费用。不包括新结构、新材料的试验费，对构件做破坏性试验及其他特殊要求检验试验的费用和建设单位委托检测机构进行检测的费用，对此类检测发生的费用，由建设单位另行承担。

索赔事项一：现场自建试验室费用超出预算费用3.5万元，属于自设试验室进行试验所耗用的材料等费用，包括在检验试验费内，索赔不成立。

索赔事项二：新型钢筋混凝土预制剪力墙结构验证试验费25万元，属于新结构试验费，不包括在检验试验费里，索赔成立。

索赔事项三：新型钢筋混凝土剪力墙预制构件抽样检测费用12万元，注意看清楚是“构件”，不是“结构”，属于对构件进行一般鉴定、检查所发生的费用，包括在检验试验费内，索赔不成立。

索赔事项四：预制钢筋混凝土剪力墙板破坏性试验费用8万元，属于对构件做破坏性试验，不包括在检验试验费里，索赔成立。

索赔事项五：施工企业采购的钢筋连接套筒抽检不合格而增加的检测费用1.5万元，属于施工单位责任导致的费用增加，索赔不成立。

例题2（2018年·背景资料节选）：竣工结算时，总承包单位提出索赔事项如下：

事项一：本工程设计采用了某种新材料，总承包单位为此支付给检测单位检验试验费460万元，要求开发商承担。

事项二：工程施工期间，总承包单位为配合开发商自行发包的幕墙专业分包单位施工，脚手架租赁费用增加68万元。

问题：总承包单位提出的索赔是否成立？并说明理由。

答案：

事项一：索赔成立。

理由：新材料的检测单位检验试验费不属于工程造价中的检验试验费，应由业主方承担。

事项二：索赔成立。

在合同价中包括的总承包服务费是总承包人对建设单位采购材料、工程设备进行保管，对建设单位指定分包单位进行施工现场管理等服务所需的费用，并没有记取配合费用。

例题3（2018年二建·背景资料节选）：某开发商投资兴建办公楼工程，建筑面积9600m^2，地下1层，地上8层，现浇钢筋混凝土框架结构，由某施工单位中标。中标清单部分费用分别是：分部分项工程费3793万元，措施项目费547万元，脚手架费336万元，暂列金额100万元，其他项目费200万元，规费及税金264万元。双方签订了工程施工承包合同。

问题：施工单位签约合同价是多少万元？建筑工程造价有哪些特点？

答案：

合同价=分部分项工程费+措施项目费+其他项目费+规费+税金

=3793+547+200+264=4804万元

建筑工程造价特点：大额性、个别性和差异性、动态性、层次性。

笔记区

考点五：工程造价计价

历年考情分析

年份	2014	2015	2016	2017	2018	2019	2020	2021	2022
案例	√				√		√		√

费用	计价
（1）分部分项工程费	Σ（分部分项工程量 × 综合单价）
（2）措施项目费	按计价规定计算
（3）其他项目费	暂列金额+计日工+总承包服务费+暂估价
（4）规费	规定计算
（5）税金	按规定计算
造价（合同价、中标价）=（1）+（2）+（3）+（4）+（5）	
注：综合单价=人工费+材料费+机械费+管理费+利润 税率取9%（一般）或3%（简易）	

由于工程量计算规则不一致，清单工程量是主项工程量，即净量，与定额子目的工程量不是对应的关系，故采用定额组价的综合单价需要做相应的调整才能换算成清单计价中的综合单价。

【经典案例回顾】

例题1（2022年·背景资料节选）：某项目招标文件部分条款如下：暂列金额为1500.00万元，消防及通风空调专项工程合同金额为1200.00万元，由建设单位指定发包，总承包服务费3.00%。某施工单位中标后签订了施工总承包合同，合同部分条款如下：分部分项工程费48000.00万元，措施项目费为分部分项工程费的15%，规费费率为2.20%，增值税税率为9.00%。

问题：分别计算各项构成费用（分部分项工程费、措施项目费等5项）及施工总承包合同价格各是多少？（单位：万元，保留小数点后两位）

答案：

分部分项工程费：48000.00万元

措施项目费：48000.00 × 15%=7200.00万元

其他项目费：1500.00+1200.00 × 3%=1536.00万元

规费：（48000.00+7200.00+1536.00） × 2.20%=1248.19万元

税金：（48000.00+7200.00+1536.00+1248.19） × 9%=5218.58万元

合同价：48000.00+7200.00+1536.00+1248.19+5218.58=63202.77万元

例题2（2020年·背景资料节选）：施工招标时，工程量清单中C25钢筋综合单价为4443.84元/t，钢筋材料单价暂定为2500.00元/t，数量为260.00t。结算时经双方核实实际用量为250.00t，经业主签字认可采购价格为3500.00元/t，钢筋损耗率为2%。承包人将钢筋综合单价的明细分别按照钢筋上涨幅度进行调整，调整后的钢筋综合单价为6221.38元/t，增值税及附加费为11.50%。

问题：承包人调整C25钢筋工程量清单的综合单价是否正确？说明理由。并计算该清单项结算综合单价和结算价款各是多少元？（保留小数点后两位）

答案：

（1）承包人调整的综合单价调整方法：不正确。

理由：钢材的差价应直接在该综合单价上增减材料价差调整，不应当调整综合单价中的人工费、机械费、管理费和利润。

（2）钢筋价差调整：（3500–2500）×（1+2%）=1020元/t

钢筋工程结算综合单价：4443.84+1020=5463.84元/t

（3）结算价款为：250×5463.84×（1+11.5%）=1523045.40元

解析：

本问有两处难点，在此逐一解答。

（1）为何不考虑施工方重新提交的综合单价6221.38元/t？

理由：施工方重新提交的综合单价不仅对材料差价进行了调整，同时对综合单价组成中的人工费、机械费、管理费和利润也按照材料差价的相应比例进行了调整，而材料单价的调整并不会导致其他组成部分的变化，故施工方重新提交的综合单价不准确，故不予考虑。

（2）钢筋材料暂定价2500元/t，业主签字确认的钢筋材料单价是3500元/t，在钢筋分项的综合单价上加上1000元/t的综合单价即可，为何又要考虑损耗了呢？

理由：工程量清单计价时，双方确认的材料实际用量是指净量，不包括材料损耗的净量。故损耗的费用只能通过调高材料价差的形式予以弥补。

例题3（2014年·背景资料节选）：E单位的投标报价构成如下：分部分项工程费为16100.00万元，措施项目费为1800.00万元，安全文明施工费为322.00万元，其他项目费为1200.00万元，暂列金额为1000.00万元，管理费10%，利润5%，规费1%，增值税按简易项目计算。

问题：列式计算E单位的中标造价是多少万元？根据工程项目不同建设阶段，建设工程造价可划分为哪几类？该中标造价属于其中的哪一类？（保留两位小数）

答案：

（1）中标造价：

（16100+1800+1200）×（1+1%）×（1+3%）=19869.73万元

（2）造价可划分为：①投资估算；②概算造价；③预算造价；④合同价；⑤结算价；⑥决算价。

（3）中标造价属于合同价。

例题4（背景资料节选）：某施工单位投标报价书情况是：土石方清单工程量650m^3，根据施工方案确认实际工程量为800m^3，定额单价中人工费为8.40元/m^3、材料费为12.00元/m^3、机械费为1.60元/m^3。分部分项工程量清单合价为8200万元，措施项目清单合价为360万元，暂列金额为50万元，其他项目清单合价为120万元，企业管理费费率为15%，利润率为5%，规费为225.68万元，增值税按简易项目计算。

问题：施工单位填报土石方分项工程的综合单价是多少元/m^3？中标造价是多少万元？

答案：

（1）填报综合单价：

施工方案对应综合单价=（8.40+12.00+1.60）×（1+15%）×（1+5%）=26.57元/m^3

填报综合单价=26.57×800÷650=32.70元/m^3

（2）中标造价=（8200+360+120+225.68）×（1+3%）=9172.85万元

笔记区

考点六：工程造价审查

历年考情分析

年份	2014	2015	2016	2017	2018	2019	2020	2021	2022
案例	此知识点教材没有								

工程造价审查方法：
- 全面审查法
- 重点审查法
- 指标审查法
- 经验审查法
- 分组审查法
- 筛选对比法
- 分解对比法

（1）全面审查法：一项不漏逐一进行审查，包括工程量的计算、单价的套用、各项费率、各项费用总价、总价。

（2）重点审查法：只审查工程量大、单价高、对工程造价有较大影响的重点项目。

（3）经验审查法：审查内容有建筑面积、工程量、单价、分部分项费用、措施费、其他应计取费用、利润、总造价、单方指标。

笔记区

考点七：项目资金管理

历年考情分析

年份	2014	2015	2016	2017	2018	2019	2020	2021	2022
案例			√					√	

1．项目资金管理原则：（2021年案例问答）

（1）统一管理、分级负责。

（2）归口协调、流程管控。

（3）资金集中、预算控制。

（4）以收定支、集中调剂。

2．项目经理部负责项目资金的使用管理，管理职责包括：

（1）制定本项目资金预算管理实施细则。

（2）组织落实项目资金收支有序开展，确保项目资金及时回收和合理支出。

（3）编制、上报和执行项目资金预算。

（4）编制项目预算执行情况月报。

3．项目资金预算表包括内容：

（1）期初资金结余。

（2）现金收入合计。

（3）现金支出合计。

（4）当月净现金流。

（5）累计净现金流。

【经典案例回顾】

例题（2016年·背景资料节选）：施工总承包单位编制了项目管理实施规划。其中：项目成本目标为21620万元，项目现金流量表如下所示。

项目现金流量表（单位：万元）

工期（月） 名称	1	2	3	4	5	6	7	8	9	10	……
月度完成工作量	450	1200	2600	2500	2400	2400	2500	2600	2700	2800	……
现金流入	315	840	1820	1750	1680	1680	1750	2210	2295	2380	……
现金流出	520	980	2200	2120	1500	1200	1400	1700	1500	2100	……
月净现金流量											……
累计净现金流量											……

问题：项目经理部制定项目成本计划的依据有哪些？施工至第几个月时项目累计现金流为正？该月的累计净现金流是多少万元？

答案：

（1）制定项目成本计划的依据：① 合同文件；② 项目管理实施规划；③ 相关设计文件；④ 市场价格信息；⑤ 相关定额；⑥ 类似项目的成本资料。

（2）施工至第8个月时累计净现金流量为正。

（3）累计净现金流量是425万元。

工期（月） 名称	1	2	3	4	5	6	7	8	9	10	……
月度完成工作量	450	1200	2600	2500	2400	2400	2500	2600	2700	2800	……
现金流入	315	840	1820	1750	1680	1680	1750	2210	2295	2380	……

续表

名称 \ 工期（月）	1	2	3	4	5	6	7	8	9	10	……
现金流出	520	980	2200	2120	1500	1200	1400	1700	1500	2100	……
月净现金流量	-205	-140	-380	-370	180	480	350	510	795	280	……
累计净现金流量	-205	-345	-725	-1095	-915	-435	-85	425	1220	1500	……

笔记区

考点八：合同价款确定

历年考情分析

年份	2014	2015	2016	2017	2018	2019	2020	2021	2022
案例									

类型	适用
单价合同	固定单价合同适用于图纸不完备但是采用标准设计的工程项目
	可调单价合同适用于工期长、施工图不完整、施工过程中可能发生各种不可预见因素较多的工程项目
总价合同	固定总价合同适用于规模小、技术难度小、工期短（一年以内）的工程项目
	可调总价合同适用于规模大、技术难度大、图纸设计不完整、设计变更多、工期较长（一年以上）的工程项目
成本加酬金合同	适用于灾后重建、紧急抢修、新型项目或对施工内容、经济指标不确定的工程项目

笔记区

考点九：合同价款调整

历年考情分析

年份	2014	2015	2016	2017	2018	2019	2020	2021	2022
案例			√				√		

一、可调整合同价款事项

根据《建设工程工程量清单计价规范》GB 50500—2013，出现以下事项，发承包双方应当按照合同约定调整合同价款：

应调整合同价款的事项：
- 法律法规变化
- 工程设计变更
- 项目特征描述不符
- 工程量清单缺项
- 工程量偏差
- 物价变化
- 暂估价
- 计日工
- 现场签证
- 不可抗力
- 提前竣工(赶工补偿)
- 误期赔偿
- 施工索赔
- 暂列金额

二、法律法规变化引起合同价款调整

基准日期后，国家法律、法规、规章和政策发生变化引起工程造价增减变化的，可按规定调整合同价款。基准日期规定如下：

招标工程	投标截止日前28d
非招标工程	合同签订前28 d

三、工程设计变更引起合同价款调整

1. 已标价工程量清单中有适用于变更工程项目的，采用该项目的单价。工程量偏差超过15%时，需调整综合单价，原则如下：

当工程量增加15%以上时，其增加部分的工程量的综合单价调低；当工程量减少15%以上时，减少后剩余部分的工程量的综合单价调高。

（1）当$Q_1>1.15Q_0$时：

$$S=1.15Q_0\times P_0+（Q_1-1.15Q_0）\times P_1$$

（2）当$Q_1<0.85Q_0$时：

$$S=Q_1\times P_1$$

式中：Q_1、Q_0——最终完成工程量、清单工程量；

P_1、P_0——调整后的综合单价、填报综合单价。

2. 已标价工程量清单中没有适用，但有类似于变更工程项目的，参照类似项目的单价。

3. 已标价工程量清单中没有适用也没有类似于变更工程项目的，由承包人提出单价（考虑承包人报价浮动率），发包人确认后调整。

招标工程：报价浮动率$L=（1-中标价/招标控制价）\times 100\%$

非招标工程：报价浮动率L=（1–报价值/施工图预算）×100%

4. 如果设计变更项目出现承包人填报的综合单价P_0与招标控制价（或施工图预算价）相应综合单价偏差P_1超过15%，则变更项目的综合单价按如下调整：

（1）当$P_0 < P_1 \times (1-L) \times (1-15\%)$时，综合单价按$P_1 \times (1-L) \times (1-15\%)$调整。

（2）当$P_0 > P_1 \times (1+15\%)$，综合单价按$P_1 \times (1+15\%)$调整。

式中：P_0——承包人在工程量清单中填报的综合单价。

P_1——发包人招标控制价或施工图预算相应清单项目的综合单价。

L——承包人报价浮动率。

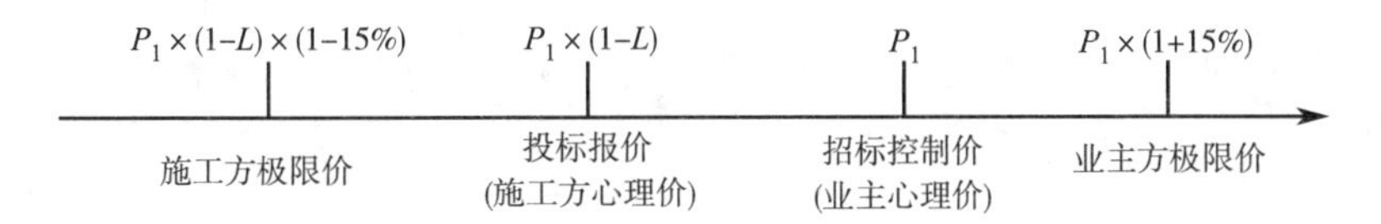

【经典案例回顾】

例题1（2016年·背景资料节选）：某新建住宅工程，招标控制价为25000万元，中标价为23500万元。内装修施工前，施工总承包单位的项目经理部发现建设单位提供的工程量清单中未包括一层公共区域楼地面面层子目，铺贴面积1200m^2。因招标工程量清单中没有类似子目，于是项目经理部按照市场价格信息重新组价，综合单价1200元/m^2，经现场专业监理工程师审核后上报建设单位。

问题：招标单位应对哪些招标工程量清单总体要求负责？除工程量清单漏项外，还有哪些情况允许调整招标工程量清单所列工程量？依据本合同原则计算一层公共区域楼地面面层的综合单价（单位：元/m^2）及总价（单位：万元，保留小数点后两位）分别是多少？

答案：

（1）招标单位应对招标工程量清单的完整性和准确性负责。

（2）除工程量清单漏项外，工程变更、工程量偏差过大也可以调整清单所列工程量。

（3）报价浮动率L=（1–中标价/招标控制价）×100%=（1–23500/25000）×100%=6%

综合单价为1200×（1–6%）=1128元/m^2

（4）总价为1200×1128=135.36万元

例题2（背景资料节选）：某学校食堂装修改造项目采用工程量清单计价方式进行招标投标，招标控制价为530万元，某施工单位报价500万元中标，合同约定实际完成工程量超过估计工程量10%以上时调整单价，调整后综合单价为原综合单价的90%。合同约定厨房铺地砖工程量为5000m^2，单价为89元/m^2，墙面瓷砖工程量为8000m^2，单价为98元/m^2。施工中发包方以设计变更的形式通知承包方将公共走廊作为增加项目进行装修改造。走廊地面装修标准与厨房标准相同，工程量为1200m^2，走廊墙面装修为高级乳胶漆，工程量为2800m^2，工程量清单中无此项，乳胶漆的市场平均综合单价为20元/m^2。

问题：本工程厨房和走廊的地面、墙面结算工程款是多少？

答案：

（1）厨房地面及墙面装修结算工程款为：$5000\times89+8000\times98=1229000$元

（2）走廊地面瓷砖按原单价计算工程量为：$5000\times10\%=500m^2$

走廊地面装修结算工程款为：

$$500\times89+（1200-500）\times89\times90\%=100570元$$

（3）走廊墙面装修结算：

报价浮动率$L=（1-500/530）\times100\%=5.66\%$

确认的综合单价应为：$20\times（1-5.66\%）=18.87$元/m^2

走廊墙面装修结算工程款为：$2800\times18.87=52836$元

例题3（背景资料节选）：某工程采用工程量清单报价，投标人中标价2350万元，招标人招标控制价2500万元，部分工程项目发生设计变更，相应综合单价信息如下表所示：

项目名称	综合单价	
	施工图预算相应综合单价	填报单价
土方开挖	25元/m^3	30元/m^3
混凝土浇筑	400元/m^3	360元/m^3
饰面层施工	35元/m^2	26元/m^2

问题：变更项目结算的综合单价分别是多少？

答案：

项目报价浮动率：$L=（1-2350/2500）\times100\%=6\%$。

（1）土方开挖：25元/$m^3\times（1+15\%）=28.75$元/$m^3<30$元/m^3

变更项目综合单价按28.75元/m^3结算。

（2）混凝土浇筑：$400\times（1-6\%）\times（1-15\%）=319.6$元/$m^3<360$元/$m^3$

变更项目综合单价按360元/m^3结算。

（3）饰面层施工：$35\times（1-6\%）\times（1-15\%）=27.97$元/$m^2>26$元/$m^2$

变更项目综合单价按27.97元/m^2结算。

解析：

本问考核的是工程设计变更项目单价的确定，当合同中未约定综合单价时，施工方填报单价过高或过低，本设计变更项目的综合单价如何确定的问题。

（1）如何判断填报价格过高，应按照施工图预算价（即业主方心理价）上浮15%来判断。

（2）如何判断填报价格过低，应按照施工预算价（即施工方的心理价）下浮15%来判断。

例题4（背景资料节选）：某框架结构工程，招标控制价为9400万元，中标价格为9100万元。在某分部分项工程量清单中，由于设计变更新增混凝土工程量300m^3，投标人填报的综合单价为400元/m^3，招标人在招标控制价中计算的综合单价为500元/m^3。

问题：计算混凝土分项工程的实际结算价。

答案：

（1）承包人报价浮动率$L=（1-9100/9400）\times100\%=3.19\%$

（2）确定综合单价：

$500\times（1-3.19\%）\times（1-15\%）=411.44$元/$m^3>400$元/$m^3$，设计变更新增混凝土综合单价按411.44元/$m^3$确定。

（3）实际结算价：$300m^3 \times 411.44$ 元 $/m^3$=123432 元

笔记区

考点十：预付款、起扣点和进度款计算

历年考情分析

年份	2014	2015	2016	2017	2018	2019	2020	2021	2022
案例		√		√		√		√	

一、预付款

是发包人为了帮助承包人解决工程施工前期资金紧张的困难而提前给付的一笔款项，为该承包工程开工准备和准备主要材料、结构件所需的流动资金，不得挪作他用。主要计算方法如下：

（1）百分比法：合同造价（常见）或年度完成工作量的一定比例。

$$预付款=合同价 \times 预付款比例$$

注：合同价需扣除不属于承包商费用，如暂列金额。

（2）数学计算法：

$$预付款=\frac{合同造价 \times 材料比重（\%）}{年度施工天数（365）} \times 材料储备天数$$

二、起扣点

$$起扣点=合同造价-\frac{预付款}{主材比重（\%）}$$

（1）此处的合同造价与预付款公式一致，需扣除不属于承包商费用，如暂列金额。

（2）在承包人已完成产值累计达到起扣点后，在其后完成产值中需扣除相应的材料费，即扣回预付款。

三、进度款

（1）常见工程进度款的支付方式为按月支付、分段支付、竣工后一次支付。

（2）进度款的计算：

①月度支付

月度进度款=当月有效工作量 × 合同单价-相应保修金-应扣预付款-罚款

②分段支付

分段进度款=阶段有效工作量×合同单价-相应保修金-应扣预付款-罚款

【经典案例回顾】

例题1（2021年·背景资料节选）：建设单位编制了某新建住宅楼工程招标工程量清单等招标文件，其中部分条款内容为：本工程实行施工总承包模式，开工前业主向承包商支付合同工程造价的25%作为预付备料款。经公开招标投标，某施工总承包单位以12500万元中标。其中：工地总成本9200万元；公司管理费按10%计；利润按5%计；暂列金额1000万元。主要材料及构配件金额占合同额的70%。双方签订了工程施工总承包合同。

问题：该工程预付备料款和起扣点分别是多少万元？（精确到小数点后两位）

答案：

工程预付款：（12500–1000）×25%=2875.00万元

预付款起扣点：（12500–1000）–2875/70%=7392.86万元

例题2（2019年·背景资料节选）：施工合同中包含以下工程价款主要内容：

（1）工程中标价为5800万元，暂列金额为580万元，主要材料所占比重为60%。

（2）工程预付款为工程造价的20%。

（3）工程进度款逐月计算。

（4）工程质量保修金3%，在每月工程进度款中扣除，质保期满后返还。

工程1～5月份完成产值如下表所示：

月份	1	2	3	4	5
完整产值（万元）	180	500	750	1000	1400

问题：计算工程的预付款、起扣点是多少？分别计算3、4、5月份应付进度款、累计支付进度款。

答案：

（1）预付款=（5800–580）×20%=1044万元

（2）起扣点=（5800–580）–1044/60%=3480万元

（3）3、4、5月份应付进度款：

前4个月完成产值=180+500+750+1000=2430万元＜3480万元

前5个月完成产值=180+500+750+1000+1400=3830万元＞3480万元

故第五个月开始达到起扣点。

3月份应付进度款：750×（1–3%）=727.5万元

4月份应付进度款：1000×（1–3%）=970万元

5月份应付进度款：1400×（1–3%）–（3830–3480）×60%=1148万元

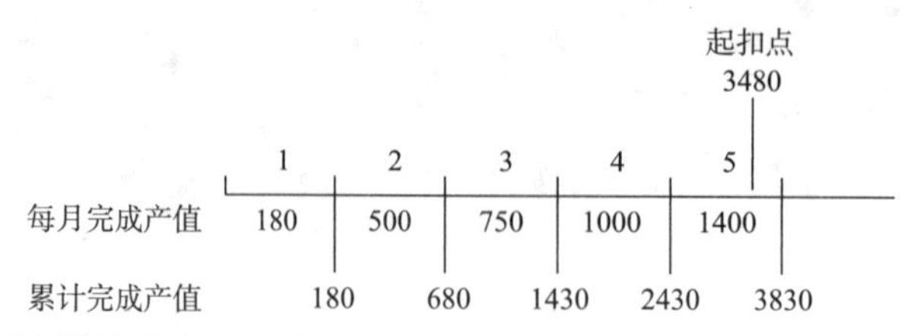

（4）3、4、5月份累计支付进度款：

3月份累计支付进度款：（180+500）×（1–3%）+727.5=1387.1万元

4月份累计支付进度款：1387.1+970=2357.1万元

5月份累计支付进度款：2357.1+1148=3505.1万元

例题3（2020年二建·背景资料节选）：建设单位投资兴建写字楼工程，地下1层，地上5层，建筑面积6000m^2，由A施工单位中标。签约合同价部分明细有：分部分项工程费为2118.50万元，脚手架费用为49.00万元，措施项目费92.16万元，其他项目费110.00万元，总承包管理费30.00万元，暂列金额80.00万元，规费及税金266.88万元。预付款比例为10%，建设单位于2018年4月26日支付，A施工单位收到工程预付款后，用部分工程预付款购买了用于本工程所需的塔式超重机、轿车、模板，支付其他工程拖欠劳务费、其他工程的材料欠款。

问题：A施工单位的签约合同价、工程预付款分别是多少万元（保留小数点后两位）？指出A施工单位使用工程预付款的不妥之处。

答案：

（1）合同价=分部分项工程费+措施项目费+其他项目费+规费+税金

=2118.50+92.16+110.00+266.88=2587.54万元

（2）预付款=（合同价－暂列金额）×预付款比例=（2587.54－80.00）×10%=250.75万元

（3）使用预付款的不妥之处：① 购买轿车；② 支付其他工程拖欠劳务费；③ 支付其他工程的材料欠款。

知识点引申：

预付款的支付按照专用合同条款约定执行，但至迟应在开工通知载明的开工日期7天前支付。预付款应当用于材料、工程设备、施工设备的采购及修建临时工程、组织施工队伍进场等。(《建设工程施工合同（示范文本）》GF–2017–0201）

例题4（背景资料节选）：施工单位中标了本工程施工标段，中标价为18060万元，其中暂列金额300万元。工程预付款比例为10%；合同工期为485日历天，于2017年2月1日起至2018年5月31日止。

问题：计算预付款。

答案：

（1）按合同总价百分比：

预付款=（18060–300）×10%＝1776万元

（2）按年度工作量百分比：

预付款=（18060–300）×11/16×10%＝1221万元

解析：

本题由于未作说明，两种预付款计算方法在教材中都能找到依据，但由于按合同造价一定百分比计算预付款属于常见方式，故建议考试时选第一种算法。

笔记区

考点十一：竣工结算及保修金

历年考情分析

年份	2014	2015	2016	2017	2018	2019	2020	2021	2022
案例									

一、竣工结算款的计算

1. 竣工结算款支付申请的内容包括：

（1）竣工结算总额。

（2）已支付的合同价款。

（3）应扣留的质量保证金。

（4）应支付的竣工付款金额。

2. 发包人应在收到承包人提交竣工结算款支付申请后7天内予以核实，向承包人签发竣工结算支付证书。发包人签发竣工结算支付证书后的14d内向承包人支付结算款。

3. 拖欠款应付利息：

利息应付之日	合同有约定时，从应付工程价款之日计付
	合同没有约定或约定不明的： （1）已实际交付的，为交付之日； （2）没有交付的，为提交竣工结算文件之日； （3）未交付也未结算的，为当事人起诉之日
应付利息利率	合同有约定时，按照合同约定执行。（高于央行同期同类贷款利率4倍除外）
	合同未约定时，按照央行同期同类贷款利率执行

二、竣工结算款的调整

1. 竣工结算调整方法

（1）工程造价指数调整法。

（2）实际价格法。

（3）调价系数法。

（4）调值公式法。

2. 调值公式法

$$P=P_0\left(a_0+a_1\frac{A}{A_0}+a_2\frac{B}{B_0}+a_3\frac{C}{C_0}+a_4\frac{D}{D_0}\right)$$

式中：P——调值后的工程实际结算价款；

P_0——调值前工程合同款；

a_0——固定费用或不调值部分占合同总造价的比重；

a_1、a_2、a_3、a_4——代表有关费用在合同总价中所占的比例；

$$a_0+a_1+a_2+a_3+a_4=1$$

A_0、B_0、C_0、D_0——基期（过去）价格指数或价格；

A、B、C、D——现行价格指数或价格。

基准日：招标发包的工程以投标截止日前28天的日期为基准日期，非招标工程以合同签订日前28天的日期为基准日期。

三、保修金

（1）发包人按约定每支付期从应支付给承包人的进度款或结算款中扣留。

（2）保修年限和保修金比例：

序号	内容	保修期限	保修金比例
1	基础、主体工程	设计使用合理年限	3%
2	防水、防渗漏	5年	
3	供热、供冷系统	2个采暖、供冷期	
4	电气管线、给水排水管道、设备安装、装饰装修	2年	

【经典案例回顾】

例题1（背景资料节选）：合同价格信息如下所示，求调值后结算价款。

合同总价1000万元
- 固定部分：400万元
- 可调部分600万元

可调部分	2022年基期	2023年现行
人工费120万	150元/工日	180元/工日
材料费400万	2000元/m^3	2200元/m^3
机械费80万	1300元/台班	1500元/台班

答案：

$$a_0=0.4，a_1=0.12，a_2=0.4，a_3=0.08$$

$$P=1000\times\left(0.4+0.12\times\frac{180}{150}+0.4\times\frac{2200}{2000}+0.08\times\frac{1500}{1300}\right)=1076.3\text{万元}$$

例题2（背景资料节选）：合同中约定，根据人工费和四项材料的价格指数对总造价按调值公式法进行调整。各项目因素的比重、基准和现行价格指数见下表，其中合同总价为14250万元。

项目	人工费	材料一	材料二	材料三	材料四	机械费
因素比重	0.15	0.30	0.12	0.15	0.08	0.10
基期价格指数	0.99	1.01	0.99	0.96	0.78	1.30
现行价格指数	1.12	1.16	0.85	0.80	1.05	1.35

问题：列式计算经调整后的实际结算款应为多少万元？（精确到小数点后两位）

答案：

（1）可调因素比重累加：0.15+0.30+0.12+0.15+0.08=0.8

（2）固定系数：1−0.8=0.2

（3）实际结算价款：

$$P=14250\times\left(0.2+0.15\times\frac{1.12}{0.99}+0.30\times\frac{1.16}{1.01}+0.12\times\frac{0.85}{0.99}+0.15\times\frac{0.80}{0.96}+0.08\times\frac{1.05}{0.78}\right)$$

=14962.13万元

例题3（背景资料节选）：合同约定，可针对人工费、材料费价格变化对竣工结算进行调价，各部分费用占总费用的百分比、价格指数见下表。8月份完成工程量价款为1200万元（未考虑动态调整部分），投标截止时间为2018年4月2日。

费用占比及价格指数表

名称	费用占比	2月份	3月份	4月份	7月份	8月份
人工费	20%	60	65	70	70	80
钢材	30%	4000	4200	4500	4500	4500
水泥	15%	400	390	410	400	380
木材	10%	2800	2850	3000	3050	3100

问题：物价动态调整后的结算价款为多少万元？（保留两位小数）

答案：

（1）固定系数：a_0=1-（20%+30%+15%+10%）=25%

（2）结算价款：

$$1200\times\left(0.25+0.20\times\frac{80}{65}+0.30\times\frac{4500}{4200}+0.15\times\frac{380}{390}+0.1\times\frac{3100}{2850}\right)=1286.40$$

解析：

基期价格指数的确定是本题的关键，需掌握基准日期的相关知识点。招标工程基准日期为投标截止日期前28天，背景信息给出的投标截止时间为2018年4月2日，往前推28天是3月5日，故基期价格指数应为3月份的指数。

例题4（背景资料节选）：某工程竣工验收通过后，施工单位于2019年6月2号提交竣工结算支付申请，建设单位在收到申请后一直未予答复。施工单位于2019年7月13日将工程交付给建设单位，之后与建设单位多次协调未果，于2019年9月18日向人民法院提请优先受偿权利。

问题：竣工结算支付申请的内容包括哪些？根据《建设工程施工合同（示范文本）》GF-2017-0201，应从哪天开始计算利息？

答案：

（1）竣工结算支付申请的内容包括：① 竣工结算总额；② 已支付的合同价款；③ 应扣留的质量保证金；④ 应支付的竣工付款金额。

（2）应从2019年7月13日开始计算利息。

笔记区

历年考情分析

年份	2014	2015	2016	2017	2018	2019	2020	2021	2022
案例	√	√	√	√	√	√	√	√	

1. 索赔的原因：

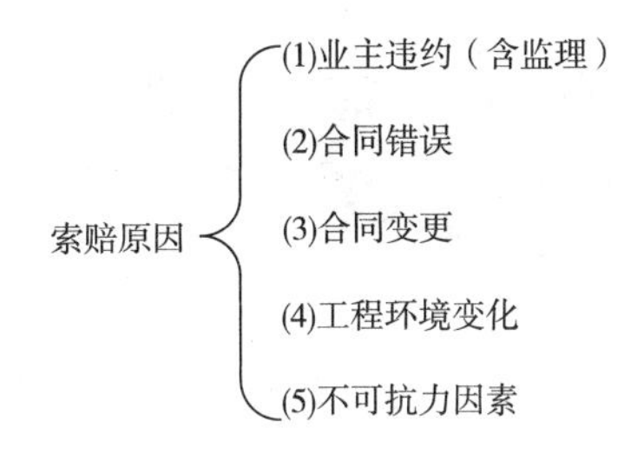

2. 索赔第一步：发出索赔意向通知（28天内）。

3. 业主方或施工方原因：责任方承担风险。

（1）业主方原因：全赔。

（2）施工方原因：全不赔。

4. 不可抗力造成的损失按以下原则承担：（自己损失自己承担）

（1）工程本身的损害、因工程损害导致第三人人员伤亡和财产损失以及运至施工场地用于施工的材料和待安装设备的损害由发包人承担。

（2）人员伤亡由其所在单位负责。

（3）承包人机械设备损坏及停工损失，由承包人承担。

（4）停工期间，承包人应工程师要求留在施工场地的必要的管理人员及保卫人员的费用，由发包人承担。

（5）工程所需清理、修复费用，由发包人承担。

（6）延误的工期顺延。

5. 人工费和机械费索赔的标准：

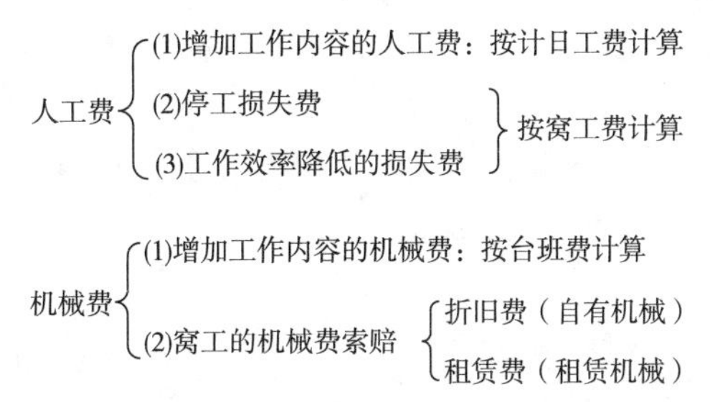

6. 总费用法（费用索赔方法）

计算出某单项工程的总费用，减去单项工程的合同费用，剩余费用为索赔的费用。

例：某工程原合同报价为：工地总成本（直接费+现场经费）380万元，公司管理费

38万元（总成本×10%），利润29.26万元［（总成本+公司管理费）×7%］，不含税的合同价447.26万元。在实际工程中，由于完全非承包商原因造成实际工地总成本增加至420万元，用总费用法计算索赔费用。

计算过程：

（1）总成本增加：420−380=40万元

（2）总部管理费增加：总成本增量×10%=4万元

（3）利润增加：（40+4）×7%=3.08万元

（4）索赔费用：40+4+3.08=47.08万元

【经典案例回顾】

例题1（2021年·背景资料节选）：某新建住宅楼工程，施工总承包单位工地总成本9200万元，公司管理费按10%计，利润按5%计。施工单位按照建设单位要求采用一种新型预制钢筋混凝土剪力墙结构体系，致使实际工地总成本增加到9500万元。施工单位在工程结算时，对增加费用进行了索赔。

问题：施工单位工地总成本增加，用总费用法分步计算索赔值是多少万元？（精确到小数点后两位）

答案：

（1）总成本增加：9500−9200=300.00万元

（2）公司管理费增加：300×10%=30.00万元

（3）利润增加：（300+30）×5%=16.50万元

（4）索赔费用：300+30+16.5=346.50万元

例题2（2020年·背景资料节选）：某酒店工程由某施工总承包单位承担，部分合同条款如下：土方挖运综合单价为25.00元/m^3，增值税及附加费为11.50%。因建设单位责任引起的签证变更费用予以据实调整。工程量清单附表中约定，拆除工程为520.00元/m^3。基坑开挖时，承包人发现地下位于基底标高以上部位，埋有一条尺寸为25m×4m×4m（外围长×宽×高）、厚度均为400mm的废弃混凝土泄洪沟。建设单位、承包人、监理单位共同确认并进行了签证。

问题：承包人在基坑开挖过程中的签证费用是多少元？（保留小数点后两位）

答案：

（1）因存在废弃泄洪沟减少土方挖运体积为：25×4×4=400.00m^3

（2）废弃泄洪混凝土拆除量为：泄洪沟外围体积−空洞体积=400−3.2×3.2×25=144.00m^3

（3）工程签证金额为：拆除混凝土总价−土方体积总价=144×520×（1+11.5%）−400×25×（1+11.5%）=72341.20元

解析：

本题难点在于废弃混凝土泄洪沟的工程量到底是多少？即需判断出来泄洪沟是带顶盖还是不带顶盖？抓住关键信息“基坑开挖时，承包人发现地下位于基底标高以上部位，埋有一条尺寸为25m×4m×4m（外围长×宽×高）、厚度均为400mm的废弃混凝土泄洪沟。”如果不带顶盖，而又被埋入土中，那么泄洪沟内部将全被土掩埋，又怎么能达到泄洪的目的呢？据此推断，埋入土中的混凝土泄洪沟是带顶盖的，如下图所示。

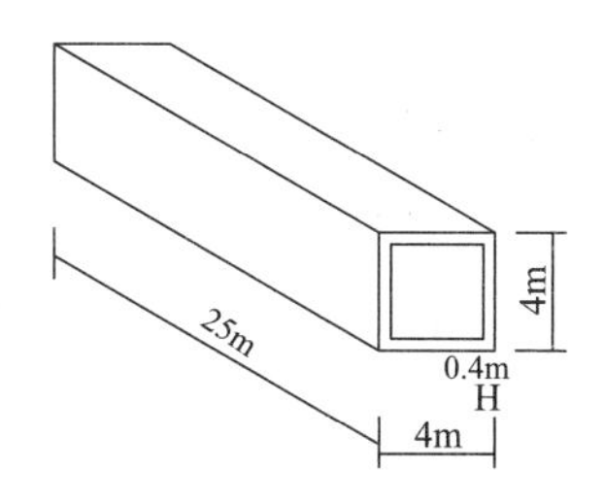

例题3（2014年·背景资料节选）：

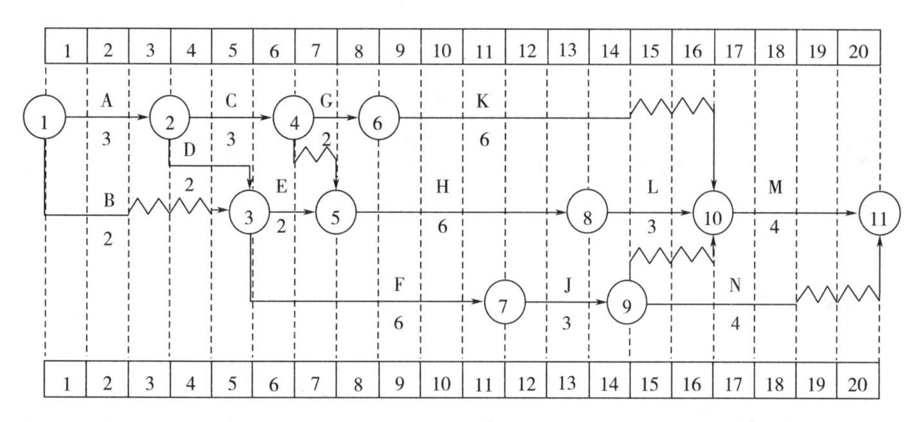

工作B（特种混凝土工程）进行1个月后，因建设单位原因修改设计导致停工2个月。设计变更后，施工总承包单位及时向监理提出了费用索赔申请（如下表所示），索赔内容和数量经监理工程师审查符合实际情况。

序号	内容	数量	计算式	备注
1	新增特种混凝土工程费	500m^3	500×1050=525000元	新增特种混凝土工程综合单价1050元/m^3
2	机械设备闲置费补偿	60台班	60×210=12600元	台班费210元/台班
3	人工窝工费补偿	1600工日	1600×85=136000元	人工工日单价85元/工日

问题：费用索赔申请一览表中有哪些不妥之处？分别说明理由。

答案：

不妥1：机械闲置费补偿按台班费计算。

理由：机械闲置费补偿，自有机械应按台班折旧费计算，租赁机械按台班租赁费计算。

不妥2：人工窝工费补偿按人工工日单价计算。

理由：人工窝工费补偿应按人工窝工单价计算。

例题4（背景资料节选）：建设单位采购的材料进场复检结果不合格，监理工程师要求清退出场；因停工待料导致窝工，施工单位提出8万元费用索赔。材料重新进场施工完毕后，监理验收通过。由于该部位的特殊性，建设单位要求进行剥离检验，检验结果符合要求；剥离检验及恢复共发生费用4万元，施工单位提出4万元费用索赔。上述索赔均在要求时限内提出，数据经监理工程师核实无误。

问题：分别判断施工单位提出的两项费用索赔是否成立，并写出相应的理由。

答案：

（1）因停工待料导致窝工，施工单位提出8万元费用索赔：成立。

理由：建设单位采购材料时，停工待料是建设单位应承担的责任事件。

（2）剥离检验及恢复费用4万元索赔：成立。

理由：监理验收通过，建设单位要求进行剥离检验，属于重新检验。检验结果符合要求时，由此发生的费用和延误的工期均由建设单位承担，并应支付承包人合理利润。

笔记区

考点十三：施工成本构成

历年考情分析

年份	2014	2015	2016	2017	2018	2019	2020	2021	2022
案例									

一、项目成本管理程序

（1）掌握生产要素的市场价格和变动状态。

（2）确定项目合同价。

（3）编制成本计划，确定成本实施目标。

（4）进行成本动态控制，实现成本实施目标。

（5）进行项目成本核算和工程价款结算，及时回收工程款。

（6）进行项目成本分析。

（7）进行项目成本考核，编制成本报告。

（8）积累项目成本资料。

二、制造成本与完全成本

施工成本（制造成本）	（1）所消耗的主、辅材，构配件，周转材料的摊销费或租赁费；（材） （2）施工机械的使用费或租赁费；（机） （3）支付给生产工人的工资、奖金；（人） （4）施工措施费； （5）现场施工管理费
完全成本	（1）将企业生产经营发生的一切费用全部吸收到产品成本之中（不包括利润和税金）； （2）公式：完全成本=现场施工成本+规费+施工企业管理费

用图表示如下：

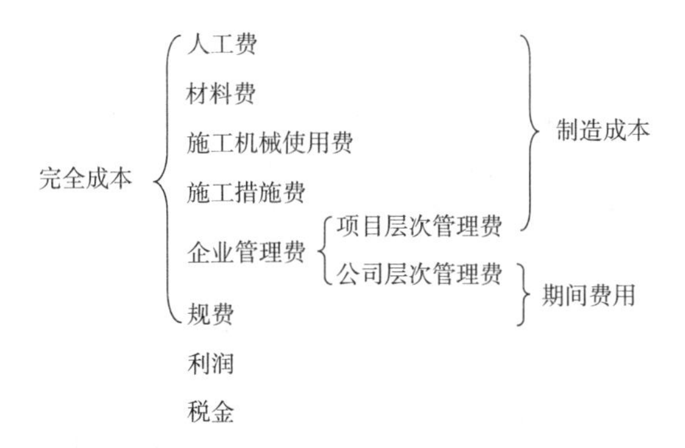

三、施工成本种类

按成本控制的不同标准分类	按成本的费用目标分类
（1）目标成本； （2）计划成本； （3）标准成本； （4）定额成本	（1）生产成本； （2）质量成本； （3）工期成本； （4）不可预见成本

四、目标成本

计算公式	目标成本＝工程造价×（1–目标利润率）
编制依据	（1）项目目标责任书，包括各项管理指标； （2）工程量（依据施工图计算得出）； （3）企业定额，包括人工、材料、机械等价格； （4）劳务分包合同及其他分包合同； （5）施工设计及施工方案； （6）项目岗位责任成本控制指标

【经典案例回顾】

例题1（背景资料节选）：工程竣工后，项目经理部对最终的工程造价进行分析，其构成如下：人工费860.34万元，材料费3165.00万元，机械费524.66万元，施工措施费200万元，规费11.02万元，企业管理费332.17万元（其中施工单位总部企业管理费为220.40万元），利润420万元，税金156.81万元。

问题：本工程的制造成本和完全成本分别是多少?

答案：

项目层次管理费=332.17–220.4=111.77万元

制造成本＝人工费＋材料费＋机械费＋施工措施费＋项目层次管理费

=860.34+3165.00+524.66+200+111.77=4861.77万元

完全成本＝制造成本＋企业层次管理费＋规费=4861.77+220.4+11.02=5093.19万元

例题2（21年二建·背景资料节选）：建设单位投资兴建酒店工程，招标控制价为1.056亿元，D施工单位以9900.00万元中标。通过分析中标价得知，期间费用为642.00万元，利润为891.00万元，增值税为990.00万元。

问题：分别按照制造成本法、完全成本法计算该工程的施工成本是多少万元。按照工程施工成本费用目标划分，施工成本有哪几类？

答案：

（1）按制造成本法计算该工程的施工成本：

9900−642−891−990=7377.00万元

（2）按完全成本法计算该工程的施工成本：

9900−891−990=8019.00万元

（3）施工成本类型有：生产成本、质量成本、工期成本、不可预见成本。

笔记区

考点十四：施工成本控制

历年考情分析

年份	2014	2015	2016	2017	2018	2019	2020	2021	2022
案例					√				

一、价值工程

$$V=\frac{F}{C} \Longrightarrow 价值=\frac{功能}{成本}$$

提高价值的途径	（1）功能提高，成本不变； （2）功能不变，成本降低； （3）功能提高，成本降低； （4）降低辅助功能，大幅度降低成本； （5）成本稍有提高，大大提高功能
价值工程对象	选择价值系数低、降低成本潜力大的工程作为价值工程的对象，寻求对成本的有效降低
案例分析	问题一：选择降低成本的对象； 答案：应选择价值系数最小的对象。 问题二：多个可行方案选择； 答案：应选择价值系数最大的对象

二、赢得（挣）值法

1. 三个参数

（1）已完工作预算成本（*BCWP*）=已完成工程量 × 预算成本单价

（2）计划工作预算成本（*BCWS*）=计划工作量 × 预算成本单价

（3）已完工作实际成本（*ACWP*）=已完成工程量 × 实际成本单价

2. 四个评价指标

（1）成本偏差（*CV*）=*BCWP*-*ACWP*

结论：>0，成本节支；<0，成本超支。

（2）进度偏差（*SV*）=*BCWP*-*BCWS*

结论：>0，进度提前；<0，进度滞后。

（3）成本绩效指数（*CPI*）=*BCWP*/*ACWP*

结论：>1，成本节支；<1，成本超支。

（4）进度绩效指数（*SPI*）=*BCWP*/*BCWS*

结论：>1，进度提前；<1，进度滞后。

规律：>表示“好”；<表示“差”。

【经典案例回顾】

例题1（2018年·背景资料节选）：项目部为了完成项目目标责任书的目标成本，采用技术与商务相结合的办法，分别制定了A、B、C三种施工方案：A施工方案成本为4400万元，功能系数为0.34；B施工方案成本为4300万元，功能系数为0.32；C施工方案成本为4200万元，功能系数为0.34。项目部通过开展价值工程工作，确定最终施工方案。

问题：列式计算项目部三种施工方案的成本系数、价值系数（保留小数点后3位），并确定最终采用哪种方案。

答案：

（1）成本系数：

A方案成本系数=4400/（4400+4300+4200）=0.341

B方案成本系数=4300/（4400+4300+4200）=0.333

C方案成本系数=4200/（4400+4300+4200）=0.326

（2）价值系数：

A方案价值系数=功能系数/成本系数=0.34/0.341=0.997

B方案价值系数=0.32/0.333=0.961

C方案价值系数=0.34/0.326=1.043

（3）最终采用C方案（价值最大）。

例题2（背景资料节选）：某施工单位承接了某项工程的总承包施工任务，该工程由A、B、C、D四项工作组成，为了进行成本控制，项目经理部对各项工作进行了分析，其结果见下表：

工作	功能评分	预算成本（万元）
A	15	650
B	35	1200
C	30	1030
D	20	720
合计	100	3600

问题1：计算下表中A、B、C、D四项工作的功能系数、成本系数和价值系数（将此表复制到答题卡上，计算结果保留小数点后两位）。

工作	功能评分	预算成本（万元）	功能系数	成本系数	价值系数
A	15	650			
B	35	1200			
C	30	1030			
D	20	720			
合计	100	3600			

答案：

工作	功能评分	预算成本（万元）	功能系数	成本系数	价值系数
A	15	650	0.15	0.18	0.83
B	35	1200	0.35	0.33	1.06
C	30	1030	0.30	0.29	1.03
D	20	720	0.20	0.20	1
合计	100	3600	1	1	

问题2：在A、B、C、D四项工作中，应首选哪项工作作为降低成本的对象？说明理由。

答案：

首选A工作作为降低成本的对象。

理由：A工作价值系数最低，降低成本的空间最大。

例题3（背景资料节选）：检查成本时发现：C工作实际完成预算成本为960万元，计划完成预算成本为910万元，实际成本为855万元。

问题：计算并分析C工作的成本偏差和进度偏差情况。

答案：

（1）成本偏差=已完工作预算成本－已完工作实际成本=960−855=105万元

成本偏差为正，说明C工作成本节支105万元。

（2）进度偏差=已完工作预算成本－计划工作预算成本=960−910=50万元

进度偏差为正，说明C工作进度提前50万元。

例题4（背景资料节选）：合同工程量清单报价中写明：外墙面瓷砖面积1000m^2，综合单价为110元/m^2。施工过程中，建设单位调换了瓷砖的规格型号，实际综合单价为150元/m^2，该分项工程施工完成后，经监理工程师实测确认瓷砖粘贴面积为1200m^2，施工单位用挣值法进行了成本分析。

问题：计算墙面瓷砖粘贴分项工程的*BCWS*、*BCWP*、*ACWP*、*CV*，并分析成本状况。

答案：

（1）*BCWS*=计划工作量×预算单价=1000m^2×110元/m^2=11万元

（2）*BCWP*=已完工作量×预算单价=1200m^2×110元/m^2=13.2万元

（3）*ACWP*=已完工作量×实际单价=1200m^2×150元/m^2=18万元

（4）$CV=BCWP-ACWP=13.2-18=-4.8$ 万元

（5）费用偏差为负值，表示费用超支。

笔记区

考点十五：施工成本分析与考核

历年考情分析

年份	2014	2015	2016	2017	2018	2019	2020	2021	2022
案例							√		

1. 施工成本分析的方法

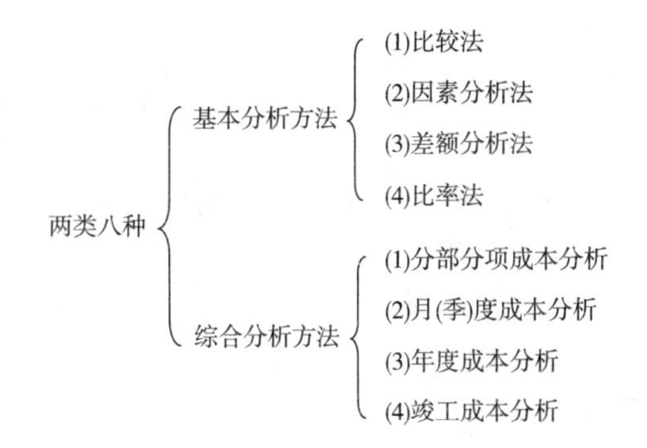

2. 因素分析法

（1）又称连环置换法，用来分析各种因素对成本的影响程度。

（2）因素的排序规则：先实物量，后价值量；先绝对值，后相对值。

3. 专项成本分析内容

（1）成本盈亏异常分析。

（2）工期成本分析。

（3）质量成本分析。

（4）资金成本分析。

（5）技术措施节约效果分析。

（6）其他有利因素和不利因素分析。

【经典案例回顾】

例题1（2020年·背景资料节选）：承包人对某月砌筑工程的目标成本与实际成本对比，结果见下表。

砌筑工程目标成本与实际成本对比表

项目	单位	目标成本	实际成本
砌筑量	千块	970.00	985.00
单价	元/千块	310.00	332.00
损耗率	%	1.5	2
成本	元	305210.50	333560.40

问题：砌筑工程各因素对实际成本的影响各是多少元？（保留小数点后两位）

答案：

（1）以目标305210.50=970×310×（1+1.5%）为分析替代的基础。

（2）替换过程：

第一次替换砌筑量：985×310×（1+1.5%）=309930.25元

第二次替换单价：985×332×（1+1.5%）=331925.30元

第三次替换损耗率：985×332×（1+2%）=333560.40元

（3）各因素对结算价款的影响：

砌筑量对结算价款影响：309930.25−305210.5=4719.75元，说明砌筑量增加使成本增加4719.75元。

单价对结算价款影响：331925.30−309930.25=21995.05元，说明单价上升使成本增加21995.05元。

损耗率对结算价款影响：333560.40−331925.30=1635.10元，说明损耗率提高使成本增加1635.10元。

例题2（背景资料节选）：商品混凝土目标成本为443040元，实际成本为473697元，比目标成本增加30657元，资料见下表。

项目	单位	目标	实际	差额
产量	m^3	600	630	+30
单价	元	710	730	+20
损耗率	%	4	3	−1
成本	元	443040	473697	+30657

问题：用因素分析法分析各因素对成本的影响程度。

答案：以目标成本443040元（600×710×1.04）为分析替代的基础。

第一次替代产量，以630替代600：

630×710×1.04=465192元

第二次替代单价，以730替代710：

630×730×1.04=478296元

第三次替代损耗率，以1.03替代1.04：

630×730×1.03=473697元

结论：产量增加使成本增加了465192-443040=22152元

单价提高使成本增加了478296-465192=13104元

损耗率降低使成本减少了478296-473697=4599元

笔记区

第七章

资源

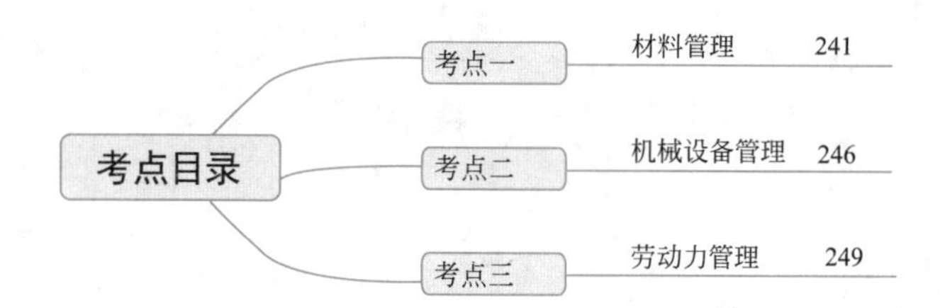

历年考情分析

年份	2014	2015	2016	2017	2018	2019	2020	2021	2022
案例	√	√							

一、材料计划分类

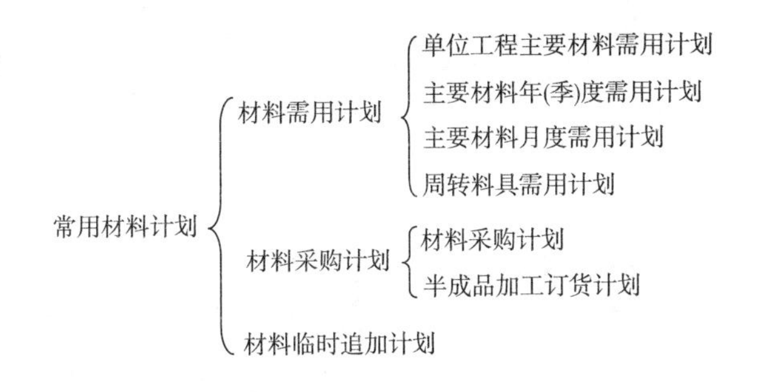

二、材料采购方案

（1）材料单价相同时，选采购费和储存费之和最低的方案。

（2）材料单价不同时，选采购费、储存费、材料费之和最低（即总价最低）的方案。

$$F=Q/2\times P\times A+S/Q\times C$$

式中：F——采购费和储存费之和；

Q——每次采购量；

P——采购单价；

A——仓库储存费率；

S——总采购量；

C——每次采购费。

运用上述公式，需注意两点：

（1）材料在现场不断使用，储存量是逐天递减，计算储存费时应仅按每次采购量的一半计算。

（2）储存费率要与储存时间长短相对应。例如，年度储存费用为3%，储存6个月时，公式中的仓库储存费率应为3%×6/12。

三、最优采购批量

$$Q_0=\sqrt{2SC/PA}$$

式中：Q_0——最优采购批量；

S——总采购量；

C——每次采购费；

P——采购单价；

A——年仓库储存费率。

年采购次数：S/Q_0；采购间隔期：365/年采购次数。

四、ABC分类法

1. 计算步骤

根据库存材料的占有资金大小和品种数量之间的关系，把材料分为ABC三类，计算步骤为：

（1）计算每一种材料的金额。

（2）按照金额由大到小重新排序。

（3）计算每一种材料金额占库存总金额的比率。

（4）计算累计比率。

（5）分类。

2. 材料ABC分类表

材料分类	品种数占全部品种数（%）	资金额占资金总额（%）	累计百分比（%）
A类	5 ~ 10	70 ~ 75	0~75
B类	20 ~ 25	20 ~ 25	75~95
C类	60 ~ 70	5 ~ 10	95~100
合计	100	100	100

3. 结论

A类材料	资金占比大，重点管理的材料，对库存量随时严格盘点（主材）
B类材料	按大类控制其库存，次要管理的材料（辅材）
C类材料	一般管理（零星材料）

【经典案例回顾】

例题1（2015年·背景资料节选）：工期2016年7月1日至2018年5月30日止，项目实行资金预算管理，并编制了工程项目现金流量表，其中2016年度需要采购钢筋总量为1800t，按照工程款收支情况，提出两种采购方案：

方案一：以一个月为单位采购周期。一次性采购费用为320元，钢筋单价为3500元/t，仓库月储存率为4‰。

方案二：以二个月为单位采购周期。一次性采购费用为330元，钢筋单价为3450元/t，仓库月储存率为3‰。

问题：列式计算采购费用和储存费用之和，并确定总承包单位应选择哪种采购方案？

答案：

（1）计算采购费和储存费之和F

方案一：1800/6=300t/次

$$F_1=320\times6+300/2\times3500\times4‰\times6=14520\text{元}$$

方案二：1800/3=600 t/次

$$F_2=330\times3+600/2\times3450\times3‰\times6=19620元$$

（2）选择采购方案

方案一的2016年钢筋总费用：1800×3500+14520=6314520元

方案二的2016年钢筋总费用：1800×3450+19620=6229620元

方案二的钢筋总费用较低，所以应选择方案二。

解析：

材料采购方案的选择，绝大多数考生按惯例将教材的计算方法直接搬到试卷上，却忽略了题目背景中两个方案的材料单价是不一样的。比如：张三准备买个LV包，从家出发可以选择到A或B两个商场去购买，打车到A商场的费用是25元，打车到B商场的费用是29元，你不能就此判断到A商场的打车费用便宜就选择去A商场买吧？因为A和B两个商场的LV包价格可能会不一样，所以正确的思考方式如下：

（1）假设A、B商场LV包价格相同，则只需根据打车费用高低来判断去哪个商场购买LV包。

（2）假设A、B商场LV包价格不同，则需计算到A商场购买的总费用（打车费+LV包费用），再计算到B商场购买的总费用，哪个商场总费用低就选择到哪个商场购买。

例题2（背景资料节选）：某城市综合体项目工期自2019年7月1日至2021年5月30日止，2020年度需要采购钢筋总量为1800t，钢筋单价为3500元/t，根据工程实际情况，提出两种采购方案：

方案一：以二个月为单位采购周期。一次性采购费用为320元，仓库月储存率为4‰。

方案二：以三个月为单位采购周期。一次性采购费用为360元，仓库月储存率为2.5‰。

问题：列式计算采购费用和储存费用之和，并确定施工单位应选择哪种采购方案？

答案：

方案一：1800/6=300t/次

F1=320×6+300/2×3500×4‰×12=27120元

方案二：1800/4=450t/次

F2=360×4+450/2×3500×2.5‰×12=25065元

方案二的采购费和储存费之和较低，施工单位应选择第二种采购方案。

例题3（背景资料节选）：某学校教学楼为7层建筑，框架结构，建筑高度26m，建筑面积19120m^2，多媒体教室的装饰装修施工任务由××建筑装饰公司承担，为做好装饰材料的质量管理工作，在建筑装饰装修工程施工前，根据材料清单购买的材料如下表所示。

序号	材料名称	材料数量	计量单位	材料单价（元）
1	细木工板	12	m^3	930.0
2	砂	32	m^3	24.0
3	实木装饰门窗	120	m^2	200.0
4	铝合金窗	100	m^2	130.0
5	白水泥	9000	kg	0.4
6	乳白胶	220	kg	5.6

续表

序号	材料名称	材料数量	计量单位	材料单价（元）
7	石膏板	150	m	12.0
8	地板	93	m^2	62.0
9	醇酸磁漆	80	kg	17.08
10	瓷砖	266	m^2	37.0

问题：试述ABC分类法计算步骤，并简述如何对上述材料进行科学管理。

答案：

（1）计算每一种材料的金额

序号	材料名称	材料数量	计量单位	材料单价（元）	材料价款（元）
1	细木工板	12	m^3	930.0	11160
2	砂	32	m^3	24.0	768
3	实木装饰门窗	120	m^2	200.0	24000
4	铝合金窗	100	m^2	130.0	13000
5	白水泥	9000	kg	0.4	3600
6	乳白胶	220	kg	5.6	1232
7	石膏板	150	m	12.0	1800
8	地板	93	m^2	62.0	5766
9	醇酸磁漆	80	kg	17.08	1366
10	瓷砖	266	m^2	37.0	9842
合计					72534

（2）按金额由大到小进行排序

序号	材料名称	材料数量	计量单位	材料单价（元）	材料价款（元）
1	实木装饰门窗	120	m^2	200.0	24000
2	铝合金窗	100	m^2	130.0	13000
3	细木工板	12	m^3	930.0	11160
4	瓷砖	266	m^2	37.0	9842
5	地板	93	m^2	62.0	5766
6	白水泥	9000	kg	0.4	3600
7	石膏板	150	m	12.0	1800
8	醇酸磁漆	80	kg	17.08	1366
9	乳白胶	220	kg	5.6	1232
10	砂	32	m^3	24.0	768
合计					72534

（3）计算每一种材料金额占总金额的比率

序号	材料名称	材料价款（元）	所占比率（%）
1	实木装饰门窗	24000	33.09
2	铝合金窗	13000	17.92
3	细木工板	11160	15.39
4	瓷砖	9842	13.57
5	地板	5766	7.95
6	白水泥	3600	4.96
7	石膏板	1800	2.48
8	醇酸磁漆	1366	1.88
9	乳白胶	1232	1.70
10	砂	768	1.06
合计		72534	100

（4）计算累计比率

序号	材料名称	材料价款（元）	所占比率（%）	累计比率（%）
1	实木装饰门窗	24000	33.09	33.09
2	铝合金窗	13000	17.92	51.01
3	细木工板	11160	15.39	66.40
4	瓷砖	9842	13.57	79.97
5	地板	5766	7.95	87.92
6	白水泥	3600	4.96	92.88
7	石膏板	1800	2.48	95.36
8	醇酸磁漆	1366	1.88	97.24
9	乳白胶	1232	1.70	98.94
10	砂	768	1.06	100.00
合计		72534	100	

（5）分类

A类材料：实木装饰门窗、铝合金窗、细木工板。

B类材料：瓷砖、地板、白水泥。

C类材料：石膏板、醇酸磁漆、乳白胶、砂。

例题4（2014年·背景资料节选）：施工总承包单位根据材料清单采购了一批装饰装修材料。经计算分析，各种材料价款占该批材料款及累计百分比如下表所示。

序号	材料名称	所占比例（%）	累计百分比（%）
1	实木门扇（含门套）	30.10	30.10
2	铝合金窗	17.91	48.01
3	细木工板	15.31	63.32

续表

序号	材料名称	所占比例（%）	累计百分比（%）
4	瓷砖	11.60	74.92
5	实木地板	10.57	85.49
6	白水泥	9.50	94.99
7	其他	5.01	100.00

问题：根据ABC分类法，分别指出重点管理材料名称（A类材料）和次要管理材料名称（B类材料）。

答案：

（1）重点管理的材料：实木门扇（含门套）、铝合金窗、细木工板、瓷砖。

（2）次要管理的材料：实木地板、白水泥。

例题5（背景资料节选）：工程施工中，该项目年度需要甲种材料总量为24000t，材料单价为180元/t，一次采购费用为60元，仓库年保管费率为3.35%。

问题：甲种材料的经济采购批量为多少？

答案：

$$Q_0=\sqrt{2SC/PA}=\sqrt{2\times24000\times60/（180\times3.35\%）}=691.09t$$

笔记区

考点二：机械设备管理

历年考情分析

年份	2014	2015	2016	2017	2018	2019	2020	2021	2022
案例					√			√	

一、施工机械设备选择的依据和原则

1. 施工项目机械设备的供应渠道有：

（1）企业自有设备调配。

（2）市场租赁设备。

（3）专门购置机械设备。

（4）专业分包队伍自带设备。

2. 施工机械设备选择的依据：施工项目的施工条件、工程特点、工程量多少及工期要求。

3. 施工机械设备选择的原则：适应性、高效性、稳定性、经济性和安全性。

二、施工机械设备选择的方法

施工机械设备选择的方法
- 单位工程量成本比较法
- 折算费用法（等值成本法）
- 界限时间比较法
- 综合评分法

1. 单位工程量成本比较法

机械设备使用的成本费用分为可变费用和固定费用两大类。

（1）可变费用又称操作费，它随着机械的工作时间变化，如操作人员的工资、燃料动力费、小修理费、直接材料费等。

（2）固定费用是按一定施工期限分摊的费用，如折旧费、大修理费、机械管理费、投资应付利息、固定资产占用费等。

多台机械可供选择时，优选单位工程量成本较低的机械。

$$C=(R+Fx)/Qx$$

总成本/总工程量

式中：C——单位工程量成本；

R——一定期间固定费用；

F——单位时间可变费用；

Q——单位作业时间产量；

x——实际作业时间（机械使用时间）。

2. 折算费用法

施工项目期限长，机械需要长期使用，考虑购买机械时采用此方法。

年折算费用=（原值－残值）×资金回收系数+残值×利率+年度机械使用费

式中：资金回收系数=$\dfrac{i(1+i)^n}{(1+i)^n-1}$；

i——复利率；

n——计利期（使用年限）。

三、施工机械需用量计算

$$N=P/(W\times Q\times K_1\times K_2)$$

式中：N——机械需要数量；

P——计划期内工作量；

W——计划期内台班数；

Q——机械台班生产率（即台班工作量）；

K_1——现场工作条件影响系数；

K_2——机械生产时间利用系数。

四、项目机械设备的使用管理制度

（1）“三定”制度：实行定人、定机、定岗位责任的制度。

（2）交接班制度。

（3）安全交底制度。

（4）技术培训制度：使操作人员做到“四懂三会”。

四懂	懂机械原理、懂机械构造、懂机械性能、懂机械用途
三会	会操作、会维修、会排除故障

（5）检查制度。

（6）操作证制度。

五、其他

（1）选择挖土机械的依据：基础形式、工程规模、开挖深度、地质、地下水情况、土方量、运距、现场和机具设备条件、工期要求以及土方机械的特点。

（2）常用的垂直运输设备有三大类：塔式起重机、施工电梯、混凝土泵。

（3）塔式起重机具有提升、回转、水平运输等功能。

（4）塔式起重机按固定方式可划分为固定式、轨道式、附墙式、内爬式。

（5）施工电梯为人货两用，按驱动方式可分为齿条驱动和绳轮驱动两种。

【经典案例回顾】

例题1（2021年·背景资料节选）：某新建住宅楼工程，装配式钢筋混凝土结构。项目经理部按照优先选择单位工程量使用成本费用（包括可变费用和固定费用，如大修理费、小修理费等）较低的原则，施工塔式起重机供应渠道选择企业自有设备调配。

问题：项目施工机械设备的供应渠道有哪些？机械设备使用成本费用中固定费用有哪些？

答案：

（1）设备供应渠道有：①企业自有设备调配；②市场租赁设备；③专门购置机械设备；④专业分包自带设备。

（2）固定费用有：①折旧费；②大修理费；③机械管理费；④投资应付利息；⑤固定资产占用费。

例题2（2018年·背景资料节选）：一新建工程，地下2层，地上20层，高度70m，建筑面积40000m^2。项目部根据施工条件和需求，按照施工机械设备选择的经济性等原则，采用单位工程量成本比较法选择确定了塔式起重机型号。在一次塔式起重机起吊荷载达到其额定起重量95%的起吊作业中，安全员让塔式起重机操作工先将重物吊起离地面30cm，然后对物件绑扎情况等各项内容进行了检查，确认安全后同意其继续起吊作业。

问题：施工机械设备选择的原则和方法分别还有哪些？当塔式起重机起重荷载达到额定起重量90%以上时，对塔式起重机的检查项目还有哪些？

答案：

（1）施工机械设备选择的原则还有：适应性、高效性、稳定性、安全性。

（2）施工机械设备选择的方法还有：折算费用法（等值成本法）、界限时间比较法和综合评分法。

（3）塔式起重机的检查项目还有：机械状况、制动性能。

例题3（背景资料节选）：某工程需购置某设备一台，经市场调查有三种型号设备满足要求，相关参数如下表所示（采购当年贷款复利利率为8%）

设备相关参数表（万元）

设备序号	售价	年使用费、维修费、保管费等	使用寿命（年）	残值
A	2000	110	20	100
B	1700	120	16	100
C	1400	140	10	90

问题：列式计算比较，选出正确的设备采购方案。

答案：

设备年折算费用计算如下：

设备 $A=(2000-100)\times\dfrac{8\%\times(1+8\%)^{20}}{(1+8\%)^{20}-1}+100\times8\%+110=311.61$ 万元

设备 $B=(1700-100)\times\dfrac{8\%\times(1+8\%)^{16}}{(1+8\%)^{16}-1}+100\times8\%+120=308.8$ 万元

设备 $C=(1400-90)\times\dfrac{8\%\times(1+8\%)^{10}}{(1+8\%)^{10}-1}+90\times8\%+140=342.39$ 万元

结论：选择购置设备B。

笔记区

考点三：劳动力管理

历年考情分析

年份	2014	2015	2016	2017	2018	2019	2020	2021	2022
案例		√		√		√			√（超纲）

一、劳务用工基本规定

（1）劳务用工企业必须自用工之日起依法与工人签订劳动合同。

（2）劳务企业应当每月对劳务作业人员应得工资进行核算。

（3）总、分包项目部以劳务班组为单位，建立建筑劳务用工档案；以单项工程为单位，按月将企业自有建筑劳务的情况和使用的分包企业情况向工程所在地建设行政主管部门报告。

（4）劳务用工档案按月归集，内容包括劳动合同、考勤表、施工作业工作量完成登记表、工资发放表、班组工资结清证明等资料。

（5）总、分包企业支付劳务企业分包款时，应责成专人现场监督劳务企业将工资直接发放给劳务工本人，严禁发放给“包工头”或由“包工头”代领，以避免出现“包工头”携款潜逃，劳务工资拖欠的情况。

二、劳务作业分包的范围

木工作业、砌筑作业、抹灰作业、石制作业、油漆作业、钢筋作业、混凝土作业、脚手架作业、模板作业、焊接作业、水电暖安装作业、钣金作业、架线作业。

三、劳务工人实名制管理

1. 总承包企业对所承接工程项目的建筑工人实名制管理负总责，分包企业对其招用的建筑工人实名制管理负直接责任，配合总承包企业做好相关工作。

2. 劳务工人实名制管理的作用：

（1）实名制管理的目的

① 规范总分包单位双方的用工行为；

② 杜绝非法用工、劳资纠纷、恶意讨薪等问题的发生具有积极意义。

（2）实名制数据采集的目的

① 掌握了解施工现场的人员状况；

② 有利于施工现场劳动力的管理和调剂。

（3）实名制数据公示的目的

① 公开劳务分包单位企业人员考勤状况；

② 公开每个工人的出勤状况；

③ 避免或减少因工资和劳务费的支付而引发的纠纷隐患或恶意讨要事件的发生。

（4）实名制管理卡金融功能使用的目的

① 简化企业工资发放程序；

② 避免工人携带现金的不安全。

3. 劳务实名制管理主要措施：

（1）总承包企业、项目经理部和劳务分包单位分别设置劳务管理机构和劳务管理员，制定劳务管理制度。

（2）进场施工前，劳务员将进场施工人员花名册、身份证、劳动合同文本或书面用工协议、岗位技能证书复印件报送总包备案。

（3）劳务员要做好劳务管理工作内业资料的收集、整理、归档。

（4）劳务员负责项目日常劳务管理和相关数据的收集统计工作。

（5）劳务员要加强对现场的监控。

（6）实施建筑工人实名制管理所需费用可列入安全文明施工费和管理费。

4. 实名制采用“建筑企业实名制管理卡”，该卡具有如下功能：工资管理、考勤管理、门禁管理、售饭管理。

5. 超纲题喜欢考核《建筑工人实名制管理办法（试行）》（2019年3月1日施行），有时间的考生可以去消化。见“准”字篇中案例二。

四、劳动力计划编制要求

1. 要保持劳动力均衡使用。若劳动力使用不均衡，将带来下列问题：

（1）劳动力调配。

（2）出现过多、过大的需求高峰。

（3）增加劳动力的管理成本。

（4）住宿、交通、饮食、工具等问题。

2. 根据工程的实物量和定额标准分析劳动需用总工日，确定生产工人、工程技术人员的数量和比例。

3. 准确计算工程量和施工期限。

五、劳动力需求计划

1. 确定劳动效率

（1）劳动效率通常用“产量/单位时间”或“工时消耗量/单位工作量”表示。

（2）实际应用时，劳动效率必须考虑环境、气候、地形、地质、工程特点、实施方案的特点、现场平面布置、劳动组合、施工机具等因素。

2. 确定劳动力投入量

3. 编制劳动力需求计划

（1）需要考虑参数：工程量、劳动力投入量、持续时间、班次、劳动效率、每班工作时间。

（2）安排混合班组时需考虑：整体劳动效率、设备能力、材料供应能力、与其他班组工作的协调。

【经典案例回顾】

例题1（2019年·背景资料节选）：项目部按照劳动力均衡使用、分析劳动需用总工日、确定人员数量和比例等劳动力计划编制要求，编制了劳动力需求计划。重点解决了因劳动力使用不均衡，给劳动力调配带来的困难，和避免出现过多、过大的需求高峰等诸多问题。

问题：施工劳动力计划编制要求还有哪些？劳动力使用不均衡时，还会出现哪些方面的问题？

答案：

（1）施工劳动力计划编制要求还有：准确计算工程量和施工期限。

（2）劳动力使用不均衡时，还会出现以下问题：

① 增加劳动力的管理成本。

② 带来住宿、交通、饮食、工具等方面的问题。

例题2（2015年·背景资料节选）：总承包单位将工程主体劳务分包给某劳务公司，双方签订了劳务分包合同，劳务分包单位进场后，总承包单位要求劳务分包单位将劳务施工人员的身份证等资料的复印件上报备案。某月总承包单位将劳务分包款拨付给劳务公司，劳务公司自行发放，其中木工班长代领木工工人工资后下落不明。

问题：指出背景资料中的不妥之处，并说明正确做法。按照劳务实名制管理规定，劳务公司还应该将哪些资料的复印件报总承包单位备案？

答案：

（1）不妥之处及正确做法如下：

不妥1：劳务分包单位进场后向总承包单位备案。

正确做法：应在进场施工前备案。

不妥2：劳务公司自行发放工人工资。

正确做法：劳务公司发放工资时，总承包单位应责成专人现场监督。

不妥3：木工班长代领木工工人工资。

正确做法：工资直接发放给劳动者本人，严禁代领工资。

（2）还应有：施工人员花名册、劳动合同文本、岗位技能证书。

例题3（背景资料节选）：某工程项目基于进度考虑，建设单位要求仍按原合同约定时间完成底板施工，为此施工单位采取调整劳动力等措施，在15d内完成2700t钢筋制作（工效为4.5t/人·工作日）。

问题：计算背景资料中钢筋制作的劳动力投入量。编制劳动力需求计划时，需要考虑哪些参数？

答案：

（1）2700/（15×4.5）=40人

（2）编制劳动力需求计划需要考虑的参数有：① 工程量；② 持续时间；③ 劳动力投入量；④ 劳动效率；⑤ 班次；⑥ 每班工作时间。

例题4（背景资料节选）：当地劳动监察部门在现场抽查时发现，有部分农民工未签订劳动合同，经查是试用期未满。总承包单位责令劳务分包企业立即整改。

问题：劳务分包企业与农民工应什么时间签订劳动合同？劳务用工档案应包括哪些资料？

答案：

（1）签订劳动合同时间：自用工之日。

（2）劳务用工档案应包括：① 劳动合同；② 考勤表；③ 施工作业工作量完成登记表；④ 工资发放表；⑤ 班组工资结清证明。

笔记区

第八章

验收

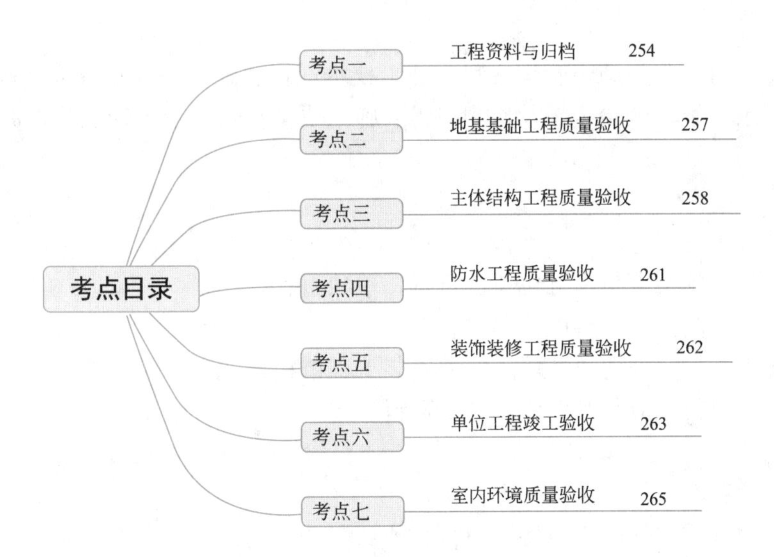

考点目录
考点一
工程资料与归档 254
考点二
地基基础工程质量验收 257
考点三
主体结构工程质量验收 258
考点四
防水工程质量验收 261
考点五
装饰装修工程质量验收 262
考点六
单位工程竣工验收 263
考点七
室内环境质量验收 265

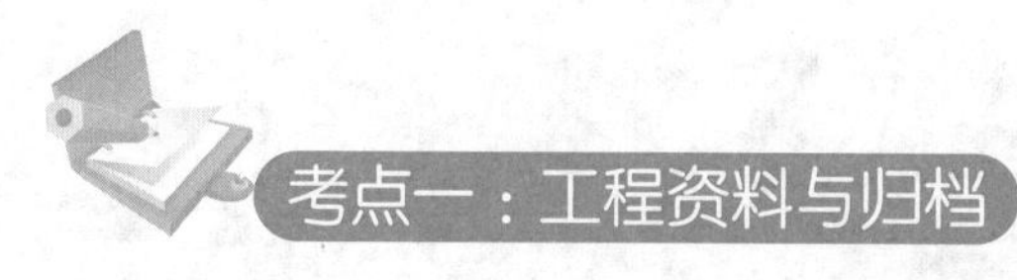

历年考情分析

年份	2014	2015	2016	2017	2018	2019	2020	2021	2022
案例							√		

一、基本规定

（1）工程文件应随工程建设进度同步形成，不得事后补编。

（2）不得随意修改；当需修改时，应划改，并由划改人签署。

（3）应为原件，当为复印件时，提供单位应在复印件上加盖单位印章，并应有经办人签字和日期。

（4）每项建设工程应编制一套电子档案，随纸质档案一并移交城建档案管理机构。电子档案签署了具有法律效力的电子印章或电子签名的，可不移交相应纸质档案。

二、工程资料分类

（1）工程资料可分为工程准备阶段文件、监理资料、施工资料、竣工图和工程竣工文件5类。

（2）施工资料可分为施工管理资料、施工技术资料、施工进度及造价资料、施工物资资料、施工记录、施工试验记录及检测报告、施工质量验收记录、竣工验收资料8类。

三、施工资料组卷要求

（1）按单位工程组卷。

（2）分包单位施工资料由分包单位负责，单独组卷。

（3）电梯按不同型号每台电梯单独组卷。

（4）室外工程按室外建筑环境、室外安装工程单独组卷。

（5）施工资料目录应与其对应的施工资料一起组卷。

四、归档文件质量要求

（1）归档的纸质文件应为原件，内容必须真实、准确，应与工程实际相符合。

（2）工程文件签字盖章手续应完备。

（3）应采用碳素墨水、蓝黑墨水等耐久性强的书写材料，不得使用红色墨水、纯蓝墨水、圆珠笔、复写纸、铅笔等易褪色的书写材料。

（4）文字材料宜为A4幅面，图纸宜采用国家标准图幅。

（5）竣工图均应加盖竣工图章，图章尺寸为50mm × 80mm。

（6）电子文件应采用电子签名，内容必须与其纸质档案一致。

竣　工　图			
施工单位			
编制人		审核人	
技术负责人		编制日期	
监理单位			
总监理工程师		监理工程师	

50mm

80mm

五、工程资料的移交与归档

（1）移交：

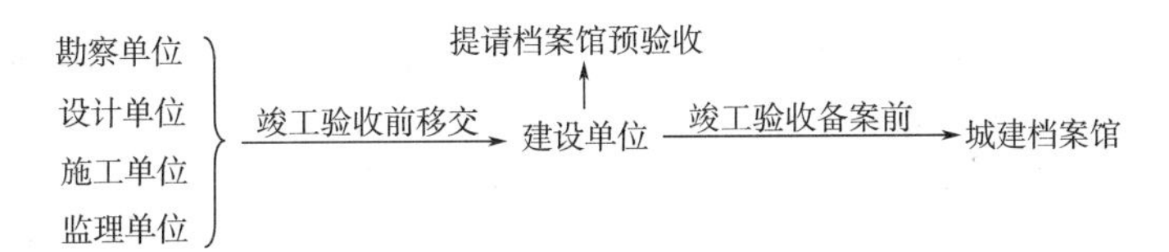

（2）工程档案至少2套，一套建设单位保管，一套（原件）移交城建档案馆。

（3）工程档案保管期限，国家无规定时，不宜少于5年。

（4）补充：依据《建设工程文件归档规范》GB/T 50328—2014（2019年版），档案保管期限分为永久、长期和短期三种。永久是指工程档案无限期地、尽可能长远地保存下去；长期是指工程档案保存到该工程被彻底拆除；短期是指工程档案保存10年以下。

【经典案例回顾】

例题1（2020年·背景资料节选）：工程竣工验收后，参建各方按照合同约定及时整理了工程归档资料。幕墙分包单位在整理了工程资料后，移交了建设单位。项目总承包单位、监理单位、建设单位也分别将归档后的工程资料按照国家现行有关法规和标准进行了移交。

问题：幕墙承包单位的工程资料移交程序是否正确？各相关单位的工程资料移交程序是哪些？

答案：

（1）幕墙承包单位的工程资料移交程序：不正确。

（2）各相关单位的工程资料移交程序是：

① 专业承包（幕墙）单位向施工总承包单位移交。

② 总承包（施工）单位向建设单位移交。

③ 监理单位向建设单位移交。

④ 建设单位向城建档案管理部门（档案馆）移交。

解析：

一定要看清楚问题中的几个关键字“各相关单位的工程资料移交程序”，根据题目背景中所涉及的单位，仅有“幕墙分包单位、项目总承包单位、监理单位、建设单位”，所以答案中不能出现设计单位、勘察单位的资料移交程序。

例题2（2020年二建·背景资料节选）：根据合同要求，需归档的施工资料由施工方项目部负责整理后提交建设单位，项目部在整理归档文件时，使用了部分复印件，并对重要的变更部位用红色墨水修改，同时对纸质档案中没有记录的内容在提交的电子文件中给予补充，在档案预验收时，验收单位提出了整改意见。

问题：指出项目部在整理归档文件时的不妥之处，并说明正确做法。

答案：

不妥1：归档文件使用部分复印件。

正确做法：归档的工程文件应为原件。

不妥2：变更部位用红色墨水修改。

正确做法：应采用碳素墨水、蓝黑墨水等耐久性强的书写材料修改。

不妥3：纸质档案中没有记录的内容在提交的电子文件中补充。

正确做法：纸质文件和电子文件的内容必须一致。

例题3（背景资料节选）：工程竣工验收后，建设单位指令设计、监理等参建单位将工程建设档案资料交施工单位汇总，施工单位把汇总资料提交给城建档案管理机构进行工程档案预验收。

问题：分别指出背景中的不妥之处，并写出相应的正确做法。

答案：

不妥1：工程建设档案资料在竣工验收后汇总。

正确做法：应在竣工验收前汇总。

不妥2：工程建设档案资料交施工单位汇总。

正确做法：应移交建设单位汇总。

不妥3：施工单位把汇总资料提交给城建档案管理机构进行工程档案预验收。

正确做法：应由建设单位提交城建档案管理部门预验收。

例题4（背景资料节选）：总承包人开展了施工项目的信息管理并进行资料归档整理，节能工程资料与电梯工程资料混合组卷，电梯工程分包人完工后将电梯资料移交给建设单位。

问题：背景中资料组卷与移交有何不妥？写出正确做法。

答案：

不妥1：节能工程资料与电梯工程资料混合组卷。

正确做法：节能工程资料单独组卷，电梯工程资料按不同型号每台电梯单独组卷。

不妥2：电梯工程分包人将电梯资料移交给建设单位。

正确做法：分包单位应将工程资料移交给总承包单位。

笔记区

考点二：地基基础工程质量验收

历年考情分析

年份	2014	2015	2016	2017	2018	2019	2020	2021	2022
案例									

1．子分部工程：

地基与基础工程：
- (1)地基
- (2)基础
- (3)基坑支护
- (4)地下水控制
- (5)土方
- (6)边坡
- (7)地下防水

2．地基与基础工程验收时，工程实体所需条件：

（1）基础墙面上的施工孔洞镶堵密实，回填土分项工程未施工。

（2）模板已拆除并清理干净，结构缺陷已整改完毕。

（3）楼层标高控制线和竖向结构主控轴线均已弹出，并做醒目标志。

（4）工程技术资料整理、整改完成。

（5）地基与基础分部工程施工内容完成。

（6）管道预埋结束，测试已完成。

（7）各类整改通知已完成，并形成整改报告。

3．地基与基础工程验收程序：

（1）施工企业自评。

（2）设计认可。

（3）监理核定。

（4）业主验收。

（5）政府监督（提前三个工作日通知质监站）。

4．地基与基础工程验收组织及验收人员：

组织者	总监理工程师（建设单位项目负责人）
参加者	（1）建设、监理、勘察、设计：项目负责人。 （2）施工方：项目经理；项目技术、质量负责人；单位技术、质量部门负责人

5．地基与基础工程验收资料包括：

（1）岩土工程勘察报告。

（2）设计文件。

（3）图纸会审记录和技术交底资料。

（4）工程测量、定位放线记录。

（5）施工组织设计及专项施工方案。

（6）施工记录及施工单位自查评定报告。

（7）隐蔽工程验收资料。

（8）检测与检验报告。

（9）监测资料。

（10）竣工图。

6. 地基与基础工程验收的结论

（1）参建各方签署的地基与基础工程质量验收记录，应在签字盖章后3个工作日内由项目监理人员报送质监站存档。

（2）当在验收过程中参与验收各方意见不一致时，协商重验。

【经典案例回顾】

例题（背景资料节选）：地下室结构施工完毕施工单位自检合格后，项目负责人立即组织总监理工程师及建设单位、勘察单位、设计单位项目负责人进行地基基础分部验收。

问题：本工程地基基础分部工程的验收程序有哪些不妥之处？并说明理由。

答案：

不妥1：施工单位自检合格后立即组织基础工程验收。

理由：施工单位自检合格后，应向监理单位申请基础工程验收。

不妥2：施工单位项目负责人组织基础工程验收。

理由：应由总监理工程师组织基础工程验收。

不妥3：施工方参加基础工程验收人员不齐。

理由：施工单位项目技术、质量负责人，施工单位技术、质量部门负责人也应参加基础工程验收。

笔记区

考点三：主体结构工程质量验收

历年考情分析

年份	2014	2015	2016	2017	2018	2019	2020	2021	2022
案例				√			√	√	

1．子分部工程及分项工程：

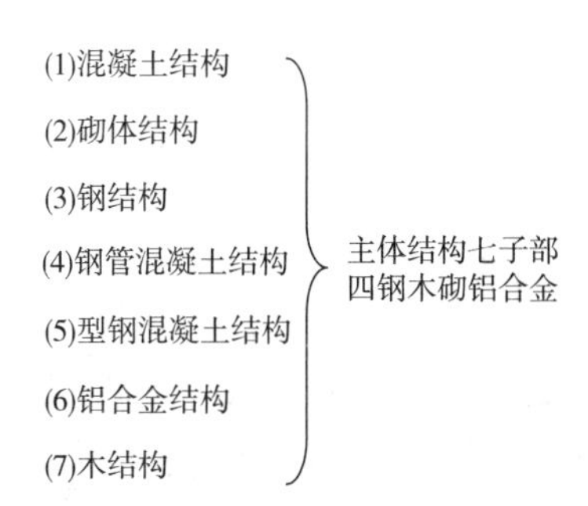

混凝土结构子分部工程包括6个分项工程：模板、钢筋、混凝土、预应力、现浇结构、装配式结构。

2．主体结构验收工程实体所需条件：

（1）施工孔洞镶堵密实，并做隐蔽验收记录。

（2）模板已拆除并清理干净，结构缺陷已整改完毕。

（3）弹出楼层标高线，并标志。

（4）工程技术资料整理、整改完成。

（5）完成合同、图纸和洽商所有内容。

（6）各类管道预埋完成，位置尺寸准确，相应测试完成。

（7）可完成样板间的室内粉刷。

（8）各类整改通知已完成，并形成整改报告。

3．主体结构验收所需具备的工程资料：

（1）主体结构施工质量自评报告（施工单位出具）。

（2）主体工程质量评估报告（监理单位出具）。

（3）勘察、设计单位的认可文件。

（4）完整的主体结构工程档案资料、见证试验档案、监理资料；施工质量保证资料；管理资料和评定资料。

（5）主体工程验收通知书。

（6）规划许可证、中标通知书和施工许可证复印件（需加盖建设单位公章）。

（7）混凝土结构子分部工程结构实体混凝土强度、钢筋保护层厚度验收记录。

4．结构实体检验组织：

（1）实体检验内容：
- 混凝土强度、钢筋保护层厚度、合同约定的项目——具有资质的检测机构
- 结构位置、尺寸偏差——监理组织施工单位实施

（2）混凝土强度检验方法：同条件养护试件方法（宜采用）、回弹－取芯法。

（3）结构实体混凝土强度采用回弹－取芯法时，对同一强度等级的混凝土，当符合下列规定时，结构实体混凝土强度可判为合格：

① 三个芯样的抗压强度算术平均值不小于设计要求的混凝土强度等级值的88%。

② 三个芯样抗压强度的最小值不小于设计要求的混凝土强度等级值的80%。

5. 主体结构工程验收组织：

组织者	总监理工程师（建设单位项目负责人）
参加者	（1）建设、监理、设计：项目负责人。 （2）施工方：项目经理；项目技术负责人；单位技术、质量部门负责人

6. 当在验收过程中参与工程结构验收的建设、施工、监理、设计单位各方不能形成一致意见时，应当协商提出解决办法，待意见一致后，重新组织工程验收。（协商重验）

【经典案例回顾】

例题1（2021年·背景资料节选）：主体结构完成后，项目部为结构验收做了以下准备工作：

（1）将所有模板拆除并清理干净；

（2）工程技术资料整理、整改完成；

（3）完成了合同、图纸和洽商所有内容；

（4）各类管道预埋完成，位置尺寸准确，相应测试完成；

（5）各类整改通知已完成，并形成整改报告。

项目部认为达到了验收条件，向监理单位申请组织结构验收，并决定由项目技术负责人、相关部门经理和工长参加。监理工程师认为存在验收条件不具备、参与验收人员不全等问题，要求完善验收条件。

问题：主体结构验收工程实体还应具备哪些条件？施工单位应参与结构验收的人员还有哪些？

答案：

（1）工程实体还应具备的条件：

① 施工孔洞镶堵密实，并隐蔽验收记录。

② 弹出楼层标高线，并标志。

（2）施工单位应参与结构验收的人员还有：项目负责人，单位技术、质量部门负责人。

例题2（2020年·背景资料节选）：某新建住宅群体工程，包含10栋装配式高层住宅、5栋现浇框架小高层公寓、1栋社区活动中心及地下车库，总建筑面积31.5万m^2。本工程完成全部结构施工内容后，在主体结构验收前，项目部制定了结构实体检验专项方案，委托具有相应资质的检测单位在监理单位见证下对涉及混凝土结构安全的有代表性的部位进行钢筋保护层厚度等检测，检测项目全部合格。

问题：主体结构混凝土子分部包括哪些分项工程？结构实体检验还应包括哪些检测项目？

答案：

（1）分项工程包括：模板、钢筋、混凝土、现浇结构、装配式结构。

（2）结构实体检验还应包括：混凝土强度、结构位置、尺寸偏差及合同约定的项目。

解析：

为了保证答案的严谨，分项工程包括的内容中不能加“预应力”，因为根据题目背景无法判断是否使用了预应力。

例题3（2017年·背景资料节选）：地下室结构实体采用回弹法进行强度检验中，出现个别部位C35混凝土强度不足，项目部质量经理随即安排公司试验室检测人员采用钻芯法对该部位实体混凝土进行检测，并将检验报告上报监理工程师。监理工程师认为其做法不妥，要求整改。整改后钻芯检测的试样强度分别为28.5MPa、31MPa、32MPa。

问题：说明混凝土结构实体检验管理的正确做法。该钻芯检验部位C35混凝土实体检验结论是什么？并说明理由。

答案：

（1）混凝土结构实体检验管理的正确做法：① 监理单位见证取样；② 施工单位组织实施；③ 具有资质的检测机构承担检验。

（2）该钻芯检验部位C35混凝土实体检验结论：不合格。

（3）理由：

平均值：（28.5+31+32）/3=30.5MPa＜30.8MPa（35×88%）

最小值：28.5MPa≥28MPa（35×80%）

两个条件没有同时满足，所以混凝土强度实体检验结果不合格。

笔记区

考点四：防水工程质量验收

历年考情分析

年份	2014	2015	2016	2017	2018	2019	2020	2021	2022
案例									

地下防水工程验收的文件和记录：

（1）防水设计。

（2）资质、资格证明。

（3）施工方案。

（4）技术交底。

（5）材料质量证明：产品合格证、产品性能检测报告、材料进场检验报告。

（6）混凝土、砂浆质量证明：

混凝土	试配及施工配合比；抗压强度、抗渗性能检验报告
砂浆	试配及施工配合比；粘结强度、抗渗性能检验报告

（7）中间检查记录。

（8）检验记录：渗漏水检测记录、观感质量检查记录。
（9）施工日志。
（10）其他资料。

笔记区

考点五：装饰装修工程质量验收

历年考情分析

年份	2014	2015	2016	2017	2018	2019	2020	2021	2022
案例		√				√			

1．建筑装饰装修工程的子分部工程及其分项工程的划分（部分）

子分部工程名称	分项工程
门窗	木门窗安装、金属门窗安装、塑料门窗安装、特种门安装、门窗玻璃安装
轻质隔墙	板材隔墙、骨架隔墙、活动隔墙、玻璃隔墙
饰面板	石板安装、陶瓷板安装、木板安装、金属板安装、塑料板安装
幕墙	玻璃幕墙安装、金属幕墙安装、石材幕墙安装、人造板材幕墙安装

2．装饰装修工程各子分部工程有关安全和功能的检测项目表

子分部工程	检测项目
门窗工程	外窗的气密性能、水密性能和抗风压性能
饰面板工程	后置埋件的现场拉拔力
饰面砖工程	饰面砖粘结强度
幕墙工程	硅酮结构胶的相容性和剥离粘结性 后置埋件和槽式预埋件的现场拉拔力 幕墙的气密性、水密性、耐风压性能及层间变形性能

【经典案例回顾】

例题1（2019年·背景资料节选）：项目部对装饰装修工程门窗子分部进行过程验收中，检查了塑料门窗安装等各分项工程，并验收合格；检查了外窗气密性能等有关安全和功能检测项目合格报告，观感质量符合要求。

问题：门窗子分部工程中还包括哪些分项工程？门窗工程有关安全和功能检测的项目还有哪些？

答案：

（1）门窗子分部工程还包括的分项工程有：①木门窗安装；②金属门窗安装；③特种

门安装；④门窗玻璃安装。

（2）门窗工程有关安全和功能检测的项目还有：①建筑外窗的水密性能；②建筑外窗的抗风压性能。

例题2（2015年·背景资料节选）：施工中，施工单位对幕墙与各层楼板间的缝隙防火隔离处理进行了检查；对幕墙的气密性、水密性、耐风压性能等有关安全和功能检测项目进行了见证取样和抽样检测。

问题：建筑幕墙与各楼层楼板间的缝隙隔离的主要防火构造做法是什么？幕墙工程中有关安全和功能的检测项目还有哪些？

答案：

（1）主要防火构造做法：

① 缝隙采用不燃材料封堵，填充材料可采用岩棉或矿棉，其厚度不应小于100mm，满足设计的耐火极限要求，在楼层间形成水平防火烟带。

② 防火层应采用厚度不小于1.5mm的镀锌钢板承托，不得采用铝板。

③ 承托板与主体结构、幕墙结构及承托板之间的缝隙应采用防火密封胶密封。

（2）幕墙工程中有关安全和功能的检测项目还有：

① 硅酮结构胶的相容性和剥离粘结性。

② 幕墙后置埋件和槽式预埋件的现场拉拔力。

③ 幕墙的层间变形性能。

笔记区

考点六：单位工程竣工验收

历年考情分析

年份	2014	2015	2016	2017	2018	2019	2020	2021	2022
案例				√					√

1. 程序

（1）自检：施工单位组织；分包工程自检由分包单位组织，总承包单位派人参加。

（2）预验收：总监组织，专监、项目经理和项目技术负责人参加。

（3）竣工验收：

① 施工单位向建设单位提交工程竣工报告，申请竣工验收。

② 建设单位项目负责人组织竣工验收。

参加人员 { 五方主体项目负责人+施工单位技术、质量负责人
单位工程中有分包工程时，分包单位负责人也应参加 }

2．单位工程质量验收合格标准

（1）所含分部工程的质量均应验收合格。

（2）质量控制资料应完整。

注：质量控制资料若缺失，应委托有资质的检测机构进行实体检验或抽样试验。

（3）所含分部工程中有关安全、节能、环境保护和主要使用功能的检验资料应完整。

（4）主要使用功能的抽查结果应符合相关专业验收规范的规定。

（5）观感质量应符合要求。

观感质量 { 验收方式：观察、触摸、简单量测
验收结论：好、一般、差(返修) }

【经典案例回顾】

例题1（2022年·背景资料节选）：工程完工后，总承包单位自检后认为：所含分部工程中有关安全、节能、环境保护和主要使用功能的检验资料完成，符合单位工程质量验收合格标准，报送监理单位进行预验收。监理工程师因在检查后发现部分楼层C30混凝土同条件试件缺失，不符合实体混凝土强度评定要求等问题，退回整改。

问题：单位工程质量验收合格的标准有哪些？工程质量控制资料部分缺失时的处理方式是什么？

答案：

1. 单位工程质量验收合格的标准：

（1）所含分部工程的质量均应验收合格。

（2）质量控制资料应完整。

（3）所含分部工程中有关安全、节能、环境保护和主要使用功能的检验资料应完整。

（4）主要使用功能的抽查结果应符合相关专业验收规范的规定。

（5）观感质量应符合要求。

2. 工程质量控制资料部分缺失时的处理方式：委托有资质的检测机构进行实体检验或抽样试验。

例题2（2019年二建·背景资料节选）：工程完工后，施工总承包单位自检合格，再由专业监理工程师组织了竣工预验收。根据预验收所提出问题，施工单位整改完毕，总监理工程师及时向建设单位申请工程竣工验收，建设单位认为程序不妥拒绝验收。

问题：指出竣工验收程序有哪些不妥之处？并写出相应正确做法。

答案：

不妥1：专业监理工程师组织竣工预验收。

正确做法：应由总监理工程师组织竣工预验收。

不妥2：总监理工程师向建设单位申请工程竣工验收。

正确做法：应由施工单位向建设单位申请工程竣工验收。

例题3（背景资料节选）：某高校新建教学及科研楼工程，其中科研楼电梯安装工程

为建设单位指定分包，电梯安装工程早于装饰装修工程完工，提前由总监理工程师组织验收，总承包单位未参加，验收后电梯安装单位将电梯工程相关资料移交建设单位。整体工程完成时，电梯安装单位已撤场，由建设单位组织，监理、设计、总承包单位参与进行了单位工程质量验收。

问题：背景资料中存在哪些错误，正确的做法是什么？

答案：

错误1：总承包单位未参加电梯安装工程验收。

正确做法：总承包单位必须参加电梯安装工程验收。（总承包单位必须参加所有分部工程验收）

错误2：电梯安装单位将电梯工程相关资料移交建设单位。

正确做法：电梯安装单位应将电梯工程相关资料移交总承包单位。

错误3：参加单位工程质量验收的单位不齐。

正确做法：勘察单位和电梯安装单位也应参加单位工程质量验收。

笔记区

考点七：室内环境质量验收

历年考情分析

年份	2014	2015	2016	2017	2018	2019	2020	2021	2022
案例				√					√

1. 民用建筑根据室内环境污染的不同要求分类

民用建筑
- Ⅰ类民用建筑：住宅、居住功能公寓、医院病房、老年人照料房屋设施、幼儿园、学校教室、学校宿舍（住医老幼学）
- Ⅱ类民用建筑：其他(排除法)

2. 民用建筑工程室内环境污染物浓度限量

污染物	单位	Ⅰ类民用建筑	Ⅱ类民用建筑
氡	Bq/m^3	≤150	
甲醛	mg/m^3	≤0.07	≤0.08

续表

污染物	单位	Ⅰ类民用建筑	Ⅱ类民用建筑
氨	mg/m^3	≤0.15	≤0.20
苯		≤0.06	≤0.09
甲苯		≤0.15	≤0.20
二甲苯		≤0.20	
TVOC		≤0.45	≤0.50

3．验收要求

验收时间	完工7d以后，工程交付使用前
抽检数量	（1）抽房间总数≥5%，单体≥3间。房间总数少于3间时，全数检查。 （2）样板间测检合格，抽检数量减半，≥3间。 （3）幼儿园、学校教室、学生宿舍、老年人照料房屋设施室内装饰装修验收时，抽检量不得少于房间总数的50%，且不得少于20间。当房间总数不大于20间时，应全数检测
检测点数量	$50m^2$　$100m^2$　$500m^2$　$1000m^2$ 1个点　2个点　≥3个点　≥5个点　$1000m^2$以内部分≥5个点 以外部分每增加$1000m^2$不少于1个点
检测点位置	（1）距内墙面不小于0.5m，距楼地面高度0.8~1.5m。 （2）房间检测点数≥2个时，按对角线、斜线、梅花状均衡布点
检测时间	（1）集中通风：通风系统正常运行下。 （2）自然通风：氡—门窗关闭24h后；其他污染物—门窗关闭1h后
检测值	（1）当房间有2个及以上检测点时，取各点检测结果的平均值作为该房间的检测值。 注：房间按要求只布设1个检测点时，该检测点数值就是检测值。 （2）房间所有污染物检测值合格，判定室内环境合格
再次检测	抽检数量增加一倍，包括同类型房间和原不合格房间

【经典案例回顾】

例题1（2022年·背景资料节选）：某酒店工程，建筑面积2.5万m^2，地下1层，地上12层。其中标准层10层，每层标准客房 18 间，$35m^2$/间。竣工交付前，项目部按照每层抽一间，每间取一点，共抽取10个点，占总数5.6%的抽样方案，对标准客房室内环境污染物浓度进行了检测。检测部分结果见下表。

标准客房室内环境污染物浓度检测表（部分）

污染物	民用建筑	
	平均值	最大值
TVOC（mg/m^3）	0.46	0.52
苯（mg/m^3）	0.07	0.08

问题1：写出建筑工程室内环境污染物浓度检测抽检量要求。标准客房抽样数量是否符合要求？

答案：

（1）抽检量要求：抽检时要求同类型房间数量不少于5%；样板间检测合格抽取比例减半；每个建筑单体不少于3间；房间总数少于3间时，全数抽检。

（2）符合要求。

问题2：上表的污染物浓度是否符合要求？应检测的污染物还有哪些？

答案：

（1）污染物TVOC不符合要求，污染物苯符合要求。

（2）应检测的污染物还有：氡、甲醛、氨、甲苯、二甲苯。

解析：

当房间内有2个及以上检测点时，取各点检测结果的平均值作为该房间的检测值。但本题背景是每间房只抽取一个检测点，而且检测点数量抽取是符合规范要求的，故检测值不存在平均值这一说法，每间房的检测值就是这一个点的数值。显然这里的平均值是取10间房10个点的数值平均，这是一个严重的干扰信息。规范要求当抽检的所有房间室内环境污染物浓度检测结果全部合格，方可判定为该工程室内环境质量合格。表格中的最大值肯定就是其中某一个房间的检测值。如果某类污染物最大值超过浓度限值，意味着其中某一间房的此类污染物浓度检测不合格，此污染物即可判定为检测不合格。

例题2（2017年·背景资料节选）：某新建别墅群项目，总建筑面积45000m^2；各幢别墅均为地下1层，地上3层，砖砌体混合结构。监理工程师对室内装饰装修工程检查验收后，要求在装饰装修完工后第5天进行TVOC等室内环境污染物浓度检测。项目部对检测时间提出异议。

问题：项目部对检测时间提出异议是否正确？并说明理由。针对本工程，室内环境污染物浓度检测还应包括哪些项目？

答案：

（1）项目部对检测时间提出异议：正确。

理由：室内污染物浓度检测应在工程完工至少7d以后、工程交付使用前进行。

（2）室内环境污染物浓度检测还应包括：氡、甲醛、氨、苯、甲苯、二甲苯。

例题3（背景资料节选）：工程验收前，相关单位对一间240m^{2}的学校教室选取4个检测点，进行了室内环境污染物浓度的测试，其中两个主要指标的检测数据如下：

点位	1	2	3	4
甲醛（mg/m^3）	0.08	0.06	0.05	0.05
氨（mg/m^3）	0.20	0.15	0.15	0.14

问题：该房间检测点的选取数量是否合理？说明理由。该房间两个主要指标的报告检测值为多少？分别判断该两项检测指标是否合格？

答案：

（1）合理。

理由：房间使用面积大于等于100m^2、小于500m^{2}时，检测点不应少于3个。背景资料设置4个检测点，满足不应少于3个的规定。

（2）检测值：

甲醛：（0.08+0.06+0.05+0.05）/4=0.06 mg/m^3

氨：（0.20+0.15+0.15+0.14）/4=0.16 mg/m^3

（3）判断：

① 甲醛检测值指标：合格。

理由：Ⅰ类民用建筑工程甲醛浓度限量≤ 0.07 mg/m^3。

② 氨检测值指标：不合格。

理由：Ⅰ类民用建筑工程氨浓度限量≤ 0.15 mg/m^3。

例题4（2019年二建·背景资料节选）：施工过程中，建设单位要求施工单位在3层进行了样板间施工，并对样板间室内环境污染物浓度进行检测，检测结果合格。工程交付使用前对室内环境污染物浓度检测时，施工单位以样板间已检测合格为由将抽检房间数量减半，共抽检7间，经检测甲醛浓度超标。施工单位查找原因并采取措施后对原检测的7间房间再次进行检测，检测结果合格，施工单位认为达标，监理单位提出不同意见，要求调整抽检的房间并增加抽检房间数量。

问题：施工单位对室内环境污染物抽检房间数量减半的理由是否成立？并说明理由。请说明再次检测时对抽检房间的要求和数量。

答案：

（1）抽检房间数量减半理由：成立。

理由：民用建筑工程验收中，凡进行样板间室内环境污染物浓度检测且检测结果合格的，抽检数量减半，并不得少于3间。

（2）再次检测时对抽检房间要求：包含同类型房间及原不合格房间。

抽检数量：应增加1倍，共需检测14间房间。

解析：

本问的第二小问答案，很多考生认为需检测28间房间。理由是：减半之后抽检数量是7间，说明正常抽检是14间房，抽检不合格的话，需在原检测数量的基础上翻倍，即需抽检28间。

这个答题思路存在两个漏洞，一是否定样板间检测合格这样一个事实，二是减半之后抽检数量是7间，正常检测一定是14间房吗？正常检测13间房减半后难道不是7间吗？所以，笔者认为要在样板间检测合格这一事实的前提下来判断。

笔记区

专题二：历年真题拓展考点与难点解析

——“准”字篇

历年真题中的案例题，每个一建考生必定都会去研究和掌握。但全国一级建造师“建筑工程管理与实务”科目考试中，案例题总有一部分考点不在教材范围内，考核的是建筑工程领域最新规定和项目上常用的国家标准。“准”字篇针对历年真题中超教材考点来讲解，同时对相应的文件规定和标准进行引申，力求使学员熟练掌握历年超教材题目的命题点和出题思路。

案例一

（2022年一建真题案例一节选）

某新建住宅小区，单位工程地下2～3层，地上2～12层，总建筑面积12.5万m^2。

施工总承包单位项目部为落实住房和城乡建设部《房屋建筑和市政基础设施工程危及生产安全施工工艺、设备和材料淘汰目录（第一批）》要求，在施工组织设计中明确了建筑工程禁止和限制使用的施工工艺、设备和材料清单，相关信息见表1。

房屋建筑工程危及生产安全的淘汰施工工艺、设备和材料（部分）　表1

名称	淘汰类型	限制条件和范围	可替代的施工工艺、设备、材料
现场简易制作钢筋保护层垫块工艺	禁止	—	专业化压制设备和标准模具生产垫块工艺等
卷扬机钢筋调直工艺	禁止	—	E
饰面砖水泥砂浆粘贴工艺	A	C	水泥基粘接材料粘贴工艺等
龙门架、井架物料提升机	B	D	F
白炽灯、碘钨灯、卤素灯	限制	不得用于建设工地的生产、办公、生活等区域的照明	G

某配套工程地上1～3层结构柱混凝土设计强度等级为C40。于2022年8月1日浇筑1F柱，8月6日浇筑2F柱，8月12日浇筑3F柱，分别留置了一组C40混凝土同条件养护试块。1F、2F、3F柱同条件养护试块在规定等效龄期内（自浇筑日起）进行抗压强度试验，其试验强度值转化成实体混凝土抗压强度评定值分别为：38.5N/mm^2、54.5N/mm^2、47.0N/mm^2。施工现场8月份日平均气温记录见表2。

施工现场8月份日平均气温记录表　表2

日期	1	2	3	4	5	6	7	8	9	10	11
日平均气温（℃）	29	30	29.5	30	31	32	33	35	31	34	32
累计气温（℃）	29	59	88.5	118.5	149.5	181.5	214.5	249.5	280.5	314.5	346.5
日期	12	13	14	15	16	17	18	19	20	21	22
日平均气温（℃）	31	32	30.5	34	33	35	35	34	34	36	35
累计气温（℃）	377.5	409.5	440	474	507	542	577	611	645	681	716

续表

日期	23	24	25	26	27	28	29	30	31		
日平均气温（℃）	34	35	36	36	35	36	35	34	34		
累计气温（℃）	750	785	821	857	892	928	963	997	1031		

问题1：补充表1中A ~ G处的信息内容。

答案：

A：禁止

B：限制

C：—

D：不得用于25m及以上的建设工程。

E：普通钢筋调直机、数控钢筋调直切断机的钢筋调直工艺等。

F：人货两用施工升降机等。

G：LED灯、节能灯等。

知识点引申：

《房屋建筑和市政基础设施工程危及生产安全施工工艺、设备和材料淘汰目录（第一批）》

房屋建筑工程部分

名称	淘汰类型	限制条件和范围	可替代的施工工艺、设备、材料
现场简易制作钢筋保护层垫块工艺	禁止	—	专业化压制设备和标准模具生产垫块工艺等
卷扬机钢筋调直工艺	禁止	—	普通钢筋调直机、数控钢筋调直切断机的钢筋调直工艺等
饰面砖水泥砂浆粘贴工艺	禁止	—	水泥基粘接材料粘贴工艺等
钢筋闪光对焊工艺	限制	在非固定的专业预制厂（场）或钢筋加工厂（场）内，对直径大于或等于22mm的钢筋进行连接作业时，不得使用钢筋闪光对焊工艺	套筒冷挤压连接、滚压直螺纹套筒连接等机械连接工艺
基桩人工挖孔工艺	限制	存在下列条件之一的区域不得使用：(1)地下水丰富、软弱土层、流沙等不良地质条件的区域；(2)孔内空气污染物超标准；(3)机械成孔设备可以到达的区域	冲击钻、回转钻、旋挖钻等机械成孔工艺
沥青类防水卷材热熔工艺（明火施工）	限制	不得用于地下密闭空间、通风不畅空间、易燃材料附近的防水工程	粘接剂施工工艺（冷粘、热粘、自粘）等
竹（木）脚手架	禁止	—	承插型盘扣式钢管脚手架、扣件式非悬挑钢管脚手架等
门式钢管支撑架	限制	不得用于搭设满堂承重支撑架体系	承插型盘扣式钢管支撑架、钢管柱梁式支架、移动模架等
白炽灯、碘钨灯、卤素灯	限制	不得用于建设工地的生产、办公、生活等区域的照明	LED灯、节能灯等
龙门架、井架物料提升机	限制	不得用于25m及以上的建设工程	人货两用施工升降机等
有碱速凝剂	禁止	—	溶液型液体无碱速凝剂、悬浮液型液体无碱速凝剂等

问题2：分别写出配套工程1F、2F、3F柱C40混凝土同条件养护试件的等效龄期（d）和日平均气温累计数。（℃·d）

答案：

1F柱：等效龄期19d，日平均气温累计数611℃·d。

2F柱：等效龄期18d，日平均气温累计数600.5℃·d。

3F柱：等效龄期18d，日平均气温累计数616.5℃·d。

知识点引申：

《混凝土结构工程施工质量验收规范》GB 50204—2015

10.1.2　结构实体混凝土强度应按不同强度等级分别检验，检验方法宜采用同条件养护试件方法；当未取得同条件养护试件强度或同条件养护试件强度不符合要求时，可采用回弹-取芯法进行检验。

结构实体混凝土同条件养护试件强度检验应符合本规范附录C的规定；结构实体混凝土回弹-取芯法强度检验应符合本规范附录D的规定。

混凝土强度检验时的等效养护龄期可取日平均温度逐日累计达到600℃·d时所对应的龄期，且不应小于14d。日平均温度为0℃及以下的龄期不计入。

冬期施工时，等效养护龄期计算时温度可取结构构件实际养护温度，也可根据结构构件的实际养护条件，按照同条件养护试件强度与在标准养护条件下28d龄期试件强度相等的原则由监理、施工等各方共同确定。

问题3：两种混凝土强度检验评定方法是什么？1F ~ 3F柱C40混凝土实体强度评定是否合格？并写出评定理由。（合格评定系数λ_3=1.15、λ_4=0.95）

答案：

（1）评定方法：统计方法、非统计方法。

（2）强度评定结果：合格。

理由：

平均值：（38.5+54.5+47.0）/3=46.67N/mm^2 ≥ 1.15 × 40=46N/mm^2

最小值：38.5N/mm^2 ≥ 0.95 × 40=38N/mm^2

注：考核《混凝土结构工程施工质量验收规范》GB 50204—2015中的第C.0.3条和《混凝土强度检验评定标准》GB/T 50107—2010中的第5.2.2条。

知识点引申：

《混凝土结构工程施工质量验收规范》GB 50204—2015

C.0.2　每组同条件养护试件的强度值应根据强度试验结果按现行国家标准《混凝土物理力学性能试验方法标准》GB/T 50081的规定确定。

C.0.3　对同一强度等级的同条件养护试件，其强度值应除以0.88后按现行国家标准《混凝土强度检验评定标准》GB/T 50107的有关规定进行评定，评定结果符合要求时可判结构实体混凝土强度合格。

《混凝土强度检验评定标准》GB/T 50107—2010

5.1　统计方法评定

5.1.1　采用统计方法评定时，应按下列规定进行：

1　当连续生产的混凝土，生产条件在较长时间内保持一致，且同一品种、同一强度等级混凝土的强度变异性保持稳定时，应按本标准第5.1.2条的规定进行评定。

2 其他情况应按本标准第5.1.3条的规定进行评定。

5.1.2 一个检验批的样本容量应为连续的3组试块，其强度应同时符合下列规定：

$$m_{f_{cu}} \geqslant f_{cu,k}+0.7\sigma_0$$

$$f_{cu,min} \geqslant f_{cu,k}-0.7\sigma_0$$

式中：$m_{f_{cu}}$——同一检验批混凝土立方体抗压强度的平均值（N/mm^2），精确到0.1（N/mm^2）；

$f_{cu,k}$——混凝土立方体抗压强度标准值（N/mm^2），精确到0.1（N/mm^2）；

σ_0——检验批混凝土立方体抗压强度的标准差（N/mm^2），精确到0.1（N/mm^2）；当检验批混凝土标准差σ_0计算值小于$2.5N/mm^2$时，应取$2.5N/mm^2$；

$f_{cu,min}$——同一检验批混凝土立方体抗压强度的最小值（N/mm^2），精确到0.1（N/mm^2）。

5.1.3 当样本容量不少于10组时，其强度应同时满足下列要求：

$$m_{f_{cu}} \geqslant f_{cu,k}+\lambda_1 \cdot S_{f_{cu}}$$

$$f_{cu,min} \geqslant \lambda_2 \cdot f_{cu,k}$$

式中：$S_{f_{cu}}$——同一检验批混凝土立方体抗压强度的标准差（N/mm^2），精确到0.1（N/mm^2）；当检验批混凝土标准差$S_{f_{cu}}$计算值小于$2.5N/mm^2$时，应取$2.5N/mm^2$；

λ_1，λ_2——合格评定系数，按表5.1.3取用。

混凝土强度的合格评定系数 **表 5.1.3**

试件组数	10 ~ 14	15 ~ 19	≥ 20
λ_1	1.15	1.05	0.95
λ_2	0.90	0.85	

5.2 非统计方法评定

5.2.1 当用于评定的样本容量小于10组时，应采用非统计方法评定混凝土强度。

5.2.2 按非统计方法评定混凝土强度时，其强度应同时符合下列规定：

$$m_{f_{cu}} \geqslant \lambda_3 \cdot f_{cu,k}$$

$$f_{cu,min} \geqslant \lambda_4 \cdot f_{cu,k}$$

式中：λ_3，λ_4——合格评定系数，按表5.2.2取用。

混凝土强度的非统计法合格评定系数 **表 5.2.2**

混凝土强度等级	＜C60	≥ C60
λ_3	1.15	1.10
λ_4	0.95	

5.3 混凝土强度的合格性评定

5.3.1 当检验结果满足第5.1.2条或第5.1.3条或第5.2.2条的规定时，则该批混凝土强度应评定为合格；当不能满足上述规定时，该批混凝土强度应评定为不合格。

5.3.2 对评定为不合格批的混凝土，可按国家现行的有关标准进行处理。

案例二

（2022年一建真题案例四节选）

建设单位发布某新建工程招标文件，经公开招标，某施工总承包单位中标，签订了施工总承包合同。施工过程中，地方主管部门在检查《建筑工人实名制管理办法》落实情况时发现：个别工人没有签订劳动合同，直接进入现场施工作业；仅对建筑工人实行了实名制管理等问题。要求项目立即整改。

问题：建筑工人满足什么条件才能进入施工现场工作？除建筑工人外，还有哪些单位人员进入施工现场应纳入实名制管理？

答案：

（1）建筑工人需满足以下条件才能进行施工现场工作：依法签订劳动合同，进行基本安全培训，在相关建筑工人实名制管理平台上登记。

（2）进入施工现场的建设单位、承包单位、监理单位的项目管理人员均纳入建筑工人实名制管理。

知识点引申：

《建筑工人实名制管理办法（试行）》节选

2019年3月1日施行

第六条　建设单位应与建筑企业约定实施建筑工人实名制管理的相关内容，督促建筑企业落实建筑工人实名制管理的各项措施，为建筑企业实行建筑工人实名制管理创造条件，按照工程进度将建筑工人工资按时足额付至建筑企业在银行开设的工资专用账户。

第七条　建筑企业应承担施工现场建筑工人实名制管理职责，制定本企业建筑工人实名制管理制度，配备专（兼）职建筑工人实名制管理人员，通过信息化手段将相关数据实时、准确、完整上传至相关部门的建筑工人实名制管理平台。

总承包企业（包括施工总承包、工程总承包以及依法与建设单位直接签订合同的专业承包企业，下同）对所承接工程项目的建筑工人实名制管理负总责，分包企业对其招用的建筑工人实名制管理负直接责任，配合总承包企业做好相关工作。

第八条　全面实行建筑业农民工实名制管理制度，坚持建筑企业与农民工先签订劳动合同后进场施工。建筑企业应与招用的建筑工人依法签订劳动合同，对其进行基本安全培训，并在相关建筑工人实名制管理平台上登记，方可允许其进入施工现场从事与建筑作业相关的活动。

第九条　项目负责人、技术负责人、质量负责人、安全负责人、劳务负责人等项目管理人员应承担所承接项目的建筑工人实名制管理相应责任。进入施工现场的建设单位、承包单位、监理单位的项目管理人员及建筑工人均纳入建筑工人实名制管理范畴。

第十条　建筑工人应配合有关部门和所在建筑企业的实名制管理工作，进场作业前须依法签订劳动合同并接受基本安全培训。

第十一条　建筑工人实名制信息由基本信息、从业信息、诚信信息等内容组成。

基本信息应包括建筑工人和项目管理人员的身份证信息、文化程度、工种（专业）、技能（职称或岗位证书）等级和基本安全培训等信息。

从业信息应包括工作岗位、劳动合同签订、考勤、工资支付和从业记录等信息。

诚信信息应包括诚信评价、举报投诉、良好及不良行为记录等信息。

第十二条　总承包企业应以真实身份信息为基础，采集进入施工现场的建筑工人和项目管理人员的基本信息，并及时核实、实时更新；真实完整记录建筑工人工作岗位、劳动合同签订情况、考勤、工资支付等从业信息，按项目所在地建筑工人实名制管理要求，将采集的建筑工人信息及时上传相关部门。

案例三

（2022年一建真题案例五节选）

某酒店工程，建筑面积2.5万m^2，地下1层，地上12层。其中标准层10层，每层标准客房18间，35m^2/间；裙房设宴会厅1200m^2，层高9m。施工单位中标后开始组织施工。

标准客房样板间装修完成后，施工总承包单位和专业分包单位进行初验，其装饰材料的燃烧性能检查结果见下表。

样板间装饰材料燃烧性能检查表

部位	顶棚	墙面	地面	隔断	窗帘	固定家具	其他装饰材料
燃烧性能等级	$A+B_1$	B_1	$A+B_1$	B_2	B_2	B_2	B_3

注：$A+B_1$指A级和B_1级材料均有。

问题：改正表中燃烧性能不符合要求部位的错误做法。装饰材料燃烧性能分几个等级？并分别写出代表含义（如A–不燃）。

答案：

（1）改正错误做法：

顶棚：A

隔断：$A+B_1$

其他装饰材料：$A+B_1+B_2$

（2）装饰材料燃烧性能分4个等级。

（3）代表含义：

A–不燃

B_1–难燃

B_2–可燃

B_3–易燃

解析：

本题第一小问难度系数非常大，考核教材外规范《建筑内部装修设计防火规范》GB 50222—2017，而防火规范中的一类建筑还是二类建筑的划分必须按照《建筑设计防火规范》GB 50016—2014（2018年版）来划分。题目背景是宾馆，属于公共建筑，地上12层，层高未给（题目背景中的层高9m是裙房，不是针对主楼）。按照宾馆设计的常规层高3～4m，建筑高度是超过24m但不足50m的，应属于二类高层建筑。同时，装修物的燃烧性能等级，不能按照教材第三章的表格来定，因为教材第三章表格仅针对单层和多层民用建筑，高层民用建筑必须查规范《建筑内部装修设计防火规范》GB 50222—2017中的第5.2.1条。

知识点引申：

《建筑内部装修设计防火规范》GB 50222—2017

5.2.1　高层民用建筑内部各部位装修材料的燃烧性能等级，不应低于本规范表5.2.1的规定。

高层民用建筑内部各部位装修材料的燃烧性能等级（部分）　　**表 5.2.1**

序号	建筑物及场所	建筑规模、性质	装修材料燃烧性能等级									
			顶棚	墙面	地面	隔断	固定家具	装饰织物				其他装修装饰材料
								窗帘	帷幕	床罩	家具包布	
……	……	……	……	……	……	……	……	……	……	……	……	……
5	宾馆饭店的客房及公共活动用房等	一类建筑	A	B_1	B_1	B_1	B_2	B_1	–	B_1	B_2	B_1
		二类建筑	A	B_1	B_1	B_1	B_2	B_2	–	B_2	B_2	B_2
……	……	……	……	……	……	……	……	……	……	……	……	……

案例四

（2021年一建真题案例一节选）

某工程项目经理部为贯彻落实《住房和城乡建设部等部门关于加快培育新时代建筑产业工人队伍的指导意见》（住建部等12部委2020年12月印发）要求，在项目劳动用工管理中做了以下工作：

（1）要求分包单位与招用的建筑工人签订劳务合同。

（2）总承包单位对农民工工资支付工作负总责，要求分包单位做好农民工工资发放工作。

（3）改善工人生活区居住环境，在集中生活区配套了食堂等必要生活机构设施，开展物业化管理。

……

问题1：指出项目劳动用工管理工作中不妥之处，并写出正确做法。

答案：

不妥1：分包单位与建筑工人签订劳务合同。

正确做法：应签订劳动合同。

不妥2：分包单位发放农民工工资。

正确做法：农民工工资应由总承包单位代发。

问题2：为改善工人生活区居住环境，在一定规模的集中生活区应配套的必要生活机构设施有哪些？（如食堂）

答案：

必要生活机构设施有：食堂、超市、医疗、法律咨询、职工书屋、文体活动室等。

知识点引申：

《住房和城乡建设部等部门关于加快培育新时代建筑产业工人队伍的指导意见》（建市〔2020〕105号）节选

（八）健全保障薪酬支付的长效机制。

贯彻落实《保障农民工工资支付条例》，工程建设领域施工总承包单位对农民工工资支付工作负总责，落实工程建设领域农民工工资专用账户管理、实名制管理、工资保证金等制度，推行分包单位农民工工资委托施工总承包单位代发制度。依法依规对列入拖欠农民工工资“黑名单”的失信违法主体实施联合惩戒。加强法律知识普及，加大法律援助力度，引导建筑工人通过合法途径维护自身权益。

（九）规范建筑行业劳动用工制度。

用人单位应与招用的建筑工人依法签订劳动合同，严禁用劳务合同代替劳动合同，依法规范劳务派遣用工。施工总承包单位或者分包单位不得安排未订立劳动合同并实名登记的建筑工人进入项目现场施工。制定推广适合建筑业用工特点的简易劳动合同示范文本，加大劳动监察执法力度，全面落实劳动合同制度。

（十一）持续改善建筑工人生产生活环境。

各地要依法依规及时为符合条件的建筑工人办理居住证，用人单位应及时协助提供相关证明材料，保障建筑工人享有城市基本公共服务。全面推行文明施工，保证施工现场整洁、规范、有序，逐步提高环境标准，引导建筑企业开展建筑垃圾分类管理。不断改善劳动安全卫生标准和条件，配备符合行业标准的安全帽、安全带等具有防护功能的工装和劳动保护用品，制定统一的着装规范。施工现场按规定设置避难场所，定期开展安全应急演练。鼓励有条件的企业按照国家规定进行岗前、岗中和离岗时的职业健康检查，并将职工劳动安全防护、劳动条件改善和职业危害防护等纳入平等协商内容。大力改善建筑工人生活区居住环境，根据有关要求及工程实际配置空调、淋浴等设备，保障水电供应、网络通信畅通，达到一定规模的集中生活区要配套食堂、超市、医疗、法律咨询、职工书屋、文体活动室等必要的机构设施，鼓励开展物业化管理。将符合当地住房保障条件的建筑工人纳入住房保障范围。探索适应建筑业特点的公积金缴存方式，推进建筑工人缴存住房公积金。加大政策落实力度，着力解决符合条件的建筑工人子女城市入托入学等问题。

案例五

（2021年一建真题案例三节选）

某工程项目，地上15 ~ 18层，地下2层，钢筋混凝土剪力墙结构，总建筑面积57000m^2。施工单位中标后成立项目经理部组织施工。项目经理部编制项目双代号网络计划如图1所示。

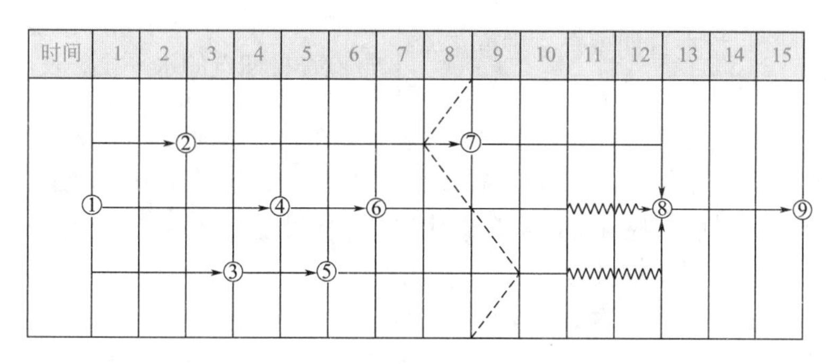

图1　项目双代号网络计划（一）

在工程施工到第8月底时，对施工进度进行了检查，工程进展状态如图1中前锋线所示。工程部门根据检查分析情况，调整措施后重新绘制了从第9月开始到工程结束的双代号网络计划，部分内容如图2所示。

图2　项目双代号网络计划（二）

问题1：根据图1中进度前锋线分析第8月底工程的实际进展情况。

答案：

第8月底检查结果：

（1）工作②→⑦进度滞后1个月。

（2）工作⑥→⑧进度与原计划一致。

（3）工作⑤→⑧进度提前1个月。

知识点引申：

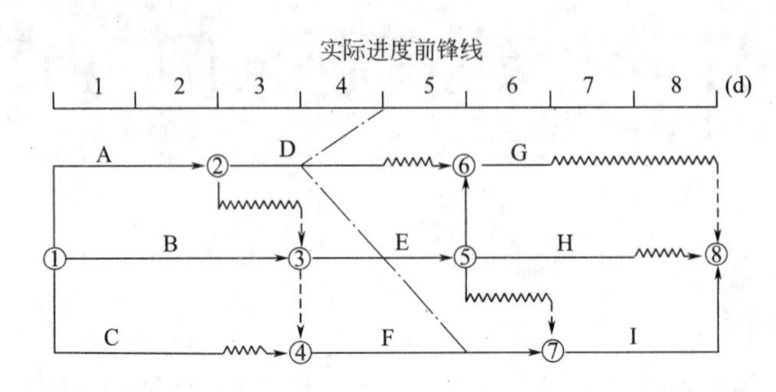

1.本质是双代号时标网络计划，仅在特定检查时刻加一条反映实际进度的点画线。

（1）实际进度在检查日期左侧：进度延误

（2）实际进度在检查日期右侧：进度提前

（3）实际进度与检查日期重合：进度正常

提前或延误时间为实际进度点与检查日期点的水平投影长度

2.上述图例结论如下：

（1）D工作实际进度在检查日期左侧，代表D工作延误，延误时间为1d。

（2）F工作实际进度在检查日期右侧，代表F工作提前，提前时间为1d。

（3）E工作实际进度与检查日期重合，代表E工作进度正常，按计划进行。

3.判断实际进度对总工期及紧后工作的影响：

（1）是否影响总工期，只看本项工作的总时差。

（2）是否影响紧后工作的最早开始时间，只看本项工作的自由时差。

如：D工作实际进度延误1d，总时差为3d，延误天数没有超过总时差，不影响总工期；自由时差为1d，延误天数没有超过自由时差，也不影响紧后工作。

问题2：在答题纸上绘制正确的从第9月开始到工程结束的双代号网络计划图（图2）。

答案：

时间	9	10	11	12	13	14	15	16
②	⑦							
⑥					⑧			⑨
⑤								

解析：

（1）由于关键工作②→⑦滞后1个月，故工期变为16个月。节点⑦定在9月底，圆圈⑧定在13月底，圆圈⑨定在16月底。

时间	9	10	11	12	13	14	15	16

(2) 关键工作②→⑦、⑦→⑧、⑧→⑨用实箭线连起来。(关键工作不存在机动时间)

时间	9	10	11	12	13	14	15	16

(3) 节点⑥到节点⑧有5个月的时间,但工作⑥→⑧只需2个月,剩余3个月用波形线补充。

时间	9	10	11	12	13	14	15	16

(4) 节点⑤到节点⑧有5个月的时间,但工作⑤→⑧只需1个月,剩余4个月用波形线补充。

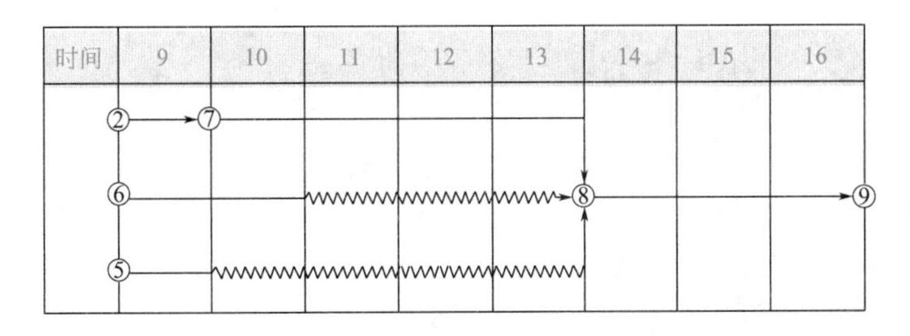

案例六

（2020年一建真题案例一）

某工程项目部根据当地政府要求进行新冠疫情后复工，按照住建部《房屋市政工程复工复产指南》（建办质〔2020〕8号）规定，制定了《项目疫情防控措施》，其中规定有：

（1）施工现场采取封闭式管理，严格施工区等“四区”分离，并设置隔离区和符合标准的隔离室。

（2）根据工程规模和务工人员数量等因素，合理配备疫情防控物资。

（3）现场办公场所、会议室、宿舍应保持通风，每天至少通风3次，并定期对上述重点场所进行消毒。

项目部制定的《模板施工方案》中规定有：

（1）模板选用15mm厚木胶合板，木枋格栅、围檩。

（2）水平模板支撑采用碗扣式钢管脚手架，顶部设置可调托撑。

（3）碗扣式脚手架钢管材料为Q235级，高度超过4m，模板支撑架安全等级按Ⅰ级要求设计。

（4）模板及其支架的设计中考虑了下列各项荷载：

① 模板及其支架自重（G_1）；

② 新浇筑混凝土自重（G_2）；

③ 钢筋自重（G_3）；

④ 新浇筑混凝土对模板侧面的压力（G_4）；

⑤ 施工人员及施工设备产生的荷载（Q_1）；

⑥ 浇筑和振捣混凝土时产生的荷载（Q_2）；

⑦ 泵送混凝土或不均匀堆载等附加水平荷载（Q_3）；

⑧ 风荷载（Q_4）。

进行各项模板设计时，参与模板及支架承载力计算的荷载项见下表。

参与模板及支架承载力计算的荷载项（部分）

计算内容	参与荷载项
底面模板承载力	
支架水平杆及节点承载力	G_1、G_2、G_3、Q_1
支架立杆承载力	
支架结构整体稳定	

某部位标准层楼板模板支撑架设计剖面示意图如下所示。

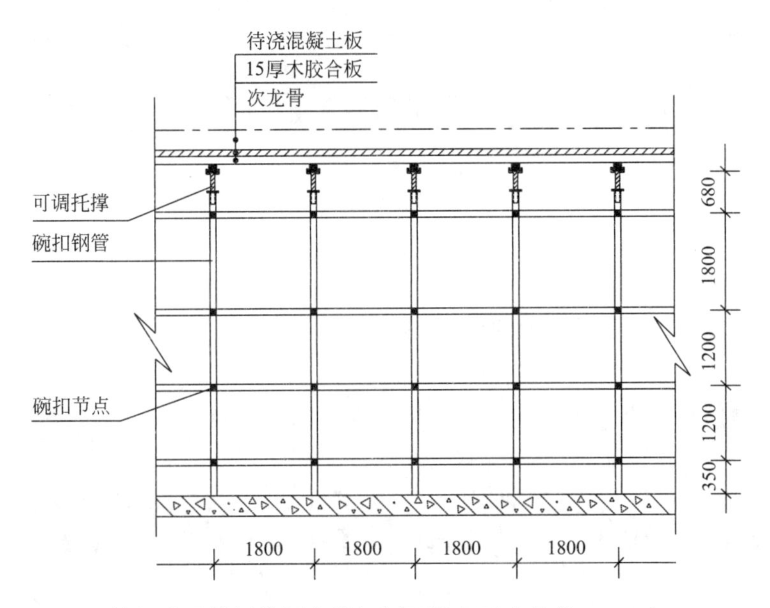

某标准层楼板模板支撑架剖面示意图（单位：mm）

问题1：《项目疫情防控措施》规定的“四区”中除了施工区外还有哪些？施工现场主要防疫物资有哪些？需要消毒的重点场所还有哪些？

答案：

（1）材料加工和存放区、办公区、生活区。

（2）主要防疫物资有：体温计、口罩、消毒剂等。

（3）需要消毒的重点场所还有：食堂、盥洗室、厕所等。

解析：

根据《房屋市政工程复工复产指南》（建办质〔2020〕8号）中3.4.1条规定，起重机械的驾驶室、操作室也应进行消毒，但第三小问并没有把这两处写进去。要注意问题中的关键词“需要消毒的重点场所”，由此推断命题人考核的是3.5.5条。

知识点引申：

《房屋市政工程复工复产指南》（建办质〔2020〕8号）节选

2.4.1　施工现场采取封闭式管理。严格施工区、材料加工和存放区、办公区、生活区等“四区”分离。

2.4.3　根据工程规模和务工人员数量等因素，合理配备体温计、口罩、消毒剂等疫情防控物资。

2.4.4　安排专人负责文明施工和卫生保洁等工作，按规定分类设置防疫垃圾（废弃口罩等）、生活垃圾和建筑垃圾收集装置。

3.1.2　在施工现场进出口设立体温监测点，对所有进入施工现场人员进行体温检测并登记，每天测温不少于两次。凡有发热、干咳等症状的，应阻止其进入，并及时报告和妥善处置。

3.3.2　每日对现场人员开展卫生防疫岗前教育。宣传教育应尽量选择开阔、通风良好的场地，分批次进行，人员间隔不小于1m。

3.4.1　对施工现场起重机械的驾驶室、操作室等人员长期密闭作业场所进行消毒，予以记录并建立台账。

3.5.1　现场办公场所、会议室、宿舍应保持通风，每天至少通风3次，每次不少于30分钟。

3.5.5　定期对宿舍、食堂、盥洗室、厕所等重点场所进行消毒。

5.2.1　发生涉疫情况，应第一时间向有关部门报告、第一时间启动应急预案、第一时间采取停工措施并封闭现场。

问题2：作为混凝土浇筑模板的材料种类都有哪些？（如木材）

答案：

钢材、冷弯薄壁型钢、木材、铝合金材、胶合板。

解析：

模板用材规定教材中没有单独说明，按教材作答可能会漏答或重复答。本问应依据《建筑施工模板安全技术规范》JGJ 162—2008中第三部分《材料选用》来作答。

知识点引申：

《建筑施工模板安全技术规范》JGJ 162—2008节选

7　模板拆除

7.1.2　当混凝土未达到规定强度或已达到设计规定强度时，如需提前拆模或承受部分超设计荷载时，必须经过计算和技术主管确认其强度能足够承受此荷载后，方可拆除。

7.1.5　后张预应力混凝土结构的侧模宜在施加预应力前拆除，底模应在施加预应力后拆除。设计有规定时，应按规定执行。

7.1.10　高处拆除模板时，应遵守有关高处作业的规定。严禁使用大锤和撬棍，操作层上临时拆下的模板堆放不能超过3层。

7.2.2　当立柱的水平拉杆超出2层时，应首先拆除2层以上的拉杆。当拆除最后一道水平拉杆时，应和拆除立柱同时进行。

7.2.3　当拆除4～8m跨度的梁下立柱时，应先从跨中开始，对称地分别向两端拆除。拆除时，严禁采用连梁底板向旁侧一片拉倒的拆除方法。

问题3：写出表中其他模板与支架承载力计算内容项目的参与荷载项。（如：支架水平杆及节点承载力G_1、G_2、G_3、Q_1）

答案：

底面模板承载力：G_1、G_2、G_3、Q_1

支架立杆承载力：G_1、G_2、G_3、Q_1、Q_4

支架结构整体稳定：G_1、G_2、G_3、Q_1、Q_4（或Q_3）

知识点引申：

《混凝土结构工程施工规范》GB 50666—2011节选

4.3.7　模板及支架承载力计算的各项荷载可按表4.3.7确定，并应采用最不利的荷载基本组合进行设计。

表4.3.7　参与模板及支架承载力计算的各项荷载

计算内容		参与荷载项
模板	底面模板的承载力	$G_1+G_2+G_3+Q_1$
	侧面模板的承载力	G_4+Q_2
支架	支架水平杆及节点的承载力	$G_1+G_2+G_3+Q_1$
	立杆的承载力	$G_1+G_2+G_3+Q_1+Q_4$
	支架结构的整体稳定	$G_1+G_2+G_3+Q_1+Q_3$ $G_1+G_2+G_3+Q_1+Q_4$

注：表中的"＋"仅表示各项荷载参与组合，而不表示代数相加。

参与组合的永久荷载应包括模板及支架自重（G_1）、新浇筑混凝土自重（G_2）、钢筋自重（G_3）及新浇筑混凝土对模板的侧压力（G_4）等。

参与组合的可变荷载宜包括施工人员及施工设备产生的荷载（Q_1）、混凝土下料产生的水平荷载（Q_2）、泵送混凝土或不均匀堆载等因素产生的附加水平荷载（Q_3）及风荷载（Q_4）等。

问题4：指出图中模板支撑架剖面图中的错误之处。

答案：

错误1：立杆底部未设置垫板。(《建筑施工碗扣式钢管脚手架安全技术规范》JGJ 166—2016 6.1.1-3）

错误2：立杆间距1800mm，超过规范要求。(《建筑施工碗扣式钢管脚手架安全技术规范》JGJ 166—2016 6.3.6-1）

错误3：立柱间无斜撑杆。(《建筑施工碗扣式钢管脚手架安全技术规范》JGJ 166—2016 6.3.8-1）

错误4：最上层水平杆过高（1.8 m）。(《建筑施工碗扣式钢管脚手架安全技术规范》JGJ 166—2016 6.3.5-2、6.3.5-4）

错误5：立杆顶层悬臂段过长（680mm）。(《建筑施工碗扣式钢管脚手架安全技术规范》JGJ 166—2016 6.3.3）

知识点引申：

《建筑施工碗扣式钢管脚手架安全技术规范》JGJ 166—2016

6.1.1　脚手架地基应符合下列规定：

1　地基应坚实、平整，场地应有排水措施，不应有积水；

2　土层地基上的立杆底部应设置底座和混凝土垫层，垫层混凝土标号不应低于C15，厚度不应小于150mm；当采用垫板代替混凝土垫层时，垫板宜采用厚度不小于50mm、宽度不小于200mm、长度不少于两跨的木垫板；

3 混凝土结构层上的立杆底部应设置底座或垫板；

4 对承载力不足的地基土或混凝土结构层，应进行加固处理；

5 湿陷性黄土、膨胀土、软土地基应有防水措施；

6 当基础表面高差较小时，可采用可调底座调整；当基础表面高差较大时，可利用立杆碗扣节点位差配合可调底座进行调整，且高处的立杆距离坡顶边缘不宜少于500mm。

6.1.2 双排脚手架起步立杆应采用不同型号的杆件交错布置，架体相邻立杆接头应错开设置，不应设置在同步内（图6.1.2）。模板支撑架相邻立杆接头宜交错布置。

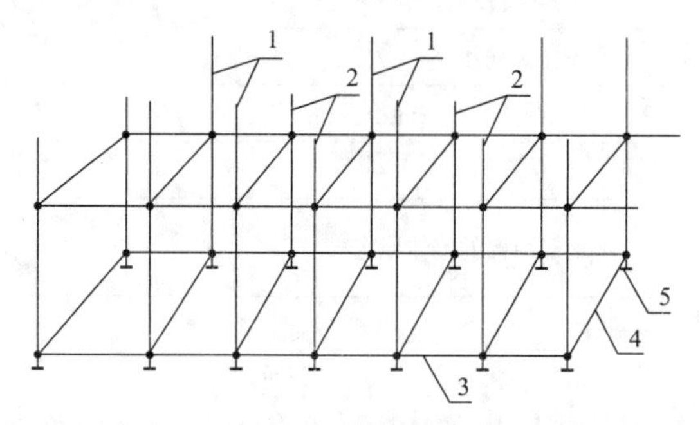

图6.1.2 双排脚手架起步立杆布置示意图

1—第一种型号立杆；2—第二种型号立杆；3—纵向扫地杆；4—横向扫地杆；5—立杆底座

6.1.3 脚手架的水平杆应按步距沿纵向和横向连续设置，不得缺失。在立杆的底部碗扣处应设置一道纵向水平杆、横向水平杆作为扫地杆，扫地杆距离地面高度不应超过400mm，水平杆和扫地杆应与相邻立杆连接牢固。

6.3.1 模板支撑架搭设高度不宜超过30m。

6.3.2 模板支撑架每根立杆的顶部应设置可调托撑。当被支撑的建筑结构底面存在坡度时，应随坡度调整架体高度，可利用立杆碗扣节点位差增设水平杆，并应配合可调托撑进行调整。

6.3.3 立杆顶部可调托撑伸出顶层水平杆的悬臂长度（图6.3.3）不应超过650mm。可调托撑和可调底座螺杆插入立杆的长度不得小于150mm，伸出立杆的长度不宜大于300mm，安装时其螺杆应与立杆钢管上下同心，且螺杆外径与立杆钢管内径的间隙不应大于3mm。

6.3.5 水平杆步距应通过设计计算确定，并应符合下列规定：

1 步距应通过立杆碗扣节点间距均匀设置；

2 当立杆采用Q235级材质钢管时，步距不应大于1.8m；

3 当立杆采用Q345级材质钢管时，步距不应大于2.0m；

4 对安全等级为Ⅰ级的模板支撑架，架体顶层两步距应比标准步距缩小至少一个节点间距，但立杆稳定性计算时的立杆计算长度应采用标准步距。

6.3.6 立杆间距应通过设计计算确定，并应符合下列规定：

1 当立杆采用Q235级材质钢管时，立杆间距不应大于1.5m；

2 当立杆采用Q345级材质钢管时，立杆间距不应大于1.8m。

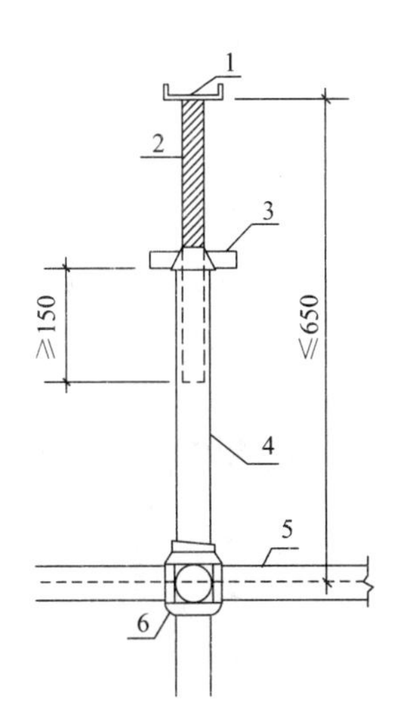

图 6.3.3　立杆顶端可调托撑伸出顶层水平杆的悬臂长度 (mm)

1—托座；2—螺杆；3—调节螺母；4—立杆；5—顶层水平杆；6—碗扣节点

6.3.8　模板支撑架应设置竖向斜撑杆，并应符合下列规定：

1　安全等级为Ⅰ级的模板支撑架应在架体周边、内部纵向和横向每隔4m~6m各设置一道竖向斜撑杆；安全等级为Ⅱ级的模板支撑架应在架体周边、内部纵向和横向每隔6m~9m各设置一道竖向斜撑杆。

2　每道竖向斜撑杆可沿架体纵向和横向每隔不大于两跨在相邻立杆间由底到顶连续设置；也可沿架体竖向每隔不大于两步距采用八字形对称设置，或采用等覆盖率的其他设置方式。

案例七

（2019年一建真题案例三节选）

240mm厚灰砂砖填充墙与主体结构连接施工的要求有：填充墙与柱连接钢筋为2ϕ6@600，伸入墙内500mm；填充墙与结构梁下最后三皮砖空隙部位，在墙体砌筑7d后，采取两边对称斜砌填实；化学植筋连接筋ϕ6做拉拔试验时，将轴向受拉非破坏承载力检验值设为5.0kN，持荷时间2min，期间各检测结果符合相关要求，即判定该试样合格。

问题：指出填充墙与主体结构连接施工要求中的不妥之处，并写出正确做法。

答案：

不妥1：连接钢筋垂直方向间距600mm。

正确做法：应为间距500mm。

不妥2：连接钢筋伸入墙内500mm。

正确做法：应伸入墙内1000mm。

不妥3：梁下最后三皮砖间隔7d后填实。

正确做法：应间隔14d后填实。

不妥4：轴向受拉非破坏承载力检验值设为5.0kN。

正确做法：轴向受拉非破坏承载力检验值设为6.0kN。（来自《砌体结构工程施工质量验收规范》GB 50203—2011）

知识点引申：

《砌体结构工程施工质量验收规范》GB 50203—2011节选

9.1.9 填充墙砌体砌筑，应待承重主体结构检验批验收合格后进行。填充墙与承重主体结构间的空（缝）隙部位施工，应在填充墙砌筑14d后进行。

9.2.3 填充墙与承重墙、柱、梁的连接钢筋，当采用化学植筋的连接方式时，应进行实体检验。锚固钢筋拉拔试验的轴向受拉非破坏承载力检验值应为6.0kN。抽检钢筋在检验值作用下应基材无裂缝，钢筋无滑移宏观裂损现象；持荷2min期间荷载值降低不大于5%。

案例八

（2019年一建真题案例四节选）

某施工单位通过竞标承建一工程项目，甲乙双方通过协商，对工程合同协议书（编号：HT-XY-201909001），以及专用合同条款（编号：HT-ZY-201909001）和通用合同条款（编号：HT-TY-201909001）修改意见达成一致，签订了施工合同。确认包括投标函、中标通知书等合同文件按照《建设工程施工合同（示范文本）》GF-2017-0201规定的优先顺序进行解释。

……

问题：指出合同签订中的不妥之处，写出背景资料中5个合同文件解释的优先顺序。

答案：

1. 合同签订中的不妥之处：

不妥1：专用合同条款与通用合同条款编号不同。

不妥2：修改通用合同条款。

2. 5个合同文件解释的优先顺序：

（1）协议书。

（2）中标通知书。

（3）投标函。

（4）专用合同条款。

（5）通用合同条款。

知识点引申：

《建设工程施工合同（示范文本）》GF-2017-0201节选

1. 专用合同条款的编号应与相应的通用合同条款的编号一致。（注：包括数字和字母都应一致）

2. 合同当事人可以通过对专用合同条款的修改，满足具体建设工程的特殊要求，避免直接修改通用合同条款。

3. 解释合同文件的优先顺序如下：

（1）合同协议书。

（2）中标通知书（如果有）。
（3）投标函及其附录（如果有）。
（4）专用合同条款及其附件。
（5）通用合同条款。
（6）技术标准和要求。
（7）图纸。
（8）已标价工程量清单或预算书。
（9）其他合同文件。

案例九

（2018年一建真题案例五节选）

一新建工程，地下2层，地上20层，高度70m，建筑面积40000m^2，标准层平面为40m × 40m。“在建工程施工防火技术方案”中，对已完成结构施工楼层的消防设施平面布置设计见下图。图中立管设计参数为：消防用水量15L/s，水流速i=1.5 m/s；消防箱包括消防水枪、水带与软管。监理工程师按照《建设工程施工现场消防安全技术规范》GB 50720—2011提出了整改要求。

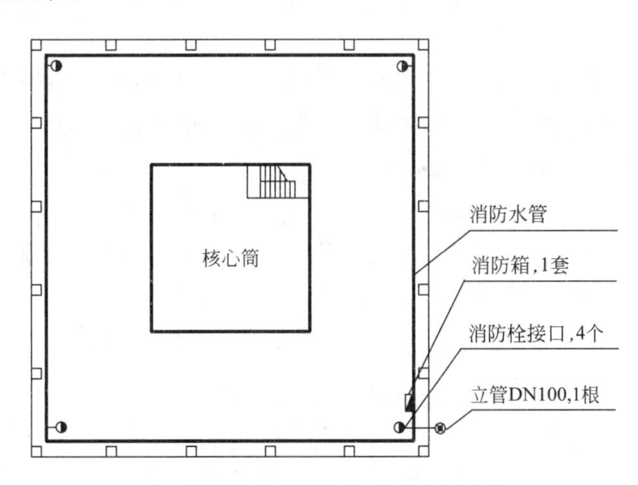

标准层临时消防设施布置示意图

问题：指出图中的不妥之处，并说明理由。

答案：

不妥1：消防立管为DN100。

理由：根据管径计算，$d=\sqrt{\dfrac{4\times 15}{\pi\times 1.5\times 1000}}$=0.113m=113mm，应该选择DN125。

不妥2：立管设置1根。

理由：立管不应少于2根，设置位置应便于消防人员操作。（规范5.3.10条）

不妥3：消防栓接口间距约40m。

理由：本建筑高度为70m，属于高层建筑，不符合规范要求消防栓接口间距不应大于30m的规定。（规范5.3.12条）

不妥4：没有设置消防软管接口。

理由：各结构层均应设置消防软管接口。（规范5.3.12条）

不妥5：楼梯位置未设置消防设施。

理由：每层楼梯处均应设置消防箱。（规范5.3.13条）

不妥6：消防箱1套。

理由：每个设置点不少于2套。（规范5.3.13条）

解析：

答案中的不妥1，计算管径时，消防用水量为什么不加10%漏水损失？根据《建设工程施工现场消防安全技术规范》GB 50720—2011中的第5.3.10条中的第二小条，消防竖管的管径应根据在建工程临时消防用水量、竖管内水流计算速度确定，且不应小于DN100。规范说得很清楚，算消防管径时，就用消防用水量，不再考虑任何漏水损失。因为消防用水是专用的，不存在漏水损失这一说法。

知识点引申：

1．常用的消防管道规格包括：DN25、DN32、DN40、DN50、DN70、DN80、DN100、DN125、DN150、DN200。

2．临时室外、室内消防给水系统，依据《建设工程施工现场消防安全技术规范》GB 50720—2011：

5.3.2　临时消防用水量应为临时室外消防用水量与临时室内消防用水量之和。

5.3.3　临时室外消防用水量应按临时用房和在建工程的临时室外消防用水量的较大者确定，施工现场火灾次数可按同时发生1次确定。

5.3.4　临时用房建筑面积之和大于1000m^{2}或在建工程单体体积大于10000m^{3}时，应设置临时室外消防给水系统。当施工现场处于市政消火栓150m保护范围内，且市政消火栓的数量满足室外消防用水量要求时，可不设置临时室外消防给水系统。

5.3.5　临时用房的临时室外消防用水量不应小于表5.3.5的规定。

临时用房的临时室外消防用水量　　**表5.3.5**

临时用房的建筑面积之和	火灾延续时间（h）	消火栓用水量（L/s）	每支水枪最小流量（L/s）
1000m^2＜面积≤5000m^2	1	10	5
面积＞5000m^2		15	5

5.3.6　在建工程的临时室外消防用水量不应小于表5.3.6的规定。

在建工程的临时室外消防用水量　　**表5.3.6**

在建工程（单体）体积	火灾延续时间（h）	消火栓用水量（L/s）	每支水枪最小流量（L/s）
10000m^3＜体积≤30000m^3	1	15	5
体积＞30000m^3	2	20	5

5.3.7　施工现场临时室外消防给水系统的设置应符合下列规定：

（1）给水管网宜布置成环状。

（2）临时室外消防给水干管的管径，应根据施工现场临时消防用水量和干管内水流计算速度计算确定，且不应小于DN100。

（3）室外消火栓应沿在建工程、临时用房和可燃材料堆场及其加工场均匀布置，与在建工程、临时用房和可燃材料堆场及其加工场的外边线的距离不应小于5m。

（4）消火栓的间距不应大于120m。

（5）消火栓的最大保护半径不应大于150m。

5.3.8　建筑高度大于24m或单体体积超过30000m^{3}的在建工程，应设置临时室内消防给水系统。

5.3.9　在建工程的临时室内消防用水量不应小于表5.3.9的规定。

在建工程的临时室内消防用水量　　**表5.3.9**

建筑高度、在建工程体积（单体）	火灾延续时间（h）	消火栓用水量（L/s）	每支水枪最小流量（L/s）
24m＜建筑高度≤50m 或30000m^3＜体积≤50000m^3	1	10	5
建筑高度＞50m 或体积＞50000m^3	1	15	5

5.3.10　在建工程临时室内消防竖管的设置应符合下列规定：

（1）消防竖管的设置位置应便于消防人员操作，其数量不应少于2根，当结构封顶时，应将消防竖管设置成环状。

（2）消防竖管的管径应根据在建工程临时消防用水量、竖管内水流计算速度计算确定，且不应小于DN100。

5.3.12　设置临时室内消防给水系统的在建工程，各结构层均应设置室内消火栓接口及消防软管接口，并应符合下列规定：

（1）消火栓接口及软管接口应设置在位置明显且易于操作的部位。

（2）消火栓接口的前端应设置截止阀。

（3）消火栓接口或软管接口的间距，多层建筑不应大于50m，高层建筑不应大于30m。

5.3.13　在建工程结构施工完毕的每层楼梯处应设置消防水枪、水带及软管，且每个设置点不应少于2套。

5.3.14　高度超过100m的在建工程，应在适当楼层增设临时中转水池及加压水泵。中转水池的有效容积不应少于10m^3，上、下两个中转水池的高差不宜超过100m。

案例十

（2017年一建真题案例二节选）

某新建住宅工程项目，建筑面积23000m²，地下2层，地上18层，现浇钢筋混凝土剪力墙结构，项目实行项目总承包管理。

……

施工前，项目部根据本工程施工管理和质量控制要求，对分项工程按照工种等条件，检验批按照楼层等条件，制定了分项工程和检验批划分方案，报监理单位审核。

问题：分别指出分项工程和检验批划分的条件还有哪些？

答案：

（1）分项工程划分的条件还有：材料、施工工艺、设备类别等。

（2）检验批划分的条件还有：工程量、施工段、变形缝等。

知识点引申：

项目划分原则，依据《建筑工程施工质量验收统一标准》GB 50300—2013：

（1）单位工程：具备独立施工条件并能形成独立使用功能的建（构）筑物为一个单位工程。

（2）分部工程：按专业性质、工程部位划分。

（3）分项工程：按主要工种、材料、施工工艺、设备类别划分。

（4）检验批：按工程量、楼层、施工段、变形缝划分。

案例十一

（2017年一建真题案例四节选）

某建设单位投资兴建一办公楼，投资概算25000.00万元，建筑面积21000m²；钢筋混凝土框架-剪力墙结构，地下2层，层高4.5m，地上18层，层高3.6m；采取工程总承包交钥匙方式对外公开招标，招标范围为工程至交付使用全过程。经公开招标投标，A工程总承包单位中标。A单位对工程施工等工程内容进行了招标。B施工单位中标了本工程施工标段，中标价为18060万元。

……

A工程总承包单位审查结算资料时，发现B施工单位提供的部分索赔资料不完整，如：原图纸设计室外回填土为2∶8灰土，实际施工时变更为级配砂石，B施工单位仅仅提供了一份设计变更单，A工程总承包单位要求B施工单位补充相关资料。

问题：A工程总承包单位的费用变更控制程序有哪些？B施工单位还需补充哪些索赔资料？

答案：

1. A工程总承包单位的费用变更控制程序有：

（1）变更申请。

（2）变更批准。

（3）变更实施。

（4）变更费用控制。

2. B施工单位还需补充的索赔资料：

重新编制的施工方案、现场施工记录、施工日志、相关部位的照片或录像、验收资料、检测报告、采购合同、材料进场记录、材料使用记录、工程会计核算记录。

知识点引申：

《建设工程施工合同（示范文本）》GF-2017-0201节选

10.4.2　变更估价程序

承包人应在收到变更指示后14天内，向监理人提交变更估价申请。监理人应在收到承包人提交的变更估价申请后7天内审查完毕并报送发包人，监理人对变更估价申请有异议，通知承包人修改后重新提交。发包人应在承包人提交变更估价申请后14天内审批完毕。发包人逾期未完成审批或未提出异议的，视为认可承包人提交的变更估价申请。

因变更引起的价格调整应计入最近一期的进度款中支付。

案例十二

（2017年一建真题案例五节选）

某新建办公楼工程，在地下室结构实体采用回弹法进行强度检验中，出现个别部位C35混凝土强度不足，项目部质量经理随即安排公司试验室检测人员采用钻芯法对该部位实体混凝土进行检测，并将检验报告上报监理工程师。监理工程师认为其做法不妥，要求整改。整改后钻芯检测的试样强度分别为28.5MPa、31MPa、32MPa。该建设单位项目负责人组织对工程进行检查验收，施工单位分别填写了《单位工程质量竣工验收记录表》中的“验收记录”“验收结论”“综合验收结论”。“综合验收结论”为“合格”。参加验收单位人员分别进行了签字。政府质量监督部门认为一些做法不妥，要求改正。

问题1：说明混凝土结构实体检验管理的正确做法。该钻芯检验部位C35混凝土实体检验结论是什么？并说明理由。

答案：

（1）混凝土结构实体检验管理的正确做法：

① 监理单位见证取样；

② 施工单位组织实施；

③ 具有资质的检测机构承担检验。

（2）该钻芯检验部位C35混凝土实体检验结论：不合格。

（3）理由：

平均值：（28.5+31+32）/3=30.5MPa＜30.8MPa（35×88%）

最小值：28.5MPa＞28MPa（35×80%）

两个条件没有同时满足，所以混凝土强度实体检验结果不合格。

知识点引申：

《混凝土结构工程施工质量验收规范》GB 50204—2015节选

10.1.1　对涉及混凝土结构安全的有代表性的部位应进行结构实体检验。结构实体检验应包括混凝土强度、钢筋保护层厚度、结构位置与尺寸偏差以及合同约定的项目；必要时可检验其他项目。

结构实体检验应由监理单位组织施工单位实施，并见证实施过程。施工单位应制定结构实体检验专项方案，并经监理单位审核批准后实施。除结构位置与尺寸偏差外的结构实体检验项目，应由具有相应资质的检测机构完成。

10.1.2　结构实体混凝土强度应按不同强度等级分别检验，检验方法宜采用同条件养护试件方法；当未取得同条件养护试件强度或同条件养护试件强度不符合要求时，可采用回弹—取芯法进行检验。

1　结构实体混凝土强度采用同条件养护试件时：对同一强度等级的同条件养护试件，其强度值应除以0.88后按现行国家标准《混凝土强度检验评定标准》GB/T 50107等有关规定进行评定，评定结果符合要求时可判结构实体混凝土强度合格。(C.0.3)

2　结构实体混凝土强度采用回弹-取芯法时：对同一强度等级的混凝土，当符合下列规定时，结构实体混凝土强度可判为合格：① 三个芯样的抗压强度算术平均值不小于设计要求的混凝土强度等级值的88%；② 三个芯样抗压强度的最小值不小于设计要求的混凝土强度等级值的80%。(D.0.7)

问题2：《单位工程质量竣工验收记录表》中“验收记录”“验收结论”“综合验收结论”应该由哪些单位填写？“综合验收结论”应该包含哪些内容？

答案：

1. 填写主体：

(1) 验收记录由施工单位填写。

(2) 验收结论由监理单位填写。

(3) 综合验收结论由建设单位填写。

2. 综合验收结论包括：

(1) 工程质量是否符合设计文件和相关标准的规定。

(2) 总体质量水平评价。

知识点引申：

《建筑工程施工质量验收统一标准》GB 50300—2013节选

附录H　单位工程质量竣工验收记录

H.0.2　表H.0.1-1中的验收记录由施工单位填写，验收结论由监理单位填写。综合验收结论经参加验收各方共同商定，由建设单位填写，应对工程质量是否符合设计文件和相关标准的规定及总体质量水平作出评价。

表H.0.1-1　单位工程质量竣工验收记录

<table>
<tr><td colspan="2">工程名称</td><td></td><td>结构类型</td><td></td><td>层数/建筑面积</td><td></td></tr>
<tr><td colspan="2">施工单位</td><td></td><td>技术负责人</td><td></td><td>开工日期</td><td></td></tr>
<tr><td colspan="2">项目负责人</td><td></td><td>项目技术负责人</td><td></td><td>完工日期</td><td></td></tr>
<tr><td>序号</td><td colspan="2">项目</td><td colspan="2">验收记录</td><td colspan="2">验收结论</td></tr>
<tr><td>1</td><td colspan="2">分部工程验收</td><td colspan="2">共　　分部，经查符合设计及标准规定　分部</td><td colspan="2"></td></tr>
<tr><td>2</td><td colspan="2">质量控制资料核查</td><td colspan="2">共　　项，经核查符合规定　　项</td><td colspan="2"></td></tr>
<tr><td>3</td><td colspan="2">安全和使用功能核查及抽查结果</td><td colspan="2">共核查　项，符合规定　　项，
共抽查　项，符合规定　　项，
经返工处理符合规定　　项</td><td colspan="2"></td></tr>
</table>

续表

<table>
<tr><td>工程名称</td><td></td><td>结构类型</td><td></td><td>层数/建筑面积</td><td></td></tr>
<tr><td>施工单位</td><td></td><td>技术负责人</td><td></td><td>开工日期</td><td></td></tr>
<tr><td>项目负责人</td><td></td><td>项目技术负责人</td><td></td><td>完工日期</td><td></td></tr>
<tr><td>序号</td><td>项目</td><td colspan="2">验收记录</td><td colspan="2">验收结论</td></tr>
<tr><td>4</td><td>观感质量验收</td><td colspan="2">共抽查　项，达到“好”和“一般”的　项，经返修处理符合要求的　项</td><td colspan="2"></td></tr>
<tr><td colspan="2">综合验收结论</td><td colspan="4"></td></tr>
<tr><td rowspan="2">参加验收单位</td><td>建设单位</td><td>监理单位</td><td>施工单位</td><td>设计单位</td><td>勘察单位</td></tr>
<tr><td>（公章）
项目负责人：
年　月　日</td><td>（公章）
总监理工程师：
年　月　日</td><td>（公章）
项目负责人：
年　月　日</td><td>（公章）
项目负责人：
年　月　日</td><td>（公章）
项目负责人：
年　月　日</td></tr>
</table>

注：单位工程验收时，验收签字人员应由相应单位的法人代表书面授权。

案例十三

（2016年一建真题案例三节选）

某新建工程，建筑面积15000m²，地下2层，地上5层，钢筋混凝土框架结构，800mm厚钢筋混凝土筏板基础，建筑总高20m。建设单位与某施工总承包单位签订了施工总承包合同。施工总承包单位将建设工程的基坑工程分包给了建设单位指定的专业分包单位。

施工总承包单位项目经理部成立了安全生产领导小组，并配备了3名土建类专职安全员。项目经理部对现场的施工安全危险源进行了分辨识别，编制了项目现场防汛应急救援预案，按规定履行了审批手续，并要求专业分包单位按照应急救援预案进行一次应急演练。专业分包单位以没有配备相应救援器材和难以现场演练为由拒绝。总承包单位要求专业分包单位根据国家和相关规定进行整改。

……

问题1：本工程至少应配置几名专职安全员？根据《住房和城乡建设部关于印发建筑施工企业主要负责人、项目负责人和专职安全生产管理人员安全生产管理规定实施意见的通知》（建质〔2015〕206号），项目经理部配置的专职安全员是否妥当？并说明理由。

答案：

（1）至少应配备2名专职安全员。

（2）项目经理部配置的专职安全员：不妥当。

理由：依据建质〔2015〕206号文件的规定，建筑面积在1万~5万m²之间的，至少应配备2名综合类专职安全员，本工程建筑面积15000m²，只配备了3名土建类安全员，没有综合类专职安全员。

知识点引申：

1.《住房和城乡建设部关于印发建筑施工企业主要负责人、项目负责人和专职安全生产管理人员安全生产管理规定实施意见的通知》（建质〔2015〕206号）

专职安全生产管理人员分为机械、土建、综合三类。

（1）机械类专职安全生产管理人员可以从事起重机械、土石方机械、桩工机械等安全生产管理工作。

（2）土建类专职安全生产管理人员可以从事除起重机械、土石方机械、桩工机械等安全生产管理工作以外的安全生产管理工作。

（3）综合类专职安全生产管理人员可以从事全部安全生产管理工作。

2.《建筑施工企业安全生产管理机构设置及专职安全生产管理人员配备办法》（建质〔2008〕91号）

总承包单位建筑工程、装修工程项目按建筑面积配备专职安全生产管理人员规定：

（1）1万m^2以下的工程不少于1人。

（2）1万～5万m^2的工程不少于2人。

（3）5万m^2及以上的工程不少于3人，且按专业配备专职安全生产管理人员。

问题2：对施工总承包单位编制的防汛应急救援预案，专业承包单位应该如何执行？

答案：

（1）专业分包单位应该按照应急救援预案要求建立应急救援组织或配备应急救援人员，配备救援器材、设备，并定期进行应急演练。

（2）对于难以进行现场演练的预案，可按照演练程序和内容采取室内桌牌式模拟演练。

知识点引申：

《建设工程安全生产管理条例》节选

第四十九条　施工单位应当根据建设工程施工的特点、范围，对施工现场易发生重大事故的部位、环节进行监控，制定施工现场生产安全事故应急救援预案。实行施工总承包的，由总承包单位统一组织编制建设工程生产安全事故应急救援预案，工程总承包单位和分包单位按照应急救援预案，各自建立应急救援组织或者配备应急救援人员，配备救援器材、设备，并定期组织演练。

《建筑施工安全检查标准》JGJ 59—2011节选

3.1.3-6　应急救援

（1）工程项目部应针对工程特点，进行重大危险源的辨识；应制定防触电、防坍塌、防高处坠落、防起重及机械伤害、防火灾、防物体打击等主要内容的专项应急救援预案，并对施工现场易发生重大安全事故的部位、环节进行监控；

（2）施工现场应建立应急救援组织，培训、配备应急救援人员，定期组织员工进行应急救援演练；

（3）按应急救援预案要求，应配备应急救援器材和设备。

3.1.3-6　应急救援条文说明

重大危险源的辨识应根据工程特点和施工工艺，将施工中可能造成重大人身伤害的危险因素、危险部位、危险作业列为重大危险源并进行公示，并以此为基础编制应急救援预案和控制措施。

项目应定期组织综合或专项的应急救援演练。对难以进行现场演练的预案，可按演练程序和内容采取室内桌牌式模拟演练。

按照工程的不同情况和应急救援预案要求，应配备相应的应急救援器材，包括：急救箱、氧气袋、担架、应急照明灯具、消防器材、通信器材、机械、设备、材料、工具、车辆、备用电源等。

案例十四

（2016年一建真题案例五节选）

某住宅楼工程，场地占地面积约10000m^2，建筑面积约14000m^2，地下2层，地上16层。

……

根据项目试验计划，项目总工程师会同试验员选定1、3、5、7、9、11、13、16层各留置1组C30混凝土同条件养护试件，试件在浇筑点制作，脱模后放置在下一层楼梯口处。第5层C30混凝土同条件养护试件强度试验结果为28MPa。

施工过程中发生塔式起重机倒塌事故，在调查塔式起重机基础时发现：塔式起重机基础为6m×6m×0.9m，混凝土强度等级为C20，天然地基持力层承载力特征值（f_{ak}）为120kPa，施工单位仅对地基承载力进行计算，并据此判断满足安全要求。

针对项目发生的塔式起重机事故，当地建设行政主管部门认定为施工总承包单位的不良行为记录，对其诚信行为记录及时进行了公布、上报，并向施工总承包单位工商注册所在地的建设行政主管部门进行了通报。

问题1：指出同条件养护试件的做法有何不妥？并写出正确做法。第5层C30混凝土同条件养护试件的强度代表值是多少？

答案：

（1）不妥之处及正确做法如下：

不妥1：项目总工程师会同试验员选定试块。

正确做法：项目总工程师会同监理方共同选定。

不妥2：在1、3、5、7、9、11、13、16层各留置1组C30混凝土同条件养护试件。

正确做法：每连续两层楼取样不应少于1组，每次取样应至少留置一组试块。

不妥3：脱模后放置在下层楼梯口处。

正确做法：脱模后应放置在浇筑地点与结构同条件养护。

（2）C30混凝土同条件养护试件的强度代表值：28 ÷ 0.88 = 31.82MPa。

知识点引申：

《混凝土结构工程施工质量验收规范》GB 50204—2015节选

附录C　结构实体混凝土同条件养护试件强度检验

C.0.1　同条件养护试件的取样和留置应符合下列规定：

1　同条件养护试件所对应的结构构件或结构部位，应由施工、监理等各方共同选定，且同条件养护试件的取样宜均匀分布于工程施工周期内；

2　同条件养护试件应在混凝土浇筑入模处见证取样；

3　同条件养护试件应留置在靠近相应结构构件的适当位置，并应采取相同的养护方法；

4　同一强度等级的同条件养护试件不宜少于10组，且不应少于3组。每连续两层楼取样不应少于1组；每2000m^3取样不得少于一组。

C.0.2　每组同条件养护试件的强度值应根据强度试验结果按现行国家标准《混凝土物理力学性能试验方法标准》GB/T 50081的规定确定。

C.0.3　对同一强度等级的同条件养护试件，其强度值应除以0.88后按现行国家标准《混凝土强度检验评定标准》GB/T 50107的有关规定进行评定，评定结果符合要求时可判结构实体混凝土强度合格。

问题2：分别指出项目塔式起重机基础设计计算和构造中的不妥之处，并写出正确做法。

答案：

不妥1：塔式起重机的基础为6m×6m×0.9m。

正确做法：塔式起重机基础高度不宜小于1.2m。

不妥2：塔式起重机基础混凝土强度等级为C20。

正确做法：塔式起重机基础的混凝土强度等级不应低于C30。

不妥3：施工单位仅对地基承载力进行计算。

正确做法：还应进行地基变形和地基稳定性验算。

知识点引申：

《塔式起重机混凝土基础工程技术标准》JGJ/T 187—2019节选

3.0.4　塔机基础和地基应分别按下列规定进行计算：

1　塔机基础及地基均应满足承载力计算的有关规定。

2　塔机基础应进行地基变形计算。

注：当地基主要受力层的承载力特征值（f_{ak}）不小于130kPa或小于130kPa但有地区经验，且黏性土的状态不低于可塑、砂土的密实度不低于稍密时，可不进行塔机基础的天然地基变形验算，其他塔机基础的天然地基均应进行变形验算。

3　塔机基础应进行稳定性计算。

注：当塔机基础底标高接近稳定边坡坡底或基坑底部，并符合下列要求之一时，可不做地基稳定性验算：

（1）a不小于2.0m，c不大于1.0m，f_{ak}不小于130kPa，且其下无软弱下卧层。

（2）采用桩基础。

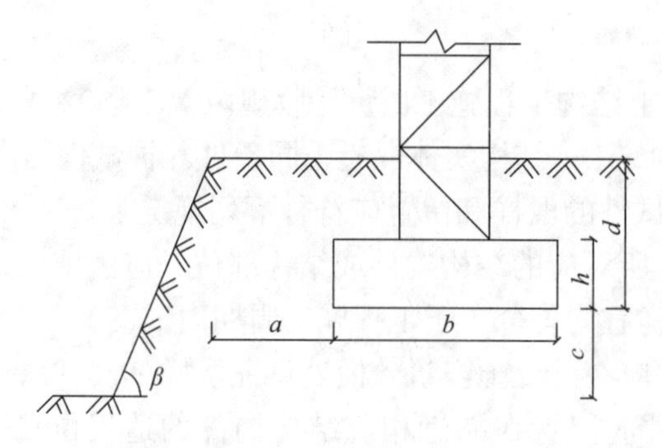

基础位于边坡的示意图

a—基础底面外边缘线至坡顶的水平距离（m）；*b*—垂直于坡顶边缘线的基础底面边长（m）；
c—基础底面至坡（坑）底的竖向距离（m）；*d*—基础埋置深度（m）；*β*—边坡坡角（°）

5.2.1　基础高度应满足塔机预埋件的抗拔要求，且不宜小于1200mm，不宜采用坡形或台阶形截面的基础。

5.2.2　基础的混凝土强度等级不应低于C30，垫层混凝土强度等级不应低于C20，混凝土垫层厚度不宜小于100mm。

5.2.3　板式基础在基础表层和底层配置直径不应小于12mm、间距不应大于200mm的钢筋，且上下层主筋用间距不大于500mm的竖向构造钢筋连接。

5.2.5　矩形基础的长边与短边长度之比不应大于2，宜采用方形基础，十字形基础的节点处应采用加腋构造。

8.1.3　安装塔机时基础混凝土应达到80%以上设计强度，塔机运行使用时基础混凝土应达到设计强度的100%。

问题3：分别写出项目所在地和企业工商注册所在地建设行政主管部门对施工企业诚信行为记录的管理内容有哪些。

答案：

1．项目所在地建设行政主管部门的管理内容：

（1）负责采集、审核、记录、汇总和公布诚信行为记录。

（2）逐级上报诚信行为记录。

（3）向企业工商注册所在地的建设行政主管部门通报。

（4）建立和完善施工企业信用档案。

2．企业工商注册所在地建管部门管理内容：

（1）对各方主体的诚信行为进行检查、记录。

（2）将不良行为记录及时上报上级建设行政主管部门。

解析：

本问是非常偏的考点，在教材上是没有相关知识点，需参考《建筑市场诚信行为信息管理办法》中第四条。

知识点引申：

《建筑市场诚信行为信息管理办法》第四条

住建部负责制定全国统一的建筑市场各方主体的诚信标准；负责指导建立建筑市场各

方主体的信用档案；负责建立和完善全国联网的统一的建筑市场信用管理信息平台；负责对外发布全国建筑市场各方主体诚信行为记录信息；负责指导对建筑市场各方主体的信用评价工作。

各省、自治区和直辖市建设行政主管部门负责本地区建筑市场各方主体的信用管理工作，采集、审核、汇总和发布所属各市、县建设行政主管部门报送的各方主体的诚信行为记录，并将符合《全国建筑市场各方主体不良行为记录认定标准》的不良行为记录及时报送建设部。报送内容应包括：各方主体的基本信息、在建筑市场经营和生产活动中的不良行为表现、相关处罚决定等。

各市、县建设行政主管部门按照统一的诚信标准和管理办法，负责对本地区参与工程建设的各方主体的诚信行为进行检查、记录，同时将不良行为记录信息及时报送上级建设行政主管部门。

中央管理企业和工商注册不在本地区的企业的诚信行为记录，由其项目所在地建设行政主管部门负责采集、审核、记录、汇总和公布，逐级上报，同时向企业工商注册所在地的建设行政主管部门通报，建立和完善其信用档案。

案例十五

（2015年一建真题案例四节选）

某新建办公楼工程，建筑面积48000m²，地下2层，地上6层……

自工程招标开始至工程竣工结算的过程中，发生了下列事件：

事件一：在项目开工之前，建设单位按照相关规定办理施工许可证，要求总承包单位做好制定施工组织设计中的各项技术措施，编制专项施工组织设计，并及时办理政府专项管理手续等相关配合工作。

事件二：总承包单位进场前与项目部签订了《项目管理目标责任书》，授权项目经理实施全面管理，项目经理组织编制了项目管理规划大纲和项目管理实施规划。

……

问题1：事件一中，为配合建设单位办理施工许可证，总承包单位需要完成哪些保证工程质量和安全的技术文件与手续？

答案：

（1）在施工组织设计中根据建筑工程特点制定相应质量、安全技术措施。

（2）建立工程质量安全责任制并落实到人。

（3）专业性较强的工程项目编制了专项质量、安全施工组织设计。

（4）按照规定办理了工程质量、安全监督手续。

解析：

本条答案的拟定来自《建筑工程施工许可管理办法》（2021年修正版），中华人民共和国住房和城乡建设部令第42号。

知识点引申：

《建筑工程施工许可管理办法》（2021年修正版）节选

第四条　建设单位申请领取施工许可证，应当具备下列条件，并提交相应的证明文件：

（1）依法应当办理用地批准手续的，已经办理该建筑工程用地批准手续。

（2）依法应当办理建设工程规划许可证的，已经取得建设工程规划许可证。

（3）施工场地已经基本具备施工条件，需要征收房屋的，其进度符合施工要求。

（4）已经确定施工企业。

按照规定应当招标的工程没有招标，应当公开招标的工程没有公开招标，或者肢解发包工程，以及将工程发包给不具备相应资质条件的企业的，所确定的施工企业无效。

（5）有满足施工需要的资金安排、施工图纸及技术资料，建设单位应当提供建设资金已经落实承诺书，施工图设计文件已按规定审查合格。

（6）有保证工程质量和安全的具体措施。

施工企业编制的施工组织设计中有根据建筑工程特点制定的相应质量、安全技术措施。建立工程质量安全责任制并落实到人。专业性较强的工程项目编制了专项质量、安全施工组织设计，并按照规定办理了工程质量、安全监督手续。

问题2：指出事件二中的不妥之处，并说明正确做法。编制《项目管理目标责任书》的依据有哪些？

答案：

（1）不妥之处：项目经理组织编制项目管理规划大纲。

正确做法：应由企业的管理层编制项目管理规划大纲。

（2）依据：

① 项目合同文件；

② 组织的管理制度；

③ 项目管理规划大纲；

④ 组织的经营方针和目标；

⑤ 项目特点和实施条件与环境。

知识点引申：

《建设工程项目管理规范》GB/T 50326—2017节选

4.5　项目管理目标责任书

4.5.1　项目管理目标责任书应在项目实施之前，由组织法定代表人或其授权人与项目管理机构负责人协商制定。

4.5.2　项目管理目标责任书应属于组织内部明确责任的系统性管理文件，其内容应符合组织制度要求和项目自身特点。

4.5.3　编制项目管理目标责任书应依据下列信息：

（1）项目合同文件；

（2）组织管理制度；

（3）项目管理规划大纲；

（4）组织经营方针和目标；

（5）项目特点和实施条件与环境。

案例十六

（2014年一建真题案例四节选，规范有更新）

某大型综合商场工程，建筑面积49500m^2，地下1层，地上3层，现浇钢筋混凝土框架结构。E单位中标，双方按照《建设工程施工合同（示范文本）》GF-2017-0201签订了施工总承包合同，幕墙工程为专业分包，安全文明施工费322.00万元。

从工程招标投标至竣工结算的过程中，发生了下列事件：

事件一：建设单位按照合同约定支付了工程预付款，但合同中未约定安全文明施工费预支付比例，双方协商按国家相关部门规定的最低预支付比例进行支付。

事件二：E施工单位对项目部安全管理工作进行检查，发现安全生产领导小组只有E单位项目经理、总工程师、专职安全管理人员。E施工单位要求项目部整改。

事件三：2014年3月30日工程竣工验收，5月1日双方完成竣工结算，双方书面签字确认，于2014年5月20日前由建设单位支付未付工程款560万元（不含5%的保修金）给E施工单位。此后，E施工单位3次书面要求建设单位支付所欠款项，但是截至8月30日建设单位仍未支付560万元的工程款。随即E施工单位以行使工程款优先受偿权为由，向法院提起诉讼，要求建设单位支付欠款560万元，以及拖欠利息5.2万元、违约金10万元。

问题1：事件一中，建设单位预支付的安全文明施工费最低是多少万元（保留两位小数）？并说明理由。安全文明施工费包括哪些费用？

答案：

（1）安全文明施工费最低为322×50%=161.00万元

理由：根据《建设工程施工合同（示范文本）》GF-2017-0201规定，除专用合同条款另有约定外，发包人应在开工后28天内预付安全文明施工费总额的50%，其余部分与进度款同期支付。

（2）安全文明施工费包括：

① 环境保护费；

② 文明施工费；

③ 安全施工费；

④ 临时设施费；

⑤ 建筑工人实名制管理费。

知识点引申：

《建设工程施工合同（示范文本）》GF-2017-0201

6.1.6　安全文明施工费

安全文明施工费由发包人承担，发包人不得以任何形式扣减该部分费用。因基准日期后合同所适用的法律或政府有关规定发生变化，增加的安全文明施工费由发包人承担。

承包人经发包人同意采取合同约定以外的安全措施所产生的费用，由发包人承担。

除专用合同条款另有约定外，发包人应在开工后28天内预付安全文明施工费总额的50%，其余部分与进度款同期支付。发包人逾期支付安全文明施工费超过7天的，承包人有权向发包人发出要求预付的催告通知，发包人收到通知后7天内仍未支付的，承包人有权暂停施工。

承包人对安全文明施工费应专款专用，承包人应在财务账目中单独列项备查，不得挪作他用。

问题2：事件二中，项目安全生产领导小组还应有哪些人员（分单位列出）？

答案：

项目安全生产领导小组还应有：

（1）幕墙工程专业分包单位：项目经理、项目技术负责人、专职安全生产管理人员。

（2）劳务分包单位：项目经理、项目技术负责人、专职安全生产管理人员。

知识点引申：

《建筑施工企业安全生产管理机构设置及专职安全生产管理人员配备办法》
（建质〔2008〕91号）节选

第十条 建筑施工企业应当在建设工程项目组建安全生产领导小组。建设工程实行施工总承包的，安全生产领导小组由总承包企业、专业承包企业和劳务分包企业项目经理、技术负责人和专职安全生产管理人员组成。

问题3：事件三中，工程价款优先受偿权从哪天开始计算，共计多长时间？E单位诉讼是否成立？其可以行使的工程款优先受偿权是多少万元？

答案：

（1）自发包人应当给付建设工程价款之日起计算，共计18个月。

（2）E单位诉讼成立。

（3）可以行使的工程款优先受偿权是560万元。

注：虽然2023年版一建建筑实务教材还是6个月，但《民法典》和最高司法解释已做修改，一建法规教材已及时更新，建议按最新规定来。

知识点引申：

建设工程价款优先受偿权

1.《中华人民共和国民法典》

第八百零七条　发包人未按照约定支付价款的，承包人可以催告发包人在合理期限内支付价款。发包人逾期不支付的，除根据建设工程的性质不宜折价、拍卖外，承包人可以与发包人协议将该工程折价，也可以请求人民法院将该工程依法拍卖。建设工程的价款就该工程折价或者拍卖的价款优先受偿。

上述条款需注意以下几点：

（1）发包人未按照约定支付建设工程价款是前提条件之一。

（2）承包人应当催告发包人在合理期限内支付价款，并在合理期限内行使其优先受偿权。

2.《最高人民法院关于审理建设工程施工合同纠纷案件适用法律问题的解释（一）》（法释〔2020〕25号）2021年1月1日起施行。

第三十六条 承包人根据民法典第八百零七条规定享有的建设工程价款优先受偿权优于抵押权和其他债权。

第三十七条 装饰装修工程具备折价或者拍卖条件，装饰装修工程的承包人请求工程价款就该装饰装修工程折价或者拍卖的价款优先受偿的，人民法院应予支持。

第三十八条 建设工程质量合格，承包人请求其承建工程的价款就工程折价或者拍卖的价款优先受偿的，人民法院应予支持。

第三十九条 未竣工的建设工程质量合格，承包人请求其承建工程的价款就其承建工程部分折价或者拍卖的价款优先受偿的，人民法院应予支持。

第四十条 承包人建设工程价款优先受偿的范围依照国务院有关行政主管部门关于建设工程价款范围的规定确定。

承包人就逾期支付建设工程价款的利息、违约金、损害赔偿金等主张优先受偿的，人民法院不予支持。

第四十一条 承包人应当在合理期限内行使建设工程价款优先受偿权，但最长不得超过十八个月，自发包人应当给付建设工程价款之日起算。

案例十七

（2014年一建真题案例五节选）

某办公楼工程，建筑面积45000m^2，地下2层，地上26层，框架－剪力墙结构，设计基础底标高为–9.0m，由主楼和附属用房组成。

……

当地建设主管部门于10月17日对项目进行执法大检查，发现施工总承包单位项目经理为二级注册建造师。为此，当地建设主管部门做出对施工总承包单位进行行政处罚的决定；于10月21日在当地建筑市场诚信信息平台上做了公示；并于10月30日将确认的不良行为记录上报了住房和城乡建设部。

问题：分别指出当地建设主管部门的做法是否妥当？并说明理由。

答案：

做法1：对施工总承包单位进行行政处罚，妥当。

理由：该办公楼工程超过25层，并且建筑面积超过30000m^2，属于大型工程项目，应由一级注册建造师担任项目经理。

做法2：10月21日在当地建筑市场诚信信息平台上公示，妥当。

理由：不良行为记录信息的公布时间为行政处罚决定做出后的7天内。

做法3：10月30日将确认的不良行为上报住房和城乡建设部，不妥当。

理由：不良行为记录应在当地公布后的7天内上报住房和城乡建设部。

解析：

本题考点虽简单，但很多考生审题不准确，当成了改错题。做法是否妥当并说明理由，答案格式应该是：

做法1：……，妥当或不妥当。

理由：……

如果本题这样问“指出当地建设主管部门的做法有哪些不妥，并说明理由”，答案格式才是：

不妥1：……

理由：……

知识点引申：

诚信行为记录实行公布制度

（1）诚信行为记录由各省、自治区、直辖市建设行政主管部门在当地建筑市场诚信信息平台上统一公布。其中，不良行为记录信息的公布时间为行政处罚决定做出后7日内，公布期限一般为6个月至3年；良好行为记录信息公布期限一般为3年。

（2）不良行为记录除在当地发布外，还将由住建部统一在全国公布，公布期限与地方确定的公布期限相同。

（3）各省、自治区、直辖市建设行政主管部门将确认的不良行为记录在当地发布之日起7日内报住建部。

案例十八

（2011年一建真题案例一节选）

某公共建筑工程，建筑面积22000m^2，地下2层，地上5层，层高3.2m，钢筋混凝土框架结构。大堂一至三层中空，大堂顶板为钢筋混凝土井字梁结构。

施工总承包单位根据《建筑施工模板安全技术规范》JGJ 162—2008，编制了《大堂顶板模板工程施工方案》，并绘制了《模板及支架示意图》如下。监理工程师审查后要求重新绘制。

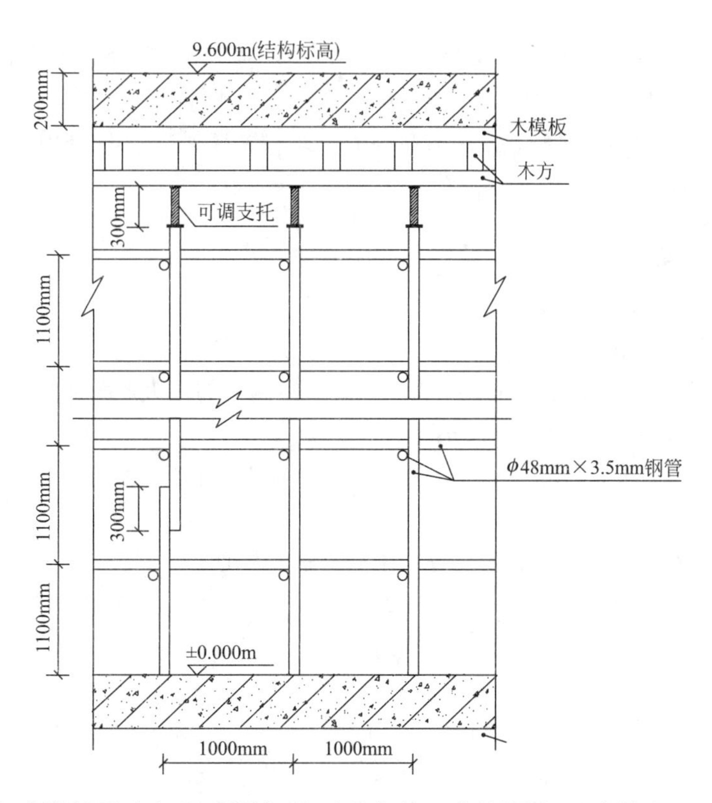

问题：指出《模板及支架示意图》的不妥之处，分别写出正确做法。

答案：

不妥1：立柱底部直接落在混凝土底板上。

正确做法：钢管立柱底部应设置垫木和底座。(《建筑施工模板安全技术规范》JGJ 162—2008第6.1.9条-2)

不妥2：顶部可调支托伸出钢管300mm。

正确做法：螺杆伸出钢管顶部不大于200mm。(《建筑施工模板安全技术规范》JGJ 162—2008第6.1.9条-2)

不妥3：立柱底部没有设置扫地杆。

正确做法：在立柱底距地面200mm高处，沿纵横水平方向应按纵下横上的程序设扫地杆。(6.1.9条-3)

不妥4：立柱的接长采用搭接。

正确做法：立柱接长严禁搭接，必须采用对接扣件连接。(《建筑施工模板安全技术规范》JGJ 162—2008第6.2.4条-3)

不妥5：支架未设剪刀撑。

正确做法：应设置竖向和水平的剪刀撑。(《建筑施工模板安全技术规范》JGJ 162—2008第6.2.4条-5)

不妥6：可调支托底部的立柱顶端未设置水平拉杆。

正确做法：可调支托底部的立柱顶端应沿纵横向设置一道水平拉杆。(《建筑施工模板安全技术规范》JGJ 162—2008第6.1.9条-3)

解析：

本题要求按照《建筑施工模板安全技术规范》JGJ 162—2008作答，但如果按照《建筑施工扣件式钢管脚手架安全技术规范》JGJ 130—2011作答，答案将不一样。

附加题：根据《建筑施工扣件式钢管脚手架安全技术规范》JGJ 130—2011，指出事件三中《模板及支架示意图》的不妥之处，分别写出正确做法。

附加题答案：

不妥1：立柱底部直接落在混凝土底板上。

正确做法：钢管立柱底部宜设置垫板或底座。

不妥2：钢管采用ϕ48mm × 3.5mm。

正确做法：钢管宜采用ϕ48.3mm × 3.6mm，每根钢管的最大质量不应大于25.8kg。

不妥3：立柱底部没有设置纵横扫地杆。

正确做法：在立柱底部的水平方向上应按纵下横上的程序设扫地杆。

不妥4：立柱的接长采用搭接。

正确做法：立柱接长严禁搭接，必须采用对接扣件连接。

不妥5：支架未设剪刀撑。

正确做法：应设置竖向和水平的连续剪刀撑。

知识点引申：

《建筑施工模板安全技术规范》JGJ 162—2008节选

6.1.9　支撑梁、板的支架立柱构造与安装应符合下列规定：

1. 梁和板的立柱，其纵横间应相等或成倍数。

2. 木立柱底部应设垫木，顶部应设支撑头。钢管立柱底部应设垫木和底座，顶部应设可调支托，U形支托与楞梁两侧间如有间隙，必须楔紧，其螺杆伸出钢管顶部不得大于200mm，螺杆外径与立柱钢管内径的间隙不得大于3mm，安装时应保证上下同心。

3．在立柱底距地面200mm高处，沿纵横水平方向应按纵下横上的程序设扫地杆。可调顶托底部的立柱顶端应沿纵横向设置一道水平拉杆。扫地杆与顶部水平拉杆之间的间距，在满足模板设计所确定的水平拉杆步距要求条件下，进行平均分配确定步距后，在每一步距纵横向应各设一道水平拉杆。当层高在8~20m时，在最顶步距两水平拉杆中间应加设一道水平拉杆；当层高大于20m时，在最顶步距水平拉杆中间分别增加一道水平拉杆。所有水平拉杆的端部均应与四周建筑物紧密顶牢。无处可顶时，应在水平拉杆端部和中部沿竖向设置连续式剪刀撑。

4．木立柱的扫地杆、水平拉杆、剪刀撑应采用40mm×50mm木条或25mm×80mm的木条与木立柱钉牢。钢管立柱的扫地杆、水平拉杆、剪刀撑应采用ϕ48×3.5mm钢管，用扣件与钢管立柱扣牢。木扫地杆、水平拉杆、剪刀撑应采用搭接，并应用钉子钉牢。钢管扫地杆、水平拉杆应采用对接，剪刀撑应采用搭接，搭接长度不得小于500mm，并应采用2个旋转扣件分别在离杆端不小于100mm处进行固定。

6.2.4　当采用扣件式钢管作立柱支撑时，其安装构造应符合下列规定：

1．钢管规格、间距、扣件应符合设计要求。每根立柱底部应设置底座及垫板，垫板厚度不得小于 50mm。

2．钢管支架立柱间距、扫地杆、水平拉杆、剪刀撑的设置应符合本规范第 6.1.9 条的规定。当立柱底部不在同一高度时，高处的纵向扫地杆应向低处延长不少于两跨，高低差不得大于1m，立柱距边坡上方边缘不得小于0.5m。

3．立柱接长严禁搭接，必须采用对接扣件连接，相邻两立柱的对接接头不得在同步内，且对接接头沿竖向错开的距离不宜小于500mm，各接头中心距主节点不宜大于步距的1/3。

4．严禁将上段的钢管立柱与下段钢管立柱错开固定于水平拉杆上。

5．满堂模板和共享空间模板支架立柱，在外侧周圈应设由下至上的竖向连续式剪刀撑；中间在纵横向应每隔10m左右设由下至上的竖向连续式的剪刀撑，其宽度宜为 4 ~ 6m，并在剪刀撑部位的顶部、扫地杆处设置水平剪刀撑。剪刀撑杆件的底端应与地面顶紧，夹角宜为45° ~ 60°。当建筑层高在8 ~ 20m时，除应满足上述规定外，还应在纵横向相邻的两竖向连续式剪刀撑之间增加之字斜撑，在有水平剪刀撑的部位，应在每个剪刀撑中间处增加一道水平剪刀撑。当建筑层高超过20m时，在满足以上规定的基础上，应将所有之字斜撑全部改为连续式剪刀撑。

案例十九

（2020年二建真题案例一节选）

背景资料

某新建住宅楼，框剪结构，地下2层，地上18层，建筑面积2.5万m^2，甲公司总承包施工。

新冠疫情后，项目部按照住建部《房屋市政工程复工复产指南》（建办质〔2020〕8号）和当地政府要求组织复工。成立以项目经理为组长的疫情防控领导小组并制定《项目疫情防控措施》，明确“施工现场实行封闭式管理，设置包括废弃口罩类等分类收集装置，安排专人负责卫生保洁工作……”，确保疫情防控工作有效、合规。

项目部质量月活动中，组织了直螺纹套筒连接等知识竞赛活动，以提高管理人员、操作工人的质量意识和业务技能，减少质量通病的发生。钢筋直螺纹加工、连接常用检查和使用工具的作用如下图所示。

序号	工具名称	待检(施)项目
1	量尺	丝扣通畅
2	通规	有效丝扣长度
3	止规	校核扭紧力矩
4	管钳扳手	丝头长度
5	扭力扳手	连接丝头与套筒

钢筋直螺纹加工、连接常用检查和使用工具的作用连线图（部分）

问题1：除废弃口罩类外，现场设置的收集装置还应有哪些分类？

答案：

现场设置的收集装置还应有：生活垃圾类、建筑垃圾类。

问题2：对图中钢筋直螺纹加工、连接常用工具及待检（施）项目对应关系进行正确连线。（在答题卡上重新绘制）

答案：

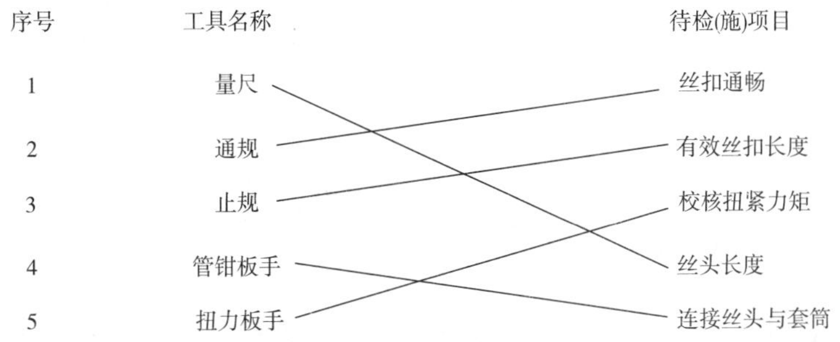

序号	工具名称	待检(施)项目
1	量尺	丝扣通畅
2	通规	有效丝扣长度
3	止规	校核扭紧力矩
4	管钳板手	丝头长度
5	扭力板手	连接丝头与套筒

知识点引申：

《钢筋机械连接技术规程》JGJ 107—2016节选

6.2.1-4　直螺纹钢筋丝头宜满足6f级精度要求，应采用专用直螺纹量规检验，通规应能顺利旋入并达到要求的拧入长度，止规旋入不得超过3P。各规格的自检数量不应少于10%，检验合格率不应小于95%。（P为螺纹的螺距）

6.3.1 直螺纹接头的安装应符合下列规定：

1　安装接头时可用管钳扳手拧紧，钢丝接头应在套筒中央位置相互顶紧，标准型、正反丝型、异径型接头安装后的单侧外露螺纹不宜超过2P；对无法对顶的其他直螺纹接头，应附加锁紧螺母、顶紧凸台等措施紧固。

2　接头安装后应用扭力扳手校核拧紧扭矩。

3　校核用扭力扳手的准确度级别可选用10级。

案例二十

（2020年二建真题案例二节选）

某新建商住楼工程，钢筋混凝土框架–剪力墙结构，地下1层，地上16层，建筑面积2.8万m^2，基础桩为泥浆护壁钻孔灌注桩。

项目部进场后，在泥浆护壁灌注桩钢筋笼作业交底会上，重点强调钢筋笼制作和钢筋笼保护层垫块的注意事项，要求钢筋笼分段制作，分段长度要综合考虑成笼的三个因素。钢筋保护层垫块，每节钢筋笼不少于2组，长度大于12m的中间加设1组，每组块数2块，垫块可自由分布。

……

问题：写出灌注桩钢筋笼制作和安装综合考虑的三个因素，指出钢筋笼保护层垫块的设置数量及位置的错误之处并改正。

答案：

（1）三个因素：钢筋笼的整体刚度、材料长度、起重设备的有效高度。

（2）错误之处及正确做法：

错误1：每组钢筋混凝土垫块的块数为2块。

正确做法：每组块数不得小于3块。

错误2：垫块自由分布。

正确做法：每组垫块需均匀分布在同一截面的主筋上。

知识点引申：

泥浆护壁成孔灌注桩钢筋笼制作与安装质量控制

（依据《建筑地基基础工程施工规范》GB 51004—2015中的第5.6.14条）

（1）钢筋笼宜分段制作，分段长度视成笼的整体刚度、材料长度、起重设备的有效高度三个因素综合考虑。钢筋笼接头宜采用焊接或机械式接头，接头应相互错开。

（2）加劲箍宜设在主筋外侧，主筋一般不设弯钩。

（3）钢筋笼上应设有保护层垫块，每节钢筋垫块数量不少于2组，长度大于12m的中间加设1组，每组块数不得少于3块，均匀分布在同一截面的主筋上。

案例二十一

（2019年二建真题案例二节选）

某办公楼工程，建筑面积24000m^2，地下1层，地上12层，筏板基础，钢筋混凝土框架结构，砌筑工程采用蒸压灰砂砖砌体。本工程混凝土设计强度等级：梁板均为C30，地下部分框架柱为C40，地上部分框架柱为C35。施工总承包单位针对梁柱核心区（梁柱节点部位）混凝土浇筑制定了专项技术措施。拟采取竖向结构与水平结构连续浇筑的方式：地下部分梁柱核心区中，沿柱边设置隔离措施，先浇筑框架柱及隔离措施内的C40混凝土，再浇筑隔离措施外的C30梁板混凝土；地上部分，先浇筑柱C35混凝土至梁柱核心区底面（梁底标高处），梁柱核心区与梁、板一起浇筑C30混凝土。针对上述技术措施，监理工程师提出异议，要求修正其中的错误和补充必要的确认程序，现场才能实施。

……

问题：针对监理工程师对混凝土浇筑措施提出的异议，施工总承包单位应修正和补充哪些措施和确认程序?

答案：

（1）地下部分应修正补充：应在交界区域采取分隔措施。分隔位置应在梁板构件中，且距离框架构件边缘不应小于500mm。

（2）地上部分应补充确认程序：柱、墙位置梁、板高度范围内的混凝土经设计单位同意，可采用强度等级为C30的混凝土进行浇筑。

知识点引申：

《混凝土结构工程施工规范》GB 50666—2011节选

8.3.8　柱、墙混凝土设计强度等级高于梁、板混凝土设计强度等级时，混凝土浇筑应符合下列规定：

（1）柱、墙混凝土设计强度比梁、板混凝土设计强度高一个等级时，柱、墙位置梁、板高度范围内的混凝土经设计单位同意，可采用与梁、板混凝土设计强度等级相同的混凝土进行浇筑。

（2）柱、墙混凝土设计强度比梁、板混凝土设计强度高两个等级及以上时，应在交界区域采取分隔措施。分隔位置应在低强度等级的构件中，且距高强度等级构件边缘不应小于500mm。

（3）宜先浇筑高强度等级混凝土，后浇筑低强度等级混凝土。

案例二十二

（2018年二建真题案例一节选）

某办公楼工程，框架结构，钻孔灌注桩基础，地下1层，地上20层，总建筑面积25000m²，其中地下建筑面积3000m²，施工单位中标后与建设单位签订了施工承包合同。合同签订后，施工单位实施了项目进度策划，其中上部标准层结构工序安排如下：

工作内容	施工准备	模板支撑体系搭设	模板支设	钢筋加工	钢筋绑扎	管线预埋	混凝土浇筑
工序编号	A	B	C	D	E	F	G
时间（d）	1	2	2	2	2	1	1
紧后工序	B、D	C、F	E	E	G	G	—

……

装饰装修阶段，施工单位采取编制进度控制流程、建立协调机制等措施，保证合同约定工期目标的实现。

问题1：根据上部标准层结构工序安排表绘制出双代号网络图，找出关键线路，并计算上部标准层结构每层工期是多少日历天？

答案：

（1）绘制的双代号网络图如下：

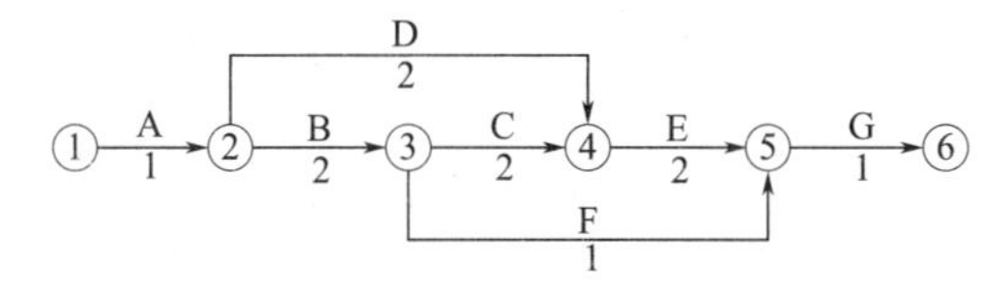

（2）关键线路为：A→B→C→E→G（或表示为①→②→③→④→⑤→⑥）

（3）上部标准层结构每层工期为：8日历天。

问题2：装饰装修阶段采取的施工进度控制措施是哪一类措施？施工进度控制措施还有哪几种措施？

答案：

（1）编制进度控制流程、建立协调机制等措施属于组织措施。

（2）施工进度控制措施还有：① 管理措施；② 经济措施；③ 技术措施。

知识点引申：

进度管理

1．项目进度管理应遵循下列程序：

（1）编制进度计划。

（2）进度计划交底，落实管理责任。

（3）实施进度计划，进行进度控制和变更管理。

2．各类进度计划应包括下列内容：

（1）编制说明。

（2）进度安排。

（3）资源需求计划。

（4）进度保证措施。

3．进度计划检查的内容：

（1）工作完成数量。

（2）工作时间的执行情况。

（3）工作顺序的执行情况。

（4）资源使用及其与进度计划的匹配情况。

（5）前次检查提出问题的整改情况。

案例二十三

（2018年二建真题案例四节选）

某开发商投资兴建办公楼工程，建筑面积9600m^2，地下1层，地上8层，现浇钢筋混凝土框架结构。经公开招标投标，某施工单位中标。

……

施工单位为了落实用工管理，对项目部劳务人员实名制管理进行检查。发现项目部在施工现场配备了专职劳务管理人员，登记了劳务人员基本身份信息，存有考勤、工资结算及支付记录。施工单位认为项目部劳务实名制管理工作仍不完善，责令项目部进行整改。

问题：项目部在劳务人员实名制管理工作中还应该完善哪些工作？

答案：

（1）采集进入施工现场的建筑工人的基本信息，及时核实、实时更新。

（2）真实完整记录建筑工人工作岗位、劳动合同签订情况等从业信息。

（3）建立建筑工人实名制管理台账。

（4）通过信息化手段将相关数据实时、准确、完整上传至当地的建筑工人实名制管理平台。

知识点引申：

《建筑工人实名制管理办法（试行）》节选

第七条　建筑企业应承担施工现场建筑工人实名制管理职责，制定本企业建筑工人实名制管理制度，配备专（兼）职建筑工人实名制管理人员，通过信息化手段将相关数据实时、准确、完整上传至相关部门的建筑工人实名制管理平台。

总承包企业（包括施工总承包、工程总承包以及依法与建设单位直接签订合同的专业承包企业，下同）对所承接工程项目的建筑工人实名制管理负总责，分包企业对其招用的建筑工人实名制管理负直接责任，配合总承包企业做好相关工作。

第十一条　建筑工人实名制信息由基本信息、从业信息、诚信信息等内容组成。

（1）基本信息应包括建筑工人和项目管理人员的身份证信息、文化程度、工种（专业）、技能（职称或岗位证书）等级和基本安全培训等信息。

（2）从业信息应包括工作岗位、劳动合同签订、考勤、工资支付和从业记录等信息。

（3）诚信信息应包括诚信评价、举报投诉、良好及不良行为记录等信息。

第十二条　总承包企业应以真实身份信息为基础，采集进入施工现场的建筑工人和项目管理人员的基本信息，并及时核实、实时更新；真实完整记录建筑工人工作岗位、劳动合同签订情况、考勤、工资支付等从业信息，按项目所在地建筑工人实名制管理要求，将采集的建筑工人信息及时上传相关部门。

案例二十四

（2017年二建真题案例二节选）

某新建商用群体建设项目，地下2层，地上8层，现浇钢筋混凝土框架结构，桩筏基础，建筑面积88000m^2。

针对地下室200mm厚的无梁楼盖，项目部编制了模板及其支撑架专项施工方案。方案中采用扣件式钢管支撑架体系，支撑架立杆纵横向间距均为1600mm，扫地杆距地面约150mm，每步设置纵横向水平杆，步距为1500mm，立杆伸出顶层水平杆的长度控制在150 ~ 300mm，顶托螺杆插入立杆的长度不小于150mm、伸出立杆的长度控制在500mm以内。

问题：指出本项目模板及其支撑架专项施工方案中的不妥之处，并分别写出正确做法。

答案：

不妥1：立杆纵横向间距1600mm。

正确做法：立杆纵横向间距不应大于1.5m。

不妥2：顶托螺杆伸出立杆长度控制在500mm以内。

正确做法：顶托螺杆伸出立杆长度控制在300mm以内。

知识点引申：

《混凝土结构工程施工规范》GB 50666—2011节选

4.4.7　采用扣件式钢管作模板支架时，支架搭设应符合下列规定：

2　立杆纵距、立杆横距不应大于1.5m，支架步距不应大于2.0m；立杆纵向和横向宜设置扫地杆，纵向扫地杆距立杆底部不宜大于200mm，横向扫地杆宜设置在纵向扫地杆的下方；立杆底部宜设置底座或垫板。

5　支架周边应连续设置竖向剪刀撑。支架长度或宽度大于6m时，应设置中部纵向或横向的竖向剪刀撑，剪刀撑的间距和单幅剪刀撑的宽度均不宜大于8m，剪刀撑与水平杆的夹角宜为45° ~ 60°；支架高度大于3倍步距时，支架顶部宜设置一道水平剪刀撑，剪刀撑应延伸至周边。

6　立杆、水平杆、剪刀撑的搭接长度，不应小于0.8m，且不应少于2个扣件连接，扣件盖板边缘至杆端不应小于100mm。

7 扣件螺栓的拧紧力矩不应小于40N·m，且不应大于65N·m。

8 支架立杆搭设的垂直偏差不宜大于1/200。

4.4.8 采用扣件式钢管作高大模板支架时，支架搭设除应符合本规范第4.4.7条的规定外，尚应符合下列规定：

1 宜在支架立杆顶端插入可调托座，可调托座螺杆外径不应小于36mm，螺杆插入钢管的长度不应小于150mm，螺杆伸出钢管的长度不应大于300mm，可调托座伸出顶层水平杆的悬臂长度不应大于500mm；

2 立杆纵距、横距不应大于1.2m，支架步距不应大于1.8m；

3 立杆顶层步距内采用搭接时，搭接长度不应小于1m，且不应少于3个扣件连接；

4 立杆纵向和横向应设置扫地杆，纵向扫地杆距立杆底部不宜大于200mm；

5 宜设置中部纵向或横向的竖向剪刀撑，剪刀撑的间距不宜大于5m；沿支架高度方向搭设的水平剪刀撑的间距不宜大于6m；

6 立杆的搭设垂直偏差不宜大于1/200，且不宜大于100mm。

案例二十五

（2017年二建真题案例三节选）

某现浇钢筋混凝土框架–剪力墙结构办公楼工程，地下1层，地上16层，建筑面积18600m^2。在二层的墙体模板拆除后，监理工程师巡视发现局部存在较严重蜂窝孔洞质量缺陷，指令按照《混凝土结构工程施工规范》GB 50666—2011的规定进行修整。

问题：较严重蜂窝孔洞质量缺陷的修整过程应包括哪些主要工序？

答案：

（1）凿除胶结不牢固部分的混凝土至密实部位。

（2）清理表面。

（3）支设模板。

（4）洒水湿润。

（5）涂抹混凝土界面剂。

（6）采用比原混凝土强度等级高一级的细石混凝土浇筑密实。

（7）养护不少于7d。

知识点引申：

《混凝土结构工程施工规范》GB 50666—2011节选

8.9.3　混凝土结构外观一般缺陷修整应符合下列规定：

（1）露筋、蜂窝、孔洞、夹渣、疏松、外表缺陷，应凿除胶结不牢固部分的混凝土，应清理表面，洒水湿润后应用1 ：2 ~ 1 ：2.5水泥砂浆抹平；

（2）应封闭裂缝；

（3）连接部位缺陷、外形缺陷可与面层装饰施工一并处理。

8.9.4　混凝土结构外观严重缺陷修整应符合下列规定：

（1）露筋、蜂窝、孔洞、夹渣、疏松、外表缺陷，应凿除胶结不牢固部分的混凝土至密实部位，清理表面，支设模板，洒水湿润，涂抹混凝土界面剂，应采用比原混凝土强度等级高一级的细石混凝土浇筑密实，养护时间不应少于7d。

（2）开裂缺陷修整应符合下列规定：

1）民用建筑的地下室、卫生间、屋面等接触水介质的构件，均应注浆封闭处理。民用建筑不接触水介质的构件，可采用注浆封闭、聚合物砂浆粉刷或其他表面封闭材料进行封闭。

2）无腐蚀介质工业建筑的地下室、屋面、卫生间等接触水介质的构件，以及有腐蚀介质的所有构件，均应注浆封闭处理。无腐蚀介质工业建筑不接触水介质的构件，可采用注浆封闭、聚合物砂浆粉刷或其他表面封闭材料进行封闭。

（3）清水混凝土的外形和外表严重缺陷，宜在水泥砂浆或细石混凝土修补后用磨光机械磨平。

8.9.5 混凝土结构尺寸偏差一般缺陷，可结合装饰工程进行修整。

8.9.6 混凝土结构尺寸偏差严重缺陷，应会同设计单位共同制定专项修整方案，结构修整后应重新检查验收。

案例二十六

（2016年二建真题案例一节选）

某高校新建新校区，包括办公楼、教学楼、科研中心、后勤服务楼、学生宿舍等多个单体建筑，由某建筑工程公司进行该群体工程的施工建设。其中，科研中心工程为现浇钢筋混凝土框架结构，地上10层，地下2层，建筑檐口高度45m，由于有超大尺寸的特殊设备，设置在地下2层的试验室为两层通高；结构设计图纸说明中规定地下室的后浇带需待主楼结构封顶后才能封闭。

在施工过程中，发生了下列事件：

事件一：施工单位针对两层通高试验室区域单独编制了模板及支架专项施工方案，方案中针对模板整体设计有模板和支架选型、构造设计、荷载及其效应计算，并绘制有施工节点详图。监理工程师审查后要求补充该模板整体设计必要的验算内容。

事件二：在科研中心工程的后浇带施工方案中，明确指出：

（1）梁、板的模板与支架整体一次性搭设完毕；

（2）在楼板浇筑混凝土前，后浇带两侧用快易收口网进行分隔、上部用木板遮盖防止落入物料；

（3）两侧混凝土结构强度达到拆模条件后，拆除所有底模及支架，后浇带位置处重新搭设支架及模板，两侧进行固顶，待主体结构封顶后浇筑后浇带混凝土。

监理工程师认为方案中上述做法存在不妥，责令改正后重新报审。针对后浇带混凝土填充作业，监理工程师要求施工单位提前将施工技术要点以书面形式对作业人员进行交底。

……

问题1：事件一中，按照监理工程师要求，针对模板及支架施工方案，施工单位应补充哪些必要验算内容？

答案：

（1）模板及支架的承载力、刚度验算。

（2）模板及支架的抗倾覆验算。

知识点引申：

《混凝土结构工程施工规范》GB 50666—2011节选

4.3.2　模板及支架设计应包括的内容：

（1）模板及支架的选型及构造设计；

（2）模板及支架的荷载及其效应计算；

（3）模板及支架的承载力、刚度验算；

（4）模板及支架的抗倾覆验算；

（5）绘制模板及支架施工图。

问题2：事件二中，后浇带施工方案中有哪些不妥之处？后浇带混凝土填充作业的施工技术要点主要有哪些？

答案：

（1）后浇带施工方案不妥之处：

不妥1：后浇带模板与支架和梁、板的模板与支架一次性搭设完毕。

不妥2：所有底模和支架全部拆除后重新搭设后浇带的模板及支架。

（2）技术要点：

① 采用微膨胀的补偿收缩混凝土。

② 后浇带两侧的接缝表面应先清理干净，再涂刷混凝土界面处理剂或水泥基渗透结晶型防水涂料。

③ 后浇带应在其两侧混凝土龄期达到42d后再施工。

④ 后浇带浇筑后应及时养护，养护时间不得少于28d。

解析：

本问很多考生审题会出现错误，他认为此处按照主体结构后浇带的做法来答题即可，但忽视了此处的后浇带为地下室基础底板后浇带，而地下室后浇带必须按照《地下工程防水技术规范》GB 50108—2008和《地下防水工程质量验收规范》GB 50208—2011。如混凝土浇筑完毕后养护时间，主体结构后浇带是至少14d，地下室后浇带是至少28d；又比如后浇带混凝土强度等级是否要提高一级，主体结构后浇带浇筑要求强度等级提高一级，但地下室后浇带强度要求不应低于两侧混凝土。

知识点引申：

《地下工程防水技术规范》GB 50108—2008节选

4.1.26　后浇带施工缝的施工应符合下列规定：

1　水平施工缝浇筑混凝土前，应将其表面浮浆和杂物清除，然后铺设净浆或涂刷混凝土界面处理剂、水泥基渗透结晶型防水涂料等材料，再铺30~50mm厚的1 ∶ 1水泥砂浆，并应及时浇筑混凝土。

2　垂直施工缝浇筑混凝土前，应将其表面清理干净，再涂刷混凝土界面处理剂或水泥基渗透结晶型防水涂料，并应及时浇筑混凝土。

5.2.2　后浇带应在其两侧混凝土龄期达到42天后再施工；高层建筑的后浇带施工应按规定时间进行。

5.2.3　后浇带应采用补偿收缩混凝土浇筑，其抗渗和抗压强度等级不应低于两侧混凝土。

5.2.4　后浇带应设在受力和变形较小的部位，宽度为700~1000mm。

5.2.5　后浇带两侧可做成平直缝或阶梯缝。

5.2.13　后浇带混凝土应一次浇筑，不得留设施工缝；混凝土浇筑后应及时养护，养护时间不得少于28d。

案例二十七

（2016年二建真题案例三节选）

某学校活动中心工程，现浇钢筋混凝土框架结构，地上6层，地下2层，采用自然通风。

在基础底板混凝土浇筑前，监理工程师检查施工单位的技术管理工作，要求施工单位按规定检查混凝土运输单，并做好混凝土扩展度测定等工作。全部工作完成并确认无误后，方可浇筑混凝土。

……

问题：除已列出的工作内容外，施工单位针对混凝土运输单还要做哪些技术管理与测定工作？

答案：

（1）核对混凝土配合比。

（2）确认混凝土强度等级。

（3）检查混凝土运输时间。

（4）测定混凝土坍落度。

知识点引申：

《混凝土结构工程施工规范》GB 50666—2011节选

8.1.1 混凝土浇筑前应完成下列工作：

（1）隐蔽工程验收和技术复核；

（2）对操作人员进行技术交底；

（3）根据施工方案中的技术要求，检查并确认施工现场具备实施条件；

（4）施工单位填报浇筑申请单，并经监理单位签认。

8.8.3 浇筑前应检查混凝土送料单，核对混凝土配合比，确认混凝土强度等级，检查混凝土运输时间，测定混凝土坍落度，必要时还应测定混凝土扩展度，确认无误后再将进行混凝土浇筑。

案例二十八

（2015年二建真题案例三节选）

某新建办公楼工程，总建筑面积18600m^2，地下2层，地上4层，筏板基础，钢筋混凝土框架结构。某分项工程采用新技术，现行验收规范中对该新技术的质量未作出相应规定。设计单位制定了“专项验收”标准。由于该专项验收标准涉及结构安全，建设单位要求施工单位就此验收标准组织专家论证。监理单位认为程序错误，提出异议。

问题：分别指出背景资料的不妥之处，并写出相应的正确做法。

答案：

不妥1：设计单位制定了“专项验收”标准。

正确做法：应由建设单位组织监理、设计、施工等相关单位制定专项验收标准。

不妥2：建设单位要求施工单位就此验收标准组织专家论证。

正确做法：涉及安全、节能、环保等项目的专项验收标准应由建设单位组织专家论证。

知识点引申：

《建筑工程施工质量验收统一标准》GB 50300—2013节选

3.0.5　当专业验收规范对工程中的验收项目未作出相应规定时，应由建设单位组织监理、设计、施工等相关单位制定专项验收要求。涉及安全、节能、环境保护等项目的专项验收要求应由建设单位组织专家论证。

案例二十九

某抗震设防烈度为7度的建筑工程，在主体结构施工过程中，监理工程师在检查钢筋连接情况时，发现梁、柱钢筋的搭接接头有位于梁、柱端箍筋加密区的情况。

……

问题：梁、柱端箍筋加密区出现搭接接头是否妥当？说明理由。如梁、柱端箍筋加密区的接头不可避免，应如何处理？

答案：

（1）梁、柱端箍筋加密区出现搭接接头：不妥当。

理由：接头不宜设置在有抗震要求的框架梁端、柱端的箍筋加密区。

（2）当无法避开时，应用等强度高质量机械连接接头，且不应超过50%。

知识点引申：

钢筋连接

（1）钢筋接头位置宜设置在受力较小处。同一纵向受力钢筋不宜设置两个或两个以上的接头。接头末端至钢筋弯起点的距离不应小于钢筋直径的10倍。（《混凝土结构工程施工规范》GB 50666—2011第5.4.1条）

（2）有抗震设防要求的结构中，梁端、柱端箍筋加密区范围内钢筋不应进行搭接。（《混凝土结构工程施工质量验收规范》GB 50204—2015第5.4.4条）

（3）同一连接区段内，纵向受力钢筋的接头面积百分率应符合下列规定：（《混凝土结构工程施工规范》GB 50666—2011第5.4.4条）

1　在受拉区不宜超过50%，但装配式混凝土结构构件连接处可根据实际情况适当放宽；受压接头可不受限制。

2　接头不宜设置在有抗震要求的框架梁端、柱端的箍筋加密区；当无法避开时，对等强度高质量机械连接接头，不应超过50%。

3　直接承受动力荷载的结构构件中，不宜采用焊接接头；当采用机械连接接头时，不应超过50%。

专题三：建筑工程相关法规、文件及国家现行标准重点条文节选

——“狠”字篇

“建筑工程管理与实务”科目案例题中有20 ~ 30分超教材外知识点题目，编者经过对历年真题的深入研究，罗列出了考试中经常涉及的建筑工程相关法规、文件及现行标准规范条文，为考生指明超教材外考点的复习备考方向。

一、建设工程质量管理条例

第十六条 建设单位收到建设工程竣工报告后，应当组织设计、施工、工程监理等有关单位进行竣工验收。建设工程竣工验收应当具备下列条件：

（一）完成建设工程设计和合同约定的各项内容；

（二）有完整的技术档案和施工管理资料；

（三）有工程使用的主要建筑材料、建筑构配件和设备的进场试验报告；

（四）有勘察、设计、施工、工程监理等单位分别签署的质量合格文件；

（五）有施工单位签署的工程保修书。

建设工程经验收合格的，方可交付使用。

第二十六条 施工单位对建设工程的施工质量负责。施工单位应当建立质量责任制，确定工程项目的项目经理、技术负责人和施工管理负责人。建设工程实行总承包的，总承包单位应当对全部建设工程质量负责；建设工程勘察、设计、施工、设备采购的一项或者多项实行总承包的，总承包单位应当对其承包的建设工程或者采购的设备的质量负责。

第五十七条 违反本条例规定，建设单位未取得施工许可证或者开工报告未经批准，擅自施工的，责令停止施工，限期改正，处工程合同价款1%以上2%以下的罚款。

第五十八条 违反本条例规定，建设单位有下列行为之一的，责令改正，处工程合同价款2%以上4%以下的罚款；造成损失的，依法承担赔偿责任：

（一）未组织竣工验收，擅自交付使用的；

（二）验收不合格，擅自交付使用的；

（三）对不合格的建设工程按照合格工程验收的。

第五十九条 违反本条例规定，建设工程竣工验收后，建设单位未向建设行政主管部门或者其他有关部门移交建设项目档案的，责令改正，处1万元以上10万元以下的罚款。

二、建设工程安全生产管理条例

第二十五条 垂直运输机械作业人员、安装拆卸工、爆破作业人员、起重信号工、登高架设作业人员等特种作业人员，必须按照国家有关规定经过专门的安全作业培训，并取得特种作业操作资格证书后，方可上岗作业。

第二十七条 建设工程施工前，施工单位负责项目管理的技术人员应当对有关安全施工的技术要求向施工作业班组、作业人员作出详细说明，并由双方签字确认。

第二十八条 施工单位应当在施工现场入口处、施工起重机械、临时用电设施、脚手架、出入通道口、楼梯口、电梯井口、孔洞口、桥梁口、隧道口、基坑边沿、爆破物及有害危险气体和液体存放处等危险部位，设置明显的安全警示标志。安全警示标志必须符合国家标准。施工单位应当根据不同施工阶段和周围环境及季节、气候的变化，在施工现场采取相应的安全施工措施。施工现场暂时停止施工的，施工单位应当做好现场防护，所需费用由责任方承担，或者按照合同约定执行。

第二十九条 施工单位应当将施工现场的办公、生活区与作业区分开设置，并保持安全距离；办公、生活区的选址应当符合安全性要求。职工的膳食、饮水、休息场所等应当符合卫生标准。施工单位不得在尚未竣工的建筑物内设置员工集体宿舍。施工现场临时搭建的建筑物应当符合安全使用要求。施工现场使用的装配式活动房屋应当具有产品合格证。

第四十八条 施工单位应当制定本单位生产安全事故应急救援预案，建立应急救援组织或者配备应急救援人员，配备必要的应急救援器材、设备，并定期组织演练。

三、中华人民共和国招标投标法（2017年修正）

第五条 招标投标活动应当遵循公开、公平、公正和诚实信用的原则。

第六条 依法必须进行招标的项目，其招标投标活动不受地区或者部门的限制。任何单位和个人不得违法限制或者排斥本地区、本系统以外的法人或者其他组织参加投标，不得以任何方式非法干涉招标投标活动。

第十二条 招标人有权自行选择招标代理机构，委托其办理招标事宜。任何单位和个人不得以任何方式为招标人指定招标代理机构。招标人具有编制招标文件和组织评标能力的，可以自行办理招标事宜。任何单位和个人不得强制其委托招标代理机构办理招标事宜。依法必须进行招标的项目，招标人自行办理招标事宜的，应当向有关行政监督部门备案。

第十七条 招标人采用邀请招标方式的，应当向三个以上具备承担招标项目的能力、资信良好的特定的法人或者其他组织发出投标邀请书。

第二十一条 招标人根据招标项目的具体情况，可以组织潜在投标人踏勘项目现场。

第二十三条 招标人对已发出的招标文件进行必要的澄清或者修改的，应当在招标文件要求提交投标文件截止时间至少十五日前，以书面形式通知所有招标文件收受人。该澄清或者修改的内容为招标文件的组成部分。

第二十四条 招标人应当确定投标人编制投标文件所需要的合理时间；但是，依法必须进行招标的项目，自招标文件开始发出之日起至投标人提交投标文件截止之日止，最短不得少于二十日。

第二十八条 投标人应当在招标文件要求提交投标文件的截止时间前，将投标文件送达投标地点。招标人收到投标文件后，应当签收保存，不得开启。投标人少于三个的，招标人应当依照本法重新招标。在招标文件要求提交投标文件的截止时间后送达的投标文件，招标人应当拒收。

第三十一条 两个以上法人或者其他组织可以组成一个联合体，以一个投标人的身份共同投标。联合体各方均应当具备承担招标项目的相应能力；国家有关规定或者招标文件对投标人资格条件有规定的，联合体各方均应当具备规定的相应资格条件。由同一专业的单位组成的联合体，按照资质等级较低的单位确定资质等级。联合体各方应当签订共同投标协议，明确约定各方拟承担的工作和责任，并将共同投标协议连同投标文件一并提交招标人。联合体中标的，联合体各方应当共同与招标人签订合同，就中标项目向招标人承担连带责任。招标人不得强制投标人组成联合体共同投标，不得限制投标人之间的竞争。

第三十三条 投标人不得以低于成本的报价竞标，也不得以他人名义投标或者以其他方式弄虚作假，骗取中标。

第三十四条 开标应当在招标文件确定的提交投标文件截止时间的同一时间公开进

行；开标地点应当为招标文件中预先确定的地点。

第三十五条 开标由招标人主持，邀请所有投标人参加。

第三十六条 开标时，由投标人或者其推选的代表检查投标文件的密封情况，也可以由招标人委托的公证机构检查并公证；经确认无误后，由工作人员当众拆封，宣读投标人名称、投标价格和投标文件的其他主要内容。招标人在招标文件要求提交投标文件的截止时间前收到的所有投标文件，开标时都应当当众予以拆封、宣读。开标过程应当记录，并存档备查。

第三十七条 评标由招标人依法组建的评标委员会负责。依法必须进行招标的项目，其评标委员会由招标人的代表和有关技术、经济等方面的专家组成，成员人数为五人以上单数，其中技术、经济等方面的专家不得少于成员总数的三分之二。评标委员会成员的名单在中标结果确定前应当保密。

第四十二条 评标委员会经评审，认为所有投标都不符合招标文件要求的，可以否决所有投标。依法必须进行招标的项目的所有投标被否决的，招标人应当依照本法重新招标。

第四十三条 在确定中标人前，招标人不得与投标人就投标价格、投标方案等实质性内容进行谈判。

第四十五条 中标人确定后，招标人应当向中标人发出中标通知书，并同时将中标结果通知所有未中标的投标人。

第四十六条 招标人和中标人应当自中标通知书发出之日起三十日内，按照招标文件和中标人的投标文件订立书面合同。招标人和中标人不得再行订立背离合同实质性内容的其他协议。招标文件要求中标人提交履约保证金的，中标人应当提交。

四、住房和城乡建设部办公厅关于印发房屋建筑和市政基础设施工程施工现场新冠肺炎疫情常态化防控工作指南的通知

（建办质函〔2020〕489号）

2.1 建立疫情常态化防控工作体系

各参建单位（含建设、施工、监理等）应结合项目实际，制定本项目疫情常态化防控工作方案，建立健全工作体系和机构，明确疫情防控责任部门和责任人，设置专职疫情防控岗位，完善疫情防控管理制度。

2.2 强化参建各方疫情常态化防控主体责任

建设单位是工程项目疫情常态化防控总牵头单位，负责施工现场疫情常态化防控工作指挥、协调和保障等事项。施工总承包单位负责施工现场疫情常态化防控各项工作组织实施。监理单位负责审查施工现场疫情常态化防控工作方案，开展检查并提出建议。建设、施工、监理项目负责人是本单位工程项目疫情常态化防控和质量安全的第一责任人。

3.1.2 项目部应按照疫情防控要求，对参建各方聘用的所有人员进行健康管理，建立“一人一档”制度，准确掌握人员健康和流动情况。

3.2.1 在施工现场进口设立体温监测点，对所有进入施工现场人员进行体温检测和“健康码”查验，核对人员身份和健康状况。凡有发热、干咳等症状的，应禁止其进入，

并及时报告和妥善处置。

3.3.2 在人员密集的封闭场所、与他人小于1米距离接触时需要佩戴口罩。在密闭公共场所工作的厨师、配菜员、保洁员等重点人群要佩戴口罩，项目部要做好日常管理。

3.4.1 通过宣传栏、公告栏、专题讲座、线上培训、班前教育、技术交底等方式，加强对施工现场人员防疫政策、健康知识的宣传教育培训，着力提升从业人员的防范意识和防控能力。

3.4.3 宣传教育应尽量选择开阔、通风良好的场地，分批次进行，人员间隔不小于1米。

4.1.1 施工现场应采取封闭式集中管理，严格进、出场实名制考勤。办公区、生活区、施工区、材料加工和存放区等区域应分离，围挡、围墙确保严密牢固，尽量实现人员在场内流动。

施工现场应设置符合标准的隔离室和隔离区。现场不具备条件的，应按标准异地设置。

4.1.3 各参建单位要按照采储结合、节约高效的原则，储备适量的、符合国家及行业标准的口罩、防护服、一次性手套、酒精、消毒液、智能体温检测设备等防疫物资，建立物资储备台账，确保施工现场和人员疫情常态化防控防护使用需求。

4.3.1 定期对地下室、管廊、下水道、施工机械、起重机械驾驶室及操作室等密闭狭小空间及长期接触的部位进行消毒，并形成台账。

4.5.2 宿舍原则上设置可开启窗户，定期通风及消毒。每间宿舍居住人员宜按人均不小于$2m^2$确定，尽量减少聚集，严禁使用通铺。宿舍内宜设置生活用品专柜、垃圾桶等生活设施，环境卫生应保持良好。

4.5.3 工地食堂应依法办理相关手续并严格执行卫生防疫规定。食品食材的采购应选择正规渠道购买，建立采购物资台账，确保可追溯。严禁生食和熟食用品混用，避免肉类生食，避免直接手触肉禽类生鲜材料。严禁在工地食堂屠宰野生动物、家禽家畜。

食堂原则上采取分餐、错峰用餐等措施，减少人员聚集，并且实施排队取餐人员的间距不小于1米，食堂就餐人员的间距不小于1米的安全措施，避免“面对面”就餐和围桌就餐。

食堂应保持干净整洁，定期通风及消毒，严格执行一人一具一用一消毒，不具备消毒条件的要使用一次性餐具。

5.2.1 发生涉疫情况，应第一时间向有关部门报告、第一时间启动应急预案、第一时间采取停工措施并封闭现场。

7.1 因疫情常态化防控发生的防疫费用，可计入工程造价。

五、住房和城乡建设部办公厅关于印发房屋市政工程复工复产指南的通知

（建办质〔2020〕8号）

1.3 各参建单位（含建设、施工、监理等）项目负责人是本单位工程项目疫情防控和复工复产的第一责任人，按照“谁用工、谁管理、谁负责”要求，严格落实各项防控措施，确保疫情防控和工程质量安全管控到位。

2.4.1　施工现场采取封闭式管理。严格施工区、材料加工和存放区、办公区、生活区等“四区”分离。

2.4.3　根据工程规模和务工人员数量等因素，合理配备体温计、口罩、消毒剂等疫情防控物资。

2.4.4　安排专人负责文明施工和卫生保洁等工作，按规定分类设置防疫垃圾（废弃口罩等）、生活垃圾和建筑垃圾收集装置。

2.5.3　严格做到“五个必须”，建设单位必须召开安全例会，施工单位必须安全管理措施到位，项目部必须安全检查到位，项目人员必须安全教育到位，监理单位必须安全监理履职到位。

3.1.2　在施工现场进出口设立体温监测点，对所有进入施工现场人员进行体温检测并登记，每天测温不少于两次。凡有发热、干咳等症状的，应阻止其进入，并及时报告和妥善处置。

3.3.1　组织开展疫情防控知识宣传教育，利用现场展板、网络、手机终端等方式，督促现场人员做好自身防护，做到勤洗手、勤通风、戴口罩，减少人员聚集，提高自我防护意识。

3.3.2　每日对现场人员开展卫生防疫岗前教育。宣传教育应尽量选择开阔、通风良好的场地，分批次进行，人员间隔不小于1m。

3.4.1　对施工现场起重机械的驾驶室、操作室等人员长期密闭作业场所进行消毒，予以记录并建立台账。

3.5.1　现场办公场所、会议室、宿舍应保持通风，每天至少通风3次，每次不少于30分钟。

3.5.2　宿舍人员宜按减半安排，减少聚集，严禁通铺。对本地务工人员应加强下班后的跟踪管理。

3.5.4　食堂就餐应采取错时就餐、分散就餐等方式方法，应避免就餐人员聚集。

3.5.5　定期对宿舍、食堂、盥洗室、厕所等重点场所进行消毒。

5.2.1　发生涉疫情况，应第一时间向有关部门报告、第一时间启动应急预案、第一时间采取停工措施并封闭现场。

7.1　对因疫情不可抗力导致工期延误，施工单位可根据实际情况依法与建设单位协商，合理顺延合同工期。停工期间或工期延误增加的费用，发承包双方按照有关规定协商处理。

7.2　因疫情防控发生的防疫费用，可计入工程造价。因疫情造成的人工、建材价格上涨等成本，发承包双方应加强协商沟通，按照合同约定的调价方法调整合同价款。

六、住房和城乡建设部等部门关于加快培育新时代建筑产业工人队伍的指导意见

（建市〔2020〕105号）

三、主要任务

（四）加快自有建筑工人队伍建设。

引导建筑企业加强对装配式建筑、机器人建造等新型建造方式和建造科技的探索和应用，提升智能建造水平，通过技术升级推动建筑工人从传统建造方式向新型建造方式转变。鼓励建筑企业通过培育自有建筑工人、吸纳高技能技术工人和职业院校（含技工院校，下同）毕业生等方式，建立相对稳定的核心技术工人队伍。鼓励有条件的企业建立首席技师制度、劳模和工匠人才（职工）创新工作室、技能大师工作室和高技能人才库，切实加强技能人才队伍建设。项目发包时，鼓励发包人在同等条件下优先选择自有建筑工人占比大的企业；评优评先时，同等条件下优先考虑自有建筑工人占比大的项目。

（七）加快推动信息化管理。

完善全国建筑工人管理服务信息平台，充分运用物联网、计算机视觉、区块链等现代信息技术，实现建筑工人实名制管理、劳动合同管理、培训记录与考核评价信息管理、数字工地、作业绩效与评价等信息化管理。制定统一数据标准，加强各系统平台间的数据对接互认，实现全国数据互联共享。加强数据分析运用，将建筑工人管理数据与日常监管相结合，建立预警机制。加强信息安全保障工作。

（八）健全保障薪酬支付的长效机制。

贯彻落实《保障农民工工资支付条例》，工程建设领域施工总承包单位对农民工工资支付工作负总责，落实工程建设领域农民工工资专用账户管理、实名制管理、工资保证金等制度，推行分包单位农民工工资委托施工总承包单位代发制度。依法依规对列入拖欠农民工工资“黑名单”的失信违法主体实施联合惩戒。加强法律知识普及，加大法律援助力度，引导建筑工人通过合法途径维护自身权益。

（九）规范建筑行业劳动用工制度。

用人单位应与招用的建筑工人依法签订劳动合同，严禁用劳务合同代替劳动合同，依法规范劳务派遣用工。施工总承包单位或者分包单位不得安排未订立劳动合同并实名登记的建筑工人进入项目现场施工。制定推广适合建筑业用工特点的简易劳动合同示范文本，加大劳动监察执法力度，全面落实劳动合同制度。

（十一）持续改善建筑工人生产生活环境。

各地要依法依规及时为符合条件的建筑工人办理居住证，用人单位应及时协助提供相关证明材料，保障建筑工人享有城市基本公共服务。全面推行文明施工，保证施工现场整洁、规范、有序，逐步提高环境标准，引导建筑企业开展建筑垃圾分类管理。不断改善劳动安全卫生标准和条件，配备符合行业标准的安全帽、安全带等具有防护功能的工装和劳动保护用品，制定统一的着装规范。施工现场按规定设置避难场所，定期开展安全应急演练。鼓励有条件的企业按照国家规定进行岗前、岗中和离岗时的职业健康检查，并将职工劳动安全防护、劳动条件改善和职业危害防护等纳入平等协商内容。大力改善建筑工人生活区居住环境，根据有关要求及工程实际配置空调、淋浴等设备，保障水电供应、网络通信畅通，达到一定规模的集中生活区要配套食堂、超市、医疗、法律咨询、职工书屋、文体活动室等必要的机构设施，鼓励开展物业化管理。将符合当地住房保障条件的建筑工人纳入住房保障范围。探索适应建筑业特点的公积金缴存方式，推进建筑工人缴存住房公积金。加大政策落实力度，着力解决符合条件的建筑工人子女城市入托入学等问题。

七、保障农民工工资支付条例

（中华人民共和国国务院令第724号）

第三条 农民工有按时足额获得工资的权利。任何单位和个人不得拖欠农民工工资。

第四条 县级以上地方人民政府对本行政区域内保障农民工工资支付工作负责，建立保障农民工工资支付工作协调机制，加强监管能力建设，健全保障农民工工资支付工作目标责任制，并纳入对本级人民政府有关部门和下级人民政府进行考核和监督的内容。

第九条 新闻媒体应当开展保障农民工工资支付法律法规政策的公益宣传和先进典型的报道，依法加强对拖欠农民工工资违法行为的舆论监督，引导用人单位增强依法用工、按时足额支付工资的法律意识，引导农民工依法维权。

第十一条 农民工工资应当以货币形式，通过银行转账或者现金支付给农民工本人，不得以实物或者有价证券等其他形式替代。

第十五条 用人单位应当按照工资支付周期编制书面工资支付台账，并至少保存3年。

书面工资支付台账应当包括用人单位名称，支付周期，支付日期，支付对象姓名、身份证号码、联系方式，工作时间，应发工资项目及数额，代扣、代缴、扣除项目和数额，实发工资数额，银行代发工资凭证或者农民工签字等内容。

用人单位向农民工支付工资时，应当提供农民工本人的工资清单。

第二十四条 建设单位应当向施工单位提供工程款支付担保。

建设单位与施工总承包单位依法订立书面工程施工合同，应当约定工程款计量周期、工程款进度结算办法以及人工费用拨付周期，并按照保障农民工工资按时足额支付的要求约定人工费用。人工费用拨付周期不得超过1个月。

第二十六条 施工总承包单位应当按照有关规定开设农民工工资专用账户，专项用于支付该工程建设项目农民工工资。

第二十八条 施工总承包单位或者分包单位应当依法与所招用的农民工订立劳动合同并进行用工实名登记，具备条件的行业应当通过相应的管理服务信息平台进行用工实名登记、管理。未与施工总承包单位或者分包单位订立劳动合同并进行用工实名登记的人员，不得进入项目现场施工。

施工总承包单位应当在工程项目部配备劳资专管员，对分包单位劳动用工实施监督管理，掌握施工现场用工、考勤、工资支付等情况，审核分包单位编制的农民工工资支付表，分包单位应当予以配合。

施工总承包单位、分包单位应当建立用工管理台账，并保存至工程完工且工资全部结清后至少3年。

第二十九条 建设单位应当按照合同约定及时拨付工程款，并将人工费用及时足额拨付至农民工工资专用账户，加强对施工总承包单位按时足额支付农民工工资的监督。

因建设单位未按照合同约定及时拨付工程款导致农民工工资拖欠的，建设单位应当以未结清的工程款为限先行垫付被拖欠的农民工工资。

建设单位应当以项目为单位建立保障农民工工资支付协调机制和工资拖欠预防机制，督促施工总承包单位加强劳动用工管理，妥善处理与农民工工资支付相关的矛盾纠纷。发生农民工集体讨薪事件的，建设单位应当会同施工总承包单位及时处理，并向项目所在地人力资源社会保障行政部门和相关行业工程建设主管部门报告有关情况。

第三十条 分包单位对所招用农民工的实名制管理和工资支付负直接责任。

施工总承包单位对分包单位劳动用工和工资发放等情况进行监督。

分包单位拖欠农民工工资的，由施工总承包单位先行清偿，再依法进行追偿。

工程建设项目转包，拖欠农民工工资的，由施工总承包单位先行清偿，再依法进行追偿。

第三十一条 工程建设领域推行分包单位农民工工资委托施工总承包单位代发制度。

分包单位应当按月考核农民工工作量并编制工资支付表，经农民工本人签字确认后，与当月工程进度等情况一并交施工总承包单位。

施工总承包单位根据分包单位编制的工资支付表，通过农民工工资专用账户直接将工资支付到农民工本人的银行账户，并向分包单位提供代发工资凭证。

用于支付农民工工资的银行账户所绑定的农民工本人社会保障卡或者银行卡，用人单位或者其他人员不得以任何理由扣押或者变相扣押。

第三十四条 施工总承包单位应当在施工现场醒目位置设立维权信息告示牌，明示下列事项：

（1）建设单位、施工总承包单位及所在项目部、分包单位、相关行业工程建设主管部门、劳资专管员等基本信息；

（2）当地最低工资标准、工资支付日期等基本信息；

（3）相关行业工程建设主管部门和劳动保障监察投诉举报电话、劳动争议调解仲裁申请渠道、法律援助申请渠道、公共法律服务热线等信息。

八、《混凝土结构通用规范》GB 55008—2021

5.1 一般规定

5.1.4 模板拆除、预制构件起吊、预应力筋张拉和放张时，同条件养护的混凝土试件应达到规定强度。

5.1.5 混凝土结构的外观质量不应有严重缺陷及影响结构性能和使用功能的尺寸偏差。

5.1.6 应对涉及混凝土结构安全的代表性部位进行实体质量检验。

5.3 钢筋及预应力工程

5.3.1 钢筋机械连接或焊接连接接头试件应从完成的实体中截取，并应按规定进行性能检验。

5.3.2 锚具或连接器进场时，应检验其静载锚固性能。由锚具或连接器、锚垫板和局部加强钢筋组成的锚固系统，在规定的结构实体中，应能可靠传递预应力。

5.3.3 钢筋和预应力筋应安装牢固、位置准确。

5.3.4 预应力筋张拉后应可靠锚固，且不应有断丝或滑丝。

5.3.5 后张预应力孔道灌浆应密实饱满，并应具有规定的强度。

5.4 混凝土工程

5.4.1 混凝土运输、输送、浇筑过程中严禁加水；运输、输送、浇筑过程中散落的混凝土严禁用于结构浇筑。

5.4.2　应对结构混凝土强度等级进行检验评定，试件应在浇筑地点随机抽取。

5.4.3　结构混凝土浇筑应密实，浇筑后应及时进行养护。

5.4.4　大体积混凝土施工应采取混凝土内外温差控制措施。

5.5　装配式结构工程

5.5.1　预制构件连接应符合设计要求，并应符合下列规定：

1　套筒灌浆连接接头应进行工艺检验和现场平行加工试件性能检验，灌浆应饱满密实。

2　浆锚搭接连接的钢筋搭接长度应符合设计要求，灌浆应饱满密实。

3　螺栓连接应进行工艺检验和安装质量检验。

4　钢筋机械连接应制作平行加工试件，并进行性能检验。

5.5.2　预制叠合构件的接合面、预制构件连接节点的接合面，应按设计要求做好界面处理并清理干净，后浇混凝土应饱满、密实。

九、《施工脚手架通用规范》GB 55023—2022

（2022年10月1日起实施）

注：本规范为强制性工程建设规范，全部条文必须严格执行。现行工程建设标准中有关规定与本规范不一致的，以本规范的规定为准。

4.4　构造要求

4.4.4　脚手架作业层应采取安全防护措施，并应符合下列规定：

1　作业脚手架、满堂支撑脚手架、附着式升降脚手架作业层应满铺脚手板，并应满足稳固可靠的要求。当作业层边缘与结构外表面的距离大于150mm时，应采取防护措施。

2　采用挂钩连接的钢脚手板，应带有自锁装置且与作业层水平杆锁紧。

3　木脚手板、竹串片脚手板、竹芭脚手板应有可靠的水平杆支承，并应绑扎稳固。

4　脚手架作业层外边缘应设置防护栏杆和挡脚板。

5　作业脚手架底层脚手板应采取封闭措施。

6　沿所施工建筑物每3层或高度不大于10m处应设置一层水平防护。

7　作业层外侧应采用安全网封闭。当采用密目安全网封闭时，密目安全网应满足阻燃要求。

8　脚手板伸出横向水平杆以外的部分不应大于200mm。

4.4.5　脚手架底部立杆应设置纵向和横向扫地杆，扫地杆应与相邻立杆连接稳固。

4.4.6　作业脚手架应按设计计算和构造要求设置连墙件，并应符合下列要求：

1　连墙件应采用能承受压力和拉力的刚性构件，并应与工程结构和架体连接牢固。

2　连墙点的水平间距不得超过3跨，竖向间距不得超过3步，连墙点之上架体的悬臂高度不应超过2步。

3　在架体的转角处、开口型作业脚手架端部应增设连墙件，连墙件竖向间距不应大于建筑物层高，且不应大于4m。

4.4.7　作业脚手架的纵向外侧立面上应设置竖向剪刀撑，并应符合下列规定：

1　每道剪刀撑的宽度应为4跨～6跨，且不应小于6m，也不应大于9m；剪刀撑斜杆与水平面的倾角应在45° ~ 60° 之间。

2 当搭设高度在24m以下时，应在架体两端、转角及中间每隔不超过15m各设置一道剪刀撑，并应由底至顶连续设置；当搭设高度在24m及以上时，应在全外侧立面上由底至顶连续设置。

3 悬挑脚手架、附着式升降脚手架应在全外侧立面上由底至顶连续设置。

4.4.10 应对下列部位的作业脚手架采取可靠的构造加强措施：

1 附着、支承于工程结构的连接处。

2 平面布置的转角处。

3 塔式起重机、施工升降机、物料平台等设施断开或开洞处。

4 楼面高度大于连墙件设置竖向高度的部位。

5 工程结构突出物影响架体正常布置处。

4.4.15 脚手架可调底座和可调托撑调节螺杆插入脚手架立杆内的长度不应小于150mm，且调节螺杆伸出长度应经计算确定，并应符合下列规定：

1 当插入的立杆钢管直径为42mm时，伸出长度不应大于200mm。

2 当插入的立杆钢管直径为48.3mm及以上时，伸出长度不应大于500mm。

4.4.16 可调底座和可调托撑螺杆插入脚手架立杆钢管内的间隙不应大于2.5mm。

5.2 搭设

5.2.1 脚手架应按顺序搭设，并应符合下列规定：

1 落地作业脚手架、悬挑脚手架的搭设应与主体结构工程施工同步，一次搭设高度不应超过最上层连墙件2步，且自由高度不应大于4m。

2 剪刀撑、斜撑杆等加固杆件应随架体同步搭设。

3 构件组装类脚手架的搭设应自一端向另一端延伸，应自下而上按步逐层搭设；并应逐层改变搭设方向。

4 每搭设完一步距架体后，应及时校正立杆间距、步距、垂直度及水平杆的水平度。

5.2.2 作业脚手架连墙件安装应符合下列规定：

1 连墙件的安装应随作业脚手架搭设同步进行。

2 当作业脚手架操作层高出相邻连墙件2个步距及以上时，在上层连墙件安装完毕前，应采取临时拉结措施。

5.3 使用

5.3.2 雷雨天气、6级及以上大风天气应停止架上作业；雨、雪、雾天气应停止脚手架的搭设和拆除作业，雨、雪、霜后上架作业应采取有效的防滑措施，雪天应清除积雪。

5.3.5 当遇到下列情况之一时，应对脚手架进行检查并应形成记录，确认安全后方可继续使用：

1 承受偶然荷载后。

2 遇有6级及以上强风后。

3 大雨及以上降水后。

4 冻结的地基土解冻后。

5 停用超过1个月。

6 架体部分拆除。

7 其他特殊情况。

5.4 拆除

5.4.2 脚手架的拆除作业应符合下列规定：

1 架体拆除应按自上而下的顺序按步逐层进行，不应上下同时作业。

2 同层杆件和构配件应按先外后内的顺序拆除；剪刀撑、斜撑杆等加固杆件应在拆卸至该部位杆件时拆除。

3 作业脚手架连墙件应随架体逐层、同步拆除，不应先将连墙件整层或数层拆除后再拆架体。

4 作业脚手架拆除作业过程中，当架体悬臂段高度超过2步时，应加设临时拉结。

5.4.3 作业脚手架分段拆除时，应先对未拆除部分采取加固处理措施后再进行架体拆除。

5.4.4 架体拆除作业应统一组织，并应设专人指挥，不得交叉作业。

6 检查与验收

6.0.4 脚手架搭设过程中，应在下列阶段进行检查，检查合格后方可使用；不合格应进行整改，整改合格后方可使用：

1 基础完工后及脚手架搭设前。

2 首层水平杆搭设后。

3 作业脚手架每搭设一个楼层高度。

4 附着式升降脚手架支座、悬挑脚手架悬挑结构搭设固定后。

5 附着式升降脚手架在每次提升前、提升就位后，以及每次下降前、下降就位后。

6 外挂防护架在首次安装完毕、每次提升前、提升就位后。

7 搭设支撑脚手架，高度每2步～4步或不大于6m。

6.0.5 脚手架搭设达到设计高度或安装就位后，应进行验收，验收不合格的，不得使用。脚手架的验收应包括下列内容：

1 材料与构配件质量。

2 搭设场地、支承结构件的固定。

3 架体搭设质量。

4 专项施工方案、产品合格证、使用说明及检测报告、检查记录、测试记录等技术资料。

十、《建筑施工承插型盘扣式钢管脚手架安全技术标准》JGJ/T 231—2021

6 构造要求

6.1 一般规定

6.1.2 应根据施工方案计算得出的立杆纵横向间距选用定长的水平杆和斜杆，并应根据搭设高度组合立杆、基座、可调托撑和可调底座。

6.1.3 脚手架搭设步距不应超过2m。

6.1.4 脚手架的竖向斜杆不应采用钢管扣件。

6.1.5 当标准型(B型)立杆荷载设计值大于40kN，或重型(Z型)立杆荷载设计值大于

65kN时，脚手架顶层步距应比标准步距缩小0.5m。

6.2 支撑架

6.2.1 支撑架的高宽比宜控制在3以内，高宽比大于3的支撑架应采取与既有结构进行刚性连接等抗倾覆措施。

6.2.3 当支撑架搭设高度大于16m时，顶层步距内应每跨布置竖向斜杆。

6.2.4 支撑架可调托撑伸出顶层水平杆或双槽托梁中心线的悬臂长度不应超过650mm，且丝杆外露长度不应超过400mm，可调托撑插入立杆或双槽托梁长度不得小于150mm。

6.2.5 支撑架可调底座丝杆插入立杆长度不得小于150mm，丝杆外露长度不宜大于300mm，作为扫地杆的最底层水平杆中心线距离可调底座的底板不应大于550mm。

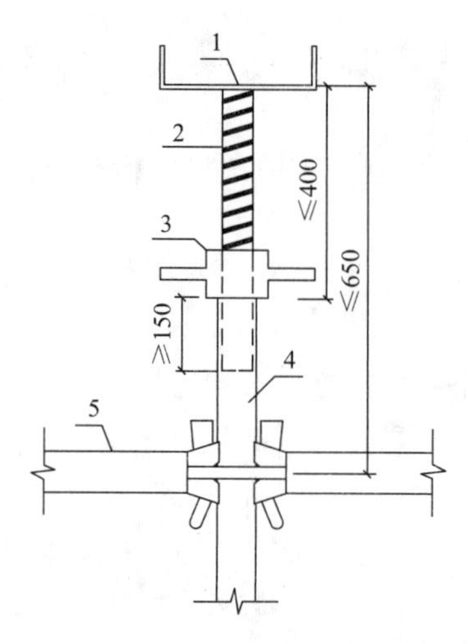

图6.2.4 可调托撑伸出顶层水平杆的悬臂长度

1—可调托撑；2—螺杆；3—调节螺母；4—立杆；5—水平杆

6.2.6 当支撑架搭设高度超过8m、周围有既有建筑结构时，应沿高度每间隔4个~6个步距与周围已建成的结构进行可靠拉结。

6.2.7 支撑架应沿高度每间隔4个~6个标准步距应设置水平剪刀撑。

6.3 作业架

6.3.1 作业架的高宽比宜控制在3以内，当作业架高宽比大于3时，应设置抛撑或缆风绳等抗倾覆措施。

6.3.2 当搭设双排外作业架时或搭设高度24m及以上时，应根据使用要求选择架体几何尺寸，相邻水平杆步距不宜大于2m。

6.3.3 双排外作业架首层立杆宜采用不同长度的立杆交错布置，立杆底部宜配置可调底座或垫板。

6.3.4 当设置双排外作业架人行通道时，应在通道上部架设支撑横梁，横梁截面大小应按跨度以及承受的荷载计算确定，通道两侧作业架应加设斜杆；洞口顶部应铺设封闭的防护板，两侧应设置安全网；通行机动车的洞口，应设置安全警示和防撞设施。

6.3.5 双排作业架的外侧立面上应设置竖向斜杆，并应符合下列规定：

1　在脚手架的转角处、开口型脚手架端部应由架体底部至顶部连续设置斜杆；

2　应每隔不大于4跨设置一道竖向或斜向连续斜杆；当架体搭设高度在24m以上时，应每隔不大于3跨设置一道竖向斜杆；

3　竖向斜杆应在双排作业架外侧相邻立杆间由底至顶连续设置。

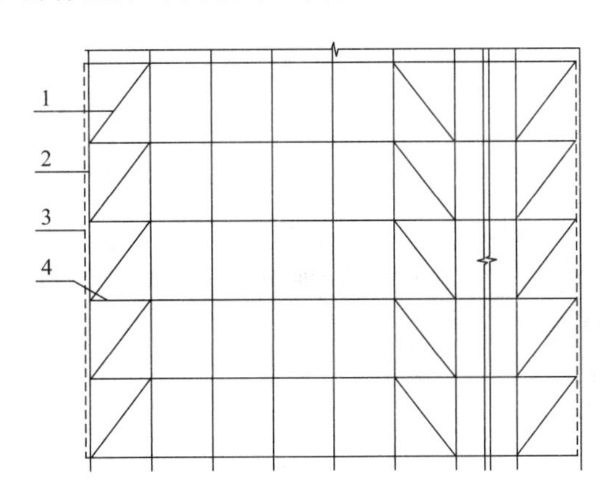

图6.3.5　斜杆搭设示意

1—斜杆；2—立杆；3—两端竖向斜杆；4—水平杆

6.3.6　连墙件的设置应符合下列规定：

1　连墙件应采用可承受拉、压荷载的刚性杆件，并应与建筑主体结构和架体连接牢固；

2　连墙件应靠近水平杆的盘扣节点设置；

3　同一层连墙件宜在同一水平面，水平间距不应大于3跨；连墙件之上架体的悬臂高度不得超过2步；

4　在架体的转角处或开口型双排脚手架的端部应按楼层设置，且竖向间距不应大于4m；

5　连墙件宜从底层第一道水平杆处开始设置；

6　连墙件宜采用菱形布置，也可采用矩形布置；

7　连墙点应均匀分布；

8　当脚手架下部不能搭设连墙件时，宜外扩搭设双排脚手架并设置斜杆，形成外侧斜面状附加梯形架。

十一、《装配式住宅建筑检测技术标准》JGJ/T 485—2019

4.3.1　预制构件进场时应检查质量证明文件，现场检测应包括下列内容：

1　进场时的检测项目应包括外观缺陷、内部缺陷、尺寸偏差与变形，必要时可进行结构性能检测；

2　安装施工后的外观缺陷、内部缺陷、位置与尺寸偏差、变形等。

4.3.2　外观缺陷检测应包括露筋、孔洞、夹渣、蜂窝、疏松、裂缝、连接部位缺陷、外形缺陷、外表缺陷等内容，检测方法宜符合下列规定：

1　露筋长度可采用直尺或卷尺量测；

2　孔洞深度可采用直尺或卷尺量测，孔洞直径可采用游标卡尺量测；

3　夹渣深度可采用剔凿法或超声法检测；

4　蜂窝和疏松的位置和范围可采用直尺或卷尺量测，当委托方有要求时，蜂窝深度量测可采用剔凿、成孔等方法；

5　表面裂缝的最大宽度可采用裂缝专用测量仪器量测；表面裂缝长度可采用直尺或卷尺量测；裂缝深度可采用超声法检测，必要时可钻取芯样进行验证；

6　连接部位缺陷可采用观察或剔凿法检测；

7　外形缺陷和外表缺陷的位置和范围可采用直尺或卷尺测量。

4.3.4　内部缺陷检测应包括内部不密实区、裂缝深度等内容，宜采用超声法双面对测，当仅有一个可测面时，可采用冲击回声波或电磁波反射法进行检测，对于判别困难的区域，应进行钻芯或剔凿验证。

4.3.8　现浇部分检测应包括外露钢筋尺寸偏差，现浇结合面的粗糙度和平整度，键槽尺寸、间距和位置等内容，宜进行全数检查；当不具备全数检查条件时，应注明未检查的构件或区域，并应说明原因；外露钢筋尺寸偏差可采用直尺或卷尺量测，现浇结合面的粗糙度可按本标准附录A进行检测，粗糙面面积可采用直尺或卷尺量测，现浇结合面的平整度可采用靠尺和塞尺量测，键槽尺寸、间距和位置可采用直尺量测。

4.4.1　结构构件之间的连接质量检测应包括套筒灌浆饱满度与浆锚搭接灌浆饱满度、焊接连接质量与螺栓连接质量、预制剪力墙底部接缝灌浆饱满度、双面叠合剪力墙空腔内现浇混凝土质量等内容。

4.4.2　套筒灌浆饱满度可采用预埋传感器法、预埋钢丝拉拔法、X射线成像法等检测。

4.4.5　浆锚搭接灌浆饱满度可采用X射线成像法结合局部破损法检测；对墙、板等构件，可采用冲击回声波法结合局部破损法检测。

4.4.7　预制剪力墙底部接缝灌浆饱满度宜采用超声波法检测，应符合下列规定：

1　检测部位应避开机电管线，检测时的灌浆龄期不应少于7d；

2　超声法所用换能器的辐射端直径不应超过20mm，工作频率不宜低于250kHz；

3　宜选用对测方法，初次测量时测点间距宜选择100mm，对有怀疑的点位可在附近加密测点；

4　必要时可采用局部破损法对检测结果进行验证。

4.4.8　双面叠合剪力墙空腔内现浇混凝土质量可采用超声法检测，必要时采用局部破损法对超声法检测结果进行验证。

4.4.9　当双面叠合剪力墙空腔内现浇混凝土预留试块的抗压强度不合格时，宜采用钻芯法检测空腔内现浇混凝土的抗压强度。

4.4.12　当检测钢筋接头强度时，每1000个为一个检验批，不足1000个的也应作为一个检验批，每个检验批抽取3个接头做抗拉强度试验。若有1个试件的抗拉强度不符合要求，应再取6个试件进行复检。复检中若仍有抗拉强度不符合要求，则该检验批为不合格。

十二、建设工程消防设计审查验收管理暂行规定

（中华人民共和国住房和城乡建设部令第51号）

第三条 国务院住房和城乡建设主管部门负责指导监督全国建设工程消防设计审查验收工作。

县级以上地方人民政府住房和城乡建设主管部门（以下简称消防设计审查验收主管部门）依职责承担本行政区域内建设工程的消防设计审查、消防验收、备案和抽查工作。

跨行政区域建设工程的消防设计审查、消防验收、备案和抽查工作，由该建设工程所在行政区域消防设计审查验收主管部门共同的上一级主管部门指定负责。

第八条 建设单位依法对建设工程消防设计、施工质量负首要责任。设计、施工、工程监理、技术服务等单位依法对建设工程消防设计、施工质量负主体责任。建设、设计、施工、工程监理、技术服务等单位的从业人员依法对建设工程消防设计、施工质量承担相应的个人责任。

第十五条 对特殊建设工程实行消防设计审查制度。

特殊建设工程的建设单位应当向消防设计审查验收主管部门申请消防设计审查，消防设计审查验收主管部门依法对审查的结果负责。

特殊建设工程未经消防设计审查或者审查不合格的，建设单位、施工单位不得施工。

第二十二条 消防设计审查验收主管部门应当自受理消防设计审查申请之日起十五个工作日内出具书面审查意见。依照本规定需要组织专家评审的，专家评审时间不超过二十个工作日。

第二十六条 对特殊建设工程实行消防验收制度。

特殊建设工程竣工验收后，建设单位应当向消防设计审查验收主管部门申请消防验收；未经消防验收或者消防验收不合格的，禁止投入使用。

第三十条 消防设计审查验收主管部门应当自受理消防验收申请之日起十五日内出具消防验收意见。

第三十三条 对其他建设工程实行备案抽查制度。

其他建设工程经依法抽查不合格的，应当停止使用。

第三十四条 其他建设工程竣工验收合格之日起五个工作日内，建设单位应当报消防设计审查验收主管部门备案。

十三、《大体积混凝土施工标准》GB 50496—2018

3.0.2 大体积混凝土施工应符合下列规定：

1 大体积混凝土的设计强度等级宜为C25~C50，并可采用混凝土60d或90d的强度作为混凝土配合比设计、混凝土强度评定及工程验收的依据。

2 大体积混凝土的结构配筋除应满足结构承载力和构造要求外，还应结合大体积混凝土的施工方法配置控制温度和收缩的构造钢筋。

3.0.4　大体积混凝土施工温控指标应符合下列规定：

1　混凝土浇筑体在入模温度基础上的温升值不宜大于50℃；

2　混凝土浇筑体里表温差(不含混凝土收缩当量温度)不宜大于25℃；

3　混凝土浇筑体降温速率不宜大于2.0℃/d；

4　拆除保温覆盖时混凝土浇筑体表面与大气温差不应大于20℃。

5.1.5　当大体积混凝土施工设置水平施工缝时，位置和间歇时间应根据设计规定、温度裂缝控制规定、混凝土供应能力、钢筋工程施工、预埋管件安装等因素确定。

5.1.7　混凝土入模温度宜控制在5℃~30℃。

5.3.3　对后浇带或跳仓法留置的竖向施工缝，宜采用钢板网、铁丝网或快易收口网等材料支挡；后浇带竖向支架系统宜与其他部位分开。

5.4.1　大体积混凝土浇筑应符合下列规定：

1　混凝土浇筑层厚度应根据所用振捣器作用深度及混凝土的和易性确定，整体连续浇筑时宜为300mm~500mm，振捣时应避免过振和漏振。

2　整体分层连续浇筑或推移式连续浇筑，应缩短间歇时间，并应在前层混凝土初凝之前将次层混凝土浇筑完毕。层间间歇时间不应大于混凝土初凝时间。

4　混凝土宜采用泵送方式和二次振捣工艺。

6.0.2　大体积混凝土浇筑体内监测点布置，应反应混凝土浇筑体内最高温升、里表温差、降温速率及环境温度，可采用下列布置方式：

1　测试区可选混凝土浇筑体平面对称轴线的半条轴线，测试区内监测点应按平面分层布置；

3　在每条测试轴线上，监测点位不宜少于4处，应根据结构的平面尺寸布置；

4　沿混凝土浇筑体厚度方向，应至少布置表层、底层和中心温度测点，测点间距不宜大于500mm；

6　混凝土浇筑体表层温度，宜为混凝土浇筑体表面以内50mm处的温度；

7　混凝土浇筑体底层温度，宜为混凝土浇筑体底面以上50mm处的温度。

十四、《建筑节能工程施工质量验收标准》GB 50411—2019

18.0.1　建筑节能分部工程的质量验收，应在施工单位自检合格，且检验批、分项工程全部验收合格的基础上，进行外墙节能构造、外窗气密性能现场实体检验和设备系统节能性能检测，确认建筑节能工程质量达到验收条件后方可进行。

18.0.2 参加建筑节能工程验收的各方人员应具备相应的资格，其程序和组织应符合下列规定：

1　节能工程检验批验收和隐蔽工程验收应由专业监理工程师组织并主持，施工单位相关专业的质量检查员与施工员参加验收。

2　节能分项工程验收应由专业监理工程师组织并主持，施工单位项目技术负责人和相关专业的质量检查员、施工员参加验收；必要时可邀请主要设备、材料供应商及分包单位、设计单位相关专业的人员参加。

3　节能分部工程验收应由总监理工程师组织并主持，施工单位项目负责人、项目技术负责人和相关专业的负责人、质量检查员、施工员参加；施工单位的质量、技术负责人应参加验收；设计单位项目负责人及相关专业负责人应参加验收；主要设备、材料供应商及分包单位负责人应参加验收。

18.0.3 建筑节能工程的检验批质量验收合格，应符合下列规定：

1 检验批应按主控项目和一般项目验收。

2 主控项目均应合格。

3 一般项目应合格；当采用计数抽样检验时，应同时符合下列规定：

1） 至少应有80%以上的检查点合格，且其余检查点不得有严重缺陷；

2） 正常检验一次、二次抽样按本标准附录G判定的结果为合格。

4 应具有完整的施工操作依据和质量检查验收记录，检验批现场验收检查原始记录。

18.0.4 建筑节能分项工程质量验收合格，应符合下列规定：

1 分项工程所含的检验批均应合格；

2 分项工程所含检验批的质量验收记录应完整。

18.0.5 建筑节能分部工程质量验收合格，应符合下列规定：

1 分项工程应全部合格；

2 质量控制资料应完整；

3 外墙节能构造现场实体检验结果应符合设计要求；

4 建筑外窗气密性能现场实体检验结果应符合设计要求；

5 建筑设备系统节能性能检测结果应合格。

18.0.6 建筑节能工程验收资料应单独组卷，验收时应对下列资料进行核查：

1 设计文件、图纸会审记录、设计变更和洽商；

2 主要材料、设备、构件的质量证明文件，进场检验记录，进场复验报告，见证试验报告；

3 隐蔽工程验收记录和相关图像资料；

4 分项工程质量验收记录，必要时应核查检验批验收记录；

5 建筑外墙节能构造现场实体检验报告或外墙传热系数检验报告；

6 外窗气密性能现场实体检验报告；

7 风管系统严密性检验记录；

8 现场组装的组合式空调机组的漏风量测试记录；

9 设备单机试运转及调试记录；

10 设备系统联合试运转及调试记录；

11 设备系统节能性能检验报告；

12 其他对工程质量有影响的重要技术资料。

十五、《砌体结构工程施工质量验收规范》GB 50203—2011

3.0.20 砌体结构工程检验批的划分应同时符合下列规定：

1 所用材料类型及同类型材料的强度等级相同；

2　不超过250m^3砌体；

3　主体结构砌体一个楼层（基础砌体可按一个楼层计）；填充墙砌体量少时可多个楼层合并。

4.0.12　砌筑砂浆试块强度验收时其强度合格标准应符合下列规定：

1　同一验收批砂浆试块强度平均值应大于或等于设计强度等级值的1.10倍。

2　同一验收批砂浆试块抗压强度的最小一组平均值应大于或等于设计强度等级值的85%。

注：①　砌筑砂浆的验收批，同一类型、强度等级的砂浆试块不应少于3组；同一验收批砂浆只有1组或2组试块时，每组试块抗压强度平均值应大于或等于设计强度等级值的1.10倍；对于建筑结构的安全等级为一级或设计使用年限为50年及以上的房屋，同一验收批砂浆试块的数量不得少于3组。

②　砂浆强度应以标准养护，28d龄期的试块抗压强度为准。

③　制作砂浆试块的砂浆稠度应与配合比设计一致。

抽检数量：每一检验批且不超过250m^3砌体的各类、各强度等级的普通砌筑砂浆，每台搅拌机应至少抽检一次。验收批的预拌砂浆、蒸压加气混凝土砌块专用砂浆，抽检可为3组。

检验方法：在砂浆搅拌机出料口或在砂浆的储存容器出料口随机取样制作砂浆试块(现场拌制的砂浆，同盘砂浆只应做1组试块)，试块标养28d后做强度试验。预拌砂浆中的湿拌砂浆稠度应在进场时取样检验。

6.1.8　承重墙体使用的小砌块应完整、无破损、无裂缝。

6.1.15　芯柱混凝土宜选用专用小砌块灌孔混凝土。浇筑芯柱混凝土应符合下列规定：

1　每次连续浇筑的高度宜为半个楼层，但不应大于1.8m；

2　浇筑芯柱混凝土时，砌筑砂浆强度应大于1MPa；

3　清除孔内掉落的砂浆等杂物，并用水冲淋孔壁；

4　浇筑芯柱混凝土前，应先注入适量与芯柱混凝土成分相同的去石砂浆；

5　每浇筑400m~500mm高度捣实一次，或边浇筑边捣实。

9.1.9　填充墙砌体砌筑，应待承重主体结构检验批验收合格后进行。填充墙与承重主体结构间的空（缝）隙部位施工，应在填充墙砌筑14d后进行。

9.2.3　填充墙与承重墙、柱、梁的连接钢筋，当采用化学植筋的连接方式时，应进行实体检验。锚固钢筋拉拔试验的轴向受拉非破坏承载力检验值应为6.0kN。抽检钢筋在检验值作用下应基材无裂缝，钢筋无滑移宏观裂损现象；持荷2min期间荷载值降低不大于5%。检验批验收通过正常检验一次、二次抽样才能判定。

十六、《混凝土结构工程施工质量验收规范》GB 50204—2015

4　模板分项工程

4.1.1　模板工程应编制施工方案。爬升式模板工程、工具式模板工程及高大模板支架工程的施工方案，应进行技术论证。

4.2.7　模板的起拱应符合现行国家标准《混凝土结构工程施工规范》GB 50666 的规定，并应符合设计及施工方案的要求。

检查数量：在同一检验批内，对梁，跨度大于18m时应全数检查，跨度不大于18m时应抽查构件数量的10%，且不少于3件；对板，应按有代表性的自然间抽查10%，且不少于3间；对大空间结构，板可按纵、横轴线划分检查面，抽查10%，且不少于3面。

检验方法：水准仪或尺量。

5　钢筋分项工程

5.1.2　钢筋、成型钢筋进场检验，当满足下列条件之一时，其检验批容量可扩大一倍：

1　获得认证符的钢筋、成型钢筋；

2　同一厂家、同一牌号、同一规格的钢筋，连续三批均一次检验合格；

3　同一厂家、同一类型、同一钢筋来源的成型钢筋，连续三批均一次检验合格。

5.2.2　成型钢筋进场时，应抽取试件做屈服强度、抗拉强度、伸长率和重量偏差检验，检验结果应符合国家现行有关标准的规定。

对由热轧钢筋制成的成型钢筋，当有施工单位或监理单位的代表驻场监督生产过程，并提供原材钢筋力学性能第三方检验报告时，可仅进行重量偏差检验。

检查数量：同一厂家、同一类型、同一钢筋来源的成型钢筋，不超过30t为一批，每批中每种钢筋牌号、规格均应至少抽取1个钢筋试件，总数不应少于3个。

检验方法：检查质量证明文件和抽样检验报告。

5.3.1　钢筋弯折的弯弧内直径应符合下列规定：

1　光圆钢筋，不应小于钢筋直径的2.5倍；

2　335MPa级、400MPa级带肋钢筋，不应小于钢筋直径的4倍；

3　500MPa级带肋钢筋，当直径为28mm以下时不应小于钢筋直径的6倍，当直径为28mm及以上时不应小于钢筋直径的 7 倍；

4　箍筋弯折处尚不应小于纵向受力钢筋直径。

检查数量：同一设备加工的同一类型钢筋、每工作班抽查不应少于 3 件。

检验方法：尺量。

5.3.4　盘卷钢筋调直后应进行力学性能和重量偏差检验，其强度应符合国家现行有关标准的规定，其断后伸长率、重量偏差应符合下表规定。力学性能和重量偏差检验应符合下列规定：

1　应对3个试件先进行重量偏差检验，再取其中2个试件进行力学性能检验。

2　重量偏差应按下式计算

$$\Delta=\frac{W_d-W_0}{W_0}\times 100$$

式中：Δ——重量偏差(%)；

W_d——3个调直钢筋试件的实际重量之和(kg)；

W_0——钢筋理论重量(kg)，取每米理论重量(kg/m)与3个调直钢筋试件长度之和(m)的乘积。

3　检查重量偏差时，试件切口应平滑并与长度方向垂直，其长度不应小于500mm；

长度和重量的量测精度分别不应低于1mm和1g。

采用无延伸功能的机械设备调直的钢筋，可不进行本条规定的检验。

检查数量：同一设备加工的同一牌号、同一规格的调直钢筋，重量不大于30t为1批，每批见证抽取3个试件。

检验方法：检查抽样检验报告。

盘卷钢筋调直后的断后伸长率、重量偏差要求

钢筋牌号	断后伸长率*A*（%）	重量偏差(%)	
		直径6mm~12mm	直径14mm~16mm
HPB300	≥21	≥−10	—
HRB335、HRBF335	≥16	≥−8	≥−6
HRB400、HRBF400	≥15		
RRB400	≥13		
HRB500、HRBF500	≥14		

注：断后伸长率*A*的量测标距为5倍钢筋直径。

5.4.6　当纵向受力钢筋采用机械连接接头或焊接接头时，同一连接区段内纵向受力钢筋的接头面积百分率应符合设计要求；当设计无具体要求时，应符合下列规定：

1　受拉接头，不宜大于50%；受压接头，可不受限制。

2　直接承受动力荷载的结构构件中，不宜采用焊接；当采用机械连接时，不应超过50%。

9　装配式结构分项工程

9.1.1　装配式结构连接部位及叠合构件浇筑混凝土之前，应进行隐蔽工程验收。隐蔽工程验收应包括下列主要内容：

1　混凝土粗糙面的质量，键槽的尺寸、数量、位置；

2　钢筋的牌号、规格、数量、位置、间距，箍筋弯钩的弯折角度及平直段长度；

3　钢筋的连接方式、接头位置、接头数量、接头面积百分率、搭接长度、锚固方式及锚固长度；

4　预埋件、预留管线的规格、数量、位置。

9.2.2　专业企业生产的预制构件进场时，预制构件结构性能检验应符合下列规定：

1　梁板类简支受弯预制构件进场时应进行结构性能检验，并应符合下列规定：

1）结构性能检验应符合国家现行相关标准的有关规定及设计的要求，检验要求和试验方法应符合本规范附录B的规定。

2）钢筋混凝土构件和允许出现裂缝的预应力混凝土构件应进行承载力、挠度和裂缝宽度检验；不允许出现裂缝的预应力混凝土构件应进行承载力、挠度和抗裂检验。

3）对大型构件及有可靠应用经验的构件，可只进行裂缝宽度、抗裂和挠度检验。

4）对使用数量较少的构件，当能提供可靠依据时，可不进行结构性能检验。

2　对其他预制构件，除设计有专门要求外，进场时可不做结构性能检验。

3　对进场时不做结构性能检验的预制构件，应采取下列措施：

1）施工单位或监理单位代表应驻厂监督生产过程。

2）当无驻厂监督时，预制构件进场时应对其主要受力钢筋数量、规格、间距、保护层厚度及混凝土强度等进行实体检验。

检验数量：同一类型预制构件不超过1000个为一批，每批随机抽取1个构件进行结构性能检验。

检验方法：检查结构性能检验报告或实体检验报告。

10　混凝土结构子分部工程

10.1.1　对涉及混凝土结构安全的有代表性的部位应进行结构实体检验。结构实体检验应包括混凝土强度、钢筋保护层厚度、结构位置与尺寸偏差以及合同约定的项目；必要时可检验其他项目。

结构实体检验应由监理单位组织施工单位实施，并见证实施过程。施工单位应制定结构实体检验专项方案，并经监理单位审核批准后实施。除结构位置与尺寸偏差外的结构实体检验项目，应由具有相应资质的检测机构完成。

10.1.2　结构实体混凝土强度应按不同强度等级分别检验，检验方法宜采用同条件养护试件方法；当未取得同条件养护试件强度或同条件养护试件强度不符合要求时，可采用回弹－取芯法进行检验。

2　结构实体混凝土强度采用回弹－取芯法时，对同一强度等级的混凝土，当符合下列规定时，结构实体混凝土强度可判为合格：① 三个芯样的抗压强度算术平均值不小于设计要求的混凝土强度等级值的88%；② 三个芯样抗压强度的最小值不小于设计要求的混凝土强度等级值的80%。

附录C　结构实体混凝土同条件养护试件强度检验

C.0.1　同条件养护试件的取样和留置应符合下列规定：

1　同条件养护试件所对应的结构构件或结构部位，应由施工、监理等各方共同选定，且同条件养护试件的取样宜均匀分布于工程施工周期内；

2　同条件养护试件应在混凝土浇筑入模处见证取样；

3　同条件养护试件应留置在靠近相应结构构件的适当位置，并应采取相同的养护方法；

4　同一强度等级的同条件养护试件不宜少于10组，且不应少于3组。每连续两层楼取样不应少于1组；每2000m^3取样不得少于一组。

C.0.3　对同一强度等级的同条件养护试件，其强度值应除以0.88后按现行国家标准《混凝土强度检验评定标准》GB/T 50107的有关规定进行评定，评定结果符合要求时可判结构实体混凝土强度合格。

附录D　结构实体混凝土回弹－取芯法强度检验

D.0.5　芯样试件尺寸的量测应符合下列规定：

1　应采用游标卡尺在芯样试件中部互相垂直的两个位置测量直径，取其算术平均值作为芯样试件的直径，精确至0.1mm；

2　应采用钢板尺测量芯样试件的高度，精确至1mm；

3　垂直度应采用游标量角器测量芯样试件两个端线与轴线的夹角，精确至0.1°；

4　平整度应采用钢板尺或角尺紧靠在芯样试件端面上，一面转动钢板尺，一面用塞尺测量钢板尺与芯样试件端面之间的缝隙；也可采用其他专用设备测量。

D.0.7 对同一强度等级的构件，当符合下列规定时，结构实体混凝土强度可判为合格：

1 三个芯样的抗压强度算术平均值不小于设计要求的混凝土强度等级值的88%；

2 三个芯样抗压强度的最小值不小于设计要求的混凝土强度等级值的80%。

十七、《混凝土结构工程施工规范》GB 50666—2011

4.3.3 模板及支架设计应包括下列内容：

1 模板及支架的选型及构造设计；

2 模板及支架上的荷载及其效应计算；

3 模板及支架的承载力、刚度和稳定性验算；

4 绘制模板及支架施工图。

4.4.7 采用扣件式钢管作模板支架时，支架搭设应符合下列规定：

1 模板支架搭设所采用的钢管、扣件规格，应符合设计要求；立杆纵距、立杆横距、支架步距以及构造要求，应符合专项施工方案的要求。

2 立杆纵距、立杆横距不应大于1.5m，支架步距不应大于2.0m；立杆纵向和横向宜设置扫地杆，纵向扫地杆距立杆底部不宜大于200mm，横向扫地杆宜设置在纵向扫地杆的下方；立杆底部宜设置底座或垫板。

3 立杆接长除顶层步距可采用搭接外，其余各层步距接头应采用对接扣件连接，两个相邻立杆的接头不应设置在同一步距内。

4 立杆步距的上下两端应设置双向水平杆，水平杆与立杆的交错点应采用扣件连接，双向水平杆与立杆的连接扣件之间的距离不应大于150mm。

5 支架周边应连续设置竖向剪刀撑。支架长度或宽度大于6m时，应设置中部纵向或横向的竖向剪刀撑，剪刀撑的间距和单幅剪刀撑的宽度均不宜大于8m，剪刀撑与水平杆的夹角宜为45°~ 60°；支架高度大于3倍步距时，支架顶部宜设置一道水平剪刀撑，剪刀撑应延伸至周边。

6 立杆、水平杆、剪刀撑的搭接长度，不应小于0.8m，且不应少于2个扣件连接，扣件盖板边缘至杆端不应小于100mm。

7 扣件螺栓的拧紧力矩不应小于40N·m，且不应大于65N·m。

8 支架立杆搭设的垂直偏差不宜大于1 / 200。

4.4.8 采用扣件式钢管作高大模板支架的立杆时，除应符合本规范第 4.4.7 条的规定外，还应符合下列规定：

1 宜在支架立杆顶端插入可调托座，可调托座螺杆外径不应小于36mm，螺杆插入钢管的长度不应小于150mm，螺杆伸出钢管的长度不应大于300mm，可调托座伸出顶层水平杆的悬臂长度不应大于500mm。

2 立杆纵距、横距不应大于1.2m，支架步距不应大于1.8m。

3 立杆顶层步距内采用搭接时，搭接长度不应小于1m，且不应少于3个扣件连接。

4 立杆纵向和横向应设置扫地杆，纵向扫地杆距立杆底部不宜大于200mm。

5 宜设置中部纵向或横向的竖向剪刀撑，剪刀撑的间距不宜大于5m；沿支架高度方向搭设的水平剪刀撑的间距不宜大于6m。

6　立杆的搭设垂直偏差不宜大于1 / 200，且不宜大于100mm。

7　应根据周边结构的情况，采取有效的连接措施加强支架整体稳固性。

4.4.9　采用碗扣式、盘扣式或盘销式钢管架作模板支架时，支架搭设应符合下列规定：

1　碗扣架、盘扣架或盘销架的水平杆与立柱的扣接应牢靠，不应滑脱。

2　立杆上的上、下层水平杆间距不应大于1.8m。

3　插入立杆顶端可调托座伸出顶层水平杆的悬臂长度不应大于650mm，螺杆插入钢管的长度不应小于150mm，其直径应满足与钢管内径间隙不大于6mm的要求。架体最顶层的水平杆步距应比标准步距缩小一个节点间距。

4　立柱间应设置专用斜杆或扣件钢管斜杆加强模板支架。

5.2.4　当发现钢筋脆断、焊接性能不良或力学性能显著不正常等现象时，应停止使用该批钢筋，并对该批钢筋进行化学成分检验或其他专项检验。

5.4.3　钢筋的接头宜设置在受力较小处。同一纵向受力钢筋不宜设置2个或2个以上的接头。接头末端至钢筋弯起点的距离不应小于钢筋公称直径的10倍。

5.4.6　当纵向受力钢筋采用机械连接接头或焊接接头时，设置在同一构件内的接头宜相互错开。每层柱第一个钢筋接头位置距楼地面高度不宜小于500mm、柱高的1/6及柱截面长边（或直径）的较大值；连续梁、板的上部钢筋接头位置宜设置在跨中1/3跨度范围内，下部钢筋接头位置宜设置在梁端1/3跨度范围内。

纵向受力钢筋机械连接接头及焊接接头连接区段的长度应为35d（d为纵向受力钢筋的较大直径）且不应小于500mm，凡接头中点位于该连接区段长度内的接头均应属于同一连接区段。同一连接区段内，纵向受力钢筋接头面积百分率为该区段内有接头的纵向受力钢筋截面面积与全部纵向受力钢筋截面面积的比值。

同一连接区段内，纵向受力钢筋的接头面积百分率应符合下列规定：

1　在受拉区不宜超过50%，但装配式混凝土结构构件连接处可根据实际情况适当放宽；受压接头可不受限制。

2　接头不宜设置在有抗震要求的框架梁端、柱端的箍筋加密区；当无法避开时，对等强度高质量机械连接接头，不应超过50%。

3　直接承受动力荷载的结构构件中，不宜采用焊接接头；当采用机械连接接头时，不应超过50%。

5.5.1　钢筋进场时应按下列规定检查性能及重量：

1　应检查生产企业的生产许可证证书及钢筋的质量证明书。

2　应按国家现行有关标准的规定抽样检验屈服强度、抗拉强度、伸长率及单位长度重量偏差，单位长度重量偏差应符合下表的规定。

钢筋单位长度重量偏差要求

公称直径(mm)	实际重量与理论重量的偏差
≤12	±7%
14~20	±5%
≥22	±4%

3　经产品认证符合要求的钢筋，其检验批量可扩大一倍。在同一工程项目中，同一厂家、同一牌号、同一规格的钢筋连续三次进场检验均合格时，其后的检验批量可扩大一倍。

4　钢筋的表面质量应符合国家现行有关标准的规定。

5　当无法准确判断钢筋品种、牌号时，应增加化学成分、晶粒度等检验项目。

7.4.1　当粗、细骨料的实际含水量发生变化时，应及时调整粗、细骨料和拌合用水的用量。

7.4.5　对首次使用的配合比应进行开盘鉴定，开盘鉴定应包括下列内容：

1　混凝土的原材料与配合比设计所使用原材料的一致性；

2　出机混凝土工作性与配合比设计要求的一致性；

3　混凝土强度；

4　有特殊要求时，还应包括混凝土耐久性能。

7.5.3　采用搅拌运输车运送混凝土，当坍落度损失较大不能满足施工要求时，可在运输车罐内加入适量的与原配合比相同成分的减水剂。减水剂加入量应事先由试验确定，并应做出记录。加入减水剂后，混凝土罐车应快速旋转搅拌均匀，并应达到要求的工作性能后再泵送或浇筑。

7.6.7　采用预拌混凝土时，供方应提供混凝土配合比通知单、混凝土抗压强度报告、混凝土质量合格证和混凝土运输单；当需要其他资料时，供需双方应在合同中明确约定。

8.1.1　混凝土浇筑前应完成下列工作：

1　隐蔽工程验收和技术复核；

2　对操作人员进行技术交底；

3　根据施工方案中的技术要求，检查并确认施工现场具备实施条件；

4　施工单位应填报浇筑申请单，并经监理单位签认。

8.1.4　混凝土运输、输送、浇筑过程中严禁加水；混凝土运输、输送、浇筑过程中散落的混凝土严禁用于结构浇筑。

8.3.5　混凝土浇筑的布料点宜接近浇筑位置，应采取减少混凝土下料冲击的措施，并应符合下列规定：

1　宜先浇筑竖向结构构件，后浇筑水平结构构件；

2　浇筑区域结构平面有高差时，宜先浇筑低区部分再浇筑高区部分。

8.3.8　柱、墙混凝土设计强度等级高于梁、板混凝土设计强度等级时，混凝土浇筑应符合下列规定：

1　柱、墙混凝土设计强度比梁、板混凝土设计强度高一个等级时，柱、墙位置梁、板高度范围内的混凝土经设计单位同意，可采用与梁、板混凝土设计强度等级相同的混凝土进行浇筑。

2　柱、墙混凝土设计强度比梁、板混凝土设计强度高两个等级及以上时，应在交界区域采取分隔措施。分隔位置应在低强度等级的构件中，且距高强度等级构件边缘不应小于500mm。

3　宜先浇筑高强度等级混凝土，后浇筑低强度等级混凝土。

8.4.3　振动棒振捣混凝土应符合下列规定：

1　应按分层浇筑厚度分别进行振捣，振动棒的前端应插入前一层混凝土中，插入深度不应小于50mm。

2　振动棒应垂直于混凝土表面并快插慢拔均匀振捣；当混凝土表面无明显塌陷、有水泥浆出现、不再冒气泡时，可结束该部位振捣。

3　振动棒与模板的距离不应大于振动棒作用半径的0.5倍；振捣插点间距不应大于振动棒的作用半径的1.4倍。

8.9.4　混凝土结构外观严重缺陷修整应符合下列规定：

1　对于露筋、蜂窝、孔洞、夹渣、疏松、外表缺陷，应凿除胶结不牢固部分的混凝土至密实部位，清理表面，支设模板，洒水湿润，涂抹混凝土界面剂，应采用比原混凝土强度等级高一级的细石混凝土浇筑密实，养护时间不应少于7d。

2　开裂缺陷修整应符合下列规定：

1）对于民用建筑的地下室、卫生间、屋面等接触水介质的构件，均应注浆封闭处理，注浆材料可采用环氧、聚氨酯、氰凝、丙凝等。对于民用建筑不接触水介质的构件，可采用注浆封闭、聚合物砂浆粉刷或其他表面封闭材料进行封闭。

2）对于无腐蚀介质工业建筑的地下室、屋面、卫生间等接触水介质的构件以及有腐蚀介质的所有构件，均应注浆封闭处理，注浆材料可采用环氧、聚氨酯、氰凝、丙凝等。对于无腐蚀介质工业建筑不接触水介质的构件，可采用注浆封闭、聚合物砂浆粉刷或其他表面封闭材料进行封闭。

3　清水混凝土的外形和外表严重缺陷，宜在水泥砂浆或细石混凝土修补后用磨光机械磨平。

十八、《建设工程施工现场消防安全技术规范》GB 50720—2011

3　总平面布置

3.1.3　施工现场出入口的设置应满足消防车通行的要求，并宜布置在不同方向，其数量不宜少于2个。当确有困难只能设置1个出入口时，应在施工现场内设置满足消防车通行的环形道路。

3.1.7　可燃材料堆场及其加工场、易燃易爆危险品库房不应布置在架空电力线下。

3.2.1　易燃易爆危险品库房与在建工程的防火间距不应小于15m，可燃材料堆场及其加工厂、固定动火作业场与在建工程的防火间距不应小于10m，其他临时房屋、临时设施与在建工程的防火间距不应小于6m。

3.2.2　施工现场主要临时房屋、临时设施的防火间距不应小于相关规定，当办公用房、宿舍成组布置时，其防火间距可适当减小，但应符合下列规定：

1　每组临时用房的栋数不应超过10栋，组与组之间的防火间距不应小于8m。

2　组内临时用房之间的防火间距不应小于3.5m，当建筑构件燃烧性能等级为A级时，其防火间距可减少到3m。

3.3.1　施工现场内应设置临时消防车道，临时消防车道与在建工程、临时用房、可燃材料堆场及其加工场的距离不宜小于5m，且不宜大于40m；施工现场周边道路满足消防车通行及灭火救援要求时，施工现场内可不设置临时消防车道。

3.3.2　临时消防车道的设置应符合下列规定：

1　临时消防车道宜为环形，设置环形车道确有困难时，应在消防车道尽端设置尺寸不小于12m×12m的回车场。

2　临时消防车道的净宽度和净空高度均不应小于4m。

3　临时消防车道的右侧应设置消防车行进路线指示标识。

4　临时消防车道路基、路面及其下部设施应能承受消防车通行压力及工作荷载。

3.3.3　下列建筑应设置环形临时消防车道，设置环形临时消防车道确有困难时，除应按本规范第3.3.2条的规定设置回车场外，尚应按本规范第3.3.4条的规定设置临时消防救援场地：

1　建筑高度大于24m的在建工程。

2　建筑工程单体占地面积大于3000m^2的在建工程。

3　超过10栋，且成组布置的临时用房。

3.3.4　临时消防救援场地的设置应符合下列规定：

1　临时消防救援场地应在在建工程装饰装修阶段设置。

2　临时消防救援场地应设置在成组布置的临时用房场地的长边一侧及在建工程的长边一侧。

3　临时救援场地宽度应满足消防车正常操作要求，且不应小于6m，与在建工程外脚手架的净距不宜小于2m，且不宜超过6m。

4　建筑防火

4.2.1　宿舍、办公用房的防火设计应符合下列规定：

1　建筑构件的燃烧性能等级应为A级。当采用金属夹芯板材时，其芯材的燃烧性能等级应为A级。

2　建筑层数不应超过3层，每层建筑面积不应大于300m^2。

3　层数为3层或每层建筑面积大于200m^2时，应设置至少2部疏散楼梯，房间疏散门至疏散楼梯的最大距离不应大于25m。

4　单面布置用房时，疏散走道的净宽度不应小于1.0m；双面布置用房时，疏散走道的净宽度不应小于1.5m。

5　疏散楼梯的净宽度不应小于疏散走道的净宽度。

6　宿舍房间的建筑面积不应大于30m^2，其他房间的建筑面积不宜大于100m^2。

7　房间内任一点至最近疏散门的距离不应大于15m，房门的净宽度不应小于0.8m；房间建筑面积超过50m^2时，房门的净宽度不应小于1.2m。

8　隔墙应从楼地面基层隔断至顶板底面基层。

4.2.2　发电机房、变配电房、厨房操作间、锅炉房、可燃材料库房及易燃易爆危险品库房的防火设计应符合下列规定：

1　建筑构件的燃烧性能等级应为A级。

2　层数应为1层，建筑面积不应大于200m^2。

3　可燃材料库房单个房间的建筑面积不应超过30m^2，易燃易爆危险品库房单个房间的建筑面积不应超过20m^2。

4 房间内任一点至最近疏散门的距离不应大于10m，房门的净宽度不应小于0.8m。

4.3.1 在建工程作业场所的临时疏散通道应采用不燃、难燃材料建造，并应与在建工程结构施工同步设置，也可利用在建工程施工完毕的水平结构、楼梯。

4.3.2 在建工程作业场所临时疏散通道的设置应符合下列规定：

1 耐火极限不应低于0.5h。

2 设置在地面上的临时疏散通道，其净宽度不应小于1.5m；利用在建工程施工完毕的水平结构、楼梯作临时疏散通道时，其净宽度不宜小于1.0m；用于疏散的爬梯及设置在脚手架上的临时疏散通道，其净宽度不应小于0.6m。

3 临时疏散通道为坡道，且坡度大于25°时，应修建楼梯或台阶踏步或设置防滑条。

4 临时疏散通道不宜采用爬梯，确需采用时，应采取可靠固定措施。

5 临时疏散通道的侧面为临空面时，应沿临空面设置高度不小于1.2m的防护栏杆。

6 临时疏散通道设置在脚手架上时，脚手架应采用不燃材料搭设。

7 临时疏散通道应设置明显的疏散指示标识。

8 临时疏散通道应设置照明设施。

5 临时消防设施

5.1.2 临时消防设施应与在建工程的施工同步设置。房屋建筑工程中，临时消防设施的设置与在建工程主体结构施工进度的差距不应超过3层。

5.1.4 施工现场的消火栓泵应采用专用消防配电线路。专用消防配电线路应自施工现场总配电箱的总断路器上端接入，且应保持不间断供电。

5.1.5 地下工程的施工作业场所宜配备防毒面具。

5.3.2 临时消防用水量应为临时室外消防用水量与临时室内消防用水量之和。

5.3.4 临时用房建筑面积之和大于1000m^2或在建工程单体体积大于10000m^3时，应设置临时室外消防给水系统。当施工现场处于市政消火栓150m保护范围内时，且市政消火栓的数量满足室外消防用水量要求时，可不设置临时室外消防给水系统。

5.3.5 临时用房的临时室外消防用水量不应小于表5.3.5的规定。

表5.3.5 临时用房的临时室外消防用水量

临时用房建筑面积之和	火灾延续时间(h)	消火栓用水量(L/s)	每只水枪最小流量(L/s)
1000m^2＜面积≤5000m^2	1	10	5
面积＞5000m^2		15	5

5.3.6 在建工程的临时室外消防用水量不应小于表5.3.6的规定。

表5.3.6 在建工程的临时室外消防用水量

在建工程(单体)体积	火灾延续时间(h)	消火栓用水量(L/s)	每只水枪最小流量(L/s)
10000m^3＜体积≤30000m^3	1	15	5
体积＞30000m^3	2	20	5

5.3.7　施工现场临时室外消防给水系统的设置应符合下列规定：

1　给水管网宜布置成环状。

2　临时室外消防给水干管的管径，应根据施工现场临时消防用水量和干管内水流计算速度计算确定，且不应小于DN100。

3　室外消火栓应沿在建工程、临时用房和可燃材料堆场及其加工场均匀布置，与在建工程、临时用房和可燃材料堆场及其加工场的外边线的距离不应小于5m。

4　消火栓的间距不应大于120m。

5　消火栓的最大保护半径不应大于150m。

5.3.8　建筑高度大于24m或单体体积超过30000m^{3}的在建工程，应设置临时室内消防给水系统。

5.3.9　在建工程的临时室内消防用水量不应小于表5.3.9的规定。

表 5.3.9　在建工程的临时室内消防用水量

建筑高度、在建工程体积(单体)	火灾延续时间(h)	消火栓用水量(L/s)	每只水枪最小流量(L/s)
24m＜建筑高度≤50m 或30000m^3＜体积≤50000m^3	1	10	5
建筑高度＞50m 或体积＞50000m^3	1	15	5

5.3.10　在建工程临时室内消防竖管的设置应符合下列规定：

1　消防竖管的设置位置应便于消防人员操作，其数量不应少于2根，当结构封顶时，应将消防竖管设置成环状。

2　消防竖管的管径应根据在建工程临时消防用水量、竖管内水流计算速度计算确定，且不应小于DN100。

5.3.12　设置临时室内消防给水系统的在建工程，各结构层均应设置室内消火栓接口及消防软管接口，并应符合下列规定：

1　消火栓接口及软管接口应设置在位置明显且易于操作的部位。

2　消火栓接口的前端应设置截止阀。

3　消火栓接口或软管接口的间距，多层建筑不应大于50m，高层建筑不应大于30m。

5.3.13　在建工程结构施工完毕的每层楼梯处应设置消防水枪、水带及软管，且每个设置点不应少于2套。

5.3.15　临时消防给水系统的给水压力应满足消防水枪充实水柱长度不小于10m的要求；给水压力不能满足要求时，应设置消火栓泵，消火栓泵不应少于2台，且应互为备用；消火栓泵宜设置自动启动装置。

5.3.17　施工现场临时消防给水系统应与施工现场生产、生活给水系统合并设置，但应设置将生产、生活用水转为消防用水的应急阀门。应急阀门不应超过2个，且应设置在易于操作的场所，并应设置明显标识。

5.4.2　作业场所应急照明的照度不应低于正常工作所需照度的90%，疏散通道的照度值不应小于0.5lx。

5.4.3　临时消防应急照明灯具宜选用自备电源的应急照明灯具，自备电源的连续供电时间不应小于60min。

十九、《建筑施工安全检查标准》JGJ 59—2011

（注：只补充教材未涉及内容）

3.1.3-3　安全技术交底

（1）施工负责人在分配生产任务时，应对相关管理人员、施工作业人员进行书面安全技术交底。

（2）安全技术交底应按施工工序、施工部位、施工栋号分部分项进行。

（3）安全技术交底应结合施工作业场所状况、特点、工序，对危险因素、施工方案、规范标准、操作规程和应急措施进行交底。

（4）安全技术交底应由交底人、被交底人、专职安全员进行签字确认。

3.1.3-6　应急救援

（1）工程项目部应针对工程特点，进行重大危险源的辨识；应制定防触电、防坍塌、防高处坠落、防起重及机械伤害、防火灾、防物体打击等主要内容的专项应急救援预案，并对施工现场易发生重大安全事故的部位、环节进行监控。

（2）施工现场应建立应急救援组织，培训、配备应急救援人员，定期组织员工进行应急救援演练。

（3）按应急救援预案要求，应配备应急救援器材和设备。

3.10.3-6　高处作业吊篮升降作业

（1）必须由经过培训合格的人员操作吊篮升降。

（2）吊篮内的作业人员不应超过2人。

（3）吊篮内作业人员应将安全带用安全锁扣正确挂置在独立设置的专用安全绳上。

（4）作业人员应从地面进出吊篮。

3.19.3-3　手持电动工具

（1）Ⅰ类手持电动工具应单独设置保护零线，并应安装漏电保护装置。

（2）使用Ⅰ类手持电动工具应按规定戴绝缘手套、穿绝缘鞋。

（3）手持电动工具的电源线应保持出厂时的状态，不得接长使用。

3.19.3-5　电焊机

（1）保护零线应单独设置，并应安装漏电保护装置。

（2）电焊机应设置二次空载降压保护装置。

（3）电焊机一次线长度不得超过5m，并应穿管保护。

（4）二次线应采用防水橡皮护套铜芯软电缆。

（5）电焊机应设置防雨罩，接线柱应设置防护罩。

二十、《钢筋混凝土用钢 第1部分：热轧光圆钢筋》GB/T 1499.1—2017

6.6.2　钢筋实际重量与理论重量的允许偏差应符合下表规定：

公称直径(mm)	实际重量与理论重量的偏差（%）
6~12	±6
14~22	±5

8.4.1　测量钢筋重量偏差时，试样应从不同根钢筋上截取，数量不少于5支，每支试样长度不小于500mm。长度应逐支测量，应精确到1mm。测量试样总重量时，应精确到不大于总重量的1%。

8.4.2　钢筋实际重量与理论重量的偏差按下式计算：

$$重量偏差=\frac{试样实际总重量-(试样总长度\times 理论重量)}{试样总长度\times 理论重量}\times 100\%$$

9.3.2.1　钢筋应按批进行检查和验收，每批由同一牌号、同一炉罐号、同一尺寸的钢筋组成。每批重量通常不大于60t。超过60t的部分，每增加40t(或不足40t的余数)，增加一个拉伸试验试样和一个弯曲试验试样。

二十一、《钢筋混凝土用钢 第2部分：热轧带肋钢筋》GB/T 1499.2—2018

6.6.2　钢筋实际重量与理论重量的允许偏差应符合下表规定：

公称直径(mm)	实际重量与理论重量的偏差（%）
6~12	±6
14~20	±5
22~50	±4

8.4.1　测量钢筋重量偏差时，试样应从不同根钢筋上截取，数量不少于5支，每支试样长度不小于500mm。长度应逐支测量，应精确到1mm。测量试样总重量时，应精确到不大于总重量的1%。

8.4.2　钢筋实际重量与理论重量的偏差按下式计算：

$$重量偏差=\frac{试样实际总重量-(试样总长度\times 理论重量)}{试样总长度\times 理论重量}\times 100\%$$

9.3.2.1　钢筋应按批进行检查和验收，每批由同一牌号、同一炉罐号、同一规格的钢筋组成。每批重量通常不大于60t。超过60t的部分，每增加40t(或不足40t的余数)，增加一个拉伸试验试样和一个弯曲试验试样。

二十二、《建筑基坑工程监测技术标准》GB 50497—2019

3.0.2　基坑工程设计文件应对监测范围、监测项目及测点布置、监测频率和监测预警值等做出规定。

3.0.3　基坑工程施工前，应由建设方委托具备相应能力的第三方对基坑工程实施现场监测。监测单位应编制监测方案，监测方案应经建设方、设计方等认可，必要时还应与基坑周边环境涉及的有关管理单位协商一致后方可实施。

3.0.9 现场监测的对象宜包括：

1 支护结构；

2 基坑及周围岩土体；

3 地下水；

4 周边环境中的被保护对象，包括周边建筑、管线、轨道交通、铁路及重要的道路等；

5 其他应监测的对象。

3.0.10 下列基坑工程的监测方案应进行专项论证：

1 邻近重要建筑、设施、管线等破坏后果很严重的基坑工程；

2 工程地质、水文地质条件复杂的基坑工程；

3 已发生严重事故，重新组织施工的基坑工程；

4 采用新技术、新工艺、新材料、新设备的一、二级基坑工程；

5 其他需要论证的基坑工程。

3.0.11 监测单位应按监测方案实施监测。当基坑工程设计或施工有重大变更时，监测单位应与建设方及相关单位研究并及时调整监测方案。

5.2.1 围护墙或基坑边坡顶部的水平和竖向位移监测点应沿基坑周边布置，基坑各侧边中部、阳角处、邻近被保护对象的部位应布置监测点。监测点水平间距不宜大于20m，每边监测点数目不宜少于3个。水平和竖向位移监测点宜为共用点，监测点宜设置在围护墙顶或基坑坡顶上。

5.2.2 围护墙或土体深层水平位移监测点宜布置在基坑周边的中部、阳角处及有代表性的部位。监测点水平间距宜为20m ~ 60m，每侧边监测点数目不应少于1个。用测斜仪观测深层水平位移时，测斜管埋设深度应符合下列规定：

1 埋设在围护墙体内的测斜管，布置深度宜与围护墙入土深度相同；

2 埋设在土体中的测斜管，长度不宜小于基坑深度的1.5倍，并应大于围护墙的深度，以测斜管底为固定起算点时，管底应嵌入到稳定的土体或岩体中。

7.0.4 当出现下列情况之一时，应提高监测频率：

1 监测值达到预警值；

2 监测值变化较大或者速率加快；

3 存在勘察未发现的不良地质状况；

4 超深、超长开挖或未及时加撑等违反设计工况施工；

5 基坑及周边大量积水、长时间连续降雨、市政管道出现泄漏；

6 基坑附近地面荷载突然增大或超过设计限制；

7 支护结构出现开裂；

8 周边地面突发较大沉降或出现严重开裂；

9 邻近建筑突发较大沉降、不均匀沉降或出现严重开裂；

10 基坑底部、侧壁出现管涌、渗漏或流沙等现象；

11 膨胀土、湿陷性黄土等水敏性特殊土基坑出现防水、排水等防护设施损坏，开挖暴露面有被水浸湿的现象；

12 多年冻土、季节性冻土等温度敏感性土基坑经历冻、融季节；

13 高灵敏性软土基坑受施工扰动严重、支撑施作不及时、有软土侧壁挤出、开挖暴露面未及时封闭等异常情况；

14 出现其他影响基坑及周边环境安全的异常情况。

二十三、《建筑施工脚手架安全技术统一标准》GB 51210—2016

8.2 作业脚手架

8.2.1 作业脚手架的宽度不应小于0.8m，且不宜大于1.2m。作业层高度不应小于1.7m，且不宜大于2.0m。

8.2.2 作业脚手架应按设计计算和构造要求设置连墙件，并应符合下列规定：

1 连墙件应采用能承受压力和拉力的构造，并应与建筑结构和架体连接牢固；

2 连墙点的水平间距不得超过3跨，竖向间距不得超过3步，连墙点之上架体的悬臂高度不应超过2步；

3 在架体的转角处、开口型作业脚手架端部应增设连墙件，连墙件的垂直间距不应大于建筑物层高，且不应大于4.0m。

8.2.3 在作业脚手架的纵向外侧立面上应设置竖向剪刀撑，并应符合下列规定：

1 每道剪刀撑的宽度应为4跨～6跨，且不应小于6m，也不应大于9m；剪刀撑斜杆与水平面的倾角应在45°～60°。

2 搭设高度在24m以下时，应在架体两端、转角及中间每隔不超过15m各设置一道剪刀撑，并由底至顶连续设置；搭设高度在24m及以上时，应在全外侧立面上由底至顶连续设置。

3 悬挑脚手架、附着式升降脚手架应在全外侧立面上由底至顶连续设置。

8.2.5 作业脚手架底部立杆上应设置纵向和横向扫地杆。

8.2.6 悬挑脚手架立杆底部应与悬挑支承结构可靠连接；应在立杆底部设置纵向扫地杆，并应间断设置水平剪刀撑或水平斜撑杆。

8.2.8 作业脚手架的作业层上应满铺脚手板，并应采取可靠的连接方式与水平杆固定。当作业层边缘与建筑物间隙大于150mm时，应采取防护措施。作业层外侧应设置栏杆和挡脚板。

8.3 支撑脚手架

8.3.1 支撑脚手架的立杆间距和步距应按设计计算确定，且间距不宜大于1.5m，步距不应大于2.0m。

8.3.2 支撑脚手架独立架体高宽比不应大于3.0。

8.3.3 当有既有建筑结构时，支撑脚手架应与既有建筑结构可靠连接，连接点至架体主节点的距离不宜大于300mm，应与水平杆同层设置，并应符合下列规定：

1 连接点竖向间距不宜超过2步；

2 连接点水平向间距不宜大于8m。

8.3.4 支撑脚手架应设置竖向剪刀撑，并应符合下列规定：

1 安全等级为Ⅱ级的支撑脚手架应在架体周边、内部纵向和横向每隔不大于9m设置一道；

2　安全等级为Ⅰ级的支撑脚手架应在架体周边、内部纵向和横向每隔不大于6m设置一道；

3　每道竖向剪刀撑的宽度宜为6m ~ 9m，剪刀撑斜杆与水平面的倾角应为45°~ 60°。

8.3.6　支撑脚手架应设置水平剪刀撑，并应符合下列规定：

1　安全等级为Ⅱ级的支撑脚手架宜在架顶处设置一道水平剪刀撑；

2　安全等级为Ⅰ级的支撑脚手架应在架顶、竖向每隔不大于8m各设置一道水平剪刀撑；

3　每道水平剪刀撑应连续设置，剪刀撑的宽度宜为6m ~ 9m。

8.3.10　安全等级为Ⅰ级的支撑脚手架顶层两步距范围内架体的纵向和横向水平杆宜按减小步距加密设置。

8.3.13　支撑脚手架的可调底座和可调托座插入立杆的长度不应小于150mm，其可调螺杆的外伸长度不宜大于300mm。当可调托座调节螺杆的外伸长度较大时，宜在水平方向设有限位措施，其可调螺杆的外伸长度应按计算确定。

8.3.14　当支撑脚手架同时满足下列条件时，可不设置竖向、水平剪刀撑：

1　搭设高度小于5m，架体高宽比小于1.5；

2　被支承结构自重面荷载不大于5kN/m^2，线荷载不大于8kN/m；

3　杆件连接节点的转动刚度应符合本标准要求；

4　架体结构与既有建筑结构按本标准第8.3.3条的规定进行了可靠连接；

5　立杆基础均匀，满足承载力要求。

8.3.15　满堂支撑脚手架应在外侧立面、内部纵向和横向每隔6m ~ 9m由底至顶连续设置一道竖向剪刀撑，在顶层和竖向间隔不超过8m处设置一道水平剪刀撑，并应在底层立杆上设置纵向和横向扫地杆。

11.2.4　作业脚手架外侧和支撑脚手架作业层栏杆应采用密目式安全网或其他措施全封闭防护。密目式安全网应为阻燃产品。

11.2.5　作业脚手架临街的外侧立面、转角处应采取硬防护措施，硬防护的高度不应小于1.2m，转角处硬防护的宽度应为作业脚手架宽度。

11.2.6　作业脚手架同时满载作业的层数不应超过2层。

11.2.11　支撑脚手架在施加荷载的过程中，架体下严禁有人。

二十四、《混凝土强度检验评定标准》GB/T 50107—2010

4.1.3　试件的取样频率和数量应符合下列规定：

1　每100盘，但不超过100m^{3}的同配合比混凝土，取样次数不应少于一次；

2　每一工作班拌制的同配合比混凝土，不足100盘和100m^{3}时其取样次数不应少于一次；

3　当一次连续浇筑的同配合比混凝土超过1000m^{3}时，每200m^{3}取样不应少于一次；

4　对房屋建筑，每一楼层、同一配合比的混凝土，取样不应少于一次。

4.2.1　每次取样应至少制作一组标准养护试件。

4.2.2　每组3个试件应由同一盘或同一车的混凝土中取样制作。

4.3.1　每组混凝土试件强度代表值的确定，应符合下列规定：

1　取3个试件强度的算术平均值作为每组试件的强度代表值；

2　当一组试件中强度的最大值或最小值与中间值之差超过中间值的15%时，取中间值作为该组试件的强度代表值；

3 当一组试件中强度的最大值和最小值与中间值之差均超过中间值的15%时，该组试件的强度不应作为评定的依据。

注：根据设计规定，可采用大于28天龄期的混凝土试件。

5.1　统计方法评定

5.1.1　采用统计方法评定时，应按下列规定进行：

1　当连续生产的混凝土，生产条件在较长时间内保持一致，且同一品种、同一强度等级混凝土的强度变异性保持稳定时，应按本标准第5.1.2条的规定进行评定。

2　其他情况应按本标准第5.1.3条的规定进行评定。

5.1.2　一个检验批的样本容量应为连续的3组试块，其强度应同时符合下列规定：

$$m_{f_{cu}} \geqslant f_{cu,k}+0.7\sigma_0$$

$$f_{cu,min} \geqslant f_{cu,k}-0.7\sigma_0$$

式中：$m_{f_{cu}}$——同一检验批混凝土立方体抗压强度的平均值（N/mm^2），精确到0.1（N/mm^2）；

$f_{cu,k}$——混凝土立方体抗压强度标准值（N/mm^2），精确到0.1（N/mm^2）；

σ_0——检验批混凝土立方体抗压强度的标准差（N/mm^2），精确到0.1（N/mm^2）；当检验批混凝土标准差σ_0计算值小于$2.5N/mm^2$时，应取$2.5N/mm^2$；

$f_{cu,min}$——同一检验批混凝土立方体抗压强度的最小值（N/mm^2），精确到0.1（N/mm^2）。

5.1.3　当样本容量不少于10组时，其强度应同时满足下列要求：

$$m_{f_{cu}} \geqslant f_{cu,k}+\lambda_1 \cdot S_{f_{cu}}$$

$$f_{cu,min} \geqslant \lambda_2 \cdot f_{cu,k}$$

式中：$S_{f_{cu}}$——同一检验批混凝土立方体抗压强度的标准差（N/mm^2），精确到0.1（N/mm^2）；当检验批混凝土标准差$S_{f_{cu}}$计算值小于$2.5N/mm^2$时，应取$2.5N/mm^2$；

λ_1，λ_2——合格评定系数，按表5.1.3取用。

混凝土强度的合格评定系数　　**表5.1.3**

试件组数	10～14	15～19	≥20
λ_1	1.15	1.05	0.95
λ_2	0.90	0.85	

5.2　非统计方法评定

5.2.1　当用于评定的样本容量小于10组时，应采用非统计方法评定混凝土强度。

5.2.2　按非统计方法评定混凝土强度时，其强度应同时符合下列规定：

$$m_{f_{cu}} \geqslant \lambda_3 \cdot f_{cu,k}$$

$$f_{cu,min} \geqslant \lambda_4 \cdot f_{cu,k}$$

式中：λ_3，λ_4——合格评定系数，按表5.2.2取用。

混凝土强度的非统计法合格评定系数 表 5.2.2

混凝土强度等级	＜C60	≥C60
λ_3	1.15	1.10
λ_4	0.95	

5.3 混凝土强度的合格性评定

5.3.1 当检验结果满足第5.1.2条或第5.1.3条或第5.2.2条的规定时，则该批混凝土强度应评定为合格；当不能满足上述规定时，该批混凝土强度应评定为不合格。

5.3.2 对评定为不合格批的混凝土，可按国家现行的有关标准进行处理。

二十五、《建筑工程施工质量验收统一标准》GB 50300—2013

4.0.2 单位工程应按下列原则划分：

1 具备独立施工条件并能形成独立使用功能的建筑物或构筑物为一个单位工程；

2 对于规模较大的单位工程，可将其能形成独立使用功能的部分划分为一个子单位工程。

4.0.3 分部工程应按下列原则划分：

1 可按专业性质、工程部位确定；

2 当分部工程较大或较复杂时，可按材料种类、施工特点、施工程序、专业系统及类别将分部工程划分为若干个子分部工程。

4.0.4 分项工程可按主要工种、材料、施工工艺、设备类别进行划分。

4.0.5 检验批可根据施工、质量控制和专业验收的需要，按工程量、楼层、施工段、变形缝进行划分。

5.0.6 当建筑工程施工质量不符合要求时，应按下列规定进行处理：

1 经返工或返修的检验批，应重新进行验收；

2 经有资质的检测机构检测鉴定能够达到设计要求的检验批，应予以验收；

3 经有资质的检测机构检测鉴定达不到设计要求，但经原设计单位核算认可能够满足安全和使用功能的检验批，可予以验收；

4 经返修或加固处理的分项、分部工程，满足安全及使用功能要求时，可按技术处理方案和协商文件的要求予以验收。

5.0.7 工程质量控制资料应齐全完整。当部分资料缺失时，应委托有资质的检测机构按有关标准进行相应的实体检验或抽样试验。

5.0.8 经返修或加固处理仍不能满足安全或重要使用要求的分部工程及单位工程，严禁验收。

6.0.1 检验批应由专业监理工程师组织施工单位项目专业质量检查员、专业工长等进行验收。

6.0.2 分项工程应由专业监理工程师组织施工单位项目专业技术负责人等进行验收。

6.0.3 分部工程应由总监理工程师组织施工单位项目负责人和项目技术负责人等进行验收。

勘察、设计单位项目负责人和施工单位技术、质量部门负责人应参加地基与基础分部工程的验收。

设计单位项目负责人和施工单位技术、质量部门负责人应参加主体结构、节能分部工程的验收。

6.0.4　单位工程中的分包工程完工后，分包单位应对所承包的工程项目进行自检，并应按本标准规定的程序进行验收。验收时，总包单位应派人参加。分包单位应对所分包工程的质量控制资料整理完整，并移交给总包单位。

6.0.5　单位工程完工后，施工单位应组织有关人员进行自检。总监理工程师应组织各专业监理工程师对工程质量进行竣工预验收。存在施工质量问题时，应由施工单位整改。整改完毕后，由施工单位向建设单位提交工程竣工报告，申请工程竣工验收。

6.0.6　建设单位收到工程竣工报告后，应由建设单位项目负责人组织监理、施工、设计、勘察等单位项目负责人进行单位工程验收。

H.0.2《单位工程质量竣工验收记录》中的验收记录由施工单位填写，验收结论由监理单位填写。综合验收结论经参加验收各方共同商定，由建设单位填写，应对工程质量是否符合设计文件和相关标准的规定及总体质量水平作出评价。

注：单位工程验收时，验收签字人员应由相应单位的法人代表书面授权。